普通高等教育应用技术本科规划教材

微 积 分

主　编　朱长青　王　红
副主编　朱　玲　徐　循

U0324155

同济大学 出版社
TONGJI UNIVERSITY PRESS

内 容 提 要

本书根据高等院校"微积分课程教学"基本要求,并结合 21 世纪微积分课程教学内容与课程体系改革发展要求编写而成.

本书内容包括函数与极限、导数与微分、微分中值定理与导数的应用、不定积分、定积分及其应用、微分方程、多元函数微积分、无穷级数等内容.每节后面配有一定数量的习题,书末还附有习题的参考答案.

本书内容充实,体系新颖,选题灵活,并附有配套的练习册,可作为高等院校工科、理科和经济管理类专业的教材,也可作为工程技术人员的参考书,对报考硕士研究生的学生以及广大教师与科技人员,也具有较高的参考价值.

图书在版编目(CIP)数据

微积分 / 朱长青,王红主编. -- 上海:同济大学出版社,2014.8(2017.7 重印)
  ISBN 978-7-5608-5582-0

Ⅰ.①微… Ⅱ.①朱… ②王… Ⅲ.①微积分—高等学校—教材 Ⅳ.①O172

中国版本图书馆 CIP 数据核字(2014)第 178117 号

普通高等教育应用技术本科规划教材

微 积 分

主编 朱长青 王 红 副主编 朱 玲 徐 循

责任编辑 陈佳蔚 **责任校对** 徐春莲 **封面设计** 潘向蓁

出版发行 同济大学出版社 www.tongjipress.com.cn
        (地址:上海市四平路 1239 号 邮编:200092 电话:021-65985622)
经 销 全国各地新华书店
印 刷 上海同济印刷厂有限公司
开 本 787 mm×960 mm 1/16
印 张 22.25
印 数 6 301-10 400
字 数 445 000
版 次 2014 年 8 月第 1 版 2017 年 7 月第 4 次印刷
书 号 ISBN 978-7-5608-5582-0

定 价 45.00 元

普通高等教育应用技术本科规划教材

编 委 会

前　言

当人类进入 21 世纪之后，随着社会的进步、经济的发展、计算机技术的广泛应用，数学在其中的作用变得越来越突出，科学技术研究中所用到的数学方法越来越高深，数学化已成为当今社会发展中各个研究领域中的重要趋势.

为赶超世界先进水平，近年来我国高等院校积极开展高等教育的教育教学改革，努力向国外先进水平看齐，其中高等数学的教学内容和教学方法改革首当其冲，这大大提高了高等数学的适用性.

本书是根据当前科学技术发展形势的需要，结合我们多年来对高等数学教学内容和教学方法改革与创新的成果而编写的，其主要特点是注重数学与工程技术的有机结合，其中的许多例题和习题本身就是来自于实际的应用. 同时，我们对数学中的纯理论性的东西如概念、定理、方法的介绍注意结合学生的实际，尽量采用学生易于理解、容易接受的方式，进行深入浅出的讲解，从而最大限度地降低学生学习的难度.

本书由朱长青、王红主编，朱玲、徐循任副主编. 参加编写的人员有：朱长青、王红、朱玲、徐循、杨策平、张凯凡、李家雄、刘磊、方瑛、许松林、耿亮、黄毅、常涛、蔡振锋、费锡仙、胡二琴、朱莹、陈华、曾莹等老师，最后由朱长青、杨策平、王红统稿定稿.

由于编者水平有限，加上时间仓促，本书不妥之处在所难免，恳请广大读者提出批评、建议，以便再版时予以修订.

编　者

2014 年 8 月

前　言

目　　录

第1章 函数与极限

初等函数的研究对象基本上是不变的量(称为常量),而高等数学的研究对象则是变动的量(称为变量).研究变量时,着重考察变量之间的依赖关系(即所谓的函数关系).并讨论当某个变量变化时,与它相关的量的变化趋势.这种研究方法就是所谓的极限方法.本章将介绍集合、函数、极限等基本概念和性质,并利用极限研究函数的连续性.

§1.1 函 数

一、集合

1. 集合的概念

集合是数学中一个原始的基本概念,一般而言,**集合**就是指具有某种特定属性的事物的总体,或是某些特定对象的总汇.构成集合的事物或对象称为该集合的元素.集合可简称为**集**,通常用大写字母 A, B, C, …表示.**元素**可简称为**元**,通常用小写字母 a, b, c, …表示.如果 a 是集合 A 的元素,记作 $a \in A$,读作 a 属于 A;如果 a 不是集合的 A 的元素,记作 $a \notin A$,读作 a 不属于 A.

一个集合一经给定,则对于任何事物或对象都能判定它是否属于该集合,若一个集合只含有限个元素,则称为有限集,否则即为无限集.

集合的表示方法有列举法和描述法.列举法就是将集合的主体元素一一列举出来,适合于表示有限集.例如,A 是由方程 $x^2 - x - 2 = 0$ 的根构成的集合,A 可表示为

$$A = \{-1, 2\}.$$

再例如,不超过 5 的正整数构成的集合 B 可表示为

$$B = \{1, 2, 3, 4, 5\}.$$

描述法是把集合 M 中元素所具有的共同属性描述出来,表示为

$$M = \{x \mid x \text{ 具有的共同属性}\}.$$

例如,前面所看到的集合 A 又可以表示为

$$A = \{x \mid x^2 - x - 2 = 0\}.$$

再例如,xOy 平面圆周 $x^2 + y^2 = 4$ 上的点的集合 C 可表示为

$$C = \{(x, y) \mid x^2 + y^2 = 4\}.$$

这是一个无限集.一般情况下,无限集不适合用列举法表示.

将不含有任何元素的集合称为空集,记为 $\varnothing$.例如,方程 $x^2 + 1 = 0$ 的实根构成的集合就是一个空集,即

$$\{x \mid x \text{ 为实数},\text{且 } x^2 + 1 = 0\} = \varnothing.$$

应该注意的是,空集 $\varnothing$ 不能同仅含无素"0"的集合 $\{0\}$ 相混淆.

习惯上,用 $\mathbf{N}$ 表示全体自然数集,$\mathbf{Z}$ 表示全体整数集,$\mathbf{Q}$ 表示全体有理数集,$\mathbf{R}$ 表示全体实数集.在相应字母右上角加"+"表示该集合是正数集合的构成,加"$*$"表示该集合中不含数"0".

子集也是一个常用的概念.如果集合 A 中的每一个元素都是集合 B 的元素,则称 A 是 B 的**子集**,记为 $A \subset B$,读作 A 包含于 B;如果集合 A 与集合 B 互为子集,则称集合 A 与 B **相等**,记为 $A = B$;如果 $A \subset B$ 但 $A \neq B$,则称 A 是 B 的**真子集**,记为 $A \subsetneqq B$.这样就有 $\mathbf{N} \subsetneqq \mathbf{Z} \subsetneqq \mathbf{Q} \subsetneqq \mathbf{R}$.

这里规定,空集是任何集合的子集.

2. 集合的运算

集合之间的三种基本运算为:并、交、差.

设 A、B 是两个集合,由 A 与 B 中的所有元素构成的集合称为 A 与 B 的**并集**,简称**并**,记为 $A \bigcup B$,即

$$A \bigcup B = \{x \mid x \in A \text{ 或 } x \in B\};$$

由集合 A 与 B 中所有共有元素构成的集合,称为 A 与 B 的**交集**,简称为**交**,记为 $A \bigcap B$,即

$$A \bigcap B = \{x \mid x \in A \text{ 且 } x \in B\};$$

由属于集合 A 而不属于集合 B 的所有元素构成的集合,称为 A 与 B 的**差集**,简称为**差**,记为 $A \backslash B$,即

$$A \backslash B = \{x \mid x \in A \text{ 且 } x \notin B\}.$$

若集合 A 为集合 I 的子集,则由属于 I 而不属于 A 的所有元素构成的集合 $I \backslash A$ 称为 A 的**余集**或**补集**,记作 A^c.

设 A, B, C 为三个任意集合, 有如下运算律成立:

(1) **交换律**　$A \cup B = B \cup A$,　$A \cap B = B \cap A$;

(2) **结合律**　$(A \cup B) \cup C = A \cup (B \cup C)$,

$\qquad\qquad\quad (A \cap B) \cap C = A \cap (B \cap C)$;

(3) **分配律**　$(A \cup B) \cap C = (A \cap C) \cup (B \cap C)$,

$\qquad\qquad\quad (A \cap B) \cup C = (A \cup C) \cap (B \cup C)$;

(4) **对偶律**　$(A \cup B)^c = A^c \cap B^c$,

$\qquad\qquad\quad (A \cap B)^c = A^c \cup B^c$.

以上这些结论都可以根据集合运算的定义结合集合相等的定义进行验证, 请读者尝试自行推导, 这里不作详细证明.

3. 区间和邻域

实数集合中的一类特殊的子集就是区间, 通常用区间表示一个变量的变化范围. 设 a 和 b 都是实数, 且 $a < b$, 数集

$$\{x \mid a < x < b\}$$

称为**开区间**, 记作 (a, b), 即

$$(a, b) = \{x \mid a < x < b\}.$$

a 和 b 为开区间 (a, b) 的端点, $a \notin (a, b)$, 且 $b \notin (a, b)$.

类似可以定义**闭区间** $[a, b]$ 为

$$[a, b] = \{x \mid a \leqslant x \leqslant b\}.$$

a 和 b 为闭区间 $[a, b]$ 的端点, $a \in [a, b]$, 且 $b \in [a, b]$.

两种**半开区间**

$$[a, b) = \{x \mid a \leqslant x < b\},$$

$$(a, b] = \{x \mid a < x \leqslant b\},$$

端点 $a \in [a, b)$, $b \notin [a, b)$ 以及 $a \notin (a, b]$, $b \in (a, b]$.

以上四种形式的区间长度均为 $b - a$, 因此都是有限区间. 此外, 还有五种形式的无限区间, 引入符号 "$+\infty$" 及 "$-\infty$", 分别读作 "正无穷大" 和 "负无穷大", 这五种无限区间的定义如下:

$$(a, +\infty) = \{x \mid x > a\},$$

$$[a, +\infty) = \{x \mid x \geqslant a\},$$

$$(-\infty, b) = \{x \mid x < b\},$$

$$(-\infty, b] = \{x \mid x \leqslant b\}.$$

$$(-\infty, +\infty) = \{x \mid -\infty < x < +\infty\} \quad (\text{即实数集合 } \mathbf{R}).$$

以后在不需要特别说明所讨论的区间是否包含端点以及是否为有限区间时，就简单地称其为区间，并常用字母 I 表示．

区间中的一类特例就是邻域．

设 a 与 δ 为实数，且 $\delta > 0$，数集

$$\{x \mid \mid x - a \mid < \delta\}$$

称为点 a 的 **δ 邻域**，记为 $U(a, \delta)$，其中 a 为邻域的中心，δ 为邻域的半径．由于 $\mid x - a \mid < \delta$，也就是 $a - \delta < x < a + \delta$，所以

$$U(a, \delta) = \{x \mid \mid x - a \mid < \delta\}$$

或

$$U(a, \delta) = \{x \mid a - \delta < x < a + \delta\}.$$

当不需要考虑邻域的半径的大小时，也可以将其简记为 $U(a)$．

有时为了讨论问题的需要，将邻域的中心点 a 去掉，得到点 a 的**去心 δ 邻域**，记作 $\mathring{U}(a, \delta)$，即

$$\mathring{U}(a, \delta) = \{x \mid 0 < \mid x - a \mid < \delta\}.$$

借用邻域的概念，当需要时，也将区间 $(a, a+\delta)$ 和 $(a-\delta, a)$ 分别称为点 a 的右 δ 邻域和点 a 的左 δ 邻域．

二、函数

1. 函数概念

在一个自然现象或某研究过程中，往往同时存在若干个变量在变化，这些变量的变化通常相互联系，并遵循着一定的变化规律．这里我们先就两变量的情形举几个例子．

例 1 一个边长为 x 的正方形的面积为

$$A = x^2.$$

这就是两个变量 A 与 x 之间的关系．当边长 x 在区间 $(0, +\infty)$ 内任取一值时，由上式即可以确定一个正方形的面积值 A．

例 2 一个物体以初速度 v_0 做匀加速运动，加速度为 a，经过时间间隔 t 后，物体的速度为

$$v = v_0 + at.$$

这里开始计时记 $t = 0$，此时初速度 v_0 及加速度 a 是常数，根据变量 v 与 t 之间的关系，当时间变量 t 在区间 $[0, T]$ 上任取一个值时，就可以确定在这个时刻 t 物体的速度 v 的值.

例 3 在半径为 R 的圆中作内接正 n 边形.

由图 1-1 可得正 n 边形的周长 l_n 与边数 n 之间的关系为

$$l_n = 2nR \sin \frac{\pi}{n}.$$

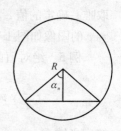

图中 $a_n = \dfrac{\pi}{n}$，当 n 在 $3, 4, 5, \cdots$ 等自然数集中任取一个值时，

由上式就可得到对应内接正 n 边形的周长 l_n.

图 1-1

在以上例子中都给出了一对变量之间的对应关系，当其中一个变量在其取值范围内任取一个值时，另一个变量依照对应规则就有一个确定的值与之对应. 这两个变量之间的对应关系就是函数概念的实质.

定义 设 D 是一个非空数集，如果对每一个变量 $x \in D$，变量 y 按照一定的对应规则 f 总有唯一确定的数值与之对应，则称 f 是 x 的**函数**，记作 $y = f(x)$. x 称为**自变量**，y 称为**因变量**，集合 D 称为函数的**定义域**.

对于 $x_0 \in D$，对应的值记为 y_0 或 $f(x_0)$，为函数 $y = f(x)$ 在 x_0 处的**函数值**. 当 x 取遍 D 中的一切值时，对应的函数值构成的集合

$$W = \{y \mid y = f(x), x \in D\}$$

称为函数的**值域**. 目前我们的研究对象仅限于定义域和值域均为实数集合的实函数.

函数 $y = f(x)$ 中表示对应规则的记号 f 也常用其他字母，如 F，g，G 等.

在实际问题中，函数的定义域由实际意义确定，在例 1 中定义域为开区间 $(0, +\infty)$，在例 2 中定义域为闭区间 $[0, T]$，而在例 3 中函数的定义域为不小于 3 的自然数集 $\{n \mid n \geqslant 3\}$.

在不需要考虑实际意义的函数中，我们约定：函数的定义域就是使函数表达式有意义的自变量的取值范围. 例如，函数 $y = x$ 的定义域是实数集合 $(-\infty, +\infty)$；函数 $y = \sqrt{1 - x^2}$ 的定义域为闭区间 $[-1, 1]$；函数 $y = \dfrac{1}{x-1}$ 的定义域为 $(-\infty, 1) \bigcup (1, +\infty)$. 这种定义域称函数的自然定义域.

设函数 $y = f(x)$ 的定义域为 D，在平面直角坐标系中，自变量 x 在横轴上变化，因变量 y 在纵轴上变化，则平面点集

$$C = \{(x, y) \mid y = f(x), x \in D\}$$

称为函数 $y = f(x)$ 的图像.

下面看几个函数及其图像的例子.

例 4　常值函数 $y = c$ 中，c 是一常数，其定义域为实数集，对任意实数 x，y 都取唯一确定的值 c 与之对应，因此函数的图像为一条水平直线，当 $c > 0$ 时，函数 $y = c$ 的图像如图 1-2 所示.

例 5　绝对值函数

$$y = |x| = \begin{cases} x, & x \geqslant 0, \\ -x, & x < 0 \end{cases}$$

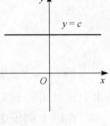

图 1-2

的定义域 $D = (-\infty, +\infty)$，值域 $W = [0, +\infty)$，其图像如图 1-3 所示.

例 6　符号函数

$$y = \operatorname{sgn} x = \begin{cases} -1, & x < 0, \\ 0, & x = 0, \\ 1, & x > 0 \end{cases}$$

的定义域 $D = (-\infty, +\infty)$，值域 $W = \{-1, 0, 1\}$，其图像如图 1-4 所示，对于任意 x，总有 $|x| = x \cdot \operatorname{sgn} x$.

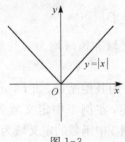

图 1-3

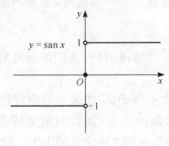

图 1-4

例 7　取整函数 $y = [x]$，表示 y 取不超过 x 的最大整数. 如 $[-3.5] = -4$，$[-1] = -1$，$\left[\dfrac{1}{2}\right] = 0$，$[\pi] = 3$，其定义域 $D = (-\infty, +\infty)$，值域 $W = Z$，它的图像如图 1-5 所示.

例 8　函数

$$y = \begin{cases} 2x^2, & 0 \leqslant x \leqslant 1, \\ x + 1, & 1 < x \leqslant 2 \end{cases}$$

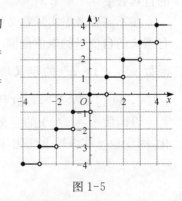

图 1-5

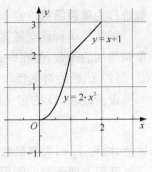

图 1-6

的定义域 $D = [0, 2]$,值域 $W = [0, 3]$,其图像如图 1-6 所示.

当然,并非所有函数都可以做出对应的图像.

例 9 狄利克雷(Dirichlet)函数

$$D(x) = \begin{cases} 1, & x \in \mathbf{Q}, \\ 0, & x \in \mathbf{Q}^C \end{cases}$$

的定义域 $D = (-\infty, +\infty)$,值域 $W = \{0, 1\}$,显然这个函数不能用几何图形表示出来.

在以上几个例子中看到,有些函数在自变量的不同变化范围内对应法则是不一样的.因此,一个函数需要用几个表达式表示,但在自变量的各个不同变化范围内,函数值是唯一确定的,通常称这样的函数为**分段函数**.

根据函数的定义,当自变量在定义内任取一个值时,对应的函数值只有一个,习惯上将这种函数称为**单值函数**,但有时由于研究问题的需要,可能会遇到对给定的对应法则,对应自变量的函数值并不总是唯一的,这样的对应法则并不符合函数的定义.为讨论问题方便起见,称这种法则确定了一个**多值函数**,下面看一个多值函数的例子.

例 10 方程 $x^2 + y^2 = R^2$,当 $R > 0$ 时,在直角坐标系中表示一个圆心在原点,半径为 R 的圆.由这个方程所确定的对应法则,对每个 $x \in [-R, R]$,可以确定对应的 y 值,当 $x = R$ 或 $-R$ 时,y 有唯一确定的值 $y = 0$ 与之对应,但对 $(-R, R)$ 内任一值 x,对应的 y 值有两个,因此这个方程确定了一个多值函数.

多值函数通常分为若干个单值函数,如在例 10 中的多值函数在附加一定条件后即以"$x^2 + y^2 = R^2$,且 $y \geqslant 0$"作为对应法则就可得到单值函数 $y = \sqrt{R^2 - x^2}$;以"$x^2 + y^2 = R^2$,且 $y \leqslant 0$"作为对应法则就可得到另一个单值函数 $y = -\sqrt{R^2 - x^2}$.我们称这样得到的函数为**多值函数的单值分支**.

以后凡是没有特别说明时,函数都是指单值函数.

2. 函数的几种特性

(1) 函数的单调性

设函数 $f(x)$ 在区间 I 上有定义,如果对于区间 I 上任意两点 x_1 与 x_2,当点 $x_1 < x_2$ 时,总有

$$f(x_1) < f(x_2) \quad (或 f(x_1) > f(x_2)),$$

则称函数 $f(x)$ 在区间 I 上是**单调增加**(或单调减少)的,单调增加和单调减少的函

数统称为**单调函数**.

函数的单调性会随区间的变化而改变,例如函数 $y=x^2$ 在区间 $[0,+\infty)$ 内是单调增加的函数,但在 $(-\infty,+\infty)$ 内不是单调函数.

(2) 函数的奇偶性

设函数 $f(x)$ 的定义域 D 关于原点对称,如果对于任一 $x\in D$,总有

$$f(-x)=f(x) \quad (\text{或 } f(-x)=-f(x))$$

成立,则称 $f(x)$ 为**偶函数**(或**奇函数**).

几何上偶函数的图形关于纵轴对称,奇函数的图形关于原点对称.

函数 $y=x^2+1$, $y=\cos x$, $y=\dfrac{e^x+e^{-x}}{2}$ 等皆为偶函数;

函数 $y=x^2\sin x$, $y=\dfrac{x}{1+x^2}$, $y=\dfrac{e^x-e^{-x}}{2}$ 等皆为奇函数;

函数 $y=\sin x+\cos x$ 及 $y=x+x^2$ 既非奇函数,也非偶函数.

(3) 函数的周期性.

设函数 $f(x)$ 的定义域为 D,如果存在一个正数 l,使得对任一 $x\in D$,有 $(x\pm l)\in D$,且有

$$f(x\pm l)=f(x)$$

成立,则称 $f(x)$ 为**周期函数**,l 则为 $f(x)$ 的一个**周期**,通常我们所说周期函数的周期是指**最小正周期**.例如,函数 $y=\sin x$,$y=\cos x$ 都是以 2π 为周期的周期函数;$y=\sin\omega t(\omega\neq 0)$ 是以 $\dfrac{2\pi}{\omega}$ 为周期的函数.

几何上看,一个周期为 l 的周期函数,在每个长度为 l 的区间上,函数图形有相同的形状.

事实上,并不是每个周期函数都有最小正周期,狄利克雷函数就属于这种情形,由

$$D(x)=\begin{cases}1, & x\in\mathbf{Q},\\ 0, & x\in\mathbf{Q}^C.\end{cases}$$

不难验证,任何有理数均是 $D(x)$ 的周期,所以狄利克雷函数是一个以所有有理数为周期的周期函数,因为不存在最小的正有理数,所以它没有最小正周期.

(4) 函数的有界性.

设函数 $f(x)$ 在数集 X 上有定义,如果存在常数 k,使得对任一 $x\in X$,总有

$$f(x)\leqslant k \quad (\text{或 } f(x)\geqslant k)$$

成立,则称函数 $f(x)$ 在 X 上有**上界**(或**下界**),k 为 $f(x)$ 的一个上界(或下界).

例如,函数 $y = \sin x$ 在 $(-\infty, +\infty)$ 内既有上界也有下界,显然 1 就是它的一个上界,当然大于 1 的常数也是它的上界;类似地,-1 以及小于 -1 的常数都是它的下界. 又例如,函数 $y = \dfrac{1}{x}$ 在区间 $(0, 1)$ 内有下界但没有上界. 事实上,不难看出,1 以及小于 1 的常数均可以作为 $y = \dfrac{1}{x}$ 在区间 $(0, 1)$ 内的下界,而当 x 接近于 0 时,不存在常数 k,使 $\dfrac{1}{x} \leqslant k$ 成立.

如果存在正的常数 M,使得对任一 $x \in X$,总有

$$| f(x) | \leqslant M,$$

则称函数 $f(x)$ 在 X 上有界,如果不存在这样的常数 M,就称函数 $f(x)$ 在 X 上无界,也就是说,如果对于任何正数 M,总存在 $x_0 \in X$,使得 $| f(x_0) | > M$,那么函数 $f(x)$ 在 X 上无界.

例如,函数 $y = \sin x$, $y = \dfrac{x}{1+x^2}$ 在定义域 $(-\infty, +\infty)$ 是有界的,因为对任一 $x \in \mathbf{R}$,总有 $| \sin x | \leqslant 1$, $\left| \dfrac{x}{1+x^2} \right| \leqslant \dfrac{1}{2}$;函数 $y = \dfrac{1}{x}$ 在区间 $(1, +\infty)$ 内是有界的,而在区间 $(0, 1)$ 内则是无界的.

容易证明,函数 $f(x)$ 在 X 上有界的充分必要条件是它在 X 上既有上界又有下界.

此外,在几何上,在 X 上有界的函数 $y = f(x)$ 的图形会夹在关于 x 轴对称的带形区域内.

3. 反函数和复合函数

在同一变化过程中存在函数关系的两个变量之间,究竟哪一个是自变量,哪一个是因变量,并不是绝对的,这要视问题的具体情况而定.

一般地,设 $y = f(x)$ 为给定的一个函数,D 为其定义域,W 为值域. 如果对其值域 W 中的任何一值 y,有唯一的 $x \in D$,使 $f(x) = y$,于是可得到一个定义在 W 上的以 y 作为自变量,x 作为因变量的函数,称之为 $y = f(x)$ 的**反函数**,记作

$$x = f^{-1}(y).$$

也就是说,反函数 f^{-1} 的对应法则完全由函数 f 所确定,所以反函数 $x = f^{-1}(y)$ 的定义域为 W,值域为 D. 相对于反函数 $x = f^{-1}(y)$ 而言,原来的函数 $y = f(x)$ 称为**直接函数**.

若函数 $y = f(x)$ 是单值单调函数,那么其反函数 $x = f^{-1}(y)$ 必定存在,且也是单值单调函数. 事实上,若 $y = f(x)$ 是单调函数,则任取其定义域 D 上两个不同的值 $x_1 \neq x_2$,必有 $y_1 = f(x_1)$, $y_2 = f(x_2)$ 且 $y_1 \neq y_2$,所以在其值域 W 上任取

一值 y_0 时，D 上不可能有两个不同的值 x_1 及 x_2，使得 $f(x_1)=f(x_2)=y_0$，所以此时，反函数 $x=f^{-1}(y)$ 必定存在且是单值函数.

若函数 $y=f(x)$ 在 D 上是单调的，容易证明 $x=f^{-1}(y)$ 也是单调的.不妨设 $y=f(x)$ 在 D 上是单调增加的，下面证明 $x=f^{-1}(y)$ 在 W 上也是单调增加的.

任取 $y_1,y_2\in W$，且 $y_1<y_2$，按照函数 f 的定义，对 y_1，在 D 内存在唯一的 x_1，使 $f(x_1)=y_1$，于是 $x_1=f^{-1}(y_1)$；对 y_2，在 D 内存在唯一的 x_2，使 $f(x_2)=y_2$，于是 $x_2=f^{-1}(y_2)$.

此时，若 $x_1>x_2$，由 $f(x)$ 单调增加，则必有 $y_1>y_2$；若 $x_1=x_2$，则显然有 $y_1=y_2$.这两种情形都与假设 $y_1<y_2$ 不符.所以必有 $x_1<x_2$，也就是说，$x=f^{-1}(y)$ 在 W 上是单调增加的.

若 $y=f(x)$ 仅为单值函数，则考虑其反函数时有可能出现多值函数的情形.例如，函数 $y=x^2$ 在定义域 $(-\infty,+\infty)$ 内为单值函数，在其值域 $[0,+\infty)$ 上任取一值 y，当 $y\ne 0$ 时，适合关系 $x^2=y$ 的 x 的值就有两个，即 $x=\sqrt{y}$ 及 $x=-\sqrt{y}$，但因为 $y=x^2$ 在区间 $[0,+\infty)$ 上是单调增加的，所以 $y=x^2$ 在 $x\in[0,+\infty)$ 时的反函数是单值且单调增加的函数 $x=\sqrt{y}$.

由于习惯上自变量用 x 表示，因变量用 y 表示，于是函数 $y=f(x)$，$x\in D$ 的反函数通常写成 $y=f^{-1}(x)$，$x\in W$.当把直接函数 $y=f(x)$ 和它的反函数 $y=f^{-1}(x)$ 的图形放在同一个坐标系中，这两个图形关于直线 $y=x$ 对称，如图 1-7 所示.

一般地，若函数 $y=f(u)$ 的定义域为 D_1，$u=\varphi(x)$ 的定义域 D_2，值域为 W_2，当 $W_2\subset D_1$ 时，对每个 $x\in D_2$，有变量 $u\in W_2$ 与之对应，又由于 $W_2\subset D_1$，因此对于这个 u 又有变量 y 与之对应，这样，对每一个 $x\in D_2$，通过 u 有唯一确定的 y 与之对应，因此得到一个以 x 为自变量，y 为因变量的函数，这个函数称为函数 $y=f(u)$ 及 $u=\varphi(x)$ 复合而成的**复合函数**，记作 $y=f[\varphi(x)]$，u 称为**中间变量**.

例如，函数 $y=\sin^2 x$ 就是由函数 $y=u^2$ 及 $u=\sin x$ 复合而成的，这个复合函数的定义域为 $(-\infty,+\infty)$，这也正是函数 $u=\sin x$ 的定义域.

但复合函数 $y=f[\varphi(x)]$ 的定义域在很多情况下并不是与函数 $u=\varphi(x)$ 的定义域完全相同.例如，函数 $y=\sqrt{u}$ 的定义域 $D_1=[0,+\infty)$，而 $u=1-x^2$ 的定义域 $D_2=(-\infty,+\infty)$，值域 $W_2=(-\infty,1)$，显然 W_2 并不符合 $W_2\subset D_1$ 的要求，但由于 $W_2\cap D_1\ne\varnothing$，所以适当限制 x 的取值范围成为 $[-1,1]$，函数 y

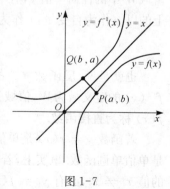

图 1-7

$=\sqrt{u}$ 与 $u=1-x^2$ 才能复合成一个复合函数 $y=\sqrt{1-x^2}$, $x\in[-1,1]$.

另外,不是任何两个函数都可以复合成一个复合函数的. 例如,函数 $y=\arcsin u$ 及 $u=2+x^2$ 是不能进行复合的,因为对于 $u=2+x^2$,对任一定数 x 总有 $u\geqslant 2$,因而不能使 $y=\arcsin u$ 有意义.

复合函数也可以由两个以上的函数经过复合构成. 例如,函数 $y=\ln\sqrt{1+x^2}$ 就是由函数 $y=\ln u$, $u=\sqrt{v}$, $v=1+x^2$ 三个函数复合而成的,其中 u 和 v 都是中间变量.

4. 初等函数

下列五类函数统称为基本的初等函数.

幂函数 $y=x^\mu$(μ 是实数,$\mu\neq 0$);

指数函数 $y=a^x$($a>0$, $a\neq 1$,且 a 是常数);

对数函数 $y=\log_a x$($a>0$, $a\neq 1$,且 a 是常数),当 $a=\mathrm{e}$ 时,称为自然对数函数,记作 $y=\ln x$;

三角函数 $y=\sin x$, $y=\cos x$, $y=\tan x$, $y=\cot x$ 等;

反三角函数 $y=\arcsin x$, $y=\arccos x$, $y=\arctan x$ 等.

由常数和基本初等函数经过有限次的四则运算和有限次的函数复合而构成的并可以用一个式子表示的函数,称为**初等函数**.

例如,$y=\ln\sqrt{1+x^2}$, $y=\sin^2 x$ 等都是初等函数,在本课程中所讨论的函数绝大多数都是初等函数,而诸如

$$f(x)=\begin{cases}\sqrt{1-x^2}, & |x|<1,\\ x^2-1, & 1<|x|\leqslant 2\end{cases}$$

这种在自变量的不同变化范围中,对应法则用不同式子来表示的分段函数往往不是初等函数.

习题 1-1

1. 如果 $A=\{x\mid 3<x<5\}$, $B=\{x\mid x\geqslant 4\}$,求 $A\cup B$, $A\cap B$, $A\backslash B$.

2. 证明对偶律:$(A\cup B)^C=A^C\cap B^C$. 其中 A, B 是任意两个集合.

3. 用区间表示下列不等式中的 x 的范围.

(1) $|x|\leqslant 4$;   (2) $x^2>9$;

(3) $|x+3|\leqslant 2$;   (4) $|x+3|\geqslant 3$;

(5) $|x-a|<\varepsilon(\varepsilon>0)$;   (6) $1\leqslant|x-2|<3$.

4. 下列各组函数是否相同? 为什么?

(1) $y=\sqrt{4^x}$ 与 $y=2^x$;   (2) $y=x$ 与 $y=\sqrt{x^2}$;

(3) $y = x - 1$ 与 $y = \dfrac{x^2 - 1}{x + 1}$；

(4) $y = 1$ 与 $y = \sec^2 x - \tan^2 x$.

5. 求下列函数的自然定义域.

(1) $y = \sqrt{3x + 1}$；

(2) $y = \sin \sqrt{x^2 - 1}$；

(3) $y = \arcsin (x - 1)$；

(4) $y = \lg (\lg x)$；

(5) $y = \tan (x + 1)$；

(6) $y = \dfrac{1}{x} - \sqrt{1 - x^2}$；

(7) $y = \arctan \dfrac{1}{x} + \sqrt{2 - x}$；

(8) $y = \sqrt{x - 2} + \dfrac{1}{x - 3} + \log_2 (5 - x)$.

6. 已知 $f(x) = x^2 - 3x + 2$, 求 $f\left(\dfrac{1}{x}\right)$, $f(x + 1)$.

7. 设函数 $f(x) = \begin{cases} \dfrac{1}{x}, & x < 0, \\ x^2, & 1 < x \leqslant 3, \\ x + 1, & 0 < x \leqslant 1. \end{cases}$

(1) 求函数 $f(x)$ 的定义域；

(2) 求 $f(-1)$, $f\left(\dfrac{1}{2}\right)$, $f(1)$, $f(3)$, $f[f(2)]$；

(3) 画出函数 $y = f(x)$ 的图形.

8. 设 $f(x) = \begin{cases} 1, & |x| \leqslant 1, \\ 0, & |x| > 1, \end{cases}$ 求 $f[f(x)]$.

9. 讨论下列函数的奇偶性.

(1) $y = x^2 \cos x - 1$；

(2) $y = \dfrac{a^x - a^{-x}}{2}$；

(3) $y = \sin x + \cos + 1$；

(4) $y = \dfrac{a^x - 1}{a^x + 1}$.

10. 讨论下列函数的周期性.

(1) $y = \cos(x - 2)$；

(2) $y = \cos 4x$；

(3) $y = 1 + \sin \pi x$；

(4) $y = \sin^2 x$.

11. 设函数 $f(x)$ 在数集 X 上有定义, 试证: 函数 $f(x)$ 在 X 上有界的充分必要条件是它在 X 上既有上界又有下界.

12. 求下列函数的反函数.

(1) $y = \dfrac{x + 2}{x - 2}$；

(2) $y = 2^{x+5}$；

(3) $y = \sqrt[3]{x - 1}$；

(4) $y = \sin x + \cos x$.

13. 指出下列函数是怎样复合而成的.

(1) $y = \sqrt{2x + 1}$；

(2) $y = (1 + \ln x)^3$；

(3) $y = 2^{\sin 3x}$；

(4) $y = \sqrt{\ln \sqrt{x}}$；

(5) $y = [\sin(2x^2 + 1)]^3$；

(6) $y = (\arcsin \sqrt{1 - x})^2$.

14. 设函数 $f(x)$ 的定义域是 $[0, 1]$,求下列复合函数的定义域.

(1) $f(x^2-1)$;   (2) $f\left(\dfrac{1}{1+x}\right)$;

(3) $f(\sin x)$;   (4) $f(x+a)+f(x-a)$ $(a>0)$.

15. 用铁皮做一个容积为 V 的圆柱形闭容器,试将它的表面积表示为底面半径 r 的函数.

16. 某化肥厂生产某产品 1 000 t,每吨定价为 130 元,销售量在 700 t 以内时,按原价出售,超过 700 t 时,超出部分打 9 折出售,试将销售总收益与总销售量的函数关系表示出来.

§1.2 数 列 极 限

一、数列极限的定义

我国古代数学家刘徽(263)用圆内接正多边形逼近推算圆的面积的方法——割圆术,就是极限思想方法的朴素的、直观的应用.

设有一圆,首先作圆内接正 6 边形,并用 A_1 表示其面积;再作内接正 12 边形,用 A_2 表示其面积;再作内接正 24 边形,用 A_3 表示其面积;如此循环,每次边数加倍,一般地将内接正 3×2^n 边形的面积记为 A_n,就得到一系列内接正多边形的面积:

$$A_1, \ A_2, \ A_3, \ \cdots, \ A_n, \ \cdots.$$

随着 n 的增大,内接正多边形与圆就越接近,所以正多边形的面积 A_n 作为圆的面积的近似值就越精确,因此设想 n 无限增大即 n 趋于无穷大(记为 $n\to\infty$),内接正多边形边数无限增加,其面积无限接近圆的面积,这时 A_n 无限接近某确定的数值,这个数值就理解为圆的面积.

在这个过程中,得到了一列有次序的数,对这一列数的变化趋势的研究,就是本节所要讨论的数列极限.

一般,如果对每个 $n\in\mathbf{N}^+$,按某一对应法则,存在一个确定的实数 x_n,按下标从小到大排列得到一有序实数

$$x_1, \ x_2, \ x_3, \ \cdots, \ x_n, \cdots$$

就称为**数列**,简记为数列 $\{x_n\}$.

数列中的每一个数称为数列的**项**,第 n 项 x_n 叫做数列的**一般项**(或通项).

以下是几个常见数列:

摆动数列 $\{(-1)^{n+1}\}$: $1, \ -1, \ 1, \ -1, \ \cdots, \ (-1)^{n+1}, \ \cdots$;

常数列$\{C\}$：C, C, C, $\cdots$, C, $\cdots$；

等比数列$\{aq^{n-1}\}$：a, aq, aq^2, aq^3, $\cdots$, aq^{n-1}, $\cdots$ $(a \neq 0)$；

调和数列$\left\{\dfrac{1}{n}\right\}$：$1$, $\dfrac{1}{2}$, $\dfrac{1}{3}$, $\cdots$, $\dfrac{1}{n}$, $\cdots$.

若对每个$n \in \mathbf{N}^+$，定义$x_n = f(n)$，那么数列$\{x_n\}$可看作自变量为正整数n的函数，因此类似于函数，可以定义数列的单调性和有界性.

对于数列$\{x_n\}$重点要讨论的是：当n无限增大时，即，$n \to \infty$时，对应的$x_n = f(n)$是否无限接近于某个确定的数值a?如果可以时，这个数值a等于多少？

观察上述几个数列可以发现，当n无限增大时，有些数列无限地接近一个常数. 例如，当n无限增大时，数列$\left\{\dfrac{1}{n}\right\}$无限地接近于常数零.

为了从数学上描述当n无限增大时，有些数列无限地接近一个常数的共同性质，下面给出数列极限的定义.

定义 设$\{x_n\}$为一数列，如果当n无限增大时(即$n \to \infty$时)，x_n无限地趋近于某个确定的常数a，那么称常数a为数列$\{x_n\}$的**极限**，或者称数列$\{x_n\}$**收敛于a**，记作[①]

$$\lim_{n \to \infty} x_n = a \quad \text{或} \quad x_n \to a \quad (\text{当} n \to \infty \text{时}).$$

如果不存在这样的常数a，就称数列$\{x_n\}$没有极限，或者说数列$\{x_n\}$是发散的，也可以说$\lim\limits_{n \to \infty} x_n$不存在.

例1 利用数列极限的定义，讨论数列$\left\{\dfrac{1+n}{n}\right\}$的极限.

解 数列的通项$x_n = \dfrac{n+1}{n} = 1 + \dfrac{1}{n}$，当$n$无限增大时，$\dfrac{1}{n}$无限地趋近于零，从而$x_n = 1 + \dfrac{1}{n}$无限地接近于$1$，因此数列$\left\{\dfrac{1+n}{n}\right\}$的极限为$1$，即

$$\lim_{n \to \infty} \frac{n+1}{n} = 1.$$

例2 已知$x_n = \dfrac{(-1)^n}{(n+1)^2}$，利用数列极限的定义，讨论数列$\{x_n\}$的极限.

---

① 此定义如果用数学语言来叙述，即为：设$\{x_n\}$为一数列. 若存在常数a. 对于任意给定的正数ε(不论它多么小)，总存在正整数N，使得当$n > N$时，不等式$|x_n - a| < \varepsilon$总成立. 即$\lim\limits_{n \to \infty} x_n = a \Leftrightarrow \forall \varepsilon > 0$. $\exists N > 0$. 当$n > N$时，总有$|x_n - a| < \varepsilon$.

解 当 n 无限增大时,$(n+1)^2$ 也无限地增大,故 $\dfrac{(-1)^n}{(n+1)^2}$ 无限地趋近于零,所以,数列 $\{x_n\}$ 的极限为零. 即

$$\lim_{n\to\infty}\frac{(-1)^n}{(n+1)^2}=0.$$

例 3 设 $|q|<1$,说明等比数列 $1,\ q,\ q^2,\ \cdots,\ q^{n-1},\ \cdots$ 的极限为零.

解 当 n 无限增大时,由于 $|q|<1$,q^n 无限趋近于零,从而 q^{n-1} 无限地趋近于零,所以,等比数列 $1,\ q,\ q^2,\ \cdots,\ q^{n-1},\ \cdots$ 的极限为零. 即

$$\lim_{n\to\infty}q^{n-1}=0.$$

二、收敛数列的性质

收敛数列有以下重要性质.

性质 1(极限的唯一性) 如果数列 $\{x_n\}$ 收敛,那么它的极限是唯一的.

例 4 利用极限的唯一性,考察摆动数列 $1,\ -1,\ 1,\ -1,\ \cdots,\ (-1)^{n+1},\ \cdots$ 的敛散性.

解 假设摆动数列 $x_n=(-1)^{n+1}$ 是收敛的,根据性质 1,极限是唯一确定的.

根据数列极限的定义,对摆动数列,当 n 取奇数时,得常数数列 $1,\ 1,\ \cdots,\ 1,\ \cdots$,其极限为 1;当 n 取偶数时,得常数数列 $-1,\ -1,\ \cdots,\ -1,\ \cdots$,其极限为 -1,由极限的唯一性,知假设不成立,因此该数列是发散的.

数列作为一类特殊的函数,也可定义其有界性的概念,对数列 $\{x_n\}$,如果存在正数 M,使对一切 x_n 都满足不等式

$$|x_n|\leqslant M,$$

则称数列 $\{x_n\}$ 是有界的;如果这样的正整数 M 不存在,就说数列 $\{x_n\}$ 是无界的.

比如,数列 $x_n=\dfrac{n+1}{n}$ 是有界的,不难看出,当 $M=2$ 时,对数列中各项 x_n,总有 $\left|\dfrac{n+1}{n}\right|<2$;而数列 $x_n=q^{n-1}$ 当 $|q|>1$ 时是无界的,因为当 n 无限增大时,$|q^{n-1}|$ 大于任何正的常数.

有界数列的所有项在数轴上都落在区间 $[-M,M]$ 上.

性质 2(收敛数列的有界性) 收敛数列一定是有界的.

由性质 2 可知,数列 $\{x_n\}$ 收敛的必要条件是该数列必须是有界的,如果数列无界,那么它就一定发散. 但是,如果数列有界,却不能断定它一定收敛,例如摆动数

列 $1, -1, 1, -1, \cdots, (-1)^{n+1}, \cdots$ 有界,但在例 4 中已经看到这个数列是发散的. 所以数列有界是数列收敛的必要而非充分条件.

性质 3(收敛数列的保号性) 如果 $\lim\limits_{n\to\infty} x_n = a$ 且 $a > 0$(或 $a < 0$),那么存在正整数 N,当 $n > N$ 时,都有 $x_n > 0$(或 $x_n < 0$).

由性质 3,可以得到以下结论:如果数列 $\{x_n\}$ 从某项起有 $x_n \geqslant 0$(或 $x_n \leqslant 0$),且 $\lim\limits_{n\to\infty} x_n = a$,那么 $a \geqslant 0$(或 $a \leqslant 0$).

习题 1-2

1. 根据数列极限的定义,讨论下列数列的极限.

(1) $x_n = \left(-\dfrac{1}{3}\right)^n$;

(2) $x_n = \dfrac{n + (-1)^n}{n}$;

(3) $x_n = 1 - \dfrac{1}{\sqrt{n}}$;

(4) $x_n = n + \dfrac{1}{n}$;

(5) $x_n = \dfrac{2^n + (-1)^n}{3^n}$;

(6) $x_n = [(-1)^n + 1]\dfrac{n}{n+1}$.

2. 根据数列极限定义,说明下列极限.

(1) $\lim\limits_{n\to\infty} \dfrac{1}{\sqrt{n}} = 0$;

(2) $\lim\limits_{n\to\infty} \dfrac{n + (-1)^n}{n} = 1$;

(3) $\lim\limits_{n\to\infty} \dfrac{5n+2}{3n+1} = \dfrac{5}{3}$;

(4) $\lim\limits_{n\to\infty} \dfrac{\sqrt{n^2 + a^2}}{n} = 1$.

§1.3 函 数 的 极 限

数列 $\{x_n\}$ 的极限实际是函数 $x_n = f(n)$ 当自变量依正整数顺序无限增大时的极限,这里,若将自变量的变化方式推广到连续变化的实数,那么需要考虑的问题就是:函数 $y = f(x)$ 在自变量的某个变化过程中(当 $x \to \infty$ 或 $x \to x_0$),是否能无限接近于某个确定的常数 a,此时函数又有怎样的特性.

一、函数极限的概念

1. 自变量趋向无穷大时函数的极限

因为自变量既可取正值,也可取负值,所以自变量趋向无穷大时会有几种不同情形.

定义 1 设函数 $f(x)$ 当 $|x|$ 大于某一正数时有定义,如果当 $|x| \to +\infty$ 时(记为 $x \to \infty$),对应的函数值 $f(x)$ 无限地趋近于一个确定的常数 A,那么称常数

A 为函数 $f(x)$ 当 $x \to \infty$ 时的极限[①]，记作

$$\lim_{x \to \infty} f(x) = A \quad \text{或} \quad f(x) \to A \quad (\text{当 } x \to \infty \text{ 时}).$$

如果自变量是 x 只取正值且无限增大（记为 $x \to +\infty$），此时对应函数值无限地趋近于某个常数 A，可以得到 $\lim\limits_{x \to +\infty} f(x) = A$ 的定义；类似，当 x 只取负值且 $|x|$ 无限增大（记为 $x \to -\infty$），对应函数值无限地趋近于一个常数 A，则可以得到 $\lim\limits_{x \to -\infty} f(x) = A$ 的定义.

容易证明：函数 $f(x)$ 当 $x \to \infty$ 时极限存在的充分必要条件是函数 $f(x)$ 当 $x \to +\infty$ 及 $x \to -\infty$ 时极限都存在且相等，即

$$\lim_{x \to +\infty} f(x) = \lim_{x \to -\infty} f(x) = A.$$

例 1 求极限 $\lim\limits_{x \to \infty} \dfrac{1}{x}$.

解 当 $x \to +\infty$ 时，$\dfrac{1}{x}$ 无限地趋近于常数零，即

$\lim\limits_{x \to +\infty} \dfrac{1}{x} = 0$；当 $x \to -\infty$ 时，$\dfrac{1}{x}$ 也无限地趋近于常数零，

即 $\lim\limits_{x \to -\infty} \dfrac{1}{x} = 0$（图 1-8），所以

$$\lim_{x \to \infty} \frac{1}{x} = 0.$$

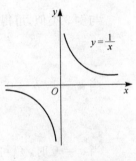

图 1-8

一般地，如果 $\lim\limits_{x \to \infty} f(x) = A$，则称直线 $y = A$ 为函数 $y = f(x)$ 的图形的**水平渐近线**，所以直线 $y = 0$ 是函数曲线 $y = \dfrac{1}{x}$ 的水平渐近线.

2. 自变量趋向于有限值时的极限

定义 2 设函数 $f(x)$ 在点 x_0 的某个去心邻域内有定义，如果当 $x \to x_0$（但 $x \neq x_0$）时，对应的函数值 $f(x)$ 无限地趋近于一个确定的常数 A，那么常数 A 就叫做函数 $f(x)$ 当 $x \to x_0$ 时的极限[②]，记作

---

① 此定义用严格的数学语言叙述即为：$\forall \varepsilon > 0$，$\exists X > 0$. 当 $|x| > X$ 时总有 $|f(x) - A| < \varepsilon$，则称 A 为 $f(x)$ 在 $x \to \infty$ 时的极限.

② 此定义用严格的数学语言叙述即为：$\forall \varepsilon > 0$，$\exists \delta > 0$. 当 $0 < |x - x_0| < \delta$ 时总有 $|f(x) - A| < \varepsilon$. 则称 A 为 $f(x)$ 在 $x \to x_0$ 时的极限.

$$\lim_{x \to x_0} f(x) = A \quad 或 \quad f(x) \to A(x \to x_0).$$

由于上述定义中 $x \neq x_0$，所以 $x \to x_0$ 时 $f(x)$ 有没有极限，与 $f(x)$ 在点 x_0 是否有定义无关.

例2 根据函数极限定义说明 $\lim\limits_{x \to x_0} C = C$，这里 C 为常数.

解 无论自变量 x 取任何值，函数都取相同的常数 C，那么当 $x \to x_0$ 时，函数当然趋近于常数 C，所以由定义有

$$\lim_{x \to x_0} C = C.$$

例3 根据极限定义说明 $\lim\limits_{x \to 2}(3x + 9) = 15$.

解 当自变量 x 趋近于 2 时，函数 $3x + 9$ 无限接近于 15，所以根据极限定义有

$$\lim_{x \to 2}(3x + 9) = 15.$$

与例 3 类似，可得更一般的结论：

$$\lim_{x \to x_0}(ax + b) = ax_0 + b.$$

当 $a = 1, b = 0$ 时，可得到一个比较特殊的极限：

$$\lim_{x \to x_0} x = x_0.$$

当 $a = 0$ 时，就可以得到例 2 中的结果.

例4 利用极限定义说明 $\lim\limits_{x \to 2}\dfrac{x^2 - 4}{x - 2} = 4$.

解 这里，函数在点 $x = 2$ 没有定义，根据极限定义 2 可知，函数 $x \to 2$ 时的极限存在与否与它在 $x = 2$ 处是否有定义无关. 当自变量 x 无限趋近于 2 但 x 始终不取 2 时，$f(x) = \dfrac{x^2 - 4}{x - 2} = x + 2$（因 $x - 2 \neq 0$），又当 $x \to 2$ 时，$x + 2$ 无限地趋近于 4，所以

$$\lim_{x \to 2}\frac{x^2 - 4}{x - 2} = 4.$$

在定义 2 中，自变量 x 的变化过程 $x \to x_0$，既是从 x_0 的左侧也是从 x_0 的右侧趋向于 x_0 的，但有时只需要或只能考虑其中某一侧的变化过程. 当 x 仅从 x_0 的左侧趋向于 x_0 时（记作 $x \to x_0^-$），此时若函数值无限地接近于某个确定的常数 A，那么 A 就叫做函数 $f(x)$ 当 $x \to x_0$ 时的**左极限**，记作

$$\lim_{x \to x_0^-} f(x) = A \quad \text{或} \quad f(x_0^-) = A.$$

类似地,当 x 仅从 x_0 的右侧趋向于 x_0 时(记作 $x \to x_0^+$),此时若函数值无限地接近于一个常数 A,那么 A 就叫做函数 $f(x)$ 当 $x \to x_0$ 时的**右极限**,记作

$$\lim_{x \to x_0^+} f(x) = A \quad \text{或} \quad f(x_0^+) = A.$$

左极限与右极限统称为单侧极限.

根据 $x \to x_0$ 时函数 $f(x)$ 极限的定义以及左极限和右极限的定义,容易证明以下结论:函数 $f(x)$ 当 $x \to x_0$ 时极限存在的充分必要条件是其左极限和右极限都存在并且相等,即

$$f(x_0^-) = f(x_0^+) = A.$$

例 5 讨论符号函数

$$f(x) = \begin{cases} -1, & x < 0, \\ 0, & x = 0, \\ 1, & x > 0. \end{cases}$$

当 $x \to 0$ 时极限是否存在.

解 根据例 2 的结论,可得到

$$f(0^-) = \lim_{x \to 0^-} f(x) = \lim_{x \to 0^-} (-1) = -1,$$
$$f(0^+) = \lim_{x \to 0^+} f(x) = \lim_{x \to 0^+} 1 = 1,$$

由于左极限和右极限均存在但不相等,所以 $\lim_{x \to 0} f(x)$ 不存在,在图 1-4 中,这种情形表现为图形从原点左侧到右侧是断开的.

利用例 3 中给出的一般形式的结论,不难看出,绝对值函数

$$f(x) = |x| = \begin{cases} x, & x \geqslant 0, \\ -x, & x < 0. \end{cases}$$

当 $x \to 0$ 时,左极限和右极限都存在且相等,即

$$f(0^-) = f(0^+) = 0,$$

所以,$\lim_{x \to 0} |x| = 0$. 在图 1-3 中,这一情形则表现为函数图形在原点左侧和右侧的直线在原点连接在一起了.

二、函数极限的性质

与收敛数列的性质相似,可得到函数极限的一些相应的性质.下面仅就"$\lim\limits_{x \to x_0} f(x)$"的情形给出关于函数极限的几个性质,至于其他情形,诸如"$\lim\limits_{x \to \infty} f(x)$"或各种单侧极限,读者可依照下面所给出的性质,相应地进行一些修改即可得到有关结论.

性质 1(函数极限的唯一性)   如果 $\lim\limits_{x \to x_0} f(x)$ 存在,那么这个极限是唯一的.

性质 2(函数极限的局部有界性)   如果 $\lim\limits_{x \to x_0} f(x) = A$,那么存在常数 $M > 0$ 和相应的 $\delta > 0$,使得当 $0 < |x - x_0| < \delta$ 时,有 $|f(x)| \leqslant M$.

性质 3(函数极限的局部保号性)   如果 $\lim\limits_{x \to x_0} f(x) = A$,且 $A > 0$(或 $A < 0$),那么存在常数 $\delta > 0$,使得当 $0 < |x - x_0| < \delta$ 时,有 $f(x) > 0$(或 $f(x) < 0$).

由性质 3,可以得到如下结论:

如果 x_0 的某个去心邻域内 $f(x) \geqslant 0$(或 $f(x) \leqslant 0$),而且 $\lim\limits_{x \to x_0} f(x) = A$,那么 $A \geqslant 0$(或 $A \leqslant 0$).

性质 4   如果极限 $\lim\limits_{x \to x_0} f(x)$ 存在,$\{x_n\}$ 为函数 $f(x)$ 的定义域内任一收敛于 x_0 的数列,且 $x_n \neq x_0 (n \in \mathbf{N}^+)$,那么相应的函数值数列 $\{f(x_n)\}$ 收敛,且 $\lim\limits_{n \to \infty} f(x_n) = \lim\limits_{x \to x_0} f(x)$.

性质 4 给出了数列极限与函数极限之间的一种关系.

三、函数极限的运算法则

利用极限的定义可以验证和计算一些简单函数的极限,这里将要讨论的极限的计算方法,主要是建立极限的四则运算法则和复合函数的极限运算法则,在此基础上,结合由极限定义推出的常用结论,可以求部分函数的极限,以后我们还将陆续介绍极限计算的其他方法.下面不加证明地给出关于极限运算法则的相关定理及推论.

由于以下定理对 $x \to x_0$ 及 $x \to \infty$ 都是成立的,为方便起见,极限记号"$\lim$"下面不标注自变量的变化过程.

定理 1   设 $\lim f(x) = A$,$\lim g(x) = B$,A 和 B 为有限常数,那么

(1) $\lim[f(x) \pm g(x)] = \lim f(x) \pm \lim g(x) = A \pm B$;

(2) $\lim[f(x) \cdot g(x)] = \lim f(x) \cdot \lim g(x) = AB$;

(3) $\lim \dfrac{f(x)}{g(x)} = \dfrac{\lim f(x)}{\lim g(x)} = \dfrac{A}{B} (B \neq 0)$.

应当说明的是,定理 1 的结论是当参与运算的每个函数极限都存在时成立,商的情形分母应不为零. 定理 1 的结论 (1) 和 (2) 可以推广到有限个极限存在的函数和、差或乘积运算的情形,结论 (2) 还有以下推论.

推论 1 如果 $\lim f(x)$ 存在,C 是有限常数,则

$$\lim[Cf(x)] = C\lim f(x).$$

其中 C 为常数,也就是说,常数因子可以提到极限符号外面.

推论 2 如果 $\lim f(x)$ 存在,则

$$\lim[f(x)]^n = [\lim f(x)]^n.$$

其中,n 为正整数.

这些结论对于数列极限也是成立的,这就是下面的定理.

定理 2 设有数列 $\{x_n\}$,$\{y_n\}$,若

$$\lim_{n\to\infty} x_n = A, \qquad \lim_{n\to\infty} y_n = B,$$

那么

(1) $\lim\limits_{n\to\infty}(x_n \pm y_n) = A \pm B$;

(2) $\lim\limits_{n\to\infty}(x_n \cdot y_n) = A \cdot B$;

(3) 当 $y_n \neq 0$,且 $B \neq 0$ 时,$\lim\limits_{n\to\infty}\dfrac{x_n}{y_n} = \dfrac{A}{B}$.

结论 (1) 和 (2) 可以推广到有限个收敛数列的和、差或乘积运算的情形;结论 (2) 对应的推论请读者依照定理 1 的推论给出,这里不再详述.

利用极限的四则运算法则可简化极限计算.

例 6 求 $\lim\limits_{x\to 1}(3x^2 - 2x + 1)$.

解 $\lim\limits_{x\to 1}(3x^2 - 2x + 1) = \lim\limits_{x\to 1}3x^2 - \lim\limits_{x\to 1}2x + \lim\limits_{x\to 1}1$

$$= 3 \cdot (\lim_{x\to 1}x)^2 - 2\lim_{x\to 1}x + 1$$

$$= 3 \times 1^2 - 2 \times 1 + 1 = 2.$$

事实上,设多项式

$$P(x) = a_0 x^n + a_1 x^{n-1} + \cdots + a_n,$$

则

$$\lim_{x\to x_0} P(x) = \lim_{x\to x_0}(a_0 x^n + a_1 x^{n-1} + \cdots + a_n)$$

$$= a_0(\lim_{x\to x_0}x)^n + a_1(\lim_{x\to x_0}x)^{n-1} + \cdots + \lim_{x\to x_0}a_n$$

$$= a_0 x_0^n + a_1 x_0^{n-1} + \cdots + a_n = P(x_0).$$

这说明，多项式 $P(x)$ 当 $x \to x_0$ 时的极限为多项式的函数值 $p(x_0)$.

例 7 求 $\lim\limits_{x \to 2} \dfrac{2x-1}{x^2-5x+3}$.

解 这里分母的极限不为零，所以由定理 1 得

$$\lim_{x \to 2} \frac{2x-1}{x^2-5x+3} = \frac{\lim\limits_{x \to 2}(2x-1)}{\lim\limits_{x \to 2}(x^2-5x+3)} = \frac{3}{-3} = -1.$$

事实上，设有理分式函数

$$F(x) = \frac{P(x)}{Q(x)},$$

其中 $P(x)$，$Q(x)$ 都是多项式，于是

$$\lim_{x \to x_0} P(x) = P(x_0), \qquad \lim_{x \to x_0} Q(x) = Q(x_0);$$

如果 $Q(x_0) \neq 0$，则

$$\lim_{x \to x_0} F(x) = \lim_{x \to x_0} \frac{P(x)}{Q(x)} = \frac{\lim\limits_{x \to x_0} P(x)}{\lim\limits_{x \to x_0} Q(x)} = \frac{P(x_0)}{Q(x_0)} = F(x_0).$$

但必须注意，若 $Q(x_0) = 0$，则关于商的极限运算法则是不能直接使用的，此时，需对函数进行适当处理，以下两例题就属于这种情形.

例 8 求 $\lim\limits_{x \to 1} \dfrac{x^2+x-2}{x^2-1}$.

解 当 $x \to 1$ 时，分母 $x^2-1 \to 0$，所以不能直接使用本节定理 1，注意函数分子极限也是零，即 $x^2+x-2 \to 0$，说明分子和分母有公因子 $x-1$，而 $x \to 1$ 时，$x \neq 1$，所以可以约去这个不为零的因子，故

$$\lim_{x \to 1} \frac{x^2+x-2}{x^2-1} = \lim_{x \to 1} \frac{(x-1)(x+2)}{(x-1)(x+1)} = \lim_{x \to 1} \frac{x+2}{x+1} = \frac{3}{2}.$$

例 9 求 $\lim\limits_{x \to 1} \left(\dfrac{1}{1-x} - \dfrac{3}{1-x^3} \right)$.

解 容易看到，当 $x \to 1$ 时，函数中的两项 $\dfrac{1}{1-x}$ 及 $\dfrac{1}{1-x^3}$ 的分母均趋于零，所以不能直接使用极限运算法则，这时先通分，化简后再求极限，即

$$\lim_{x \to 1}\left(\frac{1}{1-x} - \frac{3}{1-x^3}\right) = \lim_{x \to 1}\frac{1+x+x^2-3}{1-x^3}$$

$$= \lim_{x \to 1}\frac{(x-1)(x+2)}{(1-x)(1+x+x^2)}$$

$$= \lim_{x \to 1}\frac{-(x+2)}{1+x+x^2} = -1.$$

例 10 求 $\lim\limits_{x \to \infty}\dfrac{7x^3-2x+1}{2x^3+x^2+3}$.

解 先将分子及分母除以最高次幂 x^3,则

$$\lim_{x \to \infty}\frac{7x^3-2x+1}{2x^3+x^2+3} = \lim_{x \to \infty}\frac{7-\dfrac{2}{x^2}+\dfrac{1}{x^3}}{2+\dfrac{1}{x}+\dfrac{3}{x^3}} = \frac{7}{2}.$$

例 11 求 $\lim\limits_{x \to \infty}\dfrac{2x^2-x+1}{5x^3+x^2+1}$.

解 仍然用分子和分母除以最高次幂 x^3,则

$$\lim_{x \to \infty}\frac{2x^2-x+1}{5x^3+x^2+1} = \lim_{x \to \infty}\frac{\dfrac{2}{x}+\dfrac{1}{x^2}-\dfrac{1}{x^3}}{5+\dfrac{1}{x}+\dfrac{1}{x^3}} = \frac{0}{5} = 0.$$

在例 10 和例 11 中讨论了 $x \to \infty$ 时有理分式函数分子最高次幂小于或等于分母最高次幂的情况,对于分子最高次幂大于分母最高次幂的情况将在 §1.5 定理 4 中给出结论,结合例 11 就有

$$\lim_{x \to \infty}\frac{5x^3+x^2+1}{2x^2-x+1} = \infty.$$

事实上,有一般性的结果

$$\lim_{x \to \infty}\frac{a_0x^n+a_0x^{n-1}+\cdots+a_n}{b_0x^m+b_1x^{m-1}+\cdots+b_m} = \begin{cases} \dfrac{a_0}{b_0}, & \text{当 } n = m, \\ 0, & \text{当 } n < m, \\ \infty, & \text{当 } n > m. \end{cases}$$

其中,$a_0 \neq 0$,$b_0 \neq 0$,m 和 n 为非负整数.

最后,不加证明地给出两个定理.

定理 3 如果 x_0 的某个去心邻域内 $f(x) \leqslant g(x)$,而且 $\lim\limits_{x \to x_0} f(x) = A$,

$\lim\limits_{x \to x_0} g(x) = B$,那么 $A \leqslant B$.

定理 4(复合函数的极限运算法则) 设函数 $y = f[\varphi(x)]$ 是由函数 $u = \varphi(x)$ 与函数 $y = f(u)$ 复合而成,$f[\varphi(x)]$ 在点 x_0 的某去心邻域内有定义,若 $\lim\limits_{x \to x_0} \varphi(x) = u_0$,$\lim\limits_{u \to u_0} f(u) = A$,且存在 $\delta > 0$,当 $x \in \mathring{U}(x_0, \delta)$ 时,$\varphi(x) \neq u_0$,则

$$\lim_{x \to x_0} f[\varphi(x)] = \lim_{u \to u_0} f(u) = A.$$

在定理 4 中,将 $\lim\limits_{x \to x_0} [\varphi(x)] = u_0$. 换成 $\lim\limits_{x \to x_0} \varphi(x) = \infty$ 或 $\lim\limits_{x \to x_0} \varphi(x) = \infty$,而把 $\lim\limits_{u \to u_0} f(u) = A$ 换成 $\lim\limits_{u \to \infty} f(u) = A$,可得类似的结论.

在极限计算过程中,如果复合函数满足定理条件,那么可通过代换 $u = \varphi(x)$,把求 $\lim\limits_{x \to x_0} f[\varphi(x)]$ 化为求 $\lim\limits_{u \to u_0} f(u)$ 或 $\lim\limits_{u \to \infty} f(u)$.

例 12 求 $\lim\limits_{x \to 0} \dfrac{\sqrt{1+x}-1}{x}$.

解 作代换 $u = 1 + x$,当 $x \to 0$ 时,$u \to 1$,则有

$$\lim_{x \to 0} \frac{\sqrt{1+x}-1}{x} = \lim_{x \to 0} \frac{x}{x(\sqrt{1+x}+1)} = \lim_{u \to 1} \frac{1}{\sqrt{u}+1} = \frac{1}{2}.$$

习题 1-3

1. 根据函数的图形写出以下各函数的极限,并写出函数图形的水平渐近线的方程.

(1) $\lim\limits_{x \to -\infty} e^x$;

(2) $\lim\limits_{x \to +\infty} a^x (0 < a < 1)$;

(3) $\lim\limits_{x \to -\infty} \arctan x$;

(4) $\lim\limits_{x \to +\infty} \text{arccot } x$.

2. 根据函数极限的定义说明下列极限.

(1) $\lim\limits_{x \to 1} (2x+1) = 3$;

(2) $\lim\limits_{x \to +\infty} \dfrac{\sin x}{\sqrt{x}} = 0$;

(3) $\lim\limits_{x \to 1} \dfrac{x^2-1}{x-1} = 2$;

(4) $\lim\limits_{x \to \frac{1}{2}} \dfrac{1-4x^2}{2x+1} = 2$.

3. 求 $f(x) = \dfrac{x}{x}$,$g(x) = \dfrac{|x|}{x}$ 当 $x \to 0$ 时的左、右极限,并说明它们当 $x \to 0$ 时的极限是否存在.

4. 讨论函数

$$f(x) = \begin{cases} x-1, & x < 0, \\ 0, & x = 0, \\ x+1, & x > 0. \end{cases}$$

当 $x \to 0$ 时的极限是否存在,并作出其函数图形.

5. 计算下列极限.

(1) $\lim\limits_{x\to 0}(2x^2+5x-1)$;

(2) $\lim\limits_{x\to 2}\dfrac{x^2-2}{x-3}$;

(3) $\lim\limits_{x\to 1}\dfrac{x^2-2x+1}{x^2-1}$;

(4) $\lim\limits_{x\to 0}\dfrac{(a+x)^2-a^2}{x}$;

(5) $\lim\limits_{x\to\infty}\left(3-\dfrac{2}{x}+\dfrac{1}{x^2}\right)$;

(6) $\lim\limits_{x\to\infty}\dfrac{2x^2-1}{2x^2+x-2}$;

(7) $\lim\limits_{x\to\infty}\dfrac{2x^2+x-1}{x^4+3x^2-x}$;

(8) $\lim\limits_{x\to\infty}\left(2+\dfrac{1}{x^2}\right)\left(3-\dfrac{1}{x}\right)$;

(9) $\lim\limits_{n\to\infty}\dfrac{2n^2+n-1}{n^2+n+1}$;

(10) $\lim\limits_{n\to\infty}\left(1+\dfrac{1}{n}\right)^4$;

(11) $\lim\limits_{n\to\infty}\left(\dfrac{1}{2}+\dfrac{1}{4}+\cdots+\dfrac{1}{2^n}\right)$;

(12) $\lim\limits_{n\to\infty}\dfrac{1+2+\cdots+n}{n^2}$;

(13) $\lim\limits_{n\to\infty}\dfrac{2^{n+1}+3^{n+1}}{2^n+3^n}$;

(14) $\lim\limits_{x\to 1}\left(\dfrac{x}{x-1}-\dfrac{2}{x^2-1}\right)$;

(15) $\lim\limits_{x\to\infty}x^2\left(\dfrac{1}{x+1}-\dfrac{1}{x-1}\right)$;

(16) $\lim\limits_{x\to+\infty}\left(\sqrt{x^2+x+1}-x\right)$;

(17) $\lim\limits_{x\to 0}\dfrac{x}{1-\sqrt{1+x}}$;

(18) $\lim\limits_{x\to\infty}\dfrac{(2x-1)^{30}(3x+2)^{20}}{(2x+1)^{50}}$.

6. 已知 $\lim\limits_{x\to 2}\dfrac{ax+b}{x-2}=3$, 求常数 a,b 的值.

7. 下列陈述中,哪些是对的,哪些是错的?如果是对的,说明理由;如果是错的,试给出一个反例.

(1) 如果 $\lim\limits_{x\to x_0}f(x)$ 存在,但 $\lim\limits_{x\to x_0}g(x)$ 不存在,那么 $\lim\limits_{x\to x_0}[f(x)+g(x)]$ 不存在;

(2) 如果 $\lim\limits_{x\to x_0}f(x)$ 和 $\lim\limits_{x\to x_0}g(x)$ 都不存在,那么 $\lim\limits_{x\to x_0}[f(x)+g(x)]$ 不存在;

(3) 如果 $\lim\limits_{x\to x_0}f(x)$ 存在,但 $\lim\limits_{x\to x_0}g(x)$ 不存在,那么 $\lim\limits_{x\to x_0}[f(x)\cdot g(x)]$ 不存在.

§1.4　极限存在准则与两个重要极限

本节将介绍极限存在的两个重要准则,并由这两个准则特别推出的两个重要极限:

$$\lim\limits_{x\to 0}\frac{\sin x}{x}=1 \quad 及 \quad \lim\limits_{x\to 0}(1+x)^{\frac{1}{x}}=\mathrm{e}.$$

一、夹逼准则

准则 I　如果数列 $\{x_n\}$, $\{y_n\}$, $\{z_n\}$ 满足下列条件:

(1) 从某项开始起,有 $y_n \leqslant x_n \leqslant z_n$;

(2) $\lim\limits_{n \to \infty} y_n = \lim\limits_{n \to \infty} z_n = a$,

那么数列 $\{x_n\}$ 的极限存在,且 $\lim\limits_{n \to \infty} x_n = a$.

(证明略.)

准则 I′ 如果函数 $f(x)$,$g(x)$,$h(x)$ 满足下列条件:

(1) 当 $x \in \mathring{U}(x_0, \delta)$(或 $|x| > M$)时,$g(x) \leqslant f(x) \leqslant h(x)$;

(2) $\lim\limits_{\substack{x \to x_0 \\ (x \to \infty)}} g(x) = \lim\limits_{\substack{x \to x_0 \\ (x \to \infty)}} h(x) = a$,

那么 $\lim\limits_{\substack{x \to x_0 \\ (或 x \to \infty)}} f(x)$ 存在且等于 a.

准则 I 以及准则 I′称为**夹逼准则**.

作为应用,下面证明一个重要极限

$$\lim_{x \to 0} \frac{\sin x}{x} = 1.$$

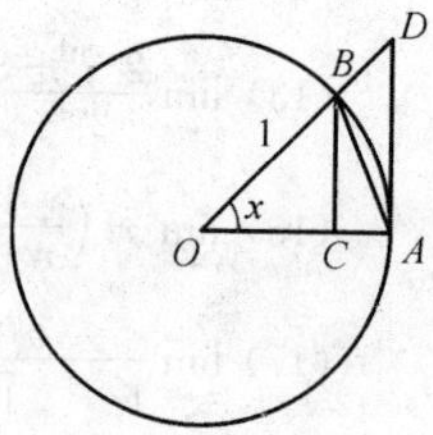

注意到,函数 $\dfrac{\sin x}{x}$ 对于一切 $x \neq 0$ 都有定义. 在图 1-9 所

示的单位圆中,设圆心角 $\angle AOB = x\left(0 < x < \dfrac{\pi}{2}\right)$,点 A 处

的切线与 OB 的延长线相交于 D,且 $BC \perp OA$,则

图 1-9

$$\sin x = CB, \quad x = \overset{\frown}{AB}, \quad \tan x = AD.$$

因为 $\triangle AOB$ 的面积 < 扇形 AOB 的面积 < $\triangle AOD$ 的面积,所以

$$\frac{1}{2} \sin x < \frac{1}{2} x < \frac{1}{2} \tan x,$$

即 $$\sin x < x < \tan x. \qquad (1)$$

不等式两边都除以 $\sin x$,就有

$$1 < \frac{x}{\sin x} < \frac{1}{\cos x}$$

或 $$\cos x < \frac{\sin x}{x} < 1. \qquad (2)$$

由于式(2)对 $\left(-\dfrac{\pi}{2}, 0\right)$ 内的一切 x 也成立,所以,下面只需证明 $\lim\limits_{x \to 0} \cos x = 1$,

即可以对式(2)应用准则 I′,得到最后的结果.

事实上,当 $0 < |x| < \dfrac{\pi}{2}$ 时,利用式(1)有

$$0 \leqslant 1 - \cos x = 2\sin^2 \frac{x}{2} < 2\left(\frac{x}{2}\right)^2 = \frac{x^2}{2},$$

当 $x \to 0$ 时,$\dfrac{x^2}{2} \to 0$,由准则 I',有 $\lim\limits_{x \to 0}(1 - \cos x) = 0$,故

$$\lim_{x \to 0} \cos x = 1,$$

再对式(2)使用准则 I',即得

$$\lim_{x \to 0} \frac{\sin x}{x} = 1.$$

证明过程中的式(1)在一般情况下可以写成以下两个常用不等式:

$$|\sin x| \leqslant |x|, \quad x \in (-\infty, +\infty),$$

$$|x| \leqslant |\tan x|, \quad x \in \left(-\frac{\pi}{2}, \frac{\pi}{2}\right).$$

其中,当 $x = 0$ 时等号成立.

例 1 求 $\lim\limits_{x \to 0} \dfrac{\tan x}{x}$.

解 $\lim\limits_{x \to 0} \dfrac{\tan x}{x} = \lim\limits_{x \to 0}\left(\dfrac{\sin x}{x} \cdot \dfrac{1}{\cos x}\right) = \lim\limits_{x \to 0} \dfrac{\sin x}{x} \cdot \lim\limits_{x \to 0} \dfrac{1}{\cos x} = 1.$

例 2 求 $\lim\limits_{x \to 0} \dfrac{\sin 3x}{\tan 4x}$.

解 利用例 1 的结果及 §1.3 定理 1.

$$\lim_{x \to 0} \frac{\sin 3x}{\tan 4x} = \lim_{x \to \infty}\left(\frac{\sin 3x}{3x} \cdot \frac{3x}{4x} \cdot \frac{4x}{\tan 4x}\right)$$

$$= \frac{3}{4} \lim_{x \to 0} \frac{\sin 3x}{3x} \cdot \lim_{x \to 0} \frac{4x}{\tan 4x} = \frac{3}{4}.$$

例 3 求 $\lim\limits_{x \to 0} \dfrac{1 - \cos x}{x^2}$.

解 $\lim\limits_{x \to 0} \dfrac{1 - \cos x}{x^2} = \lim\limits_{x \to 0} \dfrac{2\sin^2 \frac{x}{2}}{x^2} = \dfrac{1}{2} \lim\limits_{x \to 0} \dfrac{\sin^2 \frac{x}{2}}{\left(\frac{x}{2}\right)^2}$

$$= \frac{1}{2} \lim_{x \to 0}\left(\frac{\sin \frac{x}{2}}{\frac{x}{2}}\right)^2 = \frac{1}{2}.$$

例 4 求 $\lim\limits_{x \to \infty} \dfrac{2x-1}{x^2 \sin \dfrac{2}{x}}$.

解 令 $t = \dfrac{2}{x}$,则当 $x \to \infty$ 时,$t \to 0$,于是

$$\lim_{x \to \infty} \frac{2x-1}{x^2 \sin \dfrac{2}{x}} = \frac{1}{2} \lim_{x \to \infty} \left(2 - \frac{1}{x}\right) \cdot \frac{\dfrac{2}{x}}{\sin \dfrac{2}{x}}$$

$$= \frac{1}{2} \lim_{t \to 0} \left(2 - \frac{t}{2}\right) \cdot \frac{t}{\sin t} = 1.$$

下面看一个应用夹逼准则的例子.

例 5 设数列 $x_n = \dfrac{n}{n^2+1} + \dfrac{n}{n^2+2} + \cdots + \dfrac{n}{n^2+n}$,证明数列 $\{x_n\}$ 收敛并求其极限.

证明 将 x_n 进行适当的缩放,得

$$\frac{n^2}{n^2+n} < x_n = \frac{n}{n^2+1} + \frac{n}{n^2+2} + \cdots + \frac{n}{n^2+n} < \frac{n^2}{n^2+1}.$$

当 $n \to \infty$ 时,$\dfrac{n^2}{n^2+n} \to 1$,$\dfrac{n^2}{n^2+1} \to 1$,故根据数列的夹逼准则 Ⅰ,有 $\lim\limits_{n \to \infty} x_n = 1$,即数列 $\{x_n\}$ 收敛于 1.

二、单调有界准则

如果数列 $\{x_n\}$ 满足不等式

$$x_1 \leqslant x_2 \leqslant x_3 \leqslant \cdots \leqslant x_n \leqslant \cdots,$$

则称数列 $\{x_n\}$ 是单调增加的;如果数列 $\{x_n\}$ 满足不等式

$$x_1 \geqslant x_2 \geqslant x_3 \geqslant \cdots \geqslant x_n \geqslant \cdots,$$

则称数列 $\{x_n\}$ 是单调减少的,这两类数列统称为单调数列.

准则Ⅱ 单调有界数列必有极限.

准则Ⅱ的证明超出大纲要求,在此略去. 在 §1.2 性质 2 中已经说明,收敛的数列一定有界,但也指出数列有界是其收敛的必要而非充分条件,这里准则Ⅱ表明,如果数列不仅有界,而且还是单调的,那么这个数列就一定收敛,在应用中应注意有界性和单调性缺一不可.

作为准则 II 的应用,下面讨论另一个重要极限

$$\lim_{n \to \infty} \left(1 + \frac{1}{n}\right)^n = \mathrm{e}.$$

考查数列 $\{x_n\}$,其中 $x_n = \left(1 + \frac{1}{n}\right)^n$.

设 $x_n = \left(1 + \frac{1}{n}\right)^n$,我们来证数列 x_n 单调增加并且有界,按牛顿二项公式,有

$$
\begin{aligned}
x_n &= \left(1 + \frac{1}{n}\right)^n \\
&= 1 + \frac{n}{1!} \cdot \frac{1}{n} + \frac{n(n-1)}{2!} \cdot \frac{1}{n^2} + \frac{n(n-1)(n-2)}{3!} \cdot \frac{1}{n^3} + \cdots + \\
&\quad \frac{n(n-1)\cdots(n-n+1)}{n!} \cdot \frac{1}{n^n} \\
&= 1 + 1 + \frac{1}{2!}\left(1 - \frac{1}{n}\right) + \frac{1}{3!}\left(1 - \frac{1}{n}\right)\left(1 - \frac{2}{n}\right) + \cdots + \\
&\quad \frac{1}{n!}\left(1 - \frac{1}{n}\right)\left(1 - \frac{2}{n}\right)\cdots\left(1 - \frac{n-1}{n}\right),
\end{aligned}
$$

类似地

$$
\begin{aligned}
x_{n+1} &= 1 + 1 + \frac{1}{2!}\left(1 - \frac{1}{n+1}\right) + \frac{1}{3!}\left(1 - \frac{1}{n+1}\right)\left(1 - \frac{2}{n+1}\right) + \cdots + \\
&\quad \frac{1}{n!}\left(1 - \frac{1}{n+1}\right)\left(1 - \frac{2}{n+1}\right)\cdots\left(1 - \frac{n-1}{n+1}\right) + \\
&\quad \frac{1}{(n+1)!}\left(1 - \frac{1}{n+1}\right)\left(1 - \frac{2}{n+1}\right)\cdots\left(1 - \frac{n}{n+1}\right).
\end{aligned}
$$

比较 x_n,x_{n+1} 的展开式,可以看到,除前两项外,x_n 的每一项都小于 x_{n+1} 的对应项,并且 x_{n+1} 还多了最后的一项,其值大于零,因此

$$x_n < x_{n+1}.$$

这就说明数列 $\{x_n\}$ 是单调增加的,这个数列同时还是有界的,因为,如果 x_n 的展开式中各项括号内的数用较大的数 1 代替,得

$$x_n < 1 + 1 + \frac{1}{2!} + \frac{1}{3!} + \cdots + \frac{1}{n!} < 1 + 1 + \frac{1}{2} + \frac{1}{2^2} + \frac{1}{2^{n-1}}$$

$$= 1 + \frac{1 - \frac{1}{2^n}}{1 - \frac{1}{2}} = 3 - \frac{1}{2^{n-1}} < 3.$$

这就说明数列 $\{x_n\}$ 是有界的,根据极限存在准则 Ⅱ,这个数列 x_n 的极限存在,通常用字母 e 来表示它,即

$$\lim_{n \to \infty}\left(1 + \frac{1}{n}\right)^n = \mathrm{e}.$$

再利用夹逼准则,可以证明(证明略),当 x 取实数趋向于 $+\infty$ 及 $-\infty$ 时,函数 $\left(1 + \frac{1}{x}\right)^x$ 的极限都存在且等于 e,因此

$$\lim_{x \to \infty}\left(1 + \frac{1}{x}\right)^x = \mathrm{e}. \tag{3}$$

这里 e 是一个无理数,它的值为

$$\mathrm{e} = 2.718\ 281\ 828\ 459\ 045\cdots.$$

在 §1.1 中给出的自然对数 $y = \ln x$,其底数就是这个无理数.

如果作代换 $t = \frac{1}{x}$,利用复合函数极限运算法则,式(3)就成为

$$\lim_{t \to 0}(1 + t)^{\frac{1}{t}} = \mathrm{e}.$$

例 6 求 $\lim\limits_{x \to \infty}\left(1 + \frac{1}{x}\right)^{2x}$.

解 $\lim\limits_{x \to \infty}\left(1 + \frac{1}{x}\right)^{2x} = \lim\limits_{x \to \infty}\left[\left(1 + \frac{1}{x}\right)^x\right]^2 = \lim\limits_{x \to \infty}\left[\left(1 + \frac{1}{x}\right)^x\right]^2 = \mathrm{e}^2.$

例 7 求 $\lim\limits_{x \to \infty}\left(\dfrac{x+4}{x+2}\right)^x$.

解 $\lim\limits_{x \to \infty}\left(\dfrac{x+4}{x+2}\right)^x = \lim\limits_{x \to \infty}\left(\dfrac{1 + \dfrac{4}{x}}{1 + \dfrac{2}{x}}\right)^x = \dfrac{\lim\limits_{x \to \infty}\left(1 + \dfrac{4}{x}\right)^x}{\lim\limits_{x \to \infty}\left(1 + \dfrac{2}{x}\right)^x}$

$$= \dfrac{\lim\limits_{x \to \infty}\left[\left(1 + \dfrac{4}{x}\right)^{\frac{x}{4}}\right]^4}{\lim\limits_{x \to \infty}\left[\left(1 + \dfrac{2}{x}\right)^{\frac{x}{2}}\right]^2} = \dfrac{\mathrm{e}^4}{\mathrm{e}^2} = \mathrm{e}^2.$$

例 8 求 $\lim\limits_{x \to 0}(1 + 2x)^{\frac{1}{x}}$.

解 $\lim\limits_{x \to 0}(1 + 2x)^{\frac{1}{x}} = \lim\limits_{x \to 0}\left[(1 + 2x)^{\frac{1}{2x}}\right]^2 = \mathrm{e}^2.$

在例 7 和例 8 的计算过程中,也都用到了复合函数极限运算法则.

一般地,设函数 $u(x)$,$v(x)$ 不是常值函数,通常称形如 $u(x)^{v(x)}$ 的函数为幂指函数,在同一个自变量过程中,如果 $\lim u(x) = a > 0$,$\lim v(x) = b$,那么

$$\lim u(x)^{v(x)} = a^b.$$

最后看一个单调有界准则应用的例子.

例 9　设 $x_n = 1 + \dfrac{1}{2^a} + \dfrac{1}{3^a} + \cdots + \dfrac{1}{n^a}$，其中常数 $\alpha \geqslant 2$，证明数列 $\{x_n\}$ 收敛.

证明　显然数列 $\{x_n\}$ 是单调增加的，下面只需证明 $\{x_n\}$ 有上界，事实上，因 $\alpha \geqslant 2$，所以

$$
\begin{aligned}
x_n &\leqslant 1 + \frac{1}{2^2} + \frac{1}{3^2} + \cdots + \frac{1}{n^2} \\
&\leqslant 1 + \frac{1}{1 \times 2} + \frac{1}{2 \times 3} + \cdots + \frac{1}{(n-1)n} \\
&= 1 + \left(1 - \frac{1}{2}\right) + \left(\frac{1}{2} - \frac{1}{3}\right) + \cdots + \left(\frac{1}{n-1} - \frac{1}{n}\right) \\
&= 2 - \frac{1}{n} < 2.
\end{aligned}
$$

于是数列 $\{x_n\}$ 是收敛的.

三、极限在经济学中的应用

在上文得到了一个重要极限 $\lim\limits_{n \to \infty}\left(1 + \dfrac{1}{n}\right)^n = \mathrm{e}$. 下面从实际问题来看看这种数学模型的现实意义. 例如，计算复利问题. 下面先介绍几个常用经济函数.

1. 单利和复利

利息是指借款者向贷款者支付的报酬，它是根据本金的数额按一定比例计算出来的. 利息有存款利息、贷款利息、债券利息、贴现利息等几种主要形式.

（1）单利计算公式

设初始本金为 p（元），银行年利率为 r，则

第一年末本利和为　$s_1 = p + rp = p(1 + r)$,

第二年末本利和为　$s_2 = p(1 + r) + rp = p(1 + 2r)$,

$$\vdots$$

第 n 年末本利和为　$s_n = p(1 + nr)$.

（2）复利计算公式

设初始本金为 p（元），银行年利率为 r，则

第一年末本利和为　$s_1 = p + rp = p(1 + r)$,

第二年末本利和为　$s_2 = p(1 + r) + rp\,(1 + r) = p(1 + r)^2$,

$$\vdots$$

第 n 年末本利和为 $s_n = p(1+r)^n$.

例 10 现有初始本金 1 000 元,若银行的年利率为 7%,问

(1) 按单利计算,3 年末的本利和为多少?

(2) 按复利计算,3 年末的本利和为多少?

(3) 按复利计算,需多少年才能使本利和超过初始本金 1 倍?

解 (1) 已知 $p=1\,000$, $r=0.07$,由单利计算公式,得

$$s_3 = p(1+3r) = 1\,000 \times (1+3 \times 0.07) = 1\,210(元).$$

即 3 年末的本利和为 1 210 元.

(2) 由复利计算公式,得

$$s_3 = p(1+r)^3 = 1\,000 \times (1+0.07)^3 \approx 1\,225(元).$$

即 3 年末的本利和为 1 225 元.

(3) 若 n 年后的本利和超过初始本金的 1 倍,即要

$$s_n = p(1+r)^n > 2p, \quad (1.07)^n > 2, \quad n\ln 1.07 > \ln 2,$$

从而

$$n > \frac{\ln 2}{\ln 1.07} \approx 10.2.$$

即需 11 年才能使本利和超过初始本金的 1 倍.

2. 多次付息

前面是对确定的年利率及假定每年支付利息一次的情形来讨论的.下面再讨论每年多次付息情况.

(1) 单利付息的情形

因每次的利息都不计入本金,故若一年分 n 次付息,则年末的本利和为

$$s = p\left(1 + n\,\frac{r}{n}\right) = p(1+r).$$

即年末的本利和与支付利息的次数无关.

(2) 复利付息的情形

因每次支付的利息都记入本金,故年末的本利和与支付的次数是有关系的.

设初始本金为 p(元),银行年利率为 r,若一年分 m 次付息,则一年末的本利和为

$$s = p\left(1 + \frac{r}{m}\right)^m.$$

易见,本利和是随付息次数 m 的增大而增大的. 而第 n 年末的本利和为

$$s_n = p\left(1+\frac{r}{m}\right)^{mn}.$$

3. 连续复利

设初始本金为 p(元),银行年利率为 r,若一年分 m 次付息,则第 n 年末的本利和为

$$s_n = p\left(1+\frac{r}{m}\right)^{mn}.$$

利用二项展开 $(1+x)^m = 1+mx+\dfrac{m(m-1)}{2}x^2+\cdots+x^m$,有

$$\left(1+\frac{r}{m}\right)^m > 1+r,$$

因而

$$p\left(1+\frac{r}{m}\right)^{mt} > p(1+r)^t \quad (t>0).$$

这就是说,一年计算 m 次复利的本利和比一年计算一次复利的本利和要大,且复利计算次数愈多,计算所得的本利和额就愈大,但是也不会无限增大,因为

$$\lim_{m\to\infty} p\left(1+\frac{r}{m}\right)^{mt} = p\lim_{m\to\infty}\left(1+\frac{r}{m}\right)^{\frac{m}{r}rt} = pe^{rt},$$

所以,本金为 p,按名义年利率 r 不断计算复利,则 t 年后的本利和

$$S = pe^{rt}.$$

上述极限称为连续复利公式,式中的 t 可视为连续变量. 上述公式仅是一个理论公式,在实际中并不使用它,仅作为存期较长情况下的一种近似估计.

　　例 11　某投资者欲用 1 000 元投资 5 年,设年利率为 6%,试分别按单利、复利、每年按 4 次复利和连续复利付息方式计算,到第 5 年末,该投资者应得的本利和 S.

　　解　按单利计算

$$S = 1\,000 + 1\,000\times0.06\times5 = 1\,300(元),$$

按复利计算

$$S = 1\,000\times(1+0.06)^5 = 1\,000\times1.338\,23 = 1\,338.23(元),$$

按每年计算复利 4 次计算

$$S = 1\ 000 \left(1 + \frac{0.06}{4}\right)^{4 \times 5} = 1\ 000 \times 1.015^{20} = 1\ 000 \times 1.348\ 6 = 1\ 346.86(元),$$

按连续复利计算

$$S = 1\ 000 \cdot e^{0.06 \times 5} = 1\ 000 \cdot e^{0.3} = 1\ 349.86(元).$$

习题 1-4

1. 计算下列极限.

(1) $\lim\limits_{x \to 0} \dfrac{\tan 5x}{x}$;

(2) $\lim\limits_{x \to 0} \dfrac{\sin 3x}{\tan 2x}$;

(3) $\lim\limits_{x \to 0} x \cot x$;

(4) $\lim\limits_{x \to 0} \dfrac{1 - \cos 2x}{x \sin 3x}$;

(5) $\lim\limits_{n \to \infty} 2^n \sin \dfrac{x}{2^n}$ (x 为不等于零的常数);

(6) $\lim\limits_{x \to 1} \dfrac{1 - x^2}{\sin \pi x}$.

2. 计算下列极限.

(1) $\lim\limits_{x \to 0} (1 - 2x)^{\frac{1}{x}}$;

(2) $\lim\limits_{x \to \infty} \left(1 - \dfrac{2}{x}\right)^{3x}$;

(3) $\lim\limits_{x \to \infty} \left(\dfrac{x}{1 + x}\right)^x$;

(4) $\lim\limits_{n \to \infty} \left(\dfrac{2n + 1}{2n - 1}\right)^{n - \frac{1}{2}}$;

(5) $\lim\limits_{x \to 0} (1 + \tan x)^{\cot x}$;

(6) $\lim\limits_{x \to 0} (1 + \tan x)^{\frac{2}{\tan x}}$.

3. 已知 $\lim\limits_{x \to \infty} \left(\dfrac{x - 2}{x}\right)^{kx} = \dfrac{1}{e}$, 求常数 k.

4. 利用极限存在准则证明:

(1) $\lim\limits_{n \to \infty} \left(\dfrac{1}{\sqrt{n^2 + 1}} + \dfrac{1}{\sqrt{n^2 + 2}} + \cdots + \dfrac{1}{\sqrt{n^2 + n}}\right) = 1$;

(2) $\lim\limits_{x \to 0} x \left[\dfrac{1}{x}\right] = 1$;

(3) 数列 $\sqrt{2}, \sqrt[2]{\sqrt{2}}, \sqrt{\sqrt[2]{\sqrt{2}}}, \cdots$ 的极限存在;

(4) 设 $x_n = \dfrac{1}{3 + 1} + \dfrac{1}{3^2 + 1} + \cdots + \dfrac{1}{3^n + 1}$, 则数列 $\{x_n\}$ 收敛.

§1.5 无穷小与无穷大

一、无穷小

我国古时即有"一尺之棰,日取其半,万世不竭"之说,这实际上就是对无穷小的一个准确形象的描述.

定义 1　如果函数 $f(x)$ 满足

$$f(x) \to 0 \quad (\text{当 } x \to x_0 \text{ 或 } x \to \infty),$$

就称函数 $f(x)$ 为当 $x \to x_0$ (或 $x \to \infty$) 时的**无穷小**.

特别地,当一个数列收敛于零时,则称其为 $n \to \infty$ 时的无穷小.

例如,当 $n \to \infty$ 时,数列 $\left\{ \dfrac{1}{n} \right\}$ 是无穷小;当 $x \to 2$ 时,函数 $f(x) = 2x - 4$ 是无穷小;当 $x \to \infty$ 时,函数 $f(x) = \dfrac{1}{x^2}$ 是无穷小.

在论及具体的无穷小量时,应当指明其极限过程,否则会使其含义不清晰.例如,$f(x) = 2x - 4$ 当 $x \to 2$ 时是无穷小,但是自变量的其他变化过程中便不是无穷小.另外,不可把无穷小与"很小的数"(如千万分之一) 混为一谈,因为无穷小是这样的函数,在 $x \to x_0$ (或 $x \to \infty$) 的过程中,这个函数的绝对值小于任意给定的正数 ε,但"很小的数"则不可能使其绝对值任意地小,事实上,非零的常数均不是无穷小,而零是可以作为无穷小的唯一的常数.

函数极限与无穷小有如下关系:

定理 1　在自变量的变化过程 $x \to x_0$ (或 $x \to \infty$) 中,函数 $f(x)$ 具有极限 A 的充分必要条件是 $f(x) = A + \alpha(x)$,其中 $\alpha(x)$ 是在自变量的同一变化过程中的无穷小.

根据 §1.3 给出的极限运算法则,在自变量的同一变化过程中,无穷小的和与积运算有如下结论.

定理 2　有限个无穷小的和、差、积仍是无穷小.

定理 3　有界函数与无穷小的乘积是无穷小.

例如,由 $x \to \infty$ 时,函数 $\dfrac{1}{x}$ 为无穷小,那么极限 $\lim\limits_{x \to \infty} \dfrac{1}{x} = 0$,进而 $\lim\limits_{x \to \infty} \dfrac{1}{x^n} = 0$,其中 n 为正整数;又因为函数 $\sin x$ 为有界函数,所以极限 $\lim\limits_{x \to \infty} \dfrac{\sin x}{x} = 0$.

二、无穷大

定义 2　设函数 $f(x)$ 在 x_0 的某一去心邻域内(或 $|x|$ 大于某一正数时)有定义,如果当 $x \to x_0$ (或 $x \to \infty$) 时,$|f(x)|$ 无限地增大,则称函数 $f(x)$ 为当 $x \to x_0$ (或 $x \to \infty$) 时的**无穷大**.

定义 2 所描述的性态,按函数极限的定义来看,极限是不存在的,但为了便于叙述、使用函数的这一性态,通常也说"函数的极限是无穷大",并记作

$$\lim_{x \to x_0} f(x) = \infty \quad (\text{或} \lim_{x \to \infty} f(x) = \infty).$$

如果把定义 2 中的"$| f(x) |$ 无限地增大"改写成"$f(x)$ 无限地增大"(或"$-f(x)$ 无限地增大"),就记作

$$\lim_{\substack{x \to x_0 \\ (\text{或} x \to \infty)}} f(x) = +\infty \quad (\text{或} \lim_{\substack{x \to x_0 \\ (\text{或} x \to \infty)}} f(x) = -\infty).$$

同样,在论及无穷大时要指明极限过程,并且不要把无穷大与"很大的数"(如 1 亿等)混为一谈.

例 1 利用极限定义说明 $\lim\limits_{x \to 0} \dfrac{1}{x} = \infty$.

解 当 $x \to 0$ 时,$\left| \dfrac{1}{x} \right| = \dfrac{1}{| x |}$ 无限地增大,所以 $\lim\limits_{x \to 0} \dfrac{1}{x} = \infty$.

结合 §1.3 例 1,可以看到,对同一函数 $f(x) = \dfrac{1}{x}$,当 $x \to 0$ 时为无穷大,当 $x \to \infty$ 时为无穷小,所以描述函数的形状必须指明极限过程.

一般地,如果 $\lim\limits_{x \to x_0} f(x) = \infty$,则直线 $x = x_0$ 为函数 $y = f(x)$ 的图形的**铅直渐近线**,所以 $x = 0$ 是函数 $y = \dfrac{1}{x}$ 图形的铅直渐近线.

无穷大与无穷小有着紧密的关系.

定理 4 在自变量的同一变化过程中,如果 $f(x)$ 为无穷大,则 $\dfrac{1}{f(x)}$ 为无穷小;反之,如果 $f(x)$ 为无穷小,且 $f(x) \neq 0$,则 $\dfrac{1}{f(x)}$ 为无穷大.

本节所有定理都适用于数列情形,这里不再赘述.

例 2 求 $\lim\limits_{x \to 1} \dfrac{2x + 1}{x^2 - 5x + 4}$.

解 当 $x \to 1$ 时,分母 $x^2 - 5x + 4 \to 0$,而分子 $2x + 1 \to 3$,所以这时倒函数的极限

$$\lim_{x \to 1} \frac{x^2 - 5x + 4}{2x + 1} = 0.$$

根据定理 4,所求极限

$$\lim_{x \to 1} \frac{2x + 1}{x^2 - 5x + 4} = \infty.$$

三、无穷小的比较

从本节的定理 2 已经知道,两个无穷小的和、差,以及乘积仍是无穷小,但一直没有讨论两个无穷小的商,实际上,两个无穷小的商会出现几种不同的状态,例如,当 $x \to 0$ 时,$2x$,x^2,$\sin x$ 都是无穷小,但是

$$\lim_{x \to 0} \frac{x^2}{2x} = 0, \quad \lim_{x \to 0} \frac{2x}{x^2} = \infty, \quad \lim_{x \to 0} \frac{\sin x}{2x} = \frac{1}{2}.$$

客观上,这几个不同的极限值形象地反映出不同的无穷小趋于零的"快慢"程度,为了能够比较两个无穷小趋于零的"快慢",我们建立一个比较体系,具体如下:

定义 3　设 $\alpha(x)$,$\beta(x)$ 为同一自变量变化过程中的无穷小.

(1) 如果 $\lim \dfrac{\alpha(x)}{\beta(x)} = 0$,则称 $\alpha(x)$ 是比 $\beta(x)$ **高阶的无穷小**,记作 $\alpha = o(\beta)$;

(2) 如果 $\lim \dfrac{\alpha(x)}{\beta(x)} = \infty$,则称 $\alpha(x)$ 是比 $\beta(x)$ **低阶的无穷小**;

(3) 如果 $\lim \dfrac{\alpha(x)}{\beta(x)} = C \neq 0$,则称 $\alpha(x)$ 与 $\beta(x)$ 是**同阶无穷小**;特别地,如果 $C = 1$,则称 $\alpha(x)$ 与 $\beta(x)$ 是**等价无穷小**,记作 $\alpha \sim \beta$;

(4) 如果 $\lim \dfrac{\alpha(x)}{\beta^k(x)} = C \neq 0$,$k > 0$,则称 $\alpha(x)$ 是关于 $\beta(x)$ 的 **k 阶无穷小**.

据此定义,可以得到以下无穷小之间的关系:

因为 $\lim\limits_{x \to 0} \dfrac{\sin x}{x} = 1$,所以当 $x \to 0$ 时,$\sin x$ 与 x 是等价无穷小;

因为 $\lim\limits_{x \to 0} \dfrac{\tan x}{x} = 1$,所以当 $x \to 0$ 时,$\tan x$ 与 x 是等价无穷小;

因为 $\lim\limits_{x \to 0} \dfrac{\frac{1}{n^2}}{\frac{1}{n}} = 0$,所以当 $n \to \infty$ 时,$\dfrac{1}{n^2}$ 是比 $\dfrac{1}{n}$ 高阶的无穷小,反之也可以说,$\dfrac{1}{n}$ 是比 $\dfrac{1}{n^2}$ 低阶的无穷小;

因为 $\lim\limits_{x \to 0} \dfrac{1 - \cos x}{x^2} = \dfrac{1}{2}$,所以当 $x \to 0$ 时,$1 - \cos x$ 与 x^2 是同阶无穷小;也可以说当 $x \to 0$ 时,$1 - \cos x$ 是关于 x 的二阶无穷小;

因为 $\lim\limits_{x \to 0} \dfrac{\sqrt{1+x} - 1}{x} = \dfrac{1}{2}$,所以当 $x \to 0$ 时,$\sqrt{1+x} - 1$ 与 x 是同阶无穷小,这个结果的一般形式是:当 $x \to 0$ 时,$\sqrt[n]{1+x} - 1 \sim \dfrac{1}{n}x$(这个结果将在 §1.6 例 17

推导).

下面的定理是极限计算时的一个重要方法.

定理5 设 $\alpha \sim \alpha'$，$\beta \sim \beta'$，且 $\lim \dfrac{\alpha'}{\beta'}$ 存在，则

$$\lim \frac{\alpha}{\beta} = \lim \frac{\alpha'}{\beta'}.$$

证明 $\lim \dfrac{\alpha}{\beta} = \lim\left(\dfrac{\alpha}{\alpha'} \cdot \dfrac{\alpha'}{\beta'} \cdot \dfrac{\beta'}{\beta}\right) = \lim \dfrac{\alpha}{\alpha'} \cdot \lim \dfrac{\alpha'}{\beta'} \cdot \lim \dfrac{\beta'}{\beta} = \lim \dfrac{\alpha'}{\beta'}.$

也就是说，求两个无穷小之比的极限时，分子及分母都可以用其等价无穷小替换，因此使用得当时，可以极大简化计算过程.

例3 求 $\lim\limits_{x \to 0} \dfrac{\sqrt{1+x^2}-1}{2\sin^2 x}$.

解 因为当 $x \to 0$ 时，$x^2 \to 0$，由复合函数极限运算法则，得 $\sqrt{1+x^2}-1 \to 0$，于是有

$$\sqrt{1+x^2}-1 \sim \frac{1}{2}x^2, \quad \sin^2 x \sim x^2,$$

所以
$$\lim_{x \to 0} \frac{\sqrt{1+x^2}-1}{2\sin^2 x} = \lim_{x \to 0} \frac{\frac{1}{2}x^2}{2x^2} = \frac{1}{4}.$$

例4 求 $\lim\limits_{x \to 0} \dfrac{\sin 3x}{\tan 5x}$.

解 由复合函数极限运算法则可知，当 $x \to 0$ 时，$\sin 3x \sim 3x$，$\tan 5x \sim 5x$，所以

$$\lim_{x \to 0} \frac{\sin 3x}{\tan 5x} = \lim_{x \to 0} \frac{3x}{5x} = \frac{3}{5}.$$

例5 求 $\lim\limits_{x \to 0} \dfrac{\tan x - \sin x}{x^3}$.

解 当 $x \to 0$ 时，$1 - \cos x \sim \dfrac{1}{2}x^2$，所以

$$\lim_{x \to 0} \frac{\tan x - \sin x}{x^3} = \lim_{x \to 0} \frac{\sin x(1-\cos x)}{x^3 \cos x}$$

$$= \lim_{x \to 0}\left(\frac{\sin x}{x} \cdot \frac{1-\cos x}{x^2} \cdot \frac{1}{\cos x}\right)$$

$$= \lim_{x \to 0}\left(\frac{\sin x}{x} \cdot \frac{\frac{x^2}{2}}{x^2} \cdot \frac{1}{\cos x}\right) = \frac{1}{2}.$$

利用例 5 还可以得到,当 $x \to 0$ 时,$\tan x - \sin x \sim \dfrac{1}{2}x^3$. 应当注意的是,要代换的无穷小必须是极限式中的因式,否则可能会导致错误. 例如在例 5 中

$$\lim_{x \to 0} \frac{\tan x - \sin x}{x^3} = \lim_{x \to 0} \frac{x - x}{x^3} = 0$$

是不对的.

例 6 求 $\displaystyle\lim_{x \to 0} \frac{\tan x - \sin x}{x(\sqrt{\cos x} - 1)}$.

解 当 $x \to 0$ 时,$\cos x \to 1$,根据复合函数极限运算法则,$\sqrt{\cos x} - 1 \to 0$,于是当 $x \to 0$ 时,$\sqrt{\cos x} - 1 = \sqrt{1 + (\cos x - 1)} - 1 \sim \dfrac{1}{2}(\cos x - 1) \sim \dfrac{1}{2}$ ·

·$\left(-\dfrac{x^2}{2}\right) = -\dfrac{1}{4}x^2$,$\tan x - \sin x \sim \dfrac{1}{2}x^3$,所以

$$\lim_{x \to 0} \frac{\tan x - \sin x}{x(\sqrt{\cos x} - 1)} = \lim_{x \to 0} \frac{\dfrac{1}{2}x^3}{x \cdot \left(-\dfrac{1}{4}x^2\right)} = -2.$$

习题 1-5

1. 两个无穷小的商是否一定是无穷小?两个无穷小的差是否一定是无穷小?试举例说明之.

2. 观察函数的变化情况,结合函数的图形,写出下列极限及相应的铅直渐近线的方程.

(1) $\displaystyle\lim_{x \to 0^+} e^{\frac{1}{x}}$;　　　　(2) $\displaystyle\lim_{x \to 0^+} \cot x$;　　　　(3) $\displaystyle\lim_{x \to \frac{\pi}{2}} \tan x$.

3. 函数 $y = x\cos x$ 在 $(-\infty, +\infty)$ 内是否有界?当 $x \to \infty$ 时,这个函数是否为无穷大?为什么?

4. 求下列极限并说明理由.

(1) $\displaystyle\lim_{x \to 0} x\cos \frac{1}{x^2}$;　　　　　　　　(2) $\displaystyle\lim_{x \to \infty} \frac{\arctan x}{x}$.

5. 当 $x \to 0$ 时,$x + 2x^2$ 与 $x^2 - x^3$ 相比,哪一个是高阶无穷小?

6. 当 $x \to 1$ 时,无穷小 $1 - x$ 和(1) $\dfrac{1}{3}(1 - x^3)$;(2) $1 - x^2$ 是否同阶?是否等价?

7. 当 $x \to 0$ 时,以下函数均为无穷小,分别求出与它们等价的形如 Cx^k 的无穷小.

(1) $x + x^2$;　　　　　　　　　(2) $x + \sin x$;

(3) $\sqrt[3]{x} - \sqrt[3]{\dfrac{x}{x+1}}$.

8. 利用等价无穷小计算下列极限.

(1) $\lim\limits_{x\to 0}\dfrac{\tan x}{3x}$;

(2) $\lim\limits_{x\to 0}\dfrac{\sin (x^n)}{(\tan x)^m}$ (m,n 为正整数);

(3) $\lim\limits_{x\to 0}\dfrac{\sin 2x}{x+x^2}$;

(4) $\lim\limits_{x\to 0}\dfrac{x-\sin 2x}{x+\sin 3x}$;

(5) $\lim\limits_{x\to 0}\dfrac{\sqrt{1+\sin x}-1}{x}$;

(6) $\lim\limits_{x\to 0^+}\dfrac{1-\sqrt{\cos x}}{(1-\cos \sqrt{x})^2}$.

9. 设在因变量的同一变化过程中,α,β是无穷小,证明:如果 $\alpha\sim\beta$,则 $\beta-\alpha=o(\alpha)$,反之,如果 $\beta-\alpha=o(\alpha)$,则 $\alpha\sim\beta$.

§1.6 函数的连续性

现实世界中很多现象的变化是连续不断的,例如,气温的变化,物体运动路程的变化和速度的变化,等等,都是随时间变化而连续改变的,这种现象在函数关系上所反映出的性态,就是函数的连续性,这也是本课程重点要讨论的函数的一个特性.

一、函数的连续性

先引入自变量增量和函数增量的概念,设变量 x 从它的初值 x_1 变到终值 x_2,称终值与初值之差 x_2-x_1 为变量 x 的**增量**,记作 Δx,即

$$\Delta x = x_2 - x_1.$$

这里"增量"实际是指变量 x 的改变量,它可以是正的,也可以是负的,当增量 $\Delta x>0$ 时,说明变量 x 从 x_1 变化到 x_2($x_2=x_1+\Delta x$)时是增大的;当 $\Delta x<0$ 时,变量 x 则是减小的.

设有函数 $y=f(x)$,当自变量 x 从 x_0 变化到 $x_0+\Delta x$ 时,函数 y 相应地从 $f(x_0)$ 变化到 $f(x_0+\Delta x)$,称 $f(x_0+\Delta x)-f(x_0)$ 为函数 $f(x)$ 的增量,记作 Δy,即

$$\Delta y = f(x_0+\Delta x)-f(x_0).$$

考察气温随时间连续变化的特点:当时间间隔很微小时,温度的变化也很微小,这个特点就是所谓的连续性,对比这个现象,我们给出这个概念的精确定义.

定义 设 $y=f(x)$ 在点 x_0 的某个邻域(包括 x_0)内有定义,如果

$$\lim_{\Delta x\to 0}\Delta y = \lim_{\Delta x\to 0}[f(x_0+\Delta x)-f(x_0)] = 0, \tag{1}$$

就称函数 $y=f(x)$ 在点 x_0 处连续,或称 x_0 是 $f(x)$ 的连续点.

若设 $x=x_0+\Delta x$,于是 $\Delta x=x-x_0$,与此对应,Δy 就为

$$\Delta y = f(x_0+\Delta x)-f(x_0)=f(x)-f(x_0).$$

由于当 $\Delta x \to 0$ 时,$x \to x_0$,于是式(1)就变化为

$$\lim_{x \to x_0}[f(x) - f(x_0)] = 0,$$

即

$$\lim_{x \to x_0} f(x) = f(x_0). \tag{2}$$

从式(2)可以看到,函数 $f(x)$ 在 x_0 处连续,实际是当 $x \to x_0$ 时,$f(x)$ 不仅有极限存在,而且该极限恰为 $f(x)$ 在 x_0 处的函数值 $f(x_0)$. 因此,由于 $x \to 0$ 时,$\cos x \to 1$,所以函数 $\cos x$ 在点 $x = 0$ 处是连续的,又由于当 $x \to 0$ 时,$\sin x \to 0$,$\tan x \to 0$,所以两个函数在点 $x = 0$ 处也是连续的.

在 §1.3 的学习过程中,我们已经了解到,函数 $f(x)$ 当 $x \to x_0$ 时的极限与该函数 $f(x)$ 在点 x_0 处的函数值是没有关系的. 所以函数 $f(x)$ 在点 x_0 处连续,是函数当 $x \to x_0$ 极限存在时的一种特殊情况.

下面进一步考虑两个单侧极限.

如果 $\lim\limits_{x \to x_0^-} f(x) = f(x_0^-)$ 存在且 $f(x_0^-) = f(x_0)$,则称函数 $f(x)$ 在点 x_0 处**左连续**;如果 $\lim\limits_{x \to x_0^+} f(x) = f(x_0^+)$ 存在且 $f(x_0^+) = f(x_0)$,就称函数 $f(x)$ 在点 x_0 处**右连续**,根据 §1.3 极限存在的充要条件,直接得到:

$f(x)$ 在点 x_0 处连续的充分必要条件是 $f(x)$ 在点 x_0 处**既是左连续又是右连续的**.

例如,从 §1.3 例5 可以看到,符号函数在点 $x = 0$ 处是不连续的;而绝对值函数在 $x = 0$ 处则是连续的.

如果函数在一个开区间内每一点都连续,就称它是该区间内的连续函数;如果函数在开区间 (a, b) 内连续,并且在区间的左端点 a 处右连续,在右端点 b 处左连续,就称这个函数是闭区间 $[a, b]$ 上的连续函数,对半开半闭区间情形,也可以类似地定义,这里不再详述.

根据上述定义,由于对任意实数 x_0,多项式 $P(x)$ 满足:$\lim\limits_{x \to x_0} P(x) = P(x_0)$,所以多项式在 $(-\infty, +\infty)$ 内是连续的;对有理分式函数 $\dfrac{P(x)}{Q(x)}$,当 $Q(x_0) \neq 0$ 时,就有 $\lim\limits_{x \to x_0} \dfrac{P(x)}{Q(x)} = \dfrac{P(x_0)}{Q(x_0)}$,所以有理分式函数在其定义域内是连续的.

例 1 证明函数 $y = \sin x$ 在区间 $(-\infty, +\infty)$ 内是连续的.

证明 任给实数 $x_0 \in (-\infty, +\infty)$,因为

$$0 \leqslant |\Delta y| = |\sin(x_0 + \Delta x) - \sin x_0|$$

$$= \left| 2\sin \frac{\Delta x}{2} \cos \frac{2x_0 + \Delta x}{2} \right|$$

$$\leqslant 2\left| \sin \frac{\Delta x}{2} \right| \leqslant 2\left| \frac{\Delta x}{2} \right| = |\Delta x|.$$

当 $\Delta x \to 0$ 时，$|\Delta x| \to 0$，由夹逼准则得 $\Delta y \to 0$，这就证明了 $y = \sin x$ 在点 x_0 处是连续的，又由于 x_0 的任意性，就得到函数 $y = \sin x$ 在 $(-\infty, +\infty)$ 内是连续的.

可以类似证明，函数 $y = \cos x$ 在 $(-\infty, +\infty)$ 内也是连续的.

二、函数的间断点

根据函数 $f(x)$ 在 x_0 处连续的定义，如果函数 $y = f(x)$ 在点 x_0 处是连续的，那么必须同时满足下面三个条件：

(1) 函数 $f(x)$ 在点 x_0 处有定义；

(2) $\lim\limits_{x \to x_0} f(x)$ 存在；

(3) $\lim\limits_{x \to x_0} f(x) = f(x_0)$.

当三个条件中有任何一个不成立时，我们就说函数 $f(x)$ 在 x_0 处不连续，而点 x_0 叫做函数 $f(x)$ 的间断点或不连续点.

也就是说，函数 $f(x)$ 在其间断点会出现下列三种情形之一：

(1) 在 $x = x_0$ 处没有定义；

(2) 虽在 $x = x_0$ 处有定义，但 $\lim\limits_{x \to x_0} f(x)$ 不存在；

(3) 虽在 $x = x_0$ 处有定义，且 $\lim\limits_{x \to x_0} f(x)$ 存在，但 $\lim\limits_{x \to x_0} f(x) \neq f(x_0)$.

通常，间断点分成两类：设 x_0 是函数 $f(x)$ 的间断点，而左极限 $f(x_0^-)$ 和右极限 $f(x_0^+)$ 都存在，那么 x_0 就是 $f(x)$ 的**第一类间断点**. 进一步考察，如果左、右极限相等即 $f(x_0^-) = f(x_0^+)$，则称 x_0 为 $f(x)$ 的**可去间断点**，如果 $f(x_0^-) \neq f(x_0^+)$，就称 x_0 为 $f(x)$ 的**跳跃间断点**. 不属于第一类间断点的任何其他间断点，称为**第二类间断点**.

例 2 $x = 0$ 是函数 $f(x) = \dfrac{\sin x}{x}$ 的可去间断点，这是因为 $\lim\limits_{x \to 0} f(x) = 1$，而 $f(0)$ 无定义（图 1-10）.

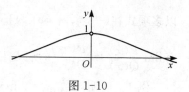

图 1-10

这时可以补充定义 $f(0) = 1$，于是便得到一个连续的函数

$$f(x) = \begin{cases} \dfrac{\sin x}{x}, & x \neq 0, \\ 1, & x = 0. \end{cases}$$

这样便把间断点 $x_0 = 0$"去掉了".

例 3　符号函数 $f(x) = \operatorname{sgn} x$.

在 §1.3 例 5 已经得到 $f(0^-) = -1$，$f(0^+) = 1$，于是单侧极限 $f(0^+)$ 和 $f(0^-)$ 存在，但 $f(0^+) \neq f(0^-)$，这时，$x = 0$ 是函数的跳跃间断点，函数图像（图 1-4）从在 $x = 0$ 左侧的 -1 "跳到" 了右侧的 1.

例 4　任一整数点 k 是取整函数 $f(x) = [x]$ 的跳跃间断点，这是因为

$$f(k^-) = \lim_{x \to k^-} [x] = \lim_{x \to k^-} (k-1) = k - 1,$$

$$f(k^+) = \lim_{x \to k^+} [x] = \lim_{x \to k^+} k = k.$$

例 5　函数 $f(x) = \begin{cases} \dfrac{1}{x}, & x \neq 0, \\ 0, & x = 0. \end{cases}$

在点 $x = 0$，$f(0) = 0$，但 $\lim\limits_{x \to 0} f(x) = \lim\limits_{x \to 0} \dfrac{1}{x} = \infty$，所以 $x = 0$ 是函数的第二类间断点，由于极限特征，称这样的间断点为**无穷间断点**.

例 6　函数 $y = \sin \dfrac{1}{x}$，在 $x = 0$ 时没有定义，并且 $x \to 0$ 时，$y = \sin \dfrac{1}{x}$ 的值在 -1 与 $+1$ 之间做无限次的振动（图 1-11），所以点 $x = 0$ 是函数 $y = \sin \dfrac{1}{x}$ 的第二类间断点，由于极限特征，称这样的间断点为**振荡间断点**.

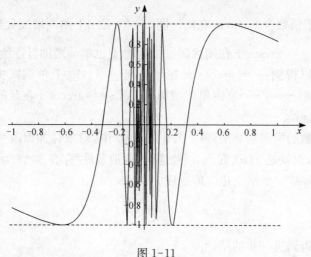

图 1-11

例 7　函数 $f(x) = \dfrac{\tan x}{x}$，当 $x = 0$ 时没有定义，并且 $\lim\limits_{x \to 0} \dfrac{\tan x}{x} = 1$，所以 $x = 0$ 是函数的可去间断点，这时可以补充定义 $f(0) = 1$，就能使函数在 $x = 0$ 处连续，当 x

$=\dfrac{\pi}{2}$ 时, 函数也设有定义. 由于 $\lim\limits_{x\to\frac{\pi}{2}^-}\tan x=\infty$, 因此 $\lim\limits_{x\to\frac{\pi}{2}}\tan x=\infty$, 所以 $x=\dfrac{\pi}{2}$ 是函

数的无穷间断点, 并由 $\tan x$ 的周期可知, 函数 $\dfrac{\tan x}{x}$ 的无穷间断点有 $k\pi+\dfrac{\pi}{2}(k\in\mathbf{Z})$.

三、初等函数的连续性

1. 连续函数的运算

根据连续函数的定义, 可以从函数极限的运算性质中推出以下性质.

定理 1(函数四则运算的连续性) 设函数 $f(x)$ 和 $g(x)$ 在点 x_0 处连续, 则它们的和、差、积以及商($g(x_0)\neq 0$)都在点 x_0 处连续.

例 8 根据例 1, $\sin x$ 和 $\cos x$ 在 $(-\infty, +\infty)$ 内连续, 也就是在其定义域内都是连续的; 因 $\tan x=\dfrac{\sin x}{\cos x}$, $\cot x=\dfrac{\cos x}{\sin x}$, 由定理 1 知, $\tan x$ 和 $\cot x$ 在分母不为零的点都连续, 也就是在其定义域内都是连续的; 同样还可以得到 $\sec x$ 和 $\csc x$ 在定义域内也都是连续的.

定理 2(反函数的连续性) 设函数 $y=f(x)$ 在区间 I_x 上单调增加(或单调减少)且连续, 则它的反函数 $x=f^{-1}(y)$ 在对应的区间 $I_y=\{y\mid y=f(x), x\in I_x\}$ 上也是单调增加(或单调减少)且连续的.

(证明略.)

例 9 由于函数 $y=\sin x$ 在闭区间 $\left[-\dfrac{\pi}{2}, \dfrac{\pi}{2}\right]$ 上单调增加且连续, 由定理 2 可得其反函数 $y=\arcsin x$ 在闭区间 $[-1, 1]$ 上也单调增加且连续.

同样还可以得到: $y=\arccos x$ 在闭区间 $[-1, 1]$ 上单调减少且连续; $y=\arctan x$ 在区间 $(-\infty, +\infty)$ 内单调增加且连续; $y=\text{arccot}\, x$ 在区间 $(-\infty, +\infty)$ 内单调减少且连续.

在复合函数的极限运算法则(§1.3 定理 4)中, 对条件加以改变, 令该定理中的 $A=f(u_0)$, 也就是 $f(u)$ 在点 u_0 处连续, 取消条件"存在 $\delta_0>0$, 当 $x\in\mathring{U}(x_0, \delta_0)$ 时, $\varphi(x)\neq u_0$", 则结论相应地变成

$$\lim_{x\to x_0}f[\varphi(x)]=\lim_{u\to u_0}f(u)=f(u_0).$$

这样可以得到进一步的结论.

定理 3 设函数 $y=f[\varphi(x)]$ 由函数 $u=\varphi(x)$ 与 $y=f(u)$ 复合而成, $f[\varphi(x)]$ 在点 x_0 的某去心邻域内有定义, 若 $\lim\limits_{x\to x_0}\varphi(x)=u_0$, 而函数 $y=f(u)$ 在 u_0 处连续, 则

$$\lim_{x \to x_0} f[\varphi(x)] = \lim_{u \to u_0} f(u) = f(u_0). \tag{3}$$

式(3)又可以写成

$$\lim_{x \to x_0} f[\varphi(x)] = f[\lim_{u \to u_0} \varphi(u)]. \tag{4}$$

式(4)表明,在定理 3 的条件下,求复合函数 $f[\varphi(x)]$ 当 $x \to x_0$ 的极限时,可以交换极限符号和函数符号的运算次序.

定理 3 中将 $x \to x_0$ 换成 $x \to \infty$,可以得类似的结论,这里不再详述.

例 10　求 $\lim\limits_{x \to 0} \sqrt{\dfrac{\sin x}{x}}$.

解　$y = \sqrt{\dfrac{\sin x}{x}}$ 可以看成是由 $y = \sqrt{u}$ 及 $u = \dfrac{\sin x}{x}$ 复合而成的,因为 $\lim\limits_{x \to 0} \dfrac{\sin x}{x} = 1$,并且 $y = \sqrt{u}$ 在 $u = 1$ 处连续,所以由定理 3 得

$$\lim_{x \to 0} \sqrt{\frac{\sin x}{x}} = \sqrt{\lim_{x \to 0} \frac{\sin x}{x}} = 1.$$

例 11　求 $\lim\limits_{x \to \infty} \sin \dfrac{1}{x}$.

解　$y = \sin \dfrac{1}{x}$ 可以看成是由 $y = \sin u$ 及 $u = \dfrac{1}{x}$ 复合而成的. 因为 $\lim\limits_{x \to \infty} \dfrac{1}{x} = 0$,而 $y = \sin u$ 在 $u = 0$ 处是连续的,所以由定理 3 可得

$$\lim_{x \to \infty} \sin \frac{1}{x} = \sin \left(\lim_{x \to \infty} \frac{1}{x} \right) = 0.$$

刚才将 §1.3 定理 4 修改后得到进一步的结论即定理 3,如果在定理 3 中令 $u_0 = \varphi(x_0)$,即 $\varphi(x)$ 在点 x_0 处连续,那么定理 3 中的式(3)就是

$$\lim_{x \to x_0} f[\varphi(x)] = \lim_{u \to u_0} f(u) = f(u_0) = f[\varphi(x_0)].$$

也就是说,复合函数 $f[\varphi(x)]$ 在点 x_0 处连续.

定理 4(复合函数的连续性)　设函数 $y = f[\varphi(x)]$ 是由函数 $u = \varphi(x)$ 与 $y = f(u)$ 复合而成,函数 $u = \varphi(x)$ 在点 x_0 处连续,而函数 $y = f(u)$ 在点 $u_0 = \varphi(x_0)$ 处连续,那么复合函数 $y = f[\varphi(x)]$ 在点 x_0 处也是连续的.

例 12　讨论函数 $y = \cos \dfrac{1}{x}$ 可以看作是由 $y = \cos u$ 及 $u = \dfrac{1}{x}$ 复合而成的.

解 由于函数 $u = \dfrac{1}{x}$ 在 $x \neq 0$ 时总连续,而函数 $y = \cos u$ 在 $-\infty < u < +\infty$ 时总连续,根据定理 4,函数 $y = \cos \dfrac{1}{x}$ 在区间 $(-\infty, 0)$ 及 $(0, +\infty)$ 内连续.

例 13 讨论函数 $y = |x|$ 的连续性.

解 由于绝对值函数 $y = |x|$ 当 $x = 0$ 时是连续的;当 $x \neq 0$ 时,函数可以看成 $y = |x| = \sqrt{x^2}$,即是由 $u = x^2$ 及 $y = \sqrt{u}$ 复合而成的,这里 $u = x^2$ 对 $-\infty < x < +\infty$ 是连续的,$y = \sqrt{u}$ 在 $u > 0$ 时是连续的,所以复合函数 $y = \sqrt{x^2}$ 当 $x \neq 0$ 时总是连续的. 综合以上讨论,就得到函数 $y = |x|$ 在 $(-\infty, +\infty)$ 内连续.

2. 初等函数的连续性

在前面的例 8 中已经看到,三角函数在其定义域内连续;在例 9 中又已经得到,反三角函数在其各自的定义域内也连续.

利用极限定义,可以证明函数 $y = a^x (a > 0, a \neq 1)$ 在点 $x = 0$ 时是连续的,即 $\lim\limits_{x \to 0} a^x = 1$(请读者完成). 在此基础上,可以推导出:函数 $y = a^x$ 在 $(-\infty, +\infty)$ 内连续. 事实上,对任意实数 $x_0 \in (-\infty, +\infty)$,

$$\lim_{\Delta x \to 0} \Delta y = \lim_{\Delta x \to 0} (a^{x_0 + \Delta x} - a^{x_0}) = 0,$$

所以函数 $y = a^x$ 在点 x_0 处连续,由于 x_0 的任意性,可推知:$y = a^x$ 在定义域 $(-\infty, +\infty)$ 内连续.

由指数函数的单调性和连续性,利用定理 2 可得:对数函数 $y = \log_a x (a > 0, a \neq 1)$ 在其定义域 $(0, +\infty)$ 内也单调且连续.

幂函数 $y = a^\mu$ 的定义域随 μ 的值不同而变化,但在区间 $(0, +\infty)$ 内,幂函数总是有定义的,并且也是连续的. 事实上,当 $a > 0$ 时,

$$y = x^\mu = e^{\mu \ln x},$$

于是,幂函数 x^μ 可以看作是 $y = a^u$,$u = \mu \ln x$ 复合而成的. 根据定理 4,幂函数当 $x > 0$ 时连续,即在区间 $(0, +\infty)$ 内连续. 可以证明幂函数在它的定义域内连续.(证明略.)

综合上述五类基本初函数连续性的结论,并结合 §1.1 初等函数的定义,可得下面重要结论.

定理 5 基本初等函数在它们的定义域内是连续的,一切初等函数在其定义区间(指包含在定义域内的区间)内都是连续的.

连续性的问题讨论到此之后,对一般初等函数的连续性的判别就不必总是用定义了,而是可以更多地考察**定义区间**,即包含在定义域内的区间. 这就简单化了

连续性的断别过程.因此也提供了求极限的一个方法,这就是:若 $f(x)$ 是初等函数,且 x_0 是 $f(x)$ 的定义区间内的点,则 $f(x)$ 在点 x_0 处连续,即 $\lim\limits_{x \to x_0} f(x) = f(x_0)$.

例 14 求 $\lim\limits_{x \to \frac{\pi}{4}} \ln\tan x$.

解 因为初等函数 $\ln\tan x$ 在点 $x = \dfrac{\pi}{4}$ 处连续,所以

$$\lim_{x \to \frac{\pi}{4}} \ln\tan x = \ln\tan \frac{\pi}{4} = 0.$$

例 15 求 $\lim\limits_{x \to 0} \dfrac{\ln(1+x)}{x}$.

解 因为 $x \to 0$ 时,$u = (1+x)^{\frac{1}{x}} \to \mathrm{e}$,而函数 $y = \ln u$ 当 $u = \mathrm{e}$ 时连续,所以

$$\lim_{x \to 0} \frac{\ln(1+x)}{x} = \lim_{x \to 0} \ln(1+x)^{\frac{1}{x}} = \ln \mathrm{e} = 1.$$

对一般对数函数 $\log_a(1+x)$,只需换底就可得

$$\lim_{x \to 0} \frac{\log_a(1+x)}{x} = \frac{1}{\ln a} \lim_{x \to 0} \frac{\ln(1+x)}{x} = \frac{1}{\ln a}.$$

例 16 求 $\lim\limits_{x \to 0} \dfrac{a^x - 1}{x}$ $(a > 0)$.

解 设 $y = a^x - 1$,则 $x = \log_a(y+1)$,当 $x \to 0$ 时,$y \to 0$,于是

$$\lim_{x \to 0} \frac{a^x - 1}{x} = \lim_{y \to 0} \frac{y}{\log_a(1+y)} = \ln a.$$

特别地,$a = \mathrm{e}$ 时,$\lim\limits_{x \to 0} \dfrac{\mathrm{e}^x - 1}{x} = 1$.

从例 15 和例 16 又可以得到两个重要的等价无穷小:当 $x \to 0$ 时,

$$\ln(1+x) \sim x, \quad \mathrm{e}^x - 1 \sim x.$$

例 17 证明:当 $x \to 0$ 时,$\sqrt[n]{1+x} - 1 \sim \dfrac{1}{n}x$.

证明 设 $t = \sqrt[n]{1+x}$,由函数的连续性,当 $x \to 0$ 时,$t \to 1$,于是

$$\lim_{x \to 0} \frac{\sqrt[n]{1+x} - 1}{\frac{1}{n}x} = \lim_{t \to 1} \frac{t-1}{\frac{1}{n}(t^n - 1)} = n \lim_{t \to 1} \frac{1}{t^{n-1} + t^{n-1} + \cdots + 1} = 1,$$

所以，$\sqrt[n]{1+x} - 1 \sim \dfrac{1}{n}x \, (x \to 0)$.

例 18 求 $\lim\limits_{x \to 0} \dfrac{\arcsin x}{x}$.

解 设 $t = \arcsin x$，由函数的连续性得到：当 $x \to 0$ 时，$t \to 0$，于是

$$\lim_{x \to 0} \frac{\arcsin x}{x} = \lim_{t \to 0} \frac{t}{\sin t} = 1.$$

同样也能得到 $\lim\limits_{x \to 0} \dfrac{\arctan x}{x} = 1$，这样可以知道当 $x \to 0$ 时，有

$$\arcsin x \sim x, \quad \arctan x \sim x.$$

习题 1-6

1. 研究下列函数的连续性，并画出函数的图形.

(1) $f(x) = \begin{cases} x^2, & 0 \leqslant x \leqslant 1, \\ x - 1, & 1 < x \leqslant 2; \end{cases}$ 　　　　(2) $f(x) = \begin{cases} 2x + 1, & x \leqslant 0, \\ \cos x, & x > 0. \end{cases}$

2. 指出下列函数的间断点，并说明类型，如果是可去间断点，则补充或改变函数的定义使它连续.

(1) $y = \dfrac{x^2 - 4}{x^2 - 3x + 2}$; 　　　　(2) $y = \dfrac{x}{\tan x}$;

(3) $y = \dfrac{\tan x}{x}$; 　　　　(4) $y = \cos^2 \dfrac{1}{x}$;

(5) $y = \arctan \dfrac{1}{x}$; 　　　　(6) $y = \dfrac{\mathrm{e}^{\frac{1}{x}} - 1}{\mathrm{e}^{\frac{1}{x}} + 1}$.

3. 讨论函数 $f(x) = \lim\limits_{n \to \infty} \dfrac{1}{1 + x^n} \, (x > 0)$ 的连续性，若有间断点，判别其类型.

4. a 为何值时下列函数在定义域内连续？

(1) $f(x) = \begin{cases} ax^2, & 0 \leqslant x \leqslant 2, \\ 2x - 1, & 2 < x \leqslant 4; \end{cases}$ 　　　　(2) $f(x) = \begin{cases} \dfrac{\ln(1 + ax)}{x}, & x > 0, \\ 1, & x \leqslant 0. \end{cases}$

5. 求下列极限.

(1) $\lim\limits_{x \to 0} \ln(\cos 2x)$; 　　　　(2) $\lim\limits_{x \to 1} \sin(\ln x)$;

(3) $\lim\limits_{x \to 0} \dfrac{x^2}{1 - \sqrt{1 + x^2}}$; 　　　　(4) $\lim\limits_{x \to 0} (1 + 3\sin^2 x)^{\csc^2 x}$;

(5) $\lim\limits_{x \to 1} \dfrac{\mathrm{e}x^2 - \mathrm{e}}{x - 1}$; 　　　　(6) $\lim\limits_{x \to \infty} \dfrac{1 - x}{1 + x}$;

(7) $\lim\limits_{x \to \infty} \left[\mathrm{e}^{\frac{1}{x}} + \ln\left(1 + \dfrac{1}{x}\right)^x \right]$; 　　　　(8) $\lim\limits_{x \to 0} \dfrac{\ln\cos x^2}{x^3(\mathrm{e}^{\sin x} - 1)}$.

6. 判断下面的说法是否正确,正确的请说明理由,不正确的试举出一个反例.

(1) 如果函数 $f(x)$ 在 x_0 处连续,那么 $|f(x)|$ 在点 x_0 处也连续;

(2) 如果函数 $|f(x)|$ 在 x_0 处连续,那么 $f(x)$ 在点 x_0 处也连续.

7. 设函数 $f(x)$ 在 $\mathbf{R}$ 上连续,且 $f(x) \neq 0$,函数 $g(x)$,$\dfrac{g(x)}{f(x)}$ 在 $\mathbf{R}$ 上有定义,且有间断点,讨论 $f(x) \pm g(x)$,$f(x) \cdot g(x)$,$\dfrac{g(x)}{f(x)}$ 以及复合运算后所得函数是否一定有间断点,并说明理由.

§1.7 闭区间上连续函数的性质

连续函数在闭区间上有很多重要的性质,这些性质是在其他形式的区间上连续的函数所不具备.下面仅介绍闭区间上连续函数的几个重要性质,这些定理的证明需要更多实数理论和极限理论,所以略去定理的证明.

先介绍最大值和最小值的概念.

设函数在区间 I 上有定义,如果存在 $x_0 \in I$,使得对一切 $x \in I$,有

$$f(x) \leqslant f(x_0) \quad (\text{或 } f(x) \geqslant f(x_0)),$$

则称 $f(x_0)$ 是函数 $f(x)$ 在区间 I 上的**最大值**(或**最小值**).

最大值和最小值是函数的两个十分重要的函数值,讨论它们的存在性和计算相应的数值是本课程中的两个要点.例如,函数 $f(x) = x^2$ 在闭区间 $[0, 1]$ 上有最小值 0 和最大值 1,但在开区间 $(0, 1)$ 内,该函数则没有最小值和最大值,这时,数 0 和 1 只是函数 $f(x) = x^2$ 在区间 $(0, 1)$ 内的下界和上界,但由于不是函数值,因而不是函数 $f(x)$ 在 $(0, 1)$ 内的最小值和最大值.

关于函数 $f(x)$ 的最大值和最小值的存在性,下面的定理给出了这个问题的充分条件.

定理 1(**最大值和最小值定理**) 在闭区间上连续的函数一定在该区间上存在最大值和最小值.

这就是说,如果函数 $f(x)$ 在闭区间 $[a, b]$ 上连续,那么至少有一点 $\xi_1 \in [a, b]$,使 $f(\xi_1)$ 是 $f(x)$ 在 $[a, b]$ 上的最大值;又至少有一点 $\xi_2 \in [a, b]$,使 $f(\xi_2)$ 是 $f(x)$ 在 $[a, b]$ 上的最小值(图 1-12).

需要说明的是,定理 1 中的条件在闭区间上连续,是结论成立的充分而非必要的条件,故当条件不

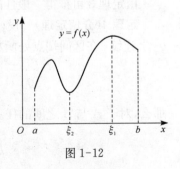

图 1-12

满足时,结论可能成立,也可能不成立. 例如,函数 $f(x) = x^2$ 在开区间内连续,但 x^2 在 $(0, 1)$ 内既无最大值又无最小值;函数 $f(x) = \dfrac{1}{x}$ 在闭区间 $[-1, 1]$ 上有间断点 $x = 0$,这时函数 $\dfrac{1}{x}$ 在闭区间上既无最大值也无最小值;而函数 $f(x) = \sin x$ 在开区间 $(0, 2\pi)$ 内连续,显然它既有最大值 $f\left(\dfrac{\pi}{2}\right) = 1$,也有最小值 $f\left(-\dfrac{\pi}{2}\right) = -1$.

在定理 1 中,最大值和最小值可以看成函数在该闭区间上的上界和下界,根据第一节所介绍的函数有界的充分必要条件,就可以得到有界性定理.

定理 2(有界性定理) 在闭区间上连续的函数在该区间上一定有界.

同样,定理 2 中的条件是结论成立的充分而非必要条件. 例如,函数 $f(x) = \tan x$ 在开区间 $\left(-\dfrac{\pi}{2}, \dfrac{\pi}{2}\right)$ 内连续,但它在 $\left(-\dfrac{\pi}{2}, \dfrac{\pi}{2}\right)$ 内是无界的;符号函数 $f(x) = \operatorname{sgn} x$ 在开区间 $(-\infty, +\infty)$ 内有间断点 $x = 0$,但它在 $(-\infty, +\infty)$ 内是有界的,对 $x \in (-\infty, +\infty)$,有 $|\operatorname{sgn} x| \leqslant 1$.

再来看一个新的概念,如果存在 x_0,使 $f(x_0) = 0$,则称 x_0 为函数 $f(x)$ 的**零点**. 相关性质如下:

定理 3(零点定理) 设函数 $f(x)$ 在闭区间 $[a, b]$ 上连续,且 $f(a) \cdot f(b) < 0$,即 $f(a)$ 与 $f(b)$ 异号,则 $f(x)$ 在开区间 (a, b) 内至少有一点 ξ,使

$$f(\xi) = 0.$$

从几何上看,如果一条连续曲线弧 $y = f(x)$ 的两个端点分别位于 x 轴的两侧,那么这段曲线与 x 轴至少有一个交点(图 1-13). 实际上,这些交点的横坐标就是函数 $f(x)$ 的零点,也是方程 $f(x) = 0$ 的根.

由定理 3 可推得一般性的结论.

定理 4(介值定理) 设函数 $f(x)$ 在闭区间 $[a, b]$ 上连续,在区间端点处函数值不相等,即

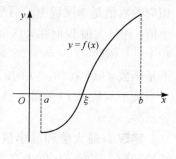

图 1-13

$$f(a) = A, \quad f(b) = B, \quad A \neq B,$$

那么,对于 A 与 B 之间的任一值 C,在开区间 (a, b) 内至少存在一点 ξ,使得

$$f(\xi) = C \quad (a < \xi < b).$$

从几何上看就是,连续曲线弧与水平直线 $y = C$ 至少有一个交点(图 1-14).

在定理 4 的条件下,函数有最大值 M 和最小值 m 的存在,设有 x_1,$x_2 \in [a, b]$,使 $f(x_1) = m$,$f(x_2) = M$,且 $M \neq m$,则在闭区间 $[x_1, x_2]$ 上应用定理 4,就可以得以下推论.

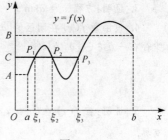

图 1-14

推论 在闭区间上连续的函数必取得介于最大值和最小值之间的一切值.

例 1 证明:方程 $x^5 - 3x = 1$ 在区间 $(1, 2)$ 内至少有一个根.

证明 设 $f(x) = x^5 - 3x - 1$,因为函数 $f(x)$ 在闭区间 $[1, 2]$ 上连续,且 $f(1) = -3$,$f(2) = 25$,根据定理 3,存在 $x_0 \in (1, 2)$,使 $f(x_0) = 0$,即方程 $x^5 - 3x = 1$ 在开区间 $(1, 2)$ 内至少有一个根 x_0.

例 2 若 $f(x)$ 在 $[a, b]$ 上连续,$a < x_1 < x_2 < \cdots < x_n < b (n \geqslant 3)$,证明:至少存在一点 $\xi \in (x_1, x_n)$,使

$$f(\xi) = \frac{f(x_1) + f(x_2) + \cdots + f(x_n)}{n}.$$

证明 因为 $f(x)$ 在 $[a, b]$ 上连续,$a < x_1 < x_2 < \cdots < x_n < b (n \geqslant 3)$,所以 $f(x)$ 在 $[x_1, x_n]$ 上也连续,由定理 1,函数 $f(x)$ 在 $[x_1, x_n]$ 上有最小值为 m,最大值为 M,由于 $x_1 < x_2 < \cdots < x_n$,故

$$m \leqslant f(x_i) \leqslant M \quad (i = 1, 2, \cdots, n).$$

于是 $nm \leqslant f(x_1) + f(x_2) + \cdots + f(x_n) \leqslant nM$,即

$$m \leqslant \frac{f(x_1) + f(x_2) + \cdots + f(x_n)}{n} \leqslant M.$$

由定理 4 推论,作为介于最小值 m 和最大值 M 的数值,至少存在一点 $\xi \in (x_1, x_n)$,使

$$f(\xi) = \frac{f(x_1) + f(x_2) + \cdots + f(x_n)}{n}.$$

习题 1-7

1. 设函数 $f(x)$ 在闭区间 $[a, b]$ 上连续,并且对 $[a, b]$ 上任一点,$a < f(x) < b$,试证明:在 $[a, b]$ 上至少存在一点 ξ,使 $f(\xi) = \xi$(ξ 称为函数 $f(x)$ 的不动点).

2. 证明:方程 $e^x - x = 2$ 在区间 $(0, 2)$ 内至少有一个根.

3. 证明：方程 $x = a\sin x + b$ 至少有一个正根，且不超过 $a+b$，其中 $a > 0, b > 0$.

4. 设函数 $f(x)$ 在闭区间 $[a, b]$ 上连续，p 和 g 为大于零的常数，$a < x_1 < x_2 < b$，证明：至少存在一点 $\xi \in [a, b]$，使

$$f(\xi) = \frac{pf(x_1) + gf(x_2)}{p+g}.$$

5. 证明：若 $f(x)$ 在 $(-\infty, +\infty)$ 内连续，且 $\lim\limits_{x \to \infty} f(x)$ 存在，则 $f(x)$ 必在 $(-\infty, +\infty)$ 内有界.

第2章 导数与微分

微分学是微积分的重要组成部分,它的基本内容是导数和微分. 而求导数是微分学中的基本运算. 本章主要讨论导数和微分的概念以及它们的计算方法. 至于导数的应用,将在第3章中讨论.

§2.1 导数的概念

一、引例

先通过几个实例来看导数概念的由来.

1. 变速直线运动的瞬时速度问题

设一物体做变速直线运动,其路程函数为 $s = s(t)$,求该物体在 t_0 时刻的瞬时速度 $v(t_0)$.

在中学里,我们用公式"速度 $= \dfrac{路程}{时间}$"可以得到在该时段里物体运动的平均速度,它当然不是物体在每一时刻的瞬时速度. 那么怎么定义并求出这种瞬时速度呢?

设物体在 t_0 时刻的位置为 $s(t_0)$,当 t 在时刻 t_0 获得增量 Δt 时,物体的位置函数 $s(t)$ 相应地有增量 $\Delta s = s(t_0 + \Delta t) - s(t_0)$,于是比值

$$\frac{\Delta s}{\Delta t} = \frac{s(t_0 + \Delta t) - s(t_0)}{\Delta t}$$

就是物体在从 t_0 到 $t_0 + \Delta t$ 这段时间内的平均速度,记作 $\bar{v}$. 显然,当 $|\Delta t|$ 越小,$\bar{v}$ 就越接近物体在 t_0 时刻的瞬时速度,因此当 $|\Delta t|$ 很小时,$\bar{v}$ 可作为物体在 t_0 时刻的瞬时速度的近似值. 但对于动点在时刻 t_0 的速度的精确概念来说,这样做是不够的,更确切地应当这样理解:$v(t_0)$ 应为 $\Delta t \to 0$ 时上述平均速度的极限,如果这个极限存在的话,即

$$v(t_0) = \lim_{\Delta t \to 0} \frac{s(t_0 + \Delta t) - s(t_0)}{\Delta t}.$$

这时就把这个极限值称为动点在 t_0 时刻的**瞬时速度**.

2. 平面曲线的切线斜率

在介绍曲线切线斜率之前先要介绍什么叫曲线的切线. 在中学里将切线定义为与曲线只有一个交点的直线,这种定义只适合用于少数几种曲线,如圆、椭圆等,但对高等数学中研究的曲线就不合适了. 比如,对于抛物线 $y = x^2$,在原点 O 处两个坐标轴都符合上述定义,但实际上只有 x 轴是该抛物线在 O 处的切线. 我们定义曲线的切线如下:

设点 M(图 2-1)是平面曲线 L 上任一点,在曲线上 M 点的邻近再取一点 M_1,作割线 MM_1,当点 M_1 沿曲线 L 无限趋近 M 点时,割线的极限位置 MT 就叫曲线 L 在 M 点处的**切线**.

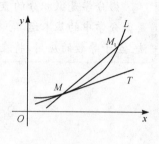

设函数 $y = f(x)$ 的图像为曲线 L,那么,如何求曲线 L(图 2-2)上任意一点 $M(x_0, y_0)$ 的切线的斜率呢?

图 2-1

在 L 上另取一点 $M_1(x_0 + \Delta x, y_0 + \Delta y)$,作割线 MM_1,则割线 MM_1 的斜率

$$\tan \beta = \frac{\Delta y}{\Delta x} = \frac{f(x_0 + \Delta x) - f(x_0)}{\Delta x}.$$

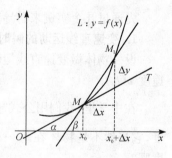

当 $\Delta x \to 0$ 时,M_1 沿曲线 L 趋于 M,如果上式极限存在,设为 k, 即

$$k = \tan \alpha = \lim_{\Delta x \to 0} \frac{f(x_0 + \Delta x) - f(x_0)}{\Delta x}$$

存在,则此极限 k 是割线斜率的极限,也就是切线的**斜率**.

图 2-2

上面两个例子所涉及的背景虽然很不相同,一个是物理问题,一个是几何问题,但它们处理问题的方法步骤和数学结构却完全相同,都可以归结为形如

$$\lim_{\Delta x \to 0} \frac{f(x_0 + \Delta x) - f(x_0)}{\Delta x}$$

的极限. 在自然科学和工程技术领域内,还有许多概念,例如,电流强度、角速度、线密度,等等,都可以归结为上述形式的极限. 我们撇开这些量的具体意义,抓住它们在数量关系上的共性,就得出函数的导数的概念.

二、导数的定义

1. 函数在一点处的导数与导函数

定义 1　设函数 $y = f(x)$ 在点 x_0 的某一邻域内有定义,当自变量 x 在 x_0 处取得增量 Δx(点 $x_0 + \Delta x$ 仍在该邻域内)时,函数相应地取得增量 $\Delta y = f(x_0 + \Delta x) - f(x_0)$. 如果 Δy 与 Δx 之比当 $\Delta x \to 0$ 时的极限存在,则称函数 $y = f(x)$ 在点 x_0 处**可导**,并称这个极限为函数 $y = f(x)$ 在点 x_0 处的**导数**,记作 $f'(x_0)$,即

$$f'(x_0) = \lim_{\Delta x \to 0} \frac{\Delta y}{\Delta x} = \lim_{\Delta x \to 0} \frac{f(x_0 + \Delta x) - f(x_0)}{\Delta x}. \tag{1}$$

如果上述极限不存在,则称函数 $y = f(x)$ 在点 x_0 处**不可导**.

如果固定 x_0,令 $x_0 + \Delta x = x$,则当 $\Delta x \to 0$ 时,有 $x \to x_0$,故函数在 x_0 处的导数 $f'(x_0)$ 也可表示为

$$f'(x_0) = \lim_{x \to x_0} \frac{f(x) - f(x_0)}{x - x_0}. \tag{2}$$

当然,下式也是上式定义式的等价形式

$$f'(x_0) = \lim_{h \to 0} \frac{f(x_0 + h) - f(x_0)}{h}. \tag{3}$$

由导数定义可以看出,用定义求导可以归纳为三步:

(1) 求增量 $\Delta y = f(x + \Delta x) - f(x)$;

(2) 作比值 $\dfrac{\Delta y}{\Delta x}$;

(3) 取极限 $\lim\limits_{\Delta x \to 0} \dfrac{\Delta y}{\Delta x} = \lim\limits_{\Delta x \to 0} \dfrac{f(x + \Delta x) - f(x)}{\Delta x}$.

例 1　求函数 $y = x^2$ 在点 $x = 2$ 处的导数.

解　(1) 求增量 Δy:$\Delta y = (2 + \Delta x)^2 - 2^2 = 4\Delta x + (\Delta x)^2$;

(2) 求比值 $\dfrac{\Delta y}{\Delta x}$:$\dfrac{\Delta y}{\Delta x} = 4 + \Delta x$;

(3) 求极限:$\lim\limits_{\Delta x \to 0} \dfrac{\Delta y}{\Delta x} = \lim\limits_{\Delta x \to 0}(4 + \Delta x) = 4$.

所以,$f'(2) = 4$.

2. 导函数

如果函数 $y = f(x)$ 在区间 (a, b) 内每一点都可导,称 $y = f(x)$ 在区间 (a, b) 内可导. 如果 $f(x)$ 在 (a, b) 内可导,那么对于 (a, b) 中的每一个确定的 x 值,都对

应着 $f(x)$ 的一个确定的导数值 $f'(x)$，这样就确定了一个新的函数，这个函数称为原来函数 $y = f(x)$ 的**导函数**，记作 $f'(x)$，y'，$\dfrac{\mathrm{d}y}{\mathrm{d}x}$ 或 $\dfrac{\mathrm{d}f(x)}{\mathrm{d}x}$，在不致发生混淆的情况下，导函数也简称为**导数**. 求出函数 $f(x)$ 在 (a, b) 内的任意点 x 处的导数 $f'(x)$ 就是 $f(x)$ 在 (a, b) 内的导函数.

比如，引例 1 中，瞬时速度 $\quad v(t) = s'(t) = \dfrac{\mathrm{d}s}{\mathrm{d}t}$；

引例 2 中，切线斜率 $\quad k = f'(x) = \dfrac{\mathrm{d}y}{\mathrm{d}x}$.

在式(1)中把 x_0 换成 x，即得导函数定义式

$$f'(x) = \lim_{\Delta x \to 0} \frac{f(x + \Delta x) - f(x)}{\Delta x}.$$

显然，函数 $y = f(x)$ 在点 x_0 处的导数 $f'(x_0)$ 就是导函数 $f'(x)$ 在点 $x = x_0$ 处的函数值，即

$$f'(x_0) = f'(x) \Big|_{x = x_0}.$$

例 2 设函数 $f(x) = x^2$，求 $f'(x)$，$f'(2)$.

解 由导数定义，知

$$f'(x) = \lim_{\Delta x \to 0} \frac{f(x + \Delta x) - f(x)}{\Delta x} = \lim_{\Delta x \to 0} \frac{(x + \Delta x)^2 - x^2}{\Delta x}$$

$$= \lim_{\Delta x \to 0} \frac{\Delta x (2x + \Delta x)}{\Delta x} = 2x.$$

$$f'(2) = f'(x) \Big|_{x = 2} = 2 \times 2 = 4.$$

3. 单侧导数

定义 2 若极限 $\lim\limits_{\Delta x \to 0^-} \dfrac{f(x_0 + \Delta x) - f(x_0)}{\Delta x}$ 存在，则称其为函数 $f(x)$ 在点 x_0 处的**左导数**，记作 $f'_-(x_0)$；类似地，若极限 $\lim\limits_{\Delta x \to 0^+} \dfrac{f(x_0 + \Delta x) - f(x_0)}{\Delta x}$ 存在，则称其为函数 $f(x)$ 在点 x_0 处的**右导数**，记作 $f'_+(x_0)$. 左导数和右导数统称为**单侧导数**.

定理 函数 $y = f(x)$ 在点 x_0 的左、右导数存在且相等是 $f(x)$ 在点 x_0 处可导的充分必要条件.

例 3 讨论函数 $f(x) = |x|$ 在点 $x = 0$ 处的可导性.

解　由于 $\lim\limits_{\Delta x \to 0} \dfrac{f(0 + \Delta x) - f(0)}{\Delta x} = \lim\limits_{\Delta x \to 0} \dfrac{|\Delta x|}{\Delta x}$，显然此极限应分左、右极限来

求. 即左导数 $f'_-(0) = \lim\limits_{\Delta x \to 0^-} \dfrac{-\Delta x}{\Delta x} = -1$；右导数 $f'_+(0) = \lim\limits_{\Delta x \to 0^+} \dfrac{\Delta x}{\Delta x} = 1$.

因为 $f'_-(0) \neq f'_+(0)$，所以 $f(x) = |x|$ 在点 $x = 0$ 处不可导.

如果函数 $f(x)$ 在开区间 (a, b) 内可导，且 $f'_+(a)$ 及 $f'_-(b)$ 都存在，就说 $f(x)$ 在闭区间 $[a, b]$ 上可导.

三、导数的几何意义和物理意义

根据前面导数定义及曲线的切线斜率的求法，我们可以知道，函数 $y = f(x)$ 在 x_0 处的导数的几何意义就是曲线 $L: y = f(x)$ 在相应点 $M(x_0, y_0)$ 处的切线斜率，即 $f'(x_0) = \tan \alpha$，其中 α 为切线的倾斜角（图 2-2）.

如果 $y = f(x)$ 在点 x_0 处的导数为无穷大，这时曲线 $y = f(x)$ 的割线以垂直于 x 轴的直线 $x = x_0$ 为极限位置，即曲线 $y = f(x)$ 在点 $M(x_0, f(x_0))$ 处具有垂直于 x 轴的切线 $x = x_0$.

根据导数的几何意义并应用直线的点斜式方程，可知曲线 $y = f(x)$ 在点 $M(x_0, y_0)$ 处的切线方程为

$$y - y_0 = f'(x_0)(x - x_0).$$

过切点 $M(x_0, y_0)$ 且与切线垂直的直线叫做曲线 $y = f(x)$ 在点 M 处的法线. 如果 $f'(x_0) \neq 0$，则法线的斜率为 $-\dfrac{1}{f'(x_0)}$，从而法线方程为

$$y - y_0 = -\frac{1}{f'(x_0)}(x - x_0) \quad (f'(x_0) \neq 0).$$

例 4　求抛物线 $y = x^2$ 在点 $(1, 1)$ 处的切线方程和法线方程.

解　由导数的几何意义知，曲线 $y = x^2$ 在点 $(1, 1)$ 处的切线斜率为

$$y' \Big|_{x=1} = 2x \Big|_{x=1} = 2,$$

从而所求的切线方程为 $\quad y - 1 = 2(x - 1)$，

即 $\quad y = 2x - 1.$

法线方程为

$$y - 1 = -\frac{1}{2}(x - 1),$$

即
$$y = -\frac{1}{2}x + \frac{3}{2}.$$

由本节引例 1 可知,若某物体作变速直线运动时的位置函数是 $s = s(t)$,则在运动过程中 t_0 时刻物体运动的瞬时速度就是 $s'(t_0)$. 更一般地,若某物理量 T 是时间 t 的函数 $T = T(t)$,则 $T'(t_0)$ 的物理意义是在 t_0 时刻 T 变化的瞬时速度,这就是导数在物理上的含义.

四、函数可导性与连续性的关系

设函数 $y = f(x)$ 在点 x 处可导,即

$$\lim_{\Delta x \to 0} \frac{\Delta y}{\Delta x} = f'(x)$$

存在,根据函数的极限与无穷小的关系可知

$$\frac{\Delta y}{\Delta x} = f'(x) + o(\Delta x).$$

其中,$o(\Delta x)$ 是 $\Delta x \to 0$ 的无穷小,上式两边各乘以 Δx,即得

$$\Delta y = f'(x)\Delta x + o(\Delta x)\Delta x.$$

由此可见,$\lim\limits_{\Delta x \to 0} \Delta y = 0$. 这就表明函数 $y = f(x)$ 在点 x 处连续. 所以,如果函数 $y = f(x)$ 在 x 处可导,那么在 x 处必连续.

另一方面,一个函数在某点连续却不一定在该点可导. 例如,函数 $y = |x|$ 显然在 $x = 0$ 处连续,但是它在点 $x = 0$ 处是不可导的(见例 3).

下面,我们再看一个在某点连续但不可导的例子.

例 5 讨论函数

$$f(x) = \begin{cases} 1 - x, & x \geqslant 0, \\ 1 + x, & x < 0 \end{cases}$$

在 $x = 0$ 处的连续性与可导性.

解 $f(x)$ 在点 $x = 0$ 处,有

左极限　　$\lim\limits_{x \to 0^-} f(x) = \lim\limits_{x \to 0^-}(1 + x) = 1$,

右极限　　$\lim\limits_{x \to 0^+} f(x) = \lim\limits_{x \to 0^+}(1 - x) = 1$.

从而有 $\lim\limits_{\Delta x \to 0} f(x) = 1$. 又由 $f(0) = 1$,所以 $\lim\limits_{\Delta x \to 0} f(x) = f(0)$,故 $f(x)$ 在点 $x = 0$ 处连续.

$f(x)$ 在点 $x = 0$ 处左导数为

$$f'_-(0) = \lim_{x \to 0^-} \frac{f(x) - f(0)}{x - 0} = \lim_{x \to 0^-} \frac{(1 + x) - 1}{x} = 1;$$

同理,右导数为

$$f'_+(0) = \lim_{x \to 0^+} \frac{(1 - x) - 1}{x} = -1.$$

因 $f'_-(0) \neq f'_+(0)$,故 $f(x)$ 在点 $x = 0$ 处不可导.

五、利用导数定义求导数

例 6　求函数 $f(x) = C(C$ 为常数$)$ 的导数.

解　$f'(x) = \lim_{\Delta x \to 0} \frac{f(x + \Delta x) - f(x)}{\Delta x} = \lim_{\Delta x \to 0} \frac{C - C}{\Delta x} = 0,$

即常数函数的导数等于零.

例 7　求函数 $f(x) = x^n(n$ 为正整数$)$ 的导数.

解　$f'(x) = \lim_{\Delta x \to 0} \frac{f(x + \Delta x) - f(x)}{\Delta x} = \lim_{\Delta x \to 0} \frac{(x + \Delta x)^n - x^n}{\Delta x}$

$$= \lim_{\Delta x \to 0} \frac{nx^{n-1}\Delta x + \frac{n(n-1)}{2}x^{n-2}(\Delta x)^2 + \cdots + (\Delta x)^n}{\Delta x}$$

$$= \lim_{\Delta x \to 0} \left[nx^{n-1} + \frac{n(n-1)}{2}x^{n-2}\Delta x + \cdots + (\Delta x)^{n-1} \right]$$

$$= nx^{n-1},$$

即　　　　　　　　$(x^n)' = nx^{n-1}$　　$(n$ 为正整数$)$.

更一般地,对幂函数 $y = x^\mu(\mu$ 是实数$)$,也有 $(x^\mu)' = \mu x^{\mu-1}$. 这个公式在后面将给出证明. 例如,

$$(\sqrt{x})' = (x^{\frac{1}{2}})' = \frac{1}{2\sqrt{x}}, \quad \left(\frac{1}{x} \right)' = (x^{-1})' = -\frac{1}{x^2}.$$

例 8　求函数 $f(x) = a^x(a > 0,\ a \neq 1)$ 的导数.

解　$f'(x) = \lim_{\Delta x \to 0} \frac{f(x + \Delta x) - f(x)}{\Delta x} = \lim_{\Delta x \to 0} \frac{a^{x+\Delta x} - a^x}{\Delta x} = a^x \lim_{\Delta x \to 0} \frac{a^{\Delta x} - 1}{\Delta x}.$

令 $a^{\Delta x} - 1 = \beta$,则 $\Delta x \to 0$ 时,$\beta \to 0$ 且 $\Delta x = \frac{\ln(1 + \beta)}{\ln a}$,故

$$(a^x)' = a^x \lim_{\beta \to 0} \frac{\beta \ln a}{\ln(1 + \beta)}.$$

由于 $\beta \to 0$ 时,$\ln(1 + \beta) \sim \beta$,所以

$$(a^x)' = a^x \lim_{\beta \to 0} \frac{\beta \ln a}{\beta} = a^x \ln a.$$

特别地,当 $a = e$ 时,因 $\ln e = 1$,故有

$$(e^x)' = e^x.$$

例 9 求对数函数 $f(x) = \log_a x (a > 0, a \neq 1)$ 的导数.

解 $f'(x) = \lim_{\Delta x \to 0} \frac{f(x + \Delta x) - f(x)}{\Delta x} = \lim_{\Delta x \to 0} \frac{\log_a(x + \Delta x) - \log_a x}{\Delta x}$

$= \lim_{\Delta x \to 0} \frac{1}{\Delta x} \log_a \frac{x + \Delta x}{x} = \lim_{\Delta x \to 0} \frac{1}{x} \cdot \frac{x}{\Delta x} \log_a \left(1 + \frac{\Delta x}{x}\right)$

$= \frac{1}{x} \lim_{\Delta x \to 0} \log_a \left(1 + \frac{\Delta x}{x}\right)^{\frac{x}{\Delta x}} = \frac{1}{x} \log_a e = \frac{1}{x \ln a},$

即

$$(\log_a x)' = \frac{1}{x \ln a}.$$

特别地,当 $a = e$ 时,得自然对数的导数 $(\ln x)' = \frac{1}{x}$.

例 10 求函数 $f(x) = \sin x$ 的导数.

解 $f'(x) = \lim_{\Delta x \to 0} \frac{f(x + \Delta x) - f(x)}{\Delta x} = \lim_{\Delta x \to 0} \frac{\sin(x + \Delta x) - \sin x}{\Delta x}$

$= \lim_{\Delta x \to 0} \frac{1}{\Delta x} 2 \cos \left(x + \frac{\Delta x}{2}\right) \sin \frac{\Delta x}{2}$

$= \lim_{\Delta x \to 0} \cos \left(x + \frac{\Delta x}{2}\right) \frac{\sin \frac{\Delta x}{2}}{\frac{\Delta x}{2}} = \cos x,$

即

$$(\sin x)' = \cos x.$$

用类似的方法,可求得余弦函数 $y = \cos x$ 的导数为

$$(\cos x)' = -\sin x.$$

习题 2-1

1. 设物体绕定轴旋转,在时间间隔 $[0, t]$ 内转过角度 θ,从而转角 θ 是 t 的函数: $\theta = \theta(t)$. 如果旋转是匀速的,那么称 $\omega = \frac{\theta}{t}$ 为该物体旋转的角速度. 如果旋转是非匀速的,应怎样确定该物体在时刻的 t_0 角速度?

2. 垂直向上抛一物体,其上升高度 $h(t) = 10t - \frac{1}{2} gt^2$ (单位:m),求:

(1) 物体从 $t = 1\,\mathrm{s}$ 到 $t = 1.2\,\mathrm{s}$ 的平均速度;

(2) 速度函数 $v(t)$;

(3) 物体何时达到最高点.

3. 设函数 $y = x^3$,按导数定义求 y', $y'\big|_{x=0}$.

4. 求下列函数的导数.

(1) $y = x^4$;　　　　(2) $y = \sqrt[3]{x^2}$;　　　　(3) $y = x^{1.6}$;

(4) $y = \dfrac{1}{\sqrt{x}}$;　　　　(5) $y = \dfrac{1}{x^2}$;　　　　(6) $y = x^3 \sqrt[5]{x}$.

5. 求曲线 $y = \sqrt{x}$ 在点 $(4, 2)$ 处的切线方程和法线方程.

6. 设 $f(x) = \begin{cases} x^2 \sin \dfrac{1}{x}, & x \neq 0, \\ 0, & x = 0. \end{cases}$ 讨论函数 $f(x)$ 在点 $x = 0$ 处的连续性与可导性.

7. 已知 $f(x) = \begin{cases} x^2, & x \geqslant 0, \\ -x, & x < 0. \end{cases}$ 求 $f'_+(0)$ 及 $f'_-(0)$,又 $f'(0)$ 是否存在?

§2.2　函数和、差、积、商的求导法则

前面我们根据导数的定义,求出了一些基本初等函数的求导公式,但是对于一些比较复杂的函数的求导仅用导数的定义是较困难的. 在本节中,将介绍导数四则运算法则以及前一节中未讨论过的几个基本初等函数的导数公式.

定理　若 $u(x)$, $v(x)$ 在点 x 处可导,则函数 $u(x) \pm v(x)$, $u(x) \cdot v(x)$, $\dfrac{u(x)}{v(x)}(v(x) \neq 0)$ 在点 x 处也可导,且

(1) $[u(x) \pm v(x)]' = u'(x) \pm v'(x)$;

(2) $[u(x)v(x)]' = u'(x)v(x) + u(x)v'(x)$;

(3) $\left[\dfrac{u(x)}{v(x)}\right]' = \dfrac{u'(x)v(x) - u(x)v'(x)}{v^2(x)}$　$(v(x) \neq 0)$.

上面三个公式的证明思路都类似,下面给出定理(2)的证明,定理(1)(3)的证明略.

证明　$[u(x)v(x)]'$

$$= \lim_{\Delta x \to 0} \frac{u(x + \Delta x)v(x + \Delta x) - u(x)v(x)}{\Delta x}$$

$$= \lim_{\Delta x \to 0}\left[\frac{u(x + \Delta x) - u(x)}{\Delta x}v(x + \Delta x) + u(x)\frac{v(x + \Delta x) - v(x)}{\Delta x}\right]$$

$$= \lim_{\Delta x \to 0} \frac{u(x+\Delta x)-u(x)}{\Delta x} \lim_{\Delta x \to 0} v(x+\Delta x) + u(x) \lim_{\Delta x \to 0} \frac{v(x+\Delta x)-v(x)}{\Delta x}$$

$$= u'(x)v(x) + u(x)v'(x).$$

其中 $\lim\limits_{\Delta x \to 0} v(x+\Delta x) = v(x)$ 是由于函数 $v(x)$ 在 x 处可导,故在点 x 处连续. 即

$$\big[u(x)v(x)\big]' = u'(x)v(x) + u(x)v'(x).$$

定理中的法则(1)、(2)可推广到任意有限个可导函数的情形. 例如,设 $u = u(x)$, $v = v(x)$, $w = w(x)$ 均可导,则有

$$(u+v-w)' = u'+v'-w',$$

$$(uvw)' = \big[(uv)w\big]' = (uv)'w + (uv)w' = (u'v+uv')w + uvw',$$

即

$$(uvw)' = u'vw + uv'w + uvw'.$$

在定理中的法则(2),当 $v(x) = C$(C 为常数) 时,有 $\big[Cu(x)\big]' = Cu'(x)$.

例 1　$f(x) = x^4 + \sin x - \ln x$,求 $f'(x)$.

解　$f'(x) = (x^4 + \sin x - \ln x)' = (x^4)' + (\sin x)' - (\ln x)'$

$$= 4x^3 + \cos x - \frac{1}{x}.$$

例 2　$y = e^x \cos x$,求 y'.

解　$y' = (e^x)' \cos x + e^x (\cos x)' = e^x \cos x - e^x \sin x.$

例 3　$y = \tan x$,求 y'.

解　$y' = (\tan x)' = \left(\dfrac{\sin x}{\cos x}\right)' = \dfrac{(\sin x)' \cos x - \sin x (\cos x)'}{\cos^2 x}$

$$= \frac{\cos^2 x + \sin^2 x}{\cos^2 x} = \frac{1}{\cos^2 x} = \sec^2 x,$$

即

$$(\tan x)' = \sec^2 x.$$

这就是正切函数的导数公式.

用类似的方法可得　　　$(\cot x)' = -\csc^2 x.$

例 4　设 $y = \sec x$,求 y'.

解　$y' = (\sec x)' = \left(\dfrac{1}{\cos x}\right)' = \dfrac{0 - 1 \cdot (\cos x)'}{\cos^2 x}$

$$= \frac{\sin x}{\cos^2 x} = \tan x \sec x,$$

即

$$(\sec x)' = \tan x \sec x.$$

这就是正割函数的导数公式.

用类似的方法可得 $(\csc x)' = -\csc x \cot x.$

习题 2-2

1. 求下列各函数的导数.

(1) $y = x^4 - 3x^2 + x - 1$;

(2) $y = x^3 - \dfrac{1}{x^3}$;

(3) $y = x\sqrt{x} + \sqrt[3]{x}$;

(4) $y = x^2 + \cos x + e^x$;

(5) $y = \sqrt{x}\sin x$;

(6) $y = xe^x$;

(7) $y = \dfrac{e^x \sin x}{x}$;

(8) $y = x\arctan x$.

2. 求下列各函数的导数.

(1) $y = \dfrac{1}{1+\sqrt{x}} + \dfrac{1}{1-\sqrt{x}}$;

(2) $y = 5(2x-3)(x+8)$;

(3) $y = x^2 e^x$;

(4) $y = \dfrac{3^x - 1}{x^3 + 1}$;

(5) $y = (x^2 - 3x + 2)(x^4 + x^2 - 1)$;

(6) $y = \dfrac{\ln x}{\sin x}$;

(7) $y = \dfrac{x\sin x}{1 + x^2}$;

(8) $y = xe^x \cos x$.

§2.3 反函数的导数与复合函数的导数

一、反函数的导数

定理 1 若函数 $x = \varphi(y)$ 在区间 I_y 内单调、可导,且 $\varphi'(y) \neq 0$,那么它的反函数 $y = f(x)$ 在对应的区间 I_x 内单调、可导,且有

$$\frac{\mathrm{d}y}{\mathrm{d}x} = \frac{1}{\dfrac{\mathrm{d}x}{\mathrm{d}y}} \quad \left(\text{或 } f'(x) = \frac{1}{\varphi'(y)}\right).$$

证明 由于 $x = \varphi(y)$ 在区间 I_y 内单调、可导(从而连续),所以它的反函数 $y = f(x)$ 也单调连续.

任取 $x \in I_x$,给 x 以增量 $\Delta x \neq 0 (\Delta x \neq 0,\ x + \Delta x \in I_x)$,由 $y = f(x)$ 的单调性可知

$$\Delta y = f(x + \Delta x) - f(x) \neq 0,$$

因而有
$$\frac{\Delta y}{\Delta x} = \frac{1}{\dfrac{\Delta x}{\Delta y}}.$$

根据 $y = f(x)$ 的连续性,当 $\Delta x \to 0$ 时,必有 $\Delta y \to 0$,而 $x = \varphi(y)$ 可导,于是
$$\lim_{\Delta y \to 0} \frac{\Delta x}{\Delta y} = \varphi'(y),$$

所以
$$f'(x) = \lim_{\Delta x \to 0} \frac{\Delta y}{\Delta x} = \lim_{\Delta y \to 0} \frac{1}{\dfrac{\Delta x}{\Delta y}} = \frac{1}{\lim\limits_{\Delta y \to 0} \dfrac{\Delta x}{\Delta y}} = \frac{1}{\varphi'(y)}.$$

上述结论可简单地叙述为:反函数的导数等于原函数导数的倒数.

例 1 求 $y = \arcsin x$ 的导数.

解 $y = \arcsin x$ 是 $x = \sin y$ 的反函数,$x = \sin y$ 在区间 $\left(-\dfrac{\pi}{2}, \dfrac{\pi}{2}\right)$ 内单调、可导,且
$$\frac{\mathrm{d}x}{\mathrm{d}y} = (\sin y)' = \cos y > 0.$$

所以
$$y' = \frac{1}{\dfrac{\mathrm{d}x}{\mathrm{d}y}} = \frac{1}{\cos y} = \frac{1}{\sqrt{1 - \sin^2 y}} = \frac{1}{\sqrt{1 - x^2}}, \quad -1 < x < 1,$$

从而得到反正弦函数的导数公式
$$(\arcsin x)' = \frac{1}{\sqrt{1 - x^2}}, \quad -1 < x < 1.$$

用类似的方法可得到反余弦函数的导数公式
$$(\arccos x)' = -\frac{1}{\sqrt{1 - x^2}}, \quad -1 < x < 1.$$

例 2 求 $y = \arctan x$ 的导数.

解 $y = \arctan x$ 是 $x = \tan y$ 的反函数,$x = \tan y$ 在区间 $\left(-\dfrac{\pi}{2}, \dfrac{\pi}{2}\right)$ 内单调、可导,且
$$\frac{\mathrm{d}x}{\mathrm{d}y} = (\tan y)' = \sec^2 y \neq 0,$$

所以

$$y' = \frac{1}{\dfrac{\mathrm{d}x}{\mathrm{d}y}} = \frac{1}{\sec^2 y} = \frac{1}{1 + \tan^2 y} = \frac{1}{1 + x^2}, \quad -\infty < x < +\infty.$$

从而得到反正切函数的导数公式

$$(\arctan x)' = \frac{1}{1 + x^2}, \quad -\infty < x < +\infty.$$

用类似的方法可得到反余弦函数的导数公式

$$(\operatorname{arccot} x)' = -\frac{1}{1 + x^2}, \quad -\infty < x < +\infty.$$

二、复合函数的求导法则

定理 2　如果函数 $u = \varphi(x)$ 在点 x 处可导,而函数 $y = f(u)$ 在点 $u = \varphi(x)$ 处也可导,那么复合函数 $y = f[\varphi(x)]$ 在点 x 处也可导,且有

$$\frac{\mathrm{d}y}{\mathrm{d}x} = \frac{\mathrm{d}y}{\mathrm{d}u} \cdot \frac{\mathrm{d}u}{\mathrm{d}x} \quad 或 \quad \{f[\varphi(x)]\}' = f'(u)\varphi'(x).$$

证明　由导数定义有

$$\frac{\mathrm{d}y}{\mathrm{d}x} = \lim_{\Delta x \to 0} \frac{f[\varphi(x + \Delta x)] - f[\varphi(x)]}{\Delta x},$$

记 $\Delta u = \varphi(x + \Delta x) - \varphi(x)$,则由 $u = \varphi(x)$ 在点 x 处可导可推得它在点 x 处连续,因此当 $\Delta x \to 0$ 时,$\Delta u \to 0$.

若 $\Delta u \neq 0$,有

$$\begin{aligned} \frac{\mathrm{d}y}{\mathrm{d}x} &= \lim_{\Delta x \to 0} \frac{f[\varphi(x) + \Delta u] - f[\varphi(x)]}{\Delta u} \cdot \frac{\varphi(x + \Delta x) - \varphi(x)}{\Delta x} \\ &= \lim_{\Delta u \to 0} \frac{f(u + \Delta u) - f(u)}{\Delta u} \cdot \lim_{\Delta x \to 0} \frac{\varphi(x + \Delta x) - \varphi(x)}{\Delta x} \\ &= \frac{\mathrm{d}y}{\mathrm{d}u} \cdot \frac{\mathrm{d}u}{\mathrm{d}x}. \end{aligned}$$

这里是在"$\Delta u \neq 0$"的假设下,得到定理的一个简单的证明,去掉这个假设,用另外的方法也能证得定理的结论.(证明略.)

上式说明,复合函数 $y = f[\varphi(x)]$ 对 x 求导时,可先求出 $y = f(u)$ 对 u 的导数和 $u = \varphi(x)$ 对 x 的导数,然后相乘即可.

这个求导法则也称为**链式法则**,它还可以推广到多个中间变量的情形.例如,设 $y = f(u)$,$u = \varphi(v)$,$v = \psi(x)$ 都可导,则复合函数 $y = f\{\varphi[\psi(x)]\}$ 的导数为

$$\frac{\mathrm{d}y}{\mathrm{d}x} = \frac{\mathrm{d}y}{\mathrm{d}u} \cdot \frac{\mathrm{d}u}{\mathrm{d}v} \cdot \frac{\mathrm{d}v}{\mathrm{d}x}.$$

例 3 设 $y = (2x+1)^5$, 求 $\dfrac{\mathrm{d}y}{\mathrm{d}x}$.

解 令 $y = u^5$, $u = 2x + 1$, 则

$$\frac{\mathrm{d}y}{\mathrm{d}x} = \frac{\mathrm{d}y}{\mathrm{d}u} \cdot \frac{\mathrm{d}u}{\mathrm{d}x} = 5u^4 \cdot 2 = 10(2x+1)^4.$$

例 4 设 $y = \sin\sqrt{x}$, 求 $\dfrac{\mathrm{d}y}{\mathrm{d}x}$.

解 令 $y = \sin u$, $u = \sqrt{x}$, 则

$$\frac{\mathrm{d}y}{\mathrm{d}x} = \frac{\mathrm{d}y}{\mathrm{d}u} \cdot \frac{\mathrm{d}u}{\mathrm{d}x} = \cos u \cdot \frac{1}{2\sqrt{x}} = \frac{\cos\sqrt{x}}{2\sqrt{x}}.$$

例 5 设 $y = \ln\cos x$, 求 $\dfrac{\mathrm{d}y}{\mathrm{d}x}$.

解 令 $y = \ln u$, $u = \cos x$, 则

$$\frac{\mathrm{d}y}{\mathrm{d}x} = \frac{\mathrm{d}y}{\mathrm{d}u} \cdot \frac{\mathrm{d}u}{\mathrm{d}x} = \frac{1}{u} \cdot (-\sin x) = -\frac{\sin x}{\cos x} = -\tan x.$$

例 6 设 $y = \mathrm{e}^{\sin\frac{1}{x}}$ 求 y'.

解 令 $y = \mathrm{e}^u$, $u = \sin v$, $v = \dfrac{1}{x}$, 则

$$\frac{\mathrm{d}y}{\mathrm{d}x} = \frac{\mathrm{d}y}{\mathrm{d}u} \cdot \frac{\mathrm{d}u}{\mathrm{d}v} \cdot \frac{\mathrm{d}v}{\mathrm{d}x} = \mathrm{e}^u \cdot \cos v \cdot \left(-\frac{1}{x^2}\right) = -\frac{1}{x^2}\mathrm{e}^{\sin\frac{1}{x}}\cos\frac{1}{x}.$$

由以上例子可以看出, 应用复合函数的求导法则时, 关键是将复合函数分解成若干个简单函数, 而这些简单函数的导数我们已经会求. 当熟悉运算后, 就不必再写出中间变量, 而可以采用下列例题的方式来计算.

例 7 设 $y = \sqrt{1-x^2}$, 求 y'.

解 $y' = \left[(1-x^2)^{\frac{1}{2}}\right]' = \dfrac{1}{2}(1-x^2)^{-\frac{1}{2}} \cdot (1-x^2)' = \dfrac{-x}{\sqrt{1-x^2}}$.

例 8 设 $y = \ln\sin(\mathrm{e}^x)$, 求 y'.

解 $y' = \left[\ln\sin(\mathrm{e}^x)\right]' = \dfrac{1}{\sin(\mathrm{e}^x)} \cdot \left[\sin(\mathrm{e}^x)\right]'$

$\qquad = \dfrac{1}{\sin(\mathrm{e}^x)} \cdot \cos(\mathrm{e}^x) \cdot (\mathrm{e}^x)' = \mathrm{e}^x\cot(\mathrm{e}^x)$.

例 9 设 $y = \ln(x + \sqrt{1+x^2})$，求 y'.

解
$$y' = \frac{1}{x+\sqrt{1+x^2}}(x+\sqrt{1+x^2})'$$
$$= \frac{1}{x+\sqrt{1+x^2}}\left[1 + \frac{1}{2}(1+x^2)^{-\frac{1}{2}}(1+x^2)'\right]$$
$$= \frac{1}{x+\sqrt{1+x^2}}\left(1 + \frac{2x}{2\sqrt{1+x^2}}\right) = \frac{1}{\sqrt{1+x^2}}.$$

例 10 设 $x > 0$，证明幂函数的导数公式

$$(x^\mu)' = \mu x^{\mu-1} \quad (\mu \text{ 为任意实数}).$$

解 因为 $y = x^\mu = e^{\mu \ln x}$，所以

$$(x^\mu)' = (e^{\mu \ln x})' = e^{\mu \ln x} \cdot (\mu \ln x)' = e^{\mu \ln x} \mu \frac{1}{x} = x^\mu \mu \frac{1}{x} = \mu x^{\mu-1},$$

即

$$(x^\mu)' = \mu x^{\mu-1}.$$

三、基本初等函数的求导公式

(1) $(C)' = 0$ （C 为常数）；　　(2) $(x^\mu)' = \mu x^{\mu-1}$ （μ 为实数，$\mu \neq 0$）；

(3) $(\log_a x)' = \frac{1}{x \ln a}(a > 0, a \neq 1)$；　　(4) $(\ln x)' = \frac{1}{x}$；

(5) $(a^x)' = a^x \ln a$；　　(6) $(e^x)' = e^x$；

(7) $(\sin x)' = \cos x$；　　(8) $(\cos x)' = -\sin x$；

(9) $(\tan x)' = \sec^2 x$；　　(10) $(\cot x)' = -\csc^2 x$；

(11) $(\sec x)' = \tan x \sec x$；　　(12) $(\csc x)' = -\csc x \cot x$；

(13) $(\arcsin x)' = \frac{1}{\sqrt{1-x^2}}$；　　(14) $(\arccos x)' = -\frac{1}{\sqrt{1-x^2}}$；

(15) $(\arctan x)' = \frac{1}{1+x^2}$；　　(16) $(\text{arccot } x)' = -\frac{1}{1+x^2}$.

习题 2-3

1. 求下列函数的导数.

(1) $y = (2x+5)^4$；　　(2) $y = \cos(4-3x)$；

(3) $y = e^{-3x^2}$；　　(4) $y = \ln(1+x^2)$；

(5) $y = \sin^2 x$；　　(6) $y = \sqrt{a^2-x^2}$；

(7) $y = \tan(x^2)$；　　(8) $y = \arctan(e^x)$；

(9) $y = (\arcsin x)^2$;　　　　　　　　　　(10) $y = \ln\cos x$.

2. 求下列函数的导数.

(1) $y = x\mathrm{e}^{-2x}$;

(2) $y = \ln\sqrt{1-2x}$;

(3) $y = \ln\ln x$;

(4) $y = x\sin x^2$;

(5) $y = \mathrm{e}^{\cos\frac{1}{x^2}}$;

(6) $y = \arcsin\dfrac{2x-1}{\sqrt{3}}$;

(7) $y = \dfrac{x}{\sqrt{a^2-x^2}}$;

(8) $y = \sqrt{x+\sqrt{x}}$;

(9) $y = \mathrm{e}^{-x}\cos 2x$;

(10) $y = \dfrac{1}{(x+\sqrt{x})^2}$.

3. 设 $f(x)$ 是可导函数, $y = f(\sin x)$, 求 $\dfrac{\mathrm{d}y}{\mathrm{d}x}$.

§2.4　隐函数及由参数方程确定的 函数的导数

一、隐函数的导数

函数 $y = f(x)$ 表示两个变量 y 与 x 之间的对应关系,这种对应关系可以用各种不同方式表达. 前面我们遇到的函数,例如 $y = \sin x + x$, $y = x^2$,等等,这样表示的函数称为**显函数**. 还有一些函数,其 x 与 y 之间的对应法则是由方程

$$F(x, y) = 0$$

确定的,即在一定条件下,当 x 在某区间内任意取定一个值时,相应地总有满足方程的唯一的 y 值与 x 对应,按照函数的定义,方程 $F(x, y) = 0$ 确定了一个函数 $y = y(x)$,这个函数称为由方程 $F(x, y) = 0$ 确定的**隐函数**. 例如,方程

$$x + y^3 - 1 = 0$$

表示一个函数,因为对区间 $(-\infty, +\infty)$ 内任意一点 x,都有确定的 y 与之对应.

隐函数怎样求导呢? 一种方法是从方程 $F(x, y) = 0$ 中解出 y,把隐函数化为显函数 $y = y(x)$(把一个隐函数化成显函数,叫做隐函数的显化),例如,从方程 $x + y^3 - 1 = 0$ 中解出 $y = \sqrt[3]{1-x}$,然后求导. 但更多的隐函数是不能显化或不方便显化的,例如 $xy - \mathrm{e}^x + \mathrm{e}^y = 0$,就很难解出 $y = y(x)$ 来,那么此时该如何求导呢?

隐函数求导法:设 $y = y(x)$ 是由方程 $F(x, y) = 0$ 所确定的隐函数,在方程两边同时对 x 求导,遇到 y 时将 y 看成 x 的函数,利用复合函数的求导法则就会得到

一个含有 $\dfrac{\mathrm{d}y}{\mathrm{d}x}$ 或 y' 的方程,从方程中解出 $\dfrac{\mathrm{d}y}{\mathrm{d}x}$ 即可.

例 1 求由方程 $xy - \mathrm{e}^x + \mathrm{e}^y = 0$ 所确定的隐函数 $y = y(x)$ 的导数 $\dfrac{\mathrm{d}y}{\mathrm{d}x}$.

解 方程两端分别对 x 求导,注意到 y 是 x 的函数,得

$$y + x\frac{\mathrm{d}y}{\mathrm{d}x} - \mathrm{e}^x + \mathrm{e}^y \frac{\mathrm{d}y}{\mathrm{d}x} = 0,$$

由上式解出 $\dfrac{\mathrm{d}y}{\mathrm{d}x}$, 得

$$\frac{\mathrm{d}y}{\mathrm{d}x} = \frac{\mathrm{e}^x - y}{x + \mathrm{e}^y} \quad (x + \mathrm{e}^y \neq 0).$$

例 2 求由方程 $y^5 + 2y - x - 3x^7 = 0$ 所确定的隐函数在 $x = 0$ 处的导数 $\dfrac{\mathrm{d}y}{\mathrm{d}x}\Big|_{x=0}$.

解 方程两端分别对 x 求导,得

$$5y^4 y' + 2y' - 1 - 21x^6 = 0,$$

由上式解出 y',得
$$y' = \frac{1 + 21x^6}{5y^4 + 2}.$$

因为当 $x = 0$ 时,从原方程得 $y = 0$, 所以

$$\frac{\mathrm{d}y}{\mathrm{d}x}\Big|_{x=0} = \frac{1}{2}.$$

例 3 求曲线 $3y^2 = x^2(x+1)$ 在点 $(2, 2)$ 处的切线方程.

解 方程两边对 x 求导,得

$$6yy' = 3x^2 + 2x,$$

于是
$$y' = \frac{3x^2 + 2x}{6y} \quad (y \neq 0),$$

所以
$$y'\Big|_{x=2} = \frac{4}{3}.$$

因而所求切线方程为 $\quad y - 2 = \dfrac{4}{3}(x - 2),$

即
$$4x - 3y - 2 = 0.$$

在某些场合,利用所谓对数求导法求导比通常的方法简便些. 这种方法是先在

$y=f(x)$ 两边取对数,然后再求出 y 的导数. 我们通过下面的例子来说明这种方法.

例 4 求 $y=x^{\sin x}(x>0)$ 的导数.

解 这个函数是幂指函数,在两边取对数,得

$$\ln y = \sin x \ln x,$$

两边对 x 求导,注意到 $y=y(x)$,得

$$\frac{1}{y}y' = \frac{\sin x}{x} + \cos x \ln x,$$

所以

$$y' = y\left(\frac{\sin x}{x} + \cos x \ln x\right) = x^{\sin x}\left(\frac{\sin x}{x} + \cos x \ln x\right).$$

对于一般形式的幂指函数

$$y = [u(x)]^{v(x)} \quad (u(x)>0),$$

如果 $u(x)$, $v(x)$ 都可导,则对于该函数的求导运算,有下面两种方法:

方法 1 先在两边取对数,得

$$\ln y = v \cdot \ln u,$$

上式两边对 x 求导,注意到 $y=y(x)$, $u=u(x)$, $v=v(x)$,得

$$\frac{1}{y}y' = v' \cdot \ln u + v \cdot \frac{1}{u} \cdot u',$$

于是

$$y' = y\left(v' \cdot \ln u + \frac{vu'}{u}\right) = u^v\left(v' \cdot \ln u + \frac{vu'}{u}\right).$$

方法 2 将 $y = [u(x)]^{v(x)}(u(x)>0)$ 写成

$$y = e^{v\ln u},$$

由复合函数求导法则有

$$y' = e^{v\ln u}\left(v' \cdot \ln u + v \cdot \frac{u'}{u}\right) = u^v\left(v' \cdot \ln u + \frac{vu'}{u}\right).$$

例 5 求函数 $y = \sqrt{\dfrac{(x-1)(x-2)}{(x-3)(x-4)}}$ 的导数.

解 先在两边取对数(假定 $x>4$),得

$$\ln y = \frac{1}{2}\big[\ln(x-1) + \ln(x-2) - \ln(x-3) - \ln(x-4)\big],$$

上式两边对 x 求导,注意到 $y = y(x)$,得

$$\frac{1}{y}y' = \frac{1}{2}\Big(\frac{1}{x-1} + \frac{1}{x-2} - \frac{1}{x-3} - \frac{1}{x-4}\Big),$$

于是

$$y' = \frac{y}{2}\Big(\frac{1}{x-1} + \frac{1}{x-2} - \frac{1}{x-3} - \frac{1}{x-4}\Big)$$
$$= \frac{1}{2}\sqrt{\frac{(1-x)(2-x)}{(3-x)(4-x)}}\Big(\frac{1}{x-1} + \frac{1}{x-2} - \frac{1}{x-3} - \frac{1}{x-4}\Big).$$

当 $x < 1$,$2 < x < 3$ 时,用同样的方法可得与上面相同的结果.

二、由参数方程所确定的函数的导数

在实际问题中,函数 y 与自变量 x 可能不是直接由 $y = f(x)$ 表示,而是通过一参变量 t 来表示,即

$$\begin{cases} x = \varphi(t), \\ y = \psi(t), \end{cases}$$

称为函数的参数方程. 我们现在来求由上式确定的 y 对 x 的导数 y'.

设 $x = \varphi(t)$ 有连续的反函数 $t = \varphi^{-1}(x)$,又 $\varphi'(t)$,$\psi'(t)$ 存在,且 $\varphi'(t) \neq 0$,则 y 为复合函数

$$y = \psi(t) = \psi[\varphi^{-1}(x)].$$

利用反函数和复合函数求导法则,得

$$\frac{\mathrm{d}y}{\mathrm{d}x} = \frac{\mathrm{d}y}{\mathrm{d}t} \cdot \frac{\mathrm{d}t}{\mathrm{d}x} = \frac{\mathrm{d}y}{\mathrm{d}t} \cdot \frac{1}{\dfrac{\mathrm{d}x}{\mathrm{d}t}} = \frac{\psi'(t)}{\varphi'(t)}.$$

上式也可写成

$$\frac{\mathrm{d}y}{\mathrm{d}x} = \frac{\dfrac{\mathrm{d}y}{\mathrm{d}t}}{\dfrac{\mathrm{d}x}{\mathrm{d}t}}.$$

例 6 设 $\begin{cases} x = \mathrm{e}^t\cos t, \\ y = \mathrm{e}^t\sin t. \end{cases}$ 求 $\dfrac{\mathrm{d}y}{\mathrm{d}x}$.

解 $\dfrac{\mathrm{d}y}{\mathrm{d}x} = \dfrac{\dfrac{\mathrm{d}y}{\mathrm{d}t}}{\dfrac{\mathrm{d}x}{\mathrm{d}t}} = \dfrac{\mathrm{e}^t \sin t + \mathrm{e}^t \cos t}{\mathrm{e}^t \cos t - \mathrm{e}^t \sin t} = \dfrac{\sin t + \cos t}{\cos t - \sin t}.$

例 7 已知椭圆的参数方程为

$$\begin{cases} x = a\cos t, \\ y = b\sin t. \end{cases}$$

求椭圆在 $t = \dfrac{\pi}{4}$ 相应点处的切线方程.

解 当 $t = \dfrac{\pi}{4}$ 时,椭圆上的相应点的坐标为

$$x = a\cos \frac{\pi}{4} = \frac{a\sqrt{2}}{2}, \quad y = b\sin \frac{\pi}{4} = \frac{b\sqrt{2}}{2}.$$

又 $$\dfrac{\mathrm{d}y}{\mathrm{d}x} = \dfrac{\dfrac{\mathrm{d}y}{\mathrm{d}t}}{\dfrac{\mathrm{d}x}{\mathrm{d}t}} = \dfrac{b\cos t}{-a\sin t},$$

所以,切线的斜率为 $\quad k = \dfrac{\mathrm{d}y}{\mathrm{d}x}\Big|_{t=\frac{\pi}{4}} = -\dfrac{b}{a}\cot \dfrac{\pi}{4} = -\dfrac{b}{a},$

故所求的切线方程为 $\quad y - \dfrac{b\sqrt{2}}{2} = -\dfrac{b}{a}\left(x - \dfrac{a\sqrt{2}}{2}\right).$

化简后得 $\quad bx + ay - \sqrt{2}ab = 0.$

习题 2-4

1. 求由下列方程所确定的隐函数的导数 $\dfrac{\mathrm{d}y}{\mathrm{d}x}$.

(1) $y^2 - 2xy + 9 = 0$; (2) $x^3 + y^3 - 3axy = 0$;

(3) $xy = \mathrm{e}^{x+y}$; (4) $y = 1 - x\mathrm{e}^y$.

2. 求曲线 $x^{\frac{2}{3}} + y^{\frac{2}{3}} = a^{\frac{2}{3}}$ 在点 $\left(\dfrac{\sqrt{2}}{4}a, \dfrac{\sqrt{2}}{4}a\right)$ 处的切线方程和法线方程.

3. 用对数求导法求下列函数的导数.

(1) $y = (\cos x)^{\sin x}$; (2) $y = x\sqrt{\dfrac{1-x}{1+x}}$;

(3) $y = \dfrac{\sqrt{x+2}(3-x)}{(2x+1)^5}$; (4) $y = (\sin x)^{\ln x}$.

4. 求下列参数方程所确定的函数的导数 $\dfrac{\mathrm{d}y}{\mathrm{d}x}$.

(1) $\begin{cases} x = t^2 + 1, \\ y = t^3 + t; \end{cases}$ $\qquad\qquad\qquad$ (2) $\begin{cases} x = \cos\theta, \\ y = 2\sin\theta. \end{cases}$

5. 求曲线 $\begin{cases} x = \sin t, \\ y = \cos 2t \end{cases}$ 在 $t = \dfrac{\pi}{4}$ 处的切线方程和法线方程.

§2.5　高　阶　导　数

我们知道,变速直线运动的速度 $v(t)$ 是位置函数 $s(t)$ 对时间 t 的导数,即

$$v = \frac{\mathrm{d}s}{\mathrm{d}t} \quad \text{或} \quad v = s'(t),$$

而加速度 a 又是速度 v 对时间 t 的变化率,即速度 $v(t)$ 对时间 t 的导数,即

$$a = \frac{\mathrm{d}v}{\mathrm{d}t} = \frac{\mathrm{d}}{\mathrm{d}t}\left(\frac{\mathrm{d}s}{\mathrm{d}t}\right) \quad \text{或} \quad a = [s'(t)]'.$$

这种导数的导数 $\dfrac{\mathrm{d}}{\mathrm{d}t}\left(\dfrac{\mathrm{d}s}{\mathrm{d}t}\right)$ 或 $[s'(t)]'$ 叫做 s 对 t 的二阶导数,记作

$$\frac{\mathrm{d}^2 s}{\mathrm{d}t^2} \quad \text{或} \quad s''(t).$$

所以,直线运动的加速度就是位置函数 s 对 t 的二阶导数.

一般地,如果函数 $y = f(x)$ 的导数 $y' = f'(x)$ 仍是 x 的可导函数,就称 $f'(x)$ 的导数叫做函数 $y = f(x)$ 的**二阶导数**,记作 y'', f'' 或 $\dfrac{\mathrm{d}^2 y}{\mathrm{d}x^2}$, 即

$$y'' = (y')' = f''(x) \quad \text{或} \quad \frac{\mathrm{d}^2 y}{\mathrm{d}x^2} = \frac{\mathrm{d}}{\mathrm{d}x}\left(\frac{\mathrm{d}y}{\mathrm{d}x}\right).$$

类似地,二阶导数的导数叫做**三阶导数**,三阶导数的导数叫做**四阶导数**,……,一般地,函数 $f(x)$ 的 $(n-1)$ 阶导数的导数叫做 **n 阶导数**. 分别记作

$$y''', \; y^{(4)}, \; \cdots, \; y^{(n)} \quad \text{或} \quad \frac{\mathrm{d}^3 y}{\mathrm{d}x^3}, \frac{\mathrm{d}^4 y}{\mathrm{d}x^4}, \cdots, \frac{\mathrm{d}^n y}{\mathrm{d}x^n}.$$

二阶及二阶以上的导数统称为**高阶导数**. 由此可见,求高阶导数并不需要更新的方法,只要逐阶求导,直到所要求的阶数即可,所以,仍可用前面学过的求导方法

来计算高阶导数.

例 1 设 $y = ax + b$,求 y''.

解 $y' = a$, $y'' = 0$.

例 2 设 $y = x^n$,求 $y^{(n)}$.

解
$$y' = nx^{n-1},$$
$$y'' = n(n-1)x^{n-2},$$
$$y''' = n(n-1)(n-2)x^{(n-3)},$$

一般地,可得

$$y^{(n)} = n(n-1)(n-2)\cdots 2 \cdot 1 \cdot x^{n-n} = n!, \quad \text{这里 } n \text{ 是正整数.}$$

而
$$(x^n)^{(n+1)} = 0.$$

例 3 求指数函数 $y = e^x$ 的 n 阶导数.

解 $y' = e^x$, $y'' = e^x$, $y''' = e^x$,一般地,可得

$$y^{(n)} = e^x.$$

例 4 求 $y = \sin x$ 与 $y = \cos x$ 的 n 阶导数.

解 $y = \sin x$, $\quad y' = \cos x = \sin\left(x + \dfrac{\pi}{2}\right)$,

$$y'' = \cos\left(x + \frac{\pi}{2}\right) = \sin\left(x + \frac{\pi}{2} + \frac{\pi}{2}\right) = \sin\left(x + 2 \cdot \frac{\pi}{2}\right),$$

$$y''' = \cos\left(x + 2 \cdot \frac{\pi}{2}\right) = \sin\left(x + 3 \cdot \frac{\pi}{2}\right),$$

依此类推,可得 $\quad y^{(n)} = \sin\left(x + n \cdot \dfrac{\pi}{2}\right)$,

即
$$(\sin x)^{(n)} = \sin\left(x + n \cdot \frac{\pi}{2}\right).$$

用类似的方法,可得 $\quad (\cos x)^{(n)} = \cos\left(x + n \cdot \dfrac{\pi}{2}\right)$.

例 5 求对数函数 $y = \ln(1+x)$ 的 n 阶导数.

解
$$y = \ln(1+x), \quad y' = \frac{1}{1+x},$$

$$y'' = -\frac{1}{(1+x)^2}, \quad y''' = \frac{1 \times 2}{(1+x)^3}, \quad y^{(4)} = -\frac{1 \times 2 \times 3}{(1+x)^4},$$

依此类推,可得
$$y^{(n)} = (-1)^{n-1} \frac{(n-1)!}{(1+x)^n},$$

即
$$[\ln(1+x)]^{(n)} = (-1)^{n-1} \frac{(n-1)!}{(1+x)^n}.$$

通常规定 $0! = 1$,所以这个公式当 $n = 1$ 时也成立.

例 6 求由方程 $x - y + \frac{1}{2} \sin y = 0$ 所确定的隐函数 y 的二阶导数 $\dfrac{\mathrm{d}^2 y}{\mathrm{d} x^2}$.

解 应用隐函数的求导方法,得
$$1 - \frac{\mathrm{d} y}{\mathrm{d} x} + \frac{1}{2} \cos y \frac{\mathrm{d} y}{\mathrm{d} x} = 0,$$

于是
$$\frac{\mathrm{d} y}{\mathrm{d} x} = \frac{2}{2 - \cos y}.$$

上式两边再对 x 求导,得
$$\frac{\mathrm{d}^2 y}{\mathrm{d} x^2} = \frac{-2 \sin y \dfrac{\mathrm{d} y}{\mathrm{d} x}}{(2 - \cos y)^2} = \frac{-4 \sin y}{(2 - \cos y)^3}.$$

此式右端分式中的 $y = y(x)$ 是由方程 $x - y + \frac{1}{2} \sin y = 0$ 所确定的隐函数.

例 7 已知方程 $\begin{cases} x = a \cos^3 t, \\ y = b \sin^3 t. \end{cases}$ 求 $\dfrac{\mathrm{d}^2 y}{\mathrm{d} x^2}$.

解 $\dfrac{\mathrm{d} y}{\mathrm{d} x} = \dfrac{\dfrac{\mathrm{d} y}{\mathrm{d} t}}{\dfrac{\mathrm{d} x}{\mathrm{d} t}} = \dfrac{3b \sin^2 t \cos t}{3a \cos^2 t (-\sin t)} = -\dfrac{b}{a} \tan t,$

$$\frac{\mathrm{d}^2 y}{\mathrm{d} x^2} = \frac{\mathrm{d}\left(-\dfrac{b}{a} \tan t\right)}{\mathrm{d} x} = \frac{\mathrm{d}\left(-\dfrac{b}{a} \tan t\right)}{\mathrm{d} t} \cdot \frac{\mathrm{d} t}{\mathrm{d} x}$$

$$= \frac{\mathrm{d}\left(-\dfrac{b}{a} \tan t\right)}{\mathrm{d} t} \cdot \frac{1}{\dfrac{\mathrm{d} x}{\mathrm{d} t}} = -\frac{b}{a} \sec^2 t \frac{1}{3a \cos^2 t (-\sin t)}$$

$$= \frac{b}{3a^2} \sec^4 t \csc t.$$

习题 2-5

1. 求下列函数的二阶导数.

(1) $y = 2x^3 + x^2 - 50x + 100$；

(2) $y = \sin x + \cos 2x$；

(3) $y = x^2 e^x$；

(4) $y = e^{-x^2}$；

(5) $y = x \arctan x$；

(6) $y = \dfrac{x}{x^2 + 1}$.

2. 求下列函数的 n 阶导数.

(1) $y = (x - a)^{n+1}$；

(2) $y = e^{2x}$；

(3) $y = x \ln x$.

3. 求由下列方程所确定的隐函数的二阶导数 $\dfrac{d^2 y}{dx^2}$.

(1) $x^2 - y^2 = 1$；

(2) $b^2 x^2 + a^2 y^2 = a^2 b^2$；

(3) $y = \tan(x + y)$；

(4) $y = 1 + x e^y$.

4. 求由下列参数方程所确定的函数的二阶导数 $\dfrac{d^2 y}{dx^2}$.

(1) $\begin{cases} x = a \cos^3 t, \\ y = a \sin^3 t; \end{cases}$

(2) $\begin{cases} x = at + b, \\ y = \dfrac{1}{2} at^2 + bt. \end{cases}$

§2.6 函数的微分及其应用

一、微分的定义和几何意义

1. 引例

在用函数解决实际问题时,常常需要估算函数的增量 $\Delta y = f(x_0 + \Delta x) - f(x_0)$,例如,一块正方形金属薄片受温度变化影响时,其边长由 x_0 变到 $x_0 + \Delta x$(图 2-3),问此薄片的面积改变了多少?

设此薄片的边长为 x,面积为 A,则 A 是 x 的函数:$A = x^2$,薄片受温度变化影响时,面积的改变量可以看成是当自变量 x 自 x_0 取得增量 Δx 时,函数 A 相应的增量 ΔA,即

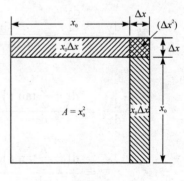

图 2-3

$$\Delta A = (x_0 + \Delta x)^2 - x_0^2 = 2x_0 \Delta x + (\Delta x)^2.$$

从上式可以看出,ΔA 可分成两部分:第一部分是 $2x_0 \Delta x$,它是 Δx 的线性函

数,即图中带有斜线的两个矩形面积之和;第二部分是 $(\Delta x)^2$,在图中是带有交叉线的小正方形的面积,当 $|\Delta x|$ 很小时,$(\Delta x)^2$ 部分比 $2x_0\Delta x$ 要小得多. 也就是说,当 $|\Delta x|$ 很小时,面积增量 ΔA 可以近似地用 $2x_0\Delta x$ 表示,即 $\Delta A \approx 2x_0\Delta x$. 而略去的部分 $(\Delta x)^2$ 是比 Δx 高阶的无穷小,即 $(\Delta x)^2 = o(\Delta x)$.

2. 微分的定义

定义　若函数 $y = f(x)$ 在点 x_0 的某领域内有定义函数的增量 $\Delta y = f(x_0 + \Delta x) - f(x_0)$ 可以表示成

$$\Delta y = A\Delta x + o(\Delta x),$$

其中,A 是不依赖 Δx 的常数,$o(\Delta x)$ 是比 $\Delta x(\Delta x \to 0)$ 高阶的无穷小,则称函数 $f(x)$ 在点 x_0 处**可微**,称 $A\Delta x$ 为函数 $y = f(x)$ 在点 x_0 处的**微分**,记作 $\mathrm{d}y$ 或 $\mathrm{d}f(x)$,即

$$\mathrm{d}y = A\Delta x.$$

3. 函数的导数与微分的关系

定理　函数 $y = f(x)$ 在点 x_0 处可微的充要条件是该函数在点 x_0 处可导,且

$$\mathrm{d}y = f'(x_0)\Delta x.$$

证明　**必要性**　设函数 $y = f(x)$ 在点 x_0 处可微,则按定义有 $\Delta y = A\Delta x + o(\Delta x)$,两边同除以 Δx,得

$$\frac{\Delta y}{\Delta x} = A + \frac{o(\Delta x)}{\Delta x},$$

于是

$$\lim_{\Delta x \to 0}\frac{\Delta y}{\Delta x} = \lim_{\Delta x \to 0}\left(A + \frac{o(\Delta x)}{\Delta x}\right) = A,$$

即函数 $y = f(x)$ 在点 x_0 处可导,且 $f'(x_0) = A$.

充分性　反之,若函数 $y = f(x)$ 在点 x_0 处可导,即

$$\lim_{\Delta x \to 0}\frac{\Delta y}{\Delta x} = f'(x_0)$$

存在,根据极限与无穷小的关系,我们有

$$\frac{\Delta y}{\Delta x} = f'(x_0) + \alpha.$$

其中 $\alpha \to 0$(当 $\Delta x \to 0$),由此又有

$$\Delta y = f'(x_0)\Delta x + \alpha\Delta x.$$

$f'(x_0)$ 不依赖 Δx,且 $\lim\limits_{\Delta x \to 0} \dfrac{\alpha \Delta x}{\Delta x} = 0$,即 $\alpha \Delta x = o(\Delta x)$,所以函数 $y = f(x)$ 在点 x_0 处也是可微的.

由上面的讨论和微分定义可知:一元函数的可导与可微是等价的,且其关系为 $\mathrm{d}y = f'(x)\Delta x$.

当函数 $f(x) = x$ 时,函数的微分 $\mathrm{d}f(x) = \mathrm{d}x = x'\Delta x = \Delta x$,即 $\mathrm{d}x = \Delta x$. 因此我们规定自变量的微分等于自变量的增量,这样函数 $y = f(x)$ 的微分可以写成

$$\mathrm{d}y = f'(x)\Delta x = f'(x)\mathrm{d}x.$$

上式两边同除以 $\mathrm{d}x$,有

$$\frac{\mathrm{d}y}{\mathrm{d}x} = f'(x).$$

由此可见,导数等于函数的微分与自变量的微分之商,即 $f'(x) = \dfrac{\mathrm{d}y}{\mathrm{d}x}$,正因为这样,导数也称为"微商",而微分的分式 $\dfrac{\mathrm{d}y}{\mathrm{d}x}$ 也常常被用作导数的符号.

例 1 求函数 $y = x^2$ 在 $x = 1$, $\Delta x = 0.1$ 时的增量及微分.

解 函数的增量为

$$\Delta y = (x + \Delta x)^2 - x^2 = 1.1^2 - 1^2 = 0.21.$$

在点 $x = 1$ 处,$y'\big|_{x=1} = 2x\big|_{x=1} = 2$,所以函数 $y = x^2$ 在 $x = 1$, $\Delta x = 0.1$ 的微分为

$$\mathrm{d}y = y'\Delta x = 2 \times 0.1 = 0.2.$$

4. 微分的几何意义

设 MP 是曲线 $y = f(x)$ 上的点 $M(x_0, y_0)$ 处的切线,设 MP 的倾角为 α,当自变量 x 有改变量 Δx 时,得到曲线上另一点 $N(x_0 + \Delta x, y_0 + \Delta y)$,由图 2-4 可知,

$$MQ = \Delta x, \quad QN = \Delta y,$$

则　　　　$QP = MQ\tan\alpha = \Delta x \cdot f'(x_0),$

即　　　　　　　　$\mathrm{d}y = QP.$

由此可知,微分 $\mathrm{d}y = f'(x_0)\Delta x$,是当自变量 x

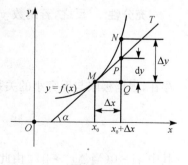

图 2-4

有改变量 Δx 时,曲线 $y = f(x)$ 在点 (x_0 , y_0) 处的切线的纵坐标的改变量. 用 $\mathrm{d}y$ 近似代替 Δy 就是用点 $M(x_0 , y_0)$ 处的切线纵坐标的改变量 QP 来近似代替曲线 $y = f(x)$ 的纵坐标的改变量 QN,并且有 $|\Delta y - \mathrm{d}y| = PN$.

二、微分运算法则

因为函数 $y = f(x)$ 的微分等于导数 $f'(x)$ 乘以 $\mathrm{d}x$,所以根据导数公式和导数运算法则,就能得到相应的微分公式和微分运算法则.

1. 微分基本公式

由公式 $\mathrm{d}y = f'(x)\mathrm{d}x$ 以及基本初等函数的求导公式,容易得到基本初等函数的微分公式:

(1) $(C)' = 0$ (C 为常数), $\qquad$ $\mathrm{d}(C) = 0$ (C 为常数);

(2) $(x^\mu)' = \mu x^{\mu-1}$, $\qquad$ $\mathrm{d}(x^\mu) = \mu x^{\mu-1}\mathrm{d}x$;

(3) $(a^x)' = a^x \ln a$, $\qquad$ $\mathrm{d}(a^x) = a^x \ln a\mathrm{d}x$;

(4) $(\mathrm{e}^x)' = \mathrm{e}^x$, $\qquad$ $\mathrm{d}(\mathrm{e}^x) = \mathrm{e}^x\mathrm{d}x$;

(5) $(\log_a x)' = \dfrac{1}{x\ln a}$, $\qquad$ $\mathrm{d}(\log_a x) = \dfrac{1}{x\ln a}\mathrm{d}x$;

(6) $(\ln x)' = \dfrac{1}{x}$, $\qquad$ $\mathrm{d}(\ln x) = \dfrac{1}{x}\mathrm{d}x$;

(7) $(\sin x)' = \cos x$, $\qquad$ $\mathrm{d}(\sin x) = \cos x\mathrm{d}x$;

(8) $(\cos x)' = -\sin x$, $\qquad$ $\mathrm{d}(\cos x) = -\sin x\mathrm{d}x$;

(9) $(\tan x)' = \sec^2 x$, $\qquad$ $\mathrm{d}(\tan x) = \sec^2 x\mathrm{d}x$;

(10) $(\cot x)' = -\csc^2 x$, $\qquad$ $\mathrm{d}(\cot x) = -\csc^2 x\mathrm{d}x$;

(11) $(\sec x)' = \tan x\sec x$, $\qquad$ $\mathrm{d}(\sec x) = \sec x\tan x\mathrm{d}x$;

(12) $(\csc x)' = -\csc x\cot x$, $\qquad$ $\mathrm{d}(\csc x) = -\csc x\cot x\mathrm{d}x$;

(13) $(\arcsin x)' = \dfrac{1}{\sqrt{1-x^2}}$, $\qquad$ $\mathrm{d}(\arcsin x) = \dfrac{1}{\sqrt{1-x^2}}\mathrm{d}x$;

(14) $(\arccos x)' = -\dfrac{1}{\sqrt{1-x^2}}$, $\qquad$ $\mathrm{d}(\arccos x) = \dfrac{-1}{\sqrt{1-x^2}}\mathrm{d}x$;

(15) $(\arctan x)' = \dfrac{1}{1+x^2}$, $\qquad$ $\mathrm{d}(\arctan x) = \dfrac{1}{1+x^2}\mathrm{d}x$;

(16) $(\text{arccot}\, x)' = -\dfrac{1}{1+x^2}$, $\qquad$ $\mathrm{d}(\text{arccot}\, x) = \dfrac{-1}{1+x^2}\mathrm{d}x$.

2. 函数的和、差、积、商的微分运算法则

由求导的四则运算法则容易推出微分的四则运算法则.

$\mathrm{d}(u \pm v) = \mathrm{d}u \pm \mathrm{d}v$;

$$d(uv) = vdu + udv;$$

$$d(Cu) = Cdu \quad (C \text{ 为常数});$$

$$d\left(\frac{u}{v}\right) = \frac{vdu - udv}{v^2} \quad (v \neq 0).$$

现在以乘积的微分法则为例加以证明,其余的法则类似证明.

因为 $$d(uv) = (uv)'dx,$$

而 $$(uv)' = u'v + uv',$$

于是 $$d(uv) = (u'v + uv')dx = vu'dx + uv'dx = vdu + udv.$$

3. 复合函数的微分法则

设函数 $y = f(u)$,根据微分的定义,当 u 是自变量时,函数 $y = f(u)$ 的微分是

$$dy = f'(u)du,$$

如果 u 不是自变量,而是 x 的函数 $u = \varphi(x)$,则复合函数 $y = f[\varphi(x)]$ 的导数为

$$y' = f'(u)\varphi'(x),$$

于是,复合函数 $y = f[\varphi(x)]$ 的微分为

$$dy = f'(u)\varphi'(x)dx.$$

由于 $$du = \varphi'(x)dx,$$

所以 $$dy = f'(u)du.$$

由此可见,不论 u 是自变量还是函数(中间变量),函数 $y = f(u)$ 的微分总保持同一形式 $dy = f'(u)du$,这一性质称为**一阶微分形式不变性**. 有时,利用一阶微分形式不变性求复合函数的微分比较方便.

例 2 设 $y = \cos\sqrt{x}$,求 dy.

解 方法 1 用公式 $dy = f'(x)dx$,得

$$dy = (\cos\sqrt{x})'dx = -\frac{1}{2\sqrt{x}}\sin\sqrt{x}dx.$$

方法 2 用一阶微分形式不变性,把 $\sqrt{x}$ 看成中间变量 u,得

$$dy = d(\cos u) = -\sin udu = -\sin\sqrt{x}d\sqrt{x}$$

$$= -\sin\sqrt{x} \cdot \frac{1}{2\sqrt{x}}dx = -\frac{1}{2\sqrt{x}}\sin\sqrt{x}dx.$$

例 3 设 $y = e^{\sin x}$,求 dy.

解 方法 1 用公式 $\mathrm{d}y = f'(x)\mathrm{d}x$，得

$$\mathrm{d}y = (\mathrm{e}^{\sin x})'\mathrm{d}x = \mathrm{e}^{\sin x}\cos x\mathrm{d}x.$$

方法 2 用一阶微分形式不变性，得

$$\mathrm{d}y = \mathrm{d}\mathrm{e}^{\sin x} = \mathrm{e}^{\sin x}\mathrm{d}\sin x = \mathrm{e}^{\sin x}\cos x\mathrm{d}x.$$

三、微分在近似计算中的应用

在工程问题中，经常会遇到一些复杂的计算公式. 如果直接用这些公式进行计算，那是很费力的，利用微分往往可以把一些复杂的计算公式用简单的近似公式来代替.

设函数 $y = f(x)$ 在 x_0 处的导数 $f'(x_0) \neq 0$，且 $|\Delta x|$ 很小时，我们有近似公式

$$\Delta y = f(x_0 + \Delta x) - f(x_0) \approx \mathrm{d}y = f'(x_0)\Delta x \tag{1}$$

或

$$f(x_0 + \Delta x) \approx f(x_0) + f'(x_0)\Delta x. \tag{2}$$

上式中令 $x_0 + \Delta x = x$，则

$$f(x) \approx f(x_0) + f'(x_0)(x - x_0). \tag{3}$$

特别地，当 $x_0 = 0$，$|x|$ 很小时，有

$$f(x) \approx f(0) + f'(0)x. \tag{4}$$

这里，式(1)可以用于求函数增量的近似值，而式(2)，式(3)，式(4)可用来求函数的近似值.

应用式(4)，当 $|x|$ 很小时，可以推得一些常用的近似公式：

(1) $\sqrt[n]{1+x} \approx 1 + \dfrac{1}{n}x$；

(2) $\mathrm{e}^x \approx 1 + x$；

(3) $\ln(1+x) \approx x$；

(4) $\sin x \approx x$ （x 用弧度作单位）；

(5) $\tan x \approx x$ （x 用弧度作单位）.

证明 (1) 取 $f(x) = \sqrt[n]{1+x}$，于是 $f(0) = 1$，

$f'(0) = \dfrac{1}{n}(1+x)^{\frac{1}{n}-1}\Big|_{x=0} = \dfrac{1}{n}$，代入式(4) 得

$$\sqrt[n]{1+x} \approx 1 + \frac{1}{n}x.$$

（2）取 $f(x) = e^x$，于是 $f(0) = 1$，

$f'(0) = (e^x)'\big|_{x=0} = 1$，代入式（4）得

$$e^x \approx 1 + x.$$

其他几个公式也可用类似的方法证明.

例 4　一个充好气的气球，半径为 4 m，升空后，因外部气压降低气球半径增大了 10 cm，问气球的体积近似增加了多少？

解　设球的半径为 r，则体积 $V = \dfrac{4}{3}\pi r^3$.

当 r 由 4 m 增加到 $(4 + 0.1)$ m 时，V 的增加为

$$\Delta V \approx dV = V'dr = 4\pi r^2 dr,$$

此处 $dr = 0.1$，$r = 4$ 代入上式得气球的体积近似增加了

$$\Delta V \approx 4 \times 3.14 \times 4^2 \times 0.1 \approx 20(\text{m}^3).$$

例 5　计算 $\sqrt[3]{65}$ 的近似值.

解　因为 $\sqrt[3]{65} = \sqrt[3]{64 + 1} = \sqrt[3]{64\left(1 + \dfrac{1}{64}\right)} = 4\sqrt[3]{1 + \dfrac{1}{64}}$，

由近似公式 $\sqrt[n]{1 + x} \approx 1 + \dfrac{1}{n}x$，得

$$\sqrt[3]{65} = 4\sqrt[3]{1 + \dfrac{1}{64}} \approx 4\left(1 + \dfrac{1}{3} \times \dfrac{1}{64}\right) = 4 + \dfrac{1}{48} \approx 4.021.$$

习题 2-6

1. 设 $y = x^3 + x + 1$，当 $x = 2$，$\Delta x = 0.01$ 时分别计算 Δy 和 dy.

2. 求下列函数的微分.

(1) $y = \dfrac{1}{x} + 2\sqrt{x}$；

(2) $y = x\sin 2x$；

(3) $y = \dfrac{x}{\sqrt{x^2 + 1}}$；

(4) $y = \ln^2(1 - x)$；

(5) $y = x^2 e^{2x}$；

(6) $y = e^{-x}\cos(3 - x)$；

(7) $y = \arcsin\sqrt{1 - x^2}$；

(8) $y = \tan^2(1 + 2x^2)$.

3. 将适当的函数填入下列括号中使等式成立.

(1) $d(\quad) = 2dx$；

(2) $d(\quad) = xdx$；

(3) $d(\quad) = \dfrac{2}{1 + x^2}dx$；

(4) $d(\quad) = (x + 2)dx$；

(5) d(　　) $= \cos 2x \mathrm{d}x$；　　　　　　(6) d(　　) $= \mathrm{e}^{2x} \mathrm{d}x$；

(7) d(　　) $= \dfrac{1}{x} \mathrm{d}x$；　　　　　　(8) d(　　) $= \dfrac{1}{\sqrt{1-x^2}} \mathrm{d}x$.

4. 求近似值 arctan 1.01.

5. 半径为 1 cm 的球镀上一层铜后,半径增加了 0.01 cm,问所用的铜材料体积大约是多少?

第3章　微分中值定理与导数的应用

在第2章中,我们讨论了导数与微分这两个有密切关系的概念,并集中讨论了如何求各类函数和各种形式所表达的函数的导数,同时推出了求导基本公式和一套求导方法与法则.在本章中,我们将利用导数来研究函数本身的某些性质.

§3.1　微分中值定理

我们先看一个实例:如图 3-1 所示,设有连续函数 $f(x)$,a 与 b 为定义域区间内的两点($a < b$).假定 $f(x)$ 在 (a, b) 内处处可导,由图得割线 AB 的斜率 $k_{AB} = \dfrac{f(b) - f(a)}{b - a}$.

设想让割线 AB 作平行于自身的移动,那么它至少有一次会达到这样的位置,即在曲线上离割线最远的一点 $C(x = \xi)$ 处成为曲线的切线,而切线的斜率为 $f'(\xi)$.由于平行线的斜率是相等的,所以在区间 (a, b) 内至少存在一点 ξ,使

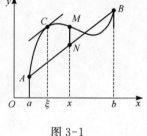

图 3-1

$$\frac{f(b) - f(a)}{b - a} = f'(\xi) \qquad (1)$$

成立.这个结果称为拉格朗日中值定理.

现将它叙述如下:

拉格朗日(Lagrange,法国数学家)**中值定理**　如果函数 $y = f(x)$ 在闭区间 $[a, b]$ 上连续,在开区间 (a, b) 内可导,那么在 (a, b) 内至少存在一点 ξ,使

$$f(b) - f(a) = f'(\xi)(b - a), \quad a < \xi < b \qquad (2)$$

成立.

为了证明该定理,先来研究定理的特殊情形,即 $f(a) = f(b)$ 的情形.这个特殊情形称为罗尔定理.

罗尔（Rolle，法国数学家）**定理**　如果函数 $y = \varphi(x)$ 在闭区间 $[a,b]$ 上连续，在开区间 (a,b) 内可导，且 $\varphi(a) = \varphi(b)$，那么在 (a,b) 内至少存在一点 ξ，使

$$\varphi'(\xi) = 0, \quad a < \xi < b$$

成立.

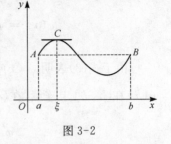

图 3-2

从图 3-2 看，定理的成立是显然的，因为在函数 $y = \varphi(x)$ 的图形上至少可找到一点 $C(x = \xi)$，在该点处的切线平行于 AB，即平行于 x 轴，故有

$$\varphi'(\xi) = 0, \quad a < \xi < b.$$

下面我们来证明上述两个定理.

罗尔定理的证明　因为 $\varphi(x)$ 在闭区间 $[a,b]$ 上连续，那么 $\varphi(x)$ 在 $[a,b]$ 上必有最大值 M 和最小值 m. 现分两种情形来讨论.

（1）当 $M = m$ 时，$\varphi(x)$ 在 $[a,b]$ 上恒等于常数 M，从而 $\varphi'(x)$ 在 $[a,b]$ 上处处为零，于是 (a,b) 内的任意一点 ξ 都使 $\varphi'(\xi) = 0$.

（2）当 $M \neq m$ 时，$\varphi(x)$ 在 $[a,b]$ 上不恒等于常数. 由于 $\varphi(a) = \varphi(b)$，所以 M 和 m 中至少有一个不等于 $\varphi(a)$，不妨设 $M \neq \varphi(a)$，于是在 (a,b) 内至少有一点 ξ，使得 $\varphi(\xi) = M$，$a < \xi < b$. 下证 $\varphi'(\xi) = 0$.

由于 $\varphi(\xi)$ 是最大值点，所以 $\varphi(\xi + \Delta x) - \varphi(\xi) \leqslant 0$，由极限的保号性有

$$\varphi'_{-}(\xi) = \lim_{\Delta x \to 0^{-}} \frac{\varphi(\xi + \Delta x) - \varphi(\xi)}{\Delta x} \geqslant 0 \quad (\text{当 } \Delta x \to 0^{-} \text{ 时}, \Delta x < 0),$$

$$\varphi'_{+}(\xi) = \lim_{\Delta x \to 0^{+}} \frac{\varphi(\xi + \Delta x) - \varphi(\xi)}{\Delta x} \leqslant 0 \quad (\text{当 } \Delta x \to 0^{+} \text{ 时}, \Delta x > 0).$$

于是必有 $\varphi'(\xi) = 0$，证毕.

拉格朗日中值定理的证明　要证明定理就是要证明式(1)成立，由图 3-1 知，式(1) 表示在 (a,b) 内至少有一点 ξ，使曲线 AB 上点 $C(x = \xi)$ 处的切线的斜率等于直线 AB 的斜率. 我们知道，直线 AB 的方程是

$$y = f(a) + \frac{f(b) - f(a)}{b - a}(x - a),$$

曲线段的方程是 $\qquad\qquad y = f(x),$

因而要证明的是在 (a,b) 内至少有一点 ξ，使

$$y'_{曲} \Big|_{x = \xi} = y'_{直} \Big|_{x = \xi},$$

也就是
$$(y_曲 - y_直)' \Big|_{x=\xi} = 0. \tag{3}$$

这就启发我们去考虑函数 $\varphi(x) = y_曲 - y_直$，即

$$\varphi(x) = f(x) - f(a) - \frac{f(b)-f(a)}{b-a}(x-a). \tag{4}$$

由于式(3)表明 $\varphi'(x) \Big|_{x=\xi} = 0$，所以启发我们对 $\varphi(x)$ 应用罗尔定理. 显然，$\varphi(x)$ 在 $[a, b]$ 上连续，在 (a, b) 内可导，且

$$\varphi'(x) = f'(x) - \frac{f(b)-f(a)}{b-a}.$$

又从式(4)知，$\varphi(a) = \varphi(b) = 0$. 于是由罗尔定理，在 (a, b) 内至少有一点 ξ，使 $\varphi'(\xi) = 0$，即

$$f'(\xi) = \frac{f(b)-f(a)}{b-a}.$$

从而定理得证.

式(2)也称为**拉格朗日公式**.

拉格朗日公式还有其他形式　由 $a < \xi < b$，可知

$$0 < \xi - a < b - a, \quad 0 < \frac{\xi-a}{b-a} < 1.$$

令 $\dfrac{\xi-a}{b-a} = \theta$，得　　　　$\xi = a + \theta(b-a)$，

所以，拉格朗日公式可以写成

$$f(b) - f(a) = f'[a+\theta(b-a)](b-a). \tag{5}$$

其中，θ 为满足条件 $0 < \theta < 1$ 的某一个数.

如果我们把 a 与 b 分别换成 x 与 $x + \Delta x$，那么 $b - a = \Delta x$，所以公式又可写成

$$f(x+\Delta x) - f(x) = f'(x+\theta\Delta x)\Delta x$$

或　　　　　　　　$$\Delta y = f'(x+\theta\Delta x)\Delta x. \tag{6}$$

在拉格朗日公式中，定理只肯定了在 (a, b) 内至少有一点 ξ 存在，对 ξ 的确切位置定理未作断言. 对有些函数 ξ 的确切位置是可以知道的. 例如，对 $f(x) = x^2$ 来讲，$\xi = \dfrac{a+b}{2}$（请读者自己验证）. 但在大多数情况下，要对 ξ 的位置作出确切的判

断是很困难的. 尽管如此, 并不影响定理在理论探讨和解决具体问题中所起的作用.

还应注意, 定理中的条件如果不满足, 那么结论就不一定成立. 例如, 函数 $f(x) = |x|$, 它在闭区间 $[-1, 2]$ 内处处连续(图 3-3), 在开区间 $(-1, 2)$ 除 $x = 0$ 外处处可导. 弦 AB 的斜率为

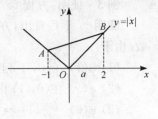

图 3-3

$$\frac{f(2) - f(-1)}{2 - (-1)} = \frac{2 - 1}{3} = \frac{1}{3},$$

但在函数图形上没有一处的切线与 AB 平行, 或者说在

$(-1, 2)$ 内没有一点的导数值为 $\frac{1}{3}$, 因为 $f(x)$ 在 $(-1, 2)$ 内不处处可导.

例 1　证明不等式:

$$|\sin x - \sin y| \leqslant |x - y|.$$

证明　设 $f(t) = \sin t$, 那么 $f(t)$ 在 $(-\infty, +\infty)$ 内处处连续, 处处可导. 所以拉格朗日定理的条件在以 x 与 y 为端点的区间得到满足, 故有

$$\sin x - \sin y = (x - y)\cos \xi.$$

其中, ξ 在 x 与 y 之间. 因为 $|\cos \xi| \leqslant 1$, 所以

$$|\sin x - \sin y| \leqslant |x - y|.$$

例 2　证明:当 $x > 0$ 时,

$$\frac{x}{x + 1} < \ln(1 + x) < x.$$

证明　设 $f(x) = \ln(x + 1)$, 显然 $f(x)$ 在区间 $[0, x]$ 上满足拉格朗日中值定理的条件, 根据定理, 应有

$$f(x) - f(0) = f'(\xi)(x - 0), \quad 0 < \xi < x.$$

由于 $f(0) = 0$, $f'(x) = \dfrac{1}{1 + x}$, 因此上式即为

$$\ln(1 + x) = \frac{x}{1 + \xi},$$

又由 $0 < \xi < x$, 有

$$\frac{x}{1 + x} < \frac{x}{1 + \xi} < x,$$

即
$$\frac{x}{x+1} < \ln(1+x) < x \quad (x>0).$$

例 3 证明:方程 $5x^4 - 4x + 1 = 0$ 在 0 与 1 之间至少有一个实根.

证明 不难看出,方程的左端 $5x^4 - 4x + 1$ 是函数 $\varphi(x) = x^5 - 2x^2 + x$ 的导数.由于:

(1) $\varphi(1)$ 在 $[0,1]$ 上连续;

(2) $\varphi(x)$ 在 $(0,1)$ 内可导;

(3) $\varphi(0) = \varphi(1) = 0$,

由罗尔定理知,在 0 与 1 之间至少存在一点 ξ,使 $\varphi'(\xi) = 0$,即有 $5\xi^4 - 4\xi + 1 = 0$. 换句话说,方程 $5x^4 - 4x + 1 = 0$ 在 0 与 1 之间至少有一实根.

例 4 若 $f(x)$ 在 $[0,1]$ 上有二阶导数,且 $f(1) = f(0) = 0$. 令 $F(x) = x^2 f(x)$,则在 $(0,1)$ 内至少存在一点 ξ,使 $F''(\xi) = 0$.

证明 由 $F'(x) = 2xf(x) + x^2 f'(x)$,得 $F'(0) = 0$,又由 $f(0) = f(1) = 0$, 知 $F(0) = F(1) = 0$,在 $[0,1]$ 上对 $F(x)$ 应用罗尔定理,则存在点 ξ_1,使 $F'(\xi_1) = 0$,因此有 $F'(0) = F'(\xi_1) = 0$,在 $[0,\xi_1]$ 上对 $F'(x)$ 再次使用罗尔定理, 则存在 $\xi \in (0,\xi_1)$ 使 $F''(\xi) = 0$,即在 $(0,1)$ 内至少存在一点 ξ 使 $F''(\xi) = 0$.

我们还可以把拉格朗日定理加以推广:在图 3-1 中,将曲线用参数方程来表示:

$$\begin{cases} x = g(t), \\ y = f(t), \end{cases} \quad t_1 \leqslant t \leqslant t_2.$$

图 3-1 中的 A 点和 B 点所对应的参数值分别为 t_1 和 t_2,那么弦 AB 的斜率为

$$k_{AB} = \frac{f(t_2) - f(t_1)}{g(t_2) - g(t_1)}.$$

根据参数方程所确定的函数的求导法则,曲线在点 $C(t = \xi)$ 处的切线斜率为

$$\frac{\mathrm{d}y}{\mathrm{d}x} = \frac{f'(\xi)}{g'(\xi)}.$$

其中,ξ 为对应于 C 点的参数值,它在 t_1 和 t_2 之间. 由于曲线在点 P 处的切线与弦 AB 平行,故

$$\frac{f(t_2) - f(t_1)}{g(t_2) - g(t_1)} = \frac{f'(\xi)}{g'(\xi)}, \quad t_1 < \xi < t_2.$$

与这个几何含义密切相关的是柯西中值定理,它是拉格朗日中值定理的推广.

柯西(Cauchy,法国数学家)**中值定理** 如果函数 $f(x)$,$g(x)$ 在闭区间 $[a,b]$ 上连续,在开区间 (a,b) 内可导,且 $g'(x) \neq 0$,那么在 (a,b) 内至少存在一点 ξ,使

$$\frac{f(b)-f(a)}{g(b)-g(a)}=\frac{f'(\xi)}{g'(\xi)}, \quad a<\xi<b \tag{7}$$

成立.

证明　首先指出,式(7)左端分母 $g(b)-g(a)\neq0$,即 $g(b)\neq g(a)$. 如果 $g(b)=g(a)$,那么由罗尔定理,$g'(x)$ 将在 (a,b) 内的某一点 ξ 处为零,这与假设相矛盾.

因为要证式(7)就是要证明至少存在一点 $\xi\in(a,b)$ 使

$$[f(b)-f(a)]g'(\xi)-[g(b)-g(a)]f'(\xi)=0,$$

即

$$\{[f(b)-f(a)]g'(x)-[g(b)-g(a)]f'(x)\}\big|_{x=\xi}=0.$$

为此,考虑函数

$$\varphi(x)=[f(b)-f(a)]g(x)-[g(b)-g(a)]f(x). \tag{8}$$

由定理中的条件,$\varphi(x)$ 在 $[a,b]$ 上连续,在 (a,b) 内可导,且有

$$\varphi'(x)=[f(b)-f(a)]g'(x)-[g(b)-g(a)]f'(x).$$

由式(8)知

$$\varphi(a)=\varphi(b)=f(b)g(a)-f(a)g(b),$$

于是由罗尔定理,在 (a,b) 内至少存在一点 ξ,使 $\varphi'(\xi)=0$,即

$$[f(b)-f(a)]g'(\xi)-[g(b)-g(a)]f'(\xi)=0$$

或

$$\frac{f(b)-f(a)}{g(b)-g(a)}=\frac{f'(\xi)}{g'(\xi)}.$$

证毕.

公式(7)也称为**柯西公式**. 它是证明洛必达法则的基本工具,洛必达法则将在 §3.2 中介绍.

例5　设函数 $f(x)$ 在 $[a,b]$ 上连续,在 (a,b) 内可导 $(0<a<b)$,试证:在 (a,b) 内至少存在一点 ξ,使 $f(b)-f(a)=\xi f'(\xi)\ln\dfrac{b}{a}$.

证明　令 $\varphi(x)=\ln x$,则 $\varphi(x)$ 在 $[a,b]$ 上连续可导,$\varphi'(x)=\dfrac{1}{x}\neq0$. 由柯西定理知在 (a,b) 内至少存在一点 ξ,使

$$\frac{f(b)-f(a)}{\ln b-\ln a}=\frac{f'(\xi)}{\dfrac{1}{\xi}},$$

即

$$f(b)-f(a)=\xi f'(\xi)\ln\frac{b}{a}.$$

中值定理的应用是比较困难的内容,在学习这一部分内容时,应注意理解中值定理的含义,并摸索一定的规律.

习题 3-1

1. 填空题.

(1) 在 $[2, 3]$ 上函数 $y = x^2 - 5x + 6$ 满足罗尔定理的全部条件,则使定理结论成立的 $\xi = $ _____.

(2) 在 $[0, 1]$ 上,函数 $f(x) = x^3 + 2x$ 满足拉格朗日中值定理中的中值 $\xi = $ _____.

(3) 在 $[1, 2]$ 上,函数 $f(x) = x$ 及 $F(x) = x^3$ 满足柯西中值定理中的 $\xi = $ _____.

(4) 若 $f(x) = |x|$,则在 $(-1, 1)$ 内,$f'(x)$ 恒不为零,$f(x)$ 在 $[-1, 1]$ 内不满足罗尔定理的一个条件是 _____.

2. 不求出函数 $f(x) = x(x-3)(x-5)$ 的导数,说明方程 $f'(x) = 0$ 有几个实根,并指出它们所在的区间.

3. 证明下列等式或不等式.

(1) $\arctan x + \dfrac{1}{2} \arccos \dfrac{2x}{1+x^2} = \dfrac{\pi}{4} \quad (x \geqslant 1)$;

(2) $e^x > ex \quad (x > 1)$;

(3) 当 $0 < b < a$ 时,$\dfrac{a-b}{a} < \ln \dfrac{a}{b} < \dfrac{a-b}{b}$;

(4) $|\arctan a - \arctan b| \leqslant |a - b|$.

4. 若方程 $a_0 x^n + a_1 x^{n-1} + \cdots + a_{n-1} x = 0$ 有一个正根 $x = x_0$,证明:方程 $a_0 n x^{n-1} + a_1 (n-1) x^{n-2} + \cdots + a_{n-1} = 0$ 必有一个小于 x_0 的正根.

5. 设 $f(x)$ 在 $[a, b]$ 上可导,其中 $a < b$, $f(a) = f(b)$,证明:存在一点 $\xi \in (a, b)$,使得 $f(a) - f(\xi) = \xi f'(\xi)$.

6. 设 $0 < a < b$, $f(x)$ 在 $[a, b]$ 上连续,在 (a, b) 内可导,证明:存在一点 $\xi \in (a, b)$,使得 $\dfrac{f(b) - f(a)}{b - a} = \dfrac{1}{ab} \xi^2 f'(\xi)$.

7. 若函数 $f(x)$ 在 (a, b) 内具有二阶导数,且 $f(x_1) = f(x_2) = f(x_3)$,其中 $a < x_1 < x_2 < x_3 < b$,证明:在 (x_1, x_3) 中至少存在一点 ξ,使得 $f''(\xi) = 0$.

8. 证明:若函数在 $(-\infty, +\infty)$ 内满足关系式 $f'(x) = f(x)$,且 $f(0) = 1$,则 $f(x) = e^x$.

§3.2 洛必达法则

导数在研究函数中的一个重要应用是所谓未定式的确定问题. 设有比式:

$$\frac{f(x)}{g(x)},$$

当 $x \to x_0$ 或 $(x \to \infty)$ 时,分子 $f(x)$ 与分母 $g(x)$ 同时趋于零或同时趋于无穷大,这时,商的求极限运算法则虽不能用,但整个比式的极限仍有可能存在. 这种比式求极限的问题就是所谓未定式的确定问题. 为了叙述方便,我们把分子、分母同时趋于零的比式的极限称为 $\dfrac{0}{0}$ 型未定式;将分子、分母同时趋于无穷大的比式的极限也称为 $\dfrac{\infty}{\infty}$ 型未定式. 这里 $\dfrac{0}{0}$, $\dfrac{\infty}{\infty}$ 只是两个记号,没有运算意义. 这种未定式的确定问题,我们在前面的学习中已经多次见过. 极限 $\lim\limits_{x \to 0} \dfrac{\sin x}{x}$ 便是 $\dfrac{0}{0}$ 型未定式的一个例子. 一般说来,这种未定式的确定往往是比较困难的,但是利用导数却有一套简捷的方法,称为洛必达(L'Hospital,法国数学家)法则,下面我们按类型来进行介绍.

一、$\dfrac{0}{0}$ 型

定理 1　如果函数 $f(x)$ 及 $g(x)$ 满足下列条件:

(1) 当 $x \to a$ 时,函数 $f(x)$ 及 $g(x)$ 的极限为零;

(2) 在点 a 的某一去心邻域内,$f'(x)$ 及 $g'(x)$ 都存在,且 $g'(x) \neq 0$;

(3) $\lim\limits_{x \to a} \dfrac{f'(x)}{g'(x)}$ 存在(或为无穷大),那么

$$\lim_{x \to a} \frac{f(x)}{g(x)} = \lim_{x \to a} \frac{f'(x)}{g'(x)}.$$

证明　因为求 $\dfrac{f(x)}{g(x)}$ 当 $x \to a$ 时的极限与 $f(a)$ 及 $g(a)$ 无关,所以可以假定 $f(a) = g(a) = 0$,于是由条件(1)、(2)知道,函数 $f(x)$ 及 $g(x)$ 在点 a 的某一去心邻域内是连续的. 设 x 是这邻域内的一点,那么在以 x 及 a 为端点的区间上,柯西中值定理的条件均满足,因此有

$$\frac{f(x)}{g(x)} = \frac{f(x) - f(a)}{g(x) - g(a)} = \frac{f'(\xi)}{g'(\xi)} \quad (\xi \text{ 在 } x \text{ 与 } a \text{ 之间}).$$

令 $x \to a$,并对上式两端求极限,注意到 $x \to a$ 时 $\xi \to a$,再根据条件(3)便得要证明的结论.

如果 $\dfrac{f'(x)}{g'(x)}$ 当 $x \to a$ 时仍属于 $\dfrac{0}{0}$ 型未定式,且这时 $f'(x)$,$g'(x)$ 能满足定理中 $f(x)$ 及 $g(x)$ 所要满足的条件,那么可以继续使用洛必达法则,即

$$\lim_{x \to a} \frac{f(x)}{g(x)} = \lim_{x \to a} \frac{f'(x)}{g'(x)} = \lim_{x \to a} \frac{f''(x)}{g''(x)}.$$

且可以以此类推.

例1 求 $\lim\limits_{x\to 0}\dfrac{e^{2x}-1}{3x}$.

解 $\lim\limits_{x\to 0}\dfrac{e^{2x}-1}{3x}=\lim\limits_{x\to 0}\dfrac{2e^{2x}}{3}=\dfrac{2}{3}$.

例2 求 $\lim\limits_{x\to 0}\dfrac{x-\tan x}{x-\sin x}$.

解 $\lim\limits_{x\to 0}\dfrac{x-\tan x}{x-\sin x}=\lim\limits_{x\to 0}\dfrac{1-\sec^2 x}{1-\cos x}=\lim\limits_{x\to 0}\dfrac{-2\sec^2 x\tan x}{\sin x}$

$$=\lim\limits_{x\to 0}\dfrac{-2}{\cos^3 x}=-2.$$

在反复使用法则时,如果有极限值($\neq 0$)立即可以确定的因子,应先将这因子的极限确定,并将其提到极限符号之外,然后再利用法则,如下例.

例3 求 $\lim\limits_{x\to 0}\dfrac{xe^{2x}+xe^{x}-2e^{2x}+2e^{x}}{(e^{x}-1)^3}$.

解 分子中的各项有公共因子 e^{x},当 $x\to 0$ 时,$e^{x}\to 1$,所以

$$\lim\limits_{x\to 0}\dfrac{xe^{2x}+xe^{x}-2e^{2x}+2e^{x}}{(e^{x}-1)^3}=\lim\limits_{x\to 0}\dfrac{xe^{x}+x-2e^{x}+2}{(e^{x}-1)^3}$$

$$=\lim\limits_{x\to 0}\dfrac{xe^{x}-e^{x}+1}{3e^{x}(e^{x}-1)^2}\quad\left(\text{当 } x\to 0 \text{ 时},\dfrac{1}{3e^{x}}\to\dfrac{1}{3}\right)$$

$$=\dfrac{1}{3}\lim\limits_{x\to 0}\dfrac{xe^{x}-e^{x}+1}{(e^{x}-1)^2}$$

$$=\dfrac{1}{6}\lim\limits_{x\to 0}\dfrac{x}{e^{x}-1}=\dfrac{1}{6}.$$

定理2 如果函数 $f(x)$ 及 $g(x)$ 满足下列条件:

(1) 当 $x\to\infty$ 时,函数 $f(x)$ 及 $g(x)$ 的极限为零;

(2) 存在 $X>0$,当 $|x|>X$ 时,$f'(x)$ 及 $g'(x)$ 都存在,且 $g'(x)\neq 0$;

(3) $\lim\limits_{x\to\infty}\dfrac{f'(x)}{g'(x)}$ 存在(或为无穷大),那么

$$\lim\limits_{x\to\infty}\dfrac{f(x)}{g(x)}=\lim\limits_{x\to\infty}\dfrac{f'(x)}{g'(x)}.$$

例4 求 $\lim\limits_{x\to+\infty}\dfrac{\dfrac{\pi}{2}-\arctan x}{\dfrac{1}{x}}$.

解　$\lim\limits_{x \to +\infty} \dfrac{\dfrac{\pi}{2} - \arctan x}{\dfrac{1}{x}} = \lim\limits_{x \to +\infty} \dfrac{-\dfrac{1}{1+x^2}}{-\dfrac{1}{x^2}} = \lim\limits_{x \to +\infty} \dfrac{x^2}{1+x^2} = 1.$

二、$\dfrac{\infty}{\infty}$型

如果定理 1 中的假设 (2)、(3) 不变，把 (1) 改为当 $x \to a$ 时，函数 $f(x)$ 及 $g(x)$ 的极限为无穷大，那么

$$\lim_{x \to a} \frac{f(x)}{g(x)} = \lim_{x \to a} \frac{f'(x)}{g'(x)}$$

成立.（证明略.）

同样，如果定理 2 中的假设 (2)、(3) 不变，将 (1) 改为当 $x \to \infty$ 时，函数 $f(x)$ 及 $g(x)$ 的极限为无穷大，那么

$$\lim_{x \to \infty} \frac{f(x)}{g(x)} = \lim_{x \to \infty} \frac{f'(x)}{g'(x)}$$

仍成立.（证明略.）

例 5　求 $\lim\limits_{x \to +\infty} \dfrac{x^n}{\mathrm{e}^{\lambda x}}$　（n 为正整数，$\lambda > 0$）.

解　相继应用洛必达法则 n 次，得

$$\lim_{x \to +\infty} \frac{x^n}{\mathrm{e}^{\lambda x}} = \lim_{x \to +\infty} \frac{n x^{n-1}}{\lambda \mathrm{e}^{\lambda x}} = \cdots = \lim_{x \to +\infty} \frac{n!}{\lambda^n \mathrm{e}^{\lambda x}} = 0.$$

例 6　求 $\lim\limits_{x \to 0^+} \dfrac{\mathrm{e}^{-\frac{1}{x}}}{x}$.

解　这是 $\dfrac{0}{0}$ 型，由定理 1 得

$$\lim_{x \to 0^+} \frac{\mathrm{e}^{-\frac{1}{x}}}{x} = \lim_{x \to 0^+} \frac{\mathrm{e}^{-\frac{1}{x}}\left(\dfrac{1}{x^2}\right)}{1} = \lim_{x \to 0^+} \frac{\mathrm{e}^{-\frac{1}{x}}}{x^2} \quad \left(\frac{0}{0}\ 型\right)$$

$$= \lim_{x \to 0^+} \frac{\mathrm{e}^{-\frac{1}{x}}}{2x^3} \quad \left(\frac{0}{0}\ 型\right).$$

容易看出，如果继续下去，结果仍是 $\dfrac{0}{0}$ 型，而分母 x 的次数越来越高，显然得不出结果. 我们把原式变型为 $\dfrac{\infty}{\infty}$ 型，得

$$\lim_{x \to 0^+} \frac{e^{-\frac{1}{x}}}{x} = \lim_{x \to 0^+} \frac{\frac{1}{x}}{e^{\frac{1}{x}}} \quad \left(\frac{\infty}{\infty} \text{型}\right)$$

$$= \lim_{x \to 0^+} \frac{-\frac{1}{x^2}}{e^{\frac{1}{x}} \left(-\frac{1}{x^2}\right)} = \lim_{x \to 0^+} \frac{1}{e^{\frac{1}{x}}} = 0.$$

三、∞−∞型

如果 $x \to a(x \to \infty)$ 时，$f(x) \to \pm\infty$，$g(x) \to \pm\infty$，那么 $\lim[f(x) - g(x)]$ 称为 ∞−∞ 型，此时可把 $f(x) - g(x)$ 改写成

$$f(x) - g(x) = \frac{\dfrac{1}{g(x)} - \dfrac{1}{f(x)}}{\dfrac{1}{f(x)} \cdot \dfrac{1}{g(x)}},$$

使其变为 $\dfrac{0}{0}$ 型.

例7 求 $\lim\limits_{x \to 0} \left(\dfrac{1}{x} - \dfrac{1}{e^x - 1}\right)$.

解 $\lim\limits_{x \to 0} \left(\dfrac{1}{x} - \dfrac{1}{e^x - 1}\right)$ (∞−∞ 型) $= \lim\limits_{x \to 0} \dfrac{e^x - 1 - x}{x(e^x - 1)} \quad \left(\dfrac{0}{0} \text{型}\right)$

$$= \lim_{x \to 0} \frac{e^x - 1}{e^x - 1 + xe^x} \quad \left(\frac{0}{0} \text{型}\right)$$

$$= \lim_{x \to 0} \frac{e^x}{2e^x + xe^x} = \frac{1}{2}.$$

四、0·∞型

如果 $x \to a(x \to \infty)$ 时，$f(x) \to 0$，$g(x) \to \infty$，那么 $\lim f(x)g(x)$ 称为 $0 \cdot \infty$ 型，此时可将 $f(x)g(x)$ 改写成

$$f(x)g(x) = \frac{f(x)}{\dfrac{1}{g(x)}} = \frac{g(x)}{\dfrac{1}{f(x)}},$$

使其变为 $\dfrac{0}{0}$ 型或 $\dfrac{\infty}{\infty}$ 型.

例8 求 $\lim\limits_{x \to 0^+} x^\lambda \ln x (\lambda > 0)$.

解　$\lim\limits_{x \to 0^+} x^\lambda \ln x$　$(0 \cdot \infty$ 型$) = \lim\limits_{x \to 0^+} \dfrac{\ln x}{x^{-\lambda}}$　$\left(\dfrac{\infty}{\infty}$ 型$\right)$

$$= \lim\limits_{x \to 0^+} \dfrac{\dfrac{1}{x}}{-\lambda x^{-\lambda-1}} = \lim\limits_{x \to 0^+} \dfrac{x^\lambda}{-\lambda} = 0.$$

五、0^0，∞^0，1^∞ 型

如果 $x \to a(x \to \infty)$ 时，有

(1) $f(x) \to 0$，$g(x) \to 0$；

(2) $f(x) \to \infty$，$g(x) \to 0$；

(3) $f(x) \to 1$，$g(x) \to \infty$，

那么，$f(x)^{g(x)}$ 分别为 0^0，∞^0，1^∞ 型，这里假定 $f(x) > 0$. 因为

$$\lim f(x)^{g(x)} = \lim \mathrm{e}^{g(x) \ln f(x)} = \mathrm{e}^{\lim g(x) \ln f(x)},$$

所以这三种类型都归结为 $0 \cdot \infty$ 型.

例 9　求 $\lim\limits_{x \to 0^+} x^{\sin x}$.

解　$\lim\limits_{x \to 0^+} x^{\sin x}$　$(0^0$ 型$) = \lim\limits_{x \to 0^+} \mathrm{e}^{\sin x \ln x} = \mathrm{e} \lim\limits_{x \to 0^+}^{\sin x \ln x}$，

而

$$\lim\limits_{x \to 0^+} \sin x \ln x = \lim\limits_{x \to 0^+} \dfrac{\ln x}{\csc x}　\left(\dfrac{\infty}{\infty}\text{ 型}\right) = \lim\limits_{x \to 0^+} \dfrac{\dfrac{1}{x}}{-\csc x \cot x}$$

$$= -\lim\limits_{x \to 0^+} \dfrac{\sin x}{x} \tan x = -1 \cdot 0 = 0,$$

所以
$$\lim\limits_{x \to 0^+} x^{\sin x} = \mathrm{e}^0 = 1.$$

这道题也可以用以下方法处理.

令
$$y = x^{\sin x},$$

两边取对数得
$$\ln y = \sin x \ln x,$$

于是
$$\lim\limits_{x \to 0^+} \ln y = \lim\limits_{x \to 0^+} \sin x \ln x = \lim\limits_{x \to 0^+} \dfrac{\ln x}{\csc x} = 0.$$

由于
$$\ln y \to 0 \quad (x \to 0^+),$$

所以
$$y \to 1 \quad (x \to 0^+).$$

这种方法我们称为"先取对数法".

洛必达法则是求未定式的一种有效方法,但最好能与其他求极限的方法结合使用.例如能化简时应尽可能先化简,可以用等价无穷小替代或重要极限时,应尽可能应用,这样可使运算简捷.

例 10 求 $\lim\limits_{x \to 0} \dfrac{\tan x - x}{x^2 \sin x}$.

解 如果直接用洛必达法则,那么分母的导数较烦琐.如果作一个等价无穷小替代,那么运算就方便很多.其运算如下:

因为 $$\sin x \sim x \quad (x \to 0),$$

所以有

$$\lim_{x \to 0} \frac{\tan x - x}{x^2 \sin x} = \lim_{x \to 0} \frac{\tan x - x}{x^3} \cdot \frac{x}{\sin x} = \lim_{x \to 0} \frac{\tan x - x}{x^3}$$
$$= \lim_{x \to 0} \frac{\sec^2 x - 1}{3x^2} = \lim_{x \to 0} \frac{\tan^2 x}{3x^2} = \frac{1}{3}.$$

最后,我们指出,本节定理给出的是求未定式的一种方法.当定理条件满足时,所求极限当然存在(或为∞),但当定理条件不满足时,所求极限却不一定不存在,这就是说,但 $\lim \dfrac{f'(x)}{g'(x)}$ 不存在时(等于无穷大的情况除外),$\lim \dfrac{f(x)}{g(x)}$ 仍可能存在(见本节习题第 4 题).

习题 3-2

1. 选择题.

(1) 求极限 $\lim\limits_{x \to \infty} \dfrac{x + \sin x}{x - \sin x}$,下列解法正确的是(　　).

A. 用洛必达法则,原式 $= \lim\limits_{x \to \infty} \dfrac{1 + \cos x}{1 - \cos x} = \lim\limits_{x \to \infty} \dfrac{-\sin x}{\sin x} = -1$

B. 不用洛必达法则,极限不存在

C. 不用洛必达法则,原式 $= \lim\limits_{x \to \infty} \dfrac{1 + \dfrac{\sin x}{x}}{1 - \dfrac{\sin x}{x}} = \dfrac{1 + 1}{1 - 1} = \infty$

D. 不用洛必达法则,原式 $= \lim\limits_{x \to \infty} \dfrac{1 + \dfrac{\sin x}{x}}{1 - \dfrac{\sin x}{x}} = \dfrac{1 + 0}{1 - 0} = 1$

(2) 设 $\lim\limits_{x \to x_0} \dfrac{f(x)}{g(x)}$ 为未定式,则 $\lim\limits_{x \to x_0} \dfrac{f'(x)}{g'(x)}$ 存在是 $\lim\limits_{x \to x_0} \dfrac{f(x)}{g(x)}$ 存在的(　　).

A. 必要条件　　　　　　　　　　B. 充分条件

C. 既非充分也非必要条件　　　　D. 充分必要条件

2. 求下列极限.

(1) $\lim\limits_{x\to 0}\dfrac{e^x-e^{-x}}{\sin x}$；

(2) $\lim\limits_{x\to+\infty}\dfrac{\ln\left(1+\dfrac{1}{x}\right)}{\operatorname{arccot} x}$；

(3) $\lim\limits_{x\to 0}\dfrac{1}{x^{100}}e^{-\frac{1}{x^2}}$；

(4) $\lim\limits_{x\to\infty}x^2\left(1-x\sin\dfrac{1}{x}\right)$；

(5) $\lim\limits_{x\to 1}\left(\dfrac{x}{x-1}-\dfrac{1}{\ln x}\right)$；

(6) $\lim\limits_{x\to 0}\left(\dfrac{\cot x}{x}-\dfrac{1}{x^2}\right)$；

(7) $\lim\limits_{x\to 0^+}x^{\sin x}$；

(8) $\lim\limits_{x\to 0^+}(\cot x)^{\frac{1}{\ln x}}$.

3. 设 $f(x)$ 具有一阶连续导数，且 $f(0)=0$，$f'(0)=2$，求 $\lim\limits_{x\to 0}\dfrac{f(1-\cos x)}{\tan x^2}$.

4. 验证极限 $\lim\limits_{x\to\infty}\dfrac{x+\sin x}{x}$ 存在，但不能用洛必达法则求出.

§3.3　泰　勒　公　式

对于一些较复杂的函数，为了便于研究，往往希望用一些简单的函数来近似表达. 由于用多项式表示的函数，只要对自变量进行有限次加、减、乘三种运算，便能求出它的函数值来，因此我们经常用多项式来表达函数.

在微分的应用中已经知道，当 $|x|$ 很小时，有如下的近似等式：

$$e^x\approx 1+x,\quad \ln(1+x)\approx x.$$

这些都是使用一次多项式来近似表达函数的例子. 显然，在 $x=0$ 处这些一次多项式及其一阶导数的值，分别等于被近似表达式的函数及其导数的相应值.

但是这种近似表达式还存在着不足之处：首先是精确度不高，它所产生的误差仅是关于 x 的高阶无穷小；其次是用它来作近似计算时，不能具体估算出误差的大小. 因此，对于精确度较高且需要估计误差的时候，就必须用高次多项式来近似表达函数，同时给出误差公式.

于是提出如下的问题：设函数 $f(x)$ 在含有 x_0 的开区间内具有直到 $(n+1)$ 阶的导数，试找出一个关于 $(x-x_0)$ 的 n 次多项式

$$p_n(x)=a_0+a_1(x-x_0)+a_2(x-x_0)^2+\cdots+a_n(x-x_0) \tag{1}$$

来近似表达 $f(x)$，要求 $p_n(x)$ 与 $f(x)$ 之差是比 $(x-x_0)^n$ 高阶的无穷小，并给出误差 $|f(x)-p_n(x)|$ 的具体表达式.

下面我们来讨论这个问题. 假设 $p_n(x)$ 在 x_0 处的函数值及它的直到 n 阶导数在 x_0 处的值依次与 $f(x_0)$，$f'(x_0)$，$\cdots$，$f^{(n)}(x_0)$ 相等，即满足

$$p_n(x_0) = f(x_0), \quad p'_n(x_0) = f'(x_0),$$
$$p''_n(x_0) = f''(x_0), \cdots, p_n^{(n)}(x_0) = f^{(n)}(x_0).$$

按这些等式来确定多项式(1)的系数 $a_0, a_1, \cdots, a_n$. 为此,对式(1)求各阶导数,然后分别代入以上等式,得

$$a_0 = f(x_0), \quad 1 \cdot a_1 = f'(x_0),$$
$$2! a_2 = f''(x_0), \cdots, n! a_n = f^{(n)}(x_0),$$

即得

$$a_0 = f(x_0), a_1 = f'(x_0), a_2 = \frac{1}{2!} f''(x_0), \cdots, a_n = \frac{1}{n!} f^{(n)}(x_0),$$

将求得的系数 $a_0, a_1, \cdots, a_n$ 代入式(1)中,有

$$p_n(x) = f(x_0) + f'(x_0)(x - x_0) + \frac{1}{2!} f''(x_0)(x - x_0)^2 + \cdots +$$
$$\frac{1}{n!} f^{(n)}(x_0)(x - x_0)^n. \tag{2}$$

下面的定理表明,多项式(2)的确是所要找的多项式.

泰勒(Taylor)中值定理 如果函数 $f(x)$ 在含有 x_0 的某个开区间 (a, b) 内具有直到 $(n+1)$ 阶的导数,则对任意 $x \in (a, b)$,有

$$f(x) = f(x_0) + f'(x_0)(x - x_0) + \frac{f''(x_0)}{2!}(x - x_0)^2 + \cdots +$$
$$\frac{f^{(n)}(x_0)}{n!}(x - x_0)^n + R_n(x), \tag{3}$$

其中 $$R_n(x) = \frac{f^{(n+1)}(\xi)}{(n+1)!}(x - x_0)^{n+1}. \tag{4}$$

这里 ξ 是 x_0 与 x 之间的某个值.(证明略.)

多项式(2)称为函数 $f(x)$ 按 $(x - x_0)$ 的幂展开 n 次的泰勒多项式,公式(3)称为 $f(x)$ 按 $(x - x_0)$ 的幂展开的**带有拉格朗日余项的 n 阶泰勒公式**,而 $R_n(x)$ 的表达式(4)称为**拉格朗日型余项**.

当 $n = 0$ 时,泰勒公式变成拉格朗日中值公式

$$f(x) = f(x_0) + f'(\xi)(x - x_0) \quad (\xi \text{ 在 } x_0 \text{ 与 } x \text{ 之间}).$$

因此泰勒公式是拉格朗日中值定理的推广.

由泰勒中值定理可知,以多项式 $p_n(x)$ 近似表达 $f(x)$ 时,其误差为 $|R_n(x)|$.如果对于某个固定的 n,当 $x \in (a, b)$ 时,$|f^{(n+1)}(x)| \leqslant M$,则有估计式

$$|R_n(x)| = \left| \frac{f^{(n+1)}(\xi)}{(n+1)!}(x-x_0)^{n+1} \right| \leqslant \frac{M}{(n+1)!} |x-x_0|^{n+1} \tag{5}$$

及

$$\lim_{x \to x_0} \frac{R_n(x)}{(x-x_0)^n} = 0.$$

由此可见,当 $x \to x_0$ 时误差 $|R_n(x)|$ 是比 $(x-x_0)^n$ 高阶的无穷小,即

$$R_n(x) = o[(x-x_0)^n]. \tag{6}$$

这样,我们提出的问题圆满得到解决.

在不需要余项的精确表达式时,n 阶泰勒公式也可以写成

$$f(x) = f(x_0) + f'(x_0)(x-x_0) + \cdots + \frac{1}{n!}f^{(n)}(x_0)(x-x_0)^n + o[(x-x_0)^n]. \tag{7}$$

$R_n(x)$ 的表达式(6)称为佩亚诺(**Peano**)型余项,公式(7)称为 $f(x)$ 的按 $(x-x_0)$ 的幂展开的带有佩亚诺型余项的 **n 阶泰勒展式**.

在泰勒公式(3)中,如果取 $x_0 = 0$,则 ξ 在 0 与 x 之间,因此可以令 $\xi = \theta x (0 < \theta < 1)$,从而泰勒公式变成较简单的形式,即所谓带拉格朗日余项的 **n 阶麦克劳林公式**:

$$f(x) = f(0) + f'(0)x + \frac{f''(0)}{2!}x^2 + \cdots + \frac{f^{(n)}(0)}{n!}x^n + \frac{f^{(n+1)}(\theta x)}{(n+1)!}x^{n+1} \quad (0 < \theta < 1). \tag{8}$$

由上式可得近似公式

$$f(x) \approx f(0) + f'(0)x + \frac{f''(0)}{2!}x^2 + \cdots + \frac{f^{(n)}(0)}{n!}x^n, \tag{9}$$

相应的误差式变为　　　$|R_n(x)| \leqslant \dfrac{M}{(n+1)!} |x|^{n+1}.$

在泰勒公式(7)中,如果取 $x_0 = 0$,则得到带有佩亚诺型余项的 **n 阶麦克劳林公式**:

$$f(x) = f(0) + f'(0)x + \frac{f''(0)}{2!}x^2 + \cdots + \frac{f^{(n)}(0)}{n!}x^n + o(x^n) \quad (0 < \theta < 1). \tag{10}$$

例 写出函数 $f(x)=e^x$ 的带有拉格朗日余项的 n 阶麦克劳林公式.

解 因为 $f'(x)=f''(x)=\cdots=f^{(n)}(x)=e^x$,

所以 $f(0)=f'(0)=f''(0)=\cdots=f^{(n)}(0)=1.$

把这些值代入公式(8),并注意到 $f^{(n+1)}(\theta x)=e^{\theta x}$,得

$$e^x=1+x+\frac{x^2}{2!}+\cdots+\frac{x^n}{n!}+\frac{e^{\theta x}}{(n+1)!}x^{n+1}\quad(0<\theta<1).$$

由这个公式可知,若把 e^x 用它的 n 次泰勒多项式表达为

$$e^x\approx1+x+\frac{x^2}{2!}+\cdots+\frac{x^n}{n!},$$

这时所产生的误差为

$$|R_n(x)|=\left|\frac{e^{\theta x}}{(n+1)!}x^{n+1}\right|<\frac{e^{|x|}}{(n+1)!}|x|^{n+1}\quad(0<\theta<1).$$

如果取 $x=1$,则得无理数 e 的近似值为

$$e\approx1+1+\frac{1}{2!}+\cdots+\frac{1}{n!},$$

其误差

$$|R_n(x)|=\left|\frac{e^{\theta x}}{(n+1)!}x^{n+1}\right|<\frac{e^{|x|}}{(n+1)!}|x|^{n+1}\quad(0<\theta<1).$$

当 $n=10$ 时,可算出 $e\approx2.718282$,其误差不超过 10^{-6}.

习题 3-3

1. 写出 $f(x)=x^4-5x^3+x^2-3x+4$ 在 $x_0=4$ 处的泰勒展式.

2. 将 $f(x)=(x^2-3x+1)^3$ 展开成麦克劳林展式.

3. 求函数 $y=xe^x$ 带有佩亚诺型余项的 n 阶麦克劳林公式.

4. 写出函数 $y=\ln x$ 按 $(x-2)$ 展开的带佩亚诺型余项的 n 阶泰勒展式.

5. 应用三阶泰勒公式估计 $\sqrt[3]{30}$,并估计误差.

6. 利用泰勒公式求下列极限.

(1) $\lim\limits_{x\to0}\dfrac{\cos x-e^{-\frac{x^2}{2}}}{x^2(x+\ln(1-x))}$; 　　(2) $\lim\limits_{x\to+\infty}(\sqrt[3]{x^3+3x^2}-\sqrt[4]{x^4-2x^3})$.

7. 设函数 $f(x),g(x)$ 二阶可导,当 $x>0$ 时,$f''(x)>g''(x)$ 且 $f(0)=g(0)$,$f'(0)=g'(0)$,求证:当 $x>0$ 时,$f(x)>g(x)$.

§3.4　函数单调性的判断、函数的极值

一个函数在某一区间内的单调性是我们研究函数性质应首先考虑的问题. 在第一章中已经给出了函数单调性的定义. 按照定义, 单调增函数的图形自左向右表现为上升的曲线; 单调减函数的图形表现为下降的曲线(图 3-4).

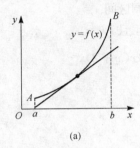 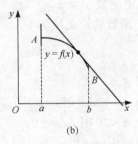

(a)　　　　　　　　　　　(b)

图 3-4

设 $y = f(x)$ 是 $[a, b]$ 上的连续函数, 如果函数在 $[a, b]$ 上为单调增(图 3-4(a)), 那么它图形上各处的切线斜率 $\tan \alpha$ 不为负, 即 $f'(x) \geqslant 0$, $x \in [a, b]$; 如果函数在 $[a, b]$ 上为单调减(图 3-4(b)), 那么它图形上各处的切线斜率 $\tan \alpha$ 不为正, 即 $f'(x) \leqslant 0$, $x \in [a, b]$. 所以函数的单调性与其导数的正负性是密切相关的.

现在我们来讨论如何用导数的正负性来判断函数增减性的方法.

一、函数增减性的判定

用导数的正负来判定函数的增减性, 主要是利用拉格朗日中值定理推出的.

定理 1　设函数 $f(x)$ 在 $[a, b]$ 上连续, 在 (a, b) 内可导, 则有

(1) 在 (a, b) 内, 如果 $f'(x) > 0$, 那么函数 $f(x)$ 在 $[a, b]$ 上单调增加;

(2) 在 (a, b) 内, 如果 $f'(x) < 0$, 那么函数 $f(x)$ 在 $[a, b]$ 上单调减少;

(3) 在 (a, b) 内, 如果 $f'(x) = 0$, 那么函数 $f(x)$ 在 $[a, b]$ 上为常数.

证明　先证(1), 设 x_1, x_2 为 (a, b) 内的任意两点, 且 $x_1 < x_2$, 在 $[x_1, x_2] \in [a, b]$ 上应用拉格朗日中值定理, 得

$$f(x_2) - f(x_1) = (x_2 - x_1)f'(\xi) \quad (x_1 < \xi < x_2).$$

由于 $x_2 - x_1$ 与 $f'(\xi)$ 都是正的, 所以由上式知 $f(x_2) - f(x_1)$ 也是正的, 即 $f(x_2) > f(x_1)$, 所以 $f(x)$ 在 $[a, b]$ 上单调增. (2) 的证明与(1) 的证明完全类似.

101

为了证明(3),设 x_1, x_2 为 (a, b) 内的任意两点,且 $x_1 < x_2$,在 $[x_1, x_2] \in [a, b]$ 上应用拉格朗日中值定理,得

$$f(x_2) - f(x_1) = (x_2 - x_1)f'(\xi) \quad (x_1 < \xi < x_2).$$

由于 $f'(\xi) = 0$,故 $f(x_2) = f(x_1)$,因为 x_1, x_2 是区间上任意两点,所以上面的等式表明:$f(x)$ 在区间上的值总是相等的,这就是说,$f(x)$ 在区间上是一个常数.

例1 确定函数 $y = x^3 + 3x^2 - 1$ 的单调区间.

解 由于函数的定义域为 $(-\infty, +\infty)$,且

$$y' = 3x^2 + 6x = 3x(x+2),$$

可知:

当 $-\infty < x < -2$ 时,$y' > 0$;

当 $-2 < x < 0$ 时,$y' < 0$;

当 $0 < x < +\infty$ 时,$y' > 0$.

所以函数在区间 $(-\infty, -2]$ 和 $[0, +\infty)$ 单调递增,在区间 $[-2, 0]$ 单调递减(图3-5).

例2 讨论函数 $y = \sqrt[3]{x^2}$ 的单调性.

解 这个函数的定义域为 $(-\infty, +\infty)$.

当 $x \neq 0$ 时,这个函数的导数为

$$y' = \frac{2}{3\sqrt[3]{x}}.$$

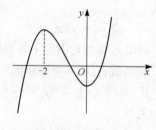

图 3-5

当 $x = 0$ 时,函数的导数不存在. 在 $(-\infty, 0)$ 内,$y' < 0$,因此函数 $y = \sqrt[3]{x^2}$ 在该区间上单调减少. 在 $(0, +\infty)$ 内,$y' > 0$,因此函数 $y = \sqrt[3]{x^2}$ 在该区间上单调增加. 函数的图形如图3-6所示.

我们注意到,在例1中,$x = 0$,$x = -2$ 是函数 $y = x^3 + 3x^2 - 1$ 单调区间的分界点,而在这两点处 $y' = 0$. 在例2中,$x = 0$ 是函数 $y = \sqrt[3]{x^2}$ 单调性的分界点,而在该点处导数不存在. 综合上述两种情形,我们有如下结论:

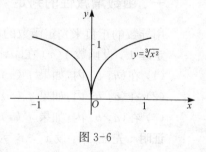

图 3-6

如果函数 $f(x)$ 在定义区间上连续,除去有限个导数不存在的点外,导数存在

且连续,那么只要用方程 $f'(x)=0$ 的根及不存在的点来划分函数 $f(x)$ 的定义区间,就能保证 $f'(x)$ 在各个部分区间内保持固定符号,从而保证函数 $f(x)$ 在每个部分区间上是单调的.

还应该注意,$f'(x)>0(f'(x)<0)$ 是可导函数单调增(减)的充分条件,但非必要条件.在函数的单调区间的个别点上,函数的导数可以为零,例如,在区间 $(-\infty,+\infty)$ 上函数 $f(x)=x^3$ 为单调增函数,但 $f'(0)=0$.

我们给出如下定义:

定义 1　使 $f'(x)=0$ 的点 x,称为 $f(x)$ 的**驻点**.

从以上讨论中我们知道:在函数可导的前提下,单调区间的分界点是驻点,但驻点不一定是单调区间的分界点.

例 3　证明:当 $x>1$ 时,$2\sqrt{x}>3-\dfrac{1}{x}$.

证明　令 $f(x)=2\sqrt{x}-\left(3-\dfrac{1}{x}\right)$,则

$$f'(x)=\frac{1}{\sqrt{x}}-\frac{1}{x^2}.$$

$f(x)$ 在 $[1,+\infty)$ 上连续,在 $(1,+\infty)$ 内 $f'(x)>0$,因此在 $[1,+\infty)$ 上 $f(x)$ 单调增加,从而当 $x>1$ 时,$f(x)>f(1)$.

由于 $f(1)=0$,故 $f(x)>f(1)=0$,即

$$2\sqrt{x}-\left(3-\frac{1}{x}\right)>0,$$

亦即
$$2\sqrt{x}>3-\frac{1}{x}(x>1).$$

例 4　证明恒等式:$\arcsin x+\arccos x=\dfrac{\pi}{2}$ 　$(-1\leqslant x\leqslant 1)$.

证明　令 $f(x)=\arcsin x+\arccos x$,则

$$f'(x)=\frac{1}{\sqrt{1-x^2}}-\frac{1}{\sqrt{1-x^2}}=0.$$

由定理 1 得　　$f(x)\equiv C$　（C 为常数）.

而　　　　　　　$f(0)=\dfrac{\pi}{2}$,

所以　　　　　$f(x)=\arcsin x+\arccos x=\dfrac{\pi}{2}.$

例 5 设在 $[a,b]$ 上 $f''(x) > 0$,证明函数 $\varphi(x) = \dfrac{f(x) - f(a)}{x - a}$ 在 (a,b) 内是单调增加的.

证明

$$\begin{aligned}
\varphi'(x) &= \frac{(x-a)f'(x) - [f(x) - f(a)] \cdot 1}{(x-a)^2} \quad (x \in (a,b)) \\
&= \frac{(x-a)f'(x) - f'(\xi)(x-a)}{(x-a)^2} \quad (a < \xi < x) \\
&= \frac{[f'(x) - f'(\xi)] \cdot (x-a)}{(x-a)^2},
\end{aligned}$$

其中 $f(x) - f(a) = f'(\xi)(x-a)$ 是 $f(x)$ 在 $[a,b]$ 上使用拉格朗日定理的结果.

由于 $f''(x) > 0$,知 $f'(x)$ 在 $[a,b]$ 上单调增加. 所以 $f'(x) \geqslant f'(\xi)$,故 $\varphi'(x) > 0$,即 $\varphi(x)$ 在 (a,b) 内是单调增加.

例 6 证明:当 $x \geqslant 1$ 时,$\ln x \geqslant \dfrac{2(x-1)}{x+1}$.

证明 设 $f(x) = \ln x - \dfrac{2(x-1)}{x+1}$,则

$$\begin{aligned}
f'(x) &= \frac{1}{x} - \frac{2(x+1) - 2(x-1)}{(x+1)^2} \\
&= \frac{1}{x} - \frac{4}{(x+1)^2} = \frac{(x-1)^2}{x(x+1)^2}.
\end{aligned}$$

上式表明,当 $x \geqslant 1$ 时,有 $f'(x) \geqslant 0$. 即 $f(x)$ 单调增加,故 $f(x) \geqslant f(1) = 0$. 即

$$\ln x \geqslant \frac{2(x-1)}{x+1} \quad (x \geqslant 1).$$

二、函数的极值

在例 1 中,当 x 从点 $x = -2$ 的左邻域变到右邻域时,函数 $f(x) = x^3 + 3x^2 - 1$ 由单调增加变为单调减少,即点 $x = -2$ 是函数由增到减的转折点. 因此在 $x = -2$ 的邻域内恒有 $f(-2) \geqslant f(x)$,我们称 $x = -2$ 是函数 $f(x)$ 的**极大值点**,$f(-2)$ 为**极大值**;同理,在 $x = 0$ 的邻域内,当 x 从点 $x = 0$ 的左邻域变到右邻域时,函数 $f(x) = x^3 + 3x^2 - 1$ 由单调减少变为单调增加,即点 $x = 0$ 是函数由减到增的转折点. 因此在 $x = 0$ 的邻域内恒有 $f(0) \leqslant f(x)$,我们称 $x = 0$ 是函数 $f(x)$ 的**极小值点**,$f(0)$ 为**极小值**. 下面我们给出函数极值的一般定义.

定义 2　设函数 $f(x)$ 在点 x_0 的某邻域 $U(x_0)$ 内有定义,如果对于去心邻域 $\mathring{U}(x_0)$ 内的任意 x,有

$$f(x) < f(x_0) \quad \text{或} \quad f(x) > f(x_0),$$

那么就称 $f(x_0)$ 是函数 $f(x)$ 的一个**极大值**(或**极小值**).

函数的极大值与极小值统称为函数的**极值**,使函数取极值的点称为**极值点**. 函数的极值是局部概念,如果 $f(x_0)$ 是 $f(x)$ 的一个极大值,那只是就 x_0 附近的一个局部范围来说的;如果就 $f(x)$ 的整体定义域来说,$f(x_0)$ 不见得是最大值. 关于极小值也有类似的结论.

在图 3-7 中,函数 $f(x)$ 有两个极大值:$f(x_2)$,$f(x_5)$;三个极小值:$f(x_1)$,$f(x_4)$,$f(x_6)$. 其中,极大值 $f(x_2)$ 比极小值 $f(x_6)$ 还小. 就整个区间 $[a, b]$ 来说,只有一个极小值 $f(x_1)$ 同时也是最小值,而没有一个极大值是最大值.

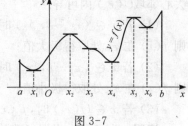

图 3-7

从图中还可以看出,在函数取得极值处,曲线的切线是水平的,但曲线上有水平切线的地方,函数不一定取得极值. 例如图中 $x = x_3$ 处,曲线上有水平切线,但 $f(x_3)$ 不是极值.

现在来研究函数极值的求法. 有下面的定理.

定理 2(极值存在的必要条件)　如果函数 $f(x)$ 在 x_0 处可导,且在 x_0 处取得极值,那么 $f'(x_0) = 0$.

证明　假设 $f(x)$ 在 x_0 取得极大值 $f(x_0)$. 用反证法,不妨设 $f'(x_0) > 0$,那么

$$\lim_{x \to x_0} \frac{f(x) - f(x_0)}{x - x_0} = f'(x_0) > 0,$$

由极限的保号性,有

$$\frac{f(x) - f(x_0)}{x - x_0} > 0.$$

当 x 在右邻域时 $x - x_0 > 0$,所以 $f(x) - f(x_0) > 0$,即 $f(x) > f(x_0)$. 这与 $f(x_0)$ 是极大值的假设相矛盾,故有 $f'(x_0) \leqslant 0$,若 $f'(x_0) < 0$. 用同样的方式可证明结论 $f(x_0)$ 是极大值矛盾,故 $f'(x_0) = 0$.

从这个定理可以知道,函数的极值点(假定函数在该点可导)一定是驻点;但反过来却不一定. 例如,$x = 0$ 是函数 $y = x^3$ 的驻点,然而它并不是极值点. 所以 $f'(x_0) = 0$ 是一个在 x_0 可导的函数 $f(x)$ 在 x_0 取得极值的必要条件,而非充要条

件. 定理 2 还告诉我们: 可导函数的极值点只需从驻点中去寻找.

应当指出, 在导数不存在的点处, 函数也有可能取得极值. 例如, 在例 2 中, 在 $x = 0$ 处函数 $y = \sqrt[3]{x^2}$ 的导数不存在, 但显然 $x = 0$ 是函数的极小值点.

综上所述, 函数的极值点一定是函数的驻点或导数不存在的点; 但驻点或导数不存在的点不一定是函数的极值点. 函数的驻点与导数不存在的点统称为函数的**临界点**.

下面我们来介绍函数取得极值的充分条件.

定理 3(判定极值的第一充分条件) 设函数 $f(x)$ 在 x_0 处连续, 且在 x_0 的某去心邻域 $\mathring{U}(x_0)$ 内可导.

(1) 若 $x \in (x_0 - \delta, x_0)$ 时, $f'(x) > 0$, 而 $x \in (x_0, x_0 + \delta)$ 时, $f'(x) < 0$, 则 $f(x)$ 在 x_0 处取得极大值;

(2) 若 $x \in (x_0 - \delta, x_0)$ 时, $f'(x) < 0$, 而 $x \in (x_0, x_0 + \delta)$ 时, $f'(x) > 0$, 则 $f(x)$ 在 x_0 处取得极小值;

(3) 若 $x \in \mathring{U}(x_0)$ 时, $f'(x)$ 的符号保持不变, 则 $f(x)$ 在 x_0 处没有极值.

证明 先证(1), 根据函数单调性的判别法, 函数在 $(x_0 - \delta, x_0)$ 内单调增加, 而在 $(x_0, x_0 + \delta)$ 内单调减少, 又由于函数在 x_0 处是连续的, 故当 $x \in (x_0 - \delta, x_0) \cup (x_0, x_0 + \delta)$ 时总有 $f(x) < f(x_0)$, 所以 $f(x_0)$ 是 $f(x)$ 的一个极大值(图 3-8(a)).

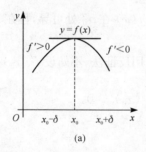
(a)

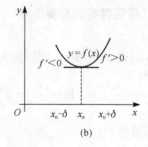
(b)

图 3-8

类似可论证(2)(图 3-8(b))及(3).

例 7 求函数 $f(x) = (x-1)x^{\frac{2}{3}}$ 的极值.

解 函数 $f(x) = (x-1)x^{\frac{2}{3}}$ 在 $(-\infty, +\infty)$ 上连续, 且

$$f'(x) = x^{\frac{2}{3}} + \frac{2(x-1)}{3x^{\frac{1}{3}}} = \frac{5x-2}{3x^{\frac{1}{3}}},$$

所以函数有两个临界点 $x_1 = 0$，$x_2 = \dfrac{2}{5}$，这两个临界点把$(-\infty, +\infty)$分成三部分：

$$\left(-\infty, 0\right), \quad \left(0, \frac{2}{5}\right), \quad \left(\frac{2}{5}, +\infty\right).$$

当 $x \in (-\infty, 0)$ 时，$f'(x) > 0$；当 $x \in \left(0, \dfrac{2}{5}\right)$时，$f'(x) < 0$；当 $x \in (0, +\infty)$ 时，$f'(x) > 0$. 那么由定理 3，函数 $f(x)$ 在 $x_1 = 0$ 处取得极大值 $f(0) = 0$；$f(x)$ 在 $x_2 = \dfrac{2}{5}$ 处取得极小值

$$f\left(\frac{2}{5}\right) = -\frac{3}{5}\sqrt[3]{\frac{4}{25}}.$$

从上例中可以看出，求函数极值的步骤可归纳为三步：

(1) 求函数的导数；

(2) 求函数的所有驻点；

(3) 确定导数在所有驻点的左右导数的符号，从而依据定理 3 求出函数的极值.

当函数 $f(x)$ 在驻点处的二阶导数存在且不等于零时，也可利用下述定理来判断 $f(x)$ 在驻点处是取得极大值还是极小值.

定理 4（判定极值的第二充分条件）　设函数 $f(x)$ 在 x_0 处二阶可导，且 $f'(x_0) = 0$，而 $f''(x) \neq 0$，那么

(1) 当 $f''(x_0) > 0$ 时，$f(x)$ 在 x_0 取得极小值；

(2) 当 $f''(x_0) < 0$ 时，$f(x)$ 在 x_0 取得极大值.

证明　在(1)中，由于 $f''(x_0) > 0$，所以由二阶导数的定义，得

$$\lim_{x \to x_0} \frac{f'(x) - f'(x_0)}{x - x_0} > 0.$$

由函数极限的局部保号性，在 x_0 的某一去心邻域内有

$$\frac{f'(x) - f'(x_0)}{x - x_0} > 0,$$

因为 $f'(x_0) = 0$，从而有

$$\frac{f'(x)}{x - x_0} > 0.$$

由此可知,当 $x < x_0$ 时,$f'(x) < 0$;当 $x > x_0$ 时,$f'(x) > 0$. 由定理 3 得 $f(x_0)$ 为极小值.

类似可证(2).

例 8 求函数 $f(x) = x^2 e^x$ 的极值.

解 $f'(x) = 2xe^x + x^2 e^x = e^x(2x + x^2)$.

令 $f'(x) = 0$,求得驻点 $x_1 = -2$,$x_2 = 0$.

而 $f''(x) = e^x(x^2 + 4x + 2)$,由于 $f''(-2) = -\dfrac{2}{e^2} < 0$,因此 $f(-2) = \dfrac{4}{e^2}$ 为极大值;由于 $f''(0) = 2 > 0$,所以 $f(0) = 0$ 为极小值.

例 9 求函数 $f(x) = (x^2 - 1)^3 + 1$ 的极值.

解 $f'(x) = 6x(x^2 - 1)^2$.

令 $f'(x) = 0$,求得驻点 $x_1 = -1$,$x_2 = 0$,$x_3 = 1$.

又 $f''(x) = 6(x^2 - 1)(5x^2 - 1)$.

因 $f''(0) = 6 > 0$,故 $f(x)$ 在 $x = 0$ 时取得极小值,极小值为 $f(0) = 0$.

因 $f''(-1) = f''(1) = 0$,故用定理 4 无法判断. 考察一阶导数 $f'(x)$ 在驻点 $x_1 = -1$ 及 $x_3 = 1$ 左右邻近的符号:当 x 取 -1 左侧邻近的值时,$f'(x) < 0$;当 x 取 -1 右侧邻近的值时,$f'(x) < 0$,因为 $f'(x)$ 的符号没有改变,所以 $f(x)$ 在 $x = -1$ 处没有极值. 同理,$f(x)$ 在 $x = 1$ 处也没有极值.

例 10 求函数 $y = xe^{|x-3|}$ 的单调区间和极值.

解 设函数 $y = f(x) = xe^{|x-3|}$,先消去绝对值符号:

$$y = \begin{cases} xe^{x-3}, & x \geqslant 3, \\ xe^{3-x}, & x < 3, \end{cases}$$

则

$$y' = \begin{cases} (1+x)e^{x-3}, & x > 3, \\ (1-x)e^{3-x}, & x < 3. \end{cases}$$

又

$$\lim_{x \to 3^+} f'(x) = \lim_{x \to 3^+} (1+x)e^{x-3} = 4,$$

$$\lim_{x \to 3^-} f'(x) = \lim_{x \to 3^-} (1-x)e^{3-x} = -2,$$

所以,当 $x = 3$ 时,y' 不存在. 列表如下:

x	$(-\infty, 1)$	1	$(1, 3)$	3	$(3, +\infty)$
$f'(x)$	$+$	0	$-$	不存在	$+$
$y = f(x)$ 的图形	↗	极大值 $f(1)$	↘	极小值 $f(3)$	↗

因此,函数 $y = x\mathrm{e}^{|x-3|}$ 在区间 $(-\infty,\ 1)$ 和 $(3,\ +\infty)$ 内是单调增加的,在 $(1,\ 3)$ 内是单调减少的;在 $x = 1$ 时有极大值 $f(1) = \mathrm{e}^2$,在 $x = 3$ 时有极小值 $f(3) = 3$.

例 11　讨论方程 $x\mathrm{e}^{-x} = a(a > 0)$ 的实根的个数.

解　设 $f(x) = x\mathrm{e}^{-x} - a$,则只需讨论方程 $f(x) = 0$ 有几个实根,而

$$f'(x) = \mathrm{e}^{-x}(1-x).$$

令 $f'(x) = \mathrm{e}^{-x}(1-x) = 0$,得驻点 $x = 1$. 又

$$f''(x) = \mathrm{e}^{-x}(x-2), \quad f''(1) = -\frac{1}{\mathrm{e}} < 0,$$

故当 $x = 1$ 时,$f(x)$ 有极大值 $f(1) = \dfrac{1}{\mathrm{e}} - a$.

下面讨论在 $x = 1$ 及其两侧函数的取值情况.

(1) 若 $f(1) = \dfrac{1}{\mathrm{e}} - a > 0$,则 $0 < a < \dfrac{1}{\mathrm{e}}$,由于

$$\lim_{x \to -\infty} f(x) = \lim_{x \to -\infty}(x\mathrm{e}^{-x} - a) = -\infty < 0,$$
$$\lim_{x \to +\infty} f(x) = \lim_{x \to +\infty}(x\mathrm{e}^{-x} - a) = -a < 0,$$

所以在 $(-\infty,\ 1)$ 及 $(1,\ +\infty)$ 内 $f(x) = 0$ 至少各有一实根. 又在 $(-\infty,\ 1)$ 内 $f'(x) > 0$,即 $f(x)$ 单调增加,在 $(1,\ +\infty)$ 内 $f'(x) < 0$,即 $f(x)$ 单调减少. 故方程 $f(x) = 0$ 此时仅有两个实根,分别在 $(-\infty,\ 1)$ 和 $(1,\ +\infty)$ 内.

(2) 若 $f(1) = \dfrac{1}{\mathrm{e}} - a = 0$,即 $a = \dfrac{1}{\mathrm{e}}$,因 $x < 1$ 时,$f(x) < 0,\ x > 1$ 时,$f(x) < 0$,故方程 $f(x) = 0$ 仅有 $x = 1$ 这一个实根.

(3) $f(1) = \dfrac{1}{\mathrm{e}} - a < 0$,即 $a > \dfrac{1}{\mathrm{e}}$ 时,恒有 $f(x) < 0,\ x \in (-\infty,\ +\infty)$. 所以方程 $f(x) = 0$ 无实根.

注意　在利用函数的极值讨论方程根的情况时,首先要将 $f(x)$ 的单调区间和极值求出,然后在每个区间内利用零点定理判断根的存在性.

习题 3-4

1. 选择题.

(1) 设函数 $f(x)$ 在 $(-\infty,\ +\infty)$ 内可导,且对任意的 $x_1,\ x_2$,当 $x_1 > x_2$ 时,有 $f(x_1) > f(x_2)$,则有(　　).

A. 对任意的 $x,f'(x) > 0$　　　　　　B. 对任意的 $x,f'(-x) < 0$

C. 函数 $f(-x)$ 单调增加　　　　　　D. 函数 $-f(-x)$ 单调增加

(2) 设在 $[0,1]$ 上，$f''(x) > 0$，则有（　　）.

A. $f'(1) > f'(0) > f(1) - f(0)$ B. $f'(1) > f(1) - f(0) > f'(0)$

C. $f(1) - f(0) > f'(1) > f'(0)$ D. $f'(1) > f(0) - f(1) > f'(0)$

2. 求下列函数的单调区间.

(1) $y = \ln(x + \sqrt{1 + x^2})$；   (2) $y = x + |\sin 2x|$.

3. 证明下列不等式.

(1) 当 $x > 0$ 时，$1 + \dfrac{1}{2}x > \sqrt{1 + x}$；

(2) 当 $0 < x < \dfrac{\pi}{2}$ 时，$\tan x > x + \dfrac{1}{3}x^3$.

4. 讨论方程 $\ln x = ax\ (a > 0)$ 有几个实根？

5. 证明：方程 $x + p + q\cos x = 0$ 恰有一个实数根，其中 p，q 为常数，且 $0 < q < 1$.

6. 求下列函数的极值.

(1) $y = x + \sqrt{1 - x}$；   (2) $y = x^{\frac{1}{x}}$.

7. 试证明：如果函数 $y = ax^3 + bx^2 + cx + d$ 满足条件 $b^2 - 3ac < 0$，那么这函数没有极值.

8. 试确定常数 a，b，使 $f(x) = a\ln x + bx^2 + x$ 在 $x = 1$ 和 $x = 2$ 处有极值，并求此极值.

§3.5　函数的最大值、最小值及其应用

在 §3.4 中已经提到极大值、极小值不同于最大值、最小值. 在这一节里，我们来介绍函数在某一区间的最大值、最小值的求法.

设函数 $y = f(x)$ 在闭区间 $[a, b]$ 上连续，由闭区间上连续函数的性质，可知 $y = f(x)$ 在 $[a, b]$ 上的最大值和最小值一定存在. 如果最大值（或最小值）在 (a, b) 内某点取得，那么它一定同时是极大值（或极小值）. 例如，在图 3-9(a) 中，$y = f(x)$ 在 $x = x_0$ 处取得最大值，且 $x = x_0$ 是该函数的极大值点. 但最大值（或最小值）也可能在区间的端点处取得，例如，在图 3-9(b) 中，$y = f(x)$ 在区间的左端点

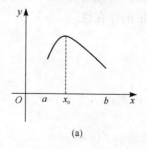

(a)

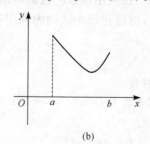

(b)

图 3-9

$x = a$ 处取得最大值. 因此, 我们必须比较 $f(x)$ 所有的极大值(或极小值)以及函数在两个端点处的函数值, 从而得出$[a, b]$上的最大值(或最小值).

例 1　求函数 $f(x) = x^3 - 3x^2 - 9x + 5$ 在$[-2, 4]$上的最大值、最小值.

解　$f(x)$ 在$[-2, 4]$上是连续的, 所以它在该区间上必有最值. 求导得

$$f'(x) = 3x^2 - 6x - 9 = 3(x + 1)(x - 3),$$

函数有两个驻点: -1 与 3. 比较 $f(x)$ 在驻点和端点处的函数值:

$$f(-1) = 10, \quad f(3) = -22, \quad f(-2) = 3, \quad f(4) = -15,$$

可知最大值为 10, 最小值为 -22.

从上例中可以看出, 求函数 $f(x)$ 在$[a, b]$上的最大值、最小值的步骤如下:

(1) 求出 $f(x)$ 在(a, b)内的所有驻点 $x_1, x_2, \cdots, x_n$;

(2) 计算 $f(x_i)(i = 1, 2, \cdots, n)$ 及 $f(a), f(b)$;

(3) 比较(2)中诸值的大小, 其中最大者是 $f(x)$ 在$[a, b]$上的最大值, 最小者是 $f(x)$ 在$[a, b]$上的最小值.

在有些特殊情况下, 求最值还有更简单的方法. 比如说, 函数 $y = f(x)$ 在区间$[a, b]$上单调增加, 那么 $f(a)$ 就是最小值, $f(b)$ 就是最大值; 单调减少时, 则恰恰相反. 还有, 如果函数在区间$[a, b]$的内部只有一个极大值而无极小值, 那么这个极大值就是最大值(图 3-10(a)); 如果只有一个极小值而无极大值, 那么这个极小值就是最小值(图 3-10(b)).

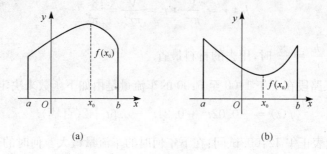

图 3-10

很多求最大值或最小值的实际问题, 往往属于这种情形, 因此, 求这类问题只需求极大值或极小值即可. 一般而言, 在一定条件下, 怎样使"产品最多"、"用料最省"、"成本最低"、"效率最高"等问题都属于实际问题中的最大值和最小值问题, 这类问题在数学上有时可归结为求某一函数(通常称为目标函数)的最大值和最小值问题.

例 2 欲用白铁皮制一容积为 V 的圆柱形罐头筒,在裁剪筒的侧面时,材料可以不受损耗,但在从一块正方形材料上裁剪出圆形的上下底时,在四个角上就有损耗. 要使所用材料最省,高与底半径之比是多少?

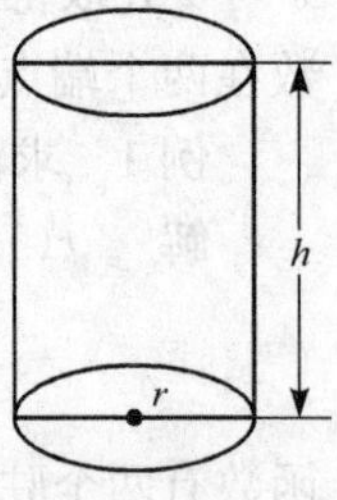

解 设 r 为筒上、下底的半径,h 为筒的高(图 3-11),目标函数 A 为包括损耗在内的制造用料的总面积. 由题意得

$$A = (2r)^2 + (2r)^2 + 2\pi rh,$$

图 3-11

且 $\pi r^2 h = V$,故 $h = \dfrac{V}{\pi r^2}$,从而

$$A(r) = 8r^2 + \frac{2V}{r}.$$

求导,得

$$A'(r) = 16r - \frac{2V}{r^2},$$

$$A''(r) = 16 + \frac{4V}{r^3}.$$

令 $A'(r) = 0$,得唯一驻点:$r = \sqrt[3]{\dfrac{V}{8}}$,而 $A''\left(\sqrt[3]{\dfrac{V}{8}}\right) = 48 > 0$,所以当 $r = \sqrt[3]{\dfrac{V}{8}}$ 时,$A(r)$ 取得极小值,也就是最小值. 此时

$$h : r = \frac{V}{\pi r^2} : r = \frac{V}{\pi r^3} = \frac{8}{\pi}.$$

因此,当 $\dfrac{h}{r} = \dfrac{8}{\pi}$ 时,用去的材料最省.

例 3 某路段在下午 1:00 至 6:00 的车流量是由如下函数来决定的:

$$f(t) = -0.02t^3 + 0.21t^2 - 0.6t + 2(百辆).$$

其中,$t = 0$ 代表正午 12:00. 试问:在下午何时的车流量最大? 何时的车流量最小?

解 先求 $f'(t) = 0$ 的解

$$f'(t) = -0.06t^2 + 0.42t - 0.6 = -0.06(t^2 - 7t + 10) = -0.06(t-2)(t-5),$$

由 $f'(t) = 0$,得 $t_1 = 2$,$t_2 = 5$.

再计算 $f(1) = 1.59$,$f(2) = 1.48$,$f(5) = 1.75$,$f(6) = 1.64$.

所以可得出结果:车流量在下午 2:00 有 148 辆车,为最小的车流量;在下午 5:00 有 175 辆车,为最大的车流量.

例 4　某厂一年中库存费与生产准备费的和 $p(x)$ 与每批产量 x 的函数关系为

$$p(x) = \frac{ab}{x} + \frac{c}{2}x, \quad x \in (0, a).$$

其中 a 为年产量，b 为每批生产的生产准备费，c 为每台产品的库存费. 问在不考虑生产能力的条件下，每批生产多少台时，$p(x)$ 最小？

解　　　　　　　　　$p'(x) = -\dfrac{ab}{x^2} + \dfrac{c}{2}.$

令 $p'(x) = 0$ 有　　　　　　$cx^2 - 2ab = 0,$

所以　　　　　　　　　$x = \pm\sqrt{\dfrac{2ab}{c}}.$

因为　　　　　　$x = -\sqrt{\dfrac{2ab}{c}} \notin (0, a),$

又因　　　　　　　$p''(x) = \dfrac{2ab}{x^3} > 0,$

因此当 $x = \sqrt{\dfrac{2ab}{c}}$ 时，$p(x)$ 取得极小值，也即最小值. 于是得出，要使一年中库存费与准备费之和的最优批量应为 $\sqrt{\dfrac{2ab}{c}}$. 因为批量应为 a 的正整数因子，所以有时 $\sqrt{\dfrac{2ab}{c}}$ 还要调整.

例 5　假设某工厂生产某产品 x 千件的成本是 $c(x) = x^3 - 6x^2 + 15x$，售出该产品 x 千件的收入是 $r(x) = 9x$. 问是否存在一个能取得最大利润的生产水平？如果存在的话，找出这个生产水平.

解　由题意知，售出 x 千件产品的利润为

$$p(x) = r(x) - c(x).$$

令 $p'(x) = r'(x) - c'(x) = 0$，即 $r'(x) = c'(x)$，得

$$x^2 - 4x + 2 = 0,$$

解方程得 $x_1 = 2 - \sqrt{2}$，$x_2 = 2 + \sqrt{2}$.

又 $p''(x) = -6x + 12$，$p''(x_1) > 0$，$p''(x_2) < 0$，故在 x_2 处取得最大利润；而在 x_1 处发生局部最大亏损.

另外，函数的最大值、最小值还可以用来证明不等式. 请看下例.

例 6 证明：$\dfrac{1}{2^{p-1}} \leqslant x^p + (1-x)^p \leqslant 1$（其中 $0 \leqslant x \leqslant 1$，$p \geqslant 1$）.

证明 设 $f(x) = x^p + (1-x)^p$，则

$$f'(x) = px^{p-1} - p(1-x)^{p-1}.$$

令 $f'(x) = 0$，得 $x = \dfrac{1}{2}$，则 $x = \dfrac{1}{2}$ 是 $f(x)$ 的可能极值点，由于 $f\left(\dfrac{1}{2}\right) = \dfrac{1}{2^{p-1}}$ < 1（因 $p > 1$），且 $f(0) = 1$，$f(1) = 1$，所以 $f(x)$ 在 $[0,1]$ 上的最大值为 1，最小值为 $\dfrac{1}{2^{p-1}}$，故

$$\frac{1}{2^{p-1}} \leqslant x^p + (1-x)^p \leqslant 1.$$

习题 3-5

1. 求下列函数的最大值和最小值.

(1) $y = x^4 + 2x^2 + 5 \quad (-2 \leqslant x \leqslant 2)$；

(2) $y = x + 2\cos x \quad \left(0 \leqslant x \leqslant \dfrac{\pi}{2}\right)$.

2. 从一块半径为 R 的圆铁片上挖去一个扇形后用剩余的部分做成一个漏斗，问留下的部分中心角 φ 取多大时，做成的漏斗的容积最大？

§3.6 函数的凹凸性与拐点

以上两节对函数的单调性、极值、最大值和最小值进行了讨论，使我们知道了函数变化的大致情况。但是这还不够，因为同属于单调增加或减少的两个可导函数的图形，虽然从左到右曲线都在上升或下降，但它们的弯曲方向却可以不同. 图 3-12(a)是向下凹的曲线弧；图 3-12(b)是向上凸的曲线弧，它们的凹凸性不同，显然，上凸（下凹）曲线在它的任一点处的切线的下方（上方），下面我们就来研究曲线凹凸性及其判定法.

定义 1 一个可导函数 $y = f(x)$ 的图形，如果在区间 I 的曲线都位于它每一点切线的上方，那么称曲线 $y = f(x)$ 在区间 I 上是**凹**的；如果在区间 I 的曲线都位于它每一点切线的下方，那么称曲线 $y = f(x)$ 在区间 I 上是**凸**的.

从图 3-12 中可以看出，凹曲线的斜率 $\tan \alpha = f(x)$ 随着 x 增大而增大，即函数 $f'(x)$ 为单调增加的函数；而凸曲线的斜率 $\tan \alpha = f'(x)$ 随着 x 增大而减少，即函数 $f'(x)$ 为单调减少的函数. 由于 $f'(x)$ 的单调性可由二阶导数 $f''(x)$ 的正负来

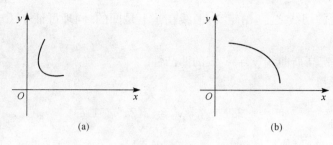

(a)　　　　　　　　　　(b)

图 3-12

判定,因此我们下面利用二阶导数来判定函数凹凸性的定理.

定理 1　设函数 $f(x)$ 二阶可导,那么

(1) 在使 $f''(x) > 0$ 的区间上,曲线 $y = f(x)$ 是凹的;

(2) 在使 $f''(x) < 0$ 的区间上,曲线 $y = f(x)$ 是凸的.

证明　现就 $f''(x) > 0$ 的情形来证明. 如图 3-13 所示,在区间 I 内任取一点 x_0,在曲线 AB 上点 $(x_0, f(x_0))$ 处的切线方程为

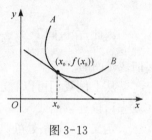

图 3-13

$$Y = f(x_0) + f'(x_0)(X - x_0).$$

其中,点 (X, Y) 为切线上的任一点.

设 x_1 为 I 内任一异于 x_0 的一点,那么对应于 x_1,曲线上与切线上两个点的纵坐标分别为

$$y_1 = f(x_1), \quad Y_1 = f(x_0) + f'(x_0)(x_1 - x_0).$$

对 y_1 与 Y_1 之差 $y_1 - Y_1$ 两次用拉格朗日中值定理,得

$$
\begin{aligned}
y_1 - Y_1 &= f(x_1) - f(x_0) - f'(x_0)(x_1 - x_0) \\
&= f'(\xi_1)(x_1 - x_0) - f'(x_0)(x_1 - x_0) \quad (\xi_1 \text{ 在 } x_1 \text{ 与 } x_0 \text{ 之间}) \\
&= [f'(\xi_1) - f'(x_0)](x_1 - x_0) \\
&= f''(\xi)(\xi_1 - x_0)(x_1 - x_0) \quad (\xi \text{ 在 } \xi_1 \text{ 与 } x_0 \text{ 之间}).
\end{aligned}
$$

当 $x_1 > x_0$ 时,有 $x_0 < \xi_1 < x_1$,所以 $x_1 - x_0 > 0$, $\xi_1 - x_0 > 0$;当 $x_1 < x_0$ 时,有 $x_1 < \xi_1 < x_0$,所以 $x_1 - x_0 < 0$, $\xi_1 - x_0 < 0$. 因此,只要 $x_1 \neq x_0$,总有

$$(\xi_1 - x_0)(x_1 - x_0) > 0.$$

又因为 $f''(x)$ 在区间 I 上恒大于零,所以 $f''(\xi) > 0$. 从而 $y_1 > Y_1$,即曲线在

其上任一点处的切线之上,由定义,曲线在 I 上是凹的.同理可证 $f''(x) < 0$ 的情形.

例 1 判定高斯曲线 $y = e^{-x^2}$ 的凹凸性.

解 求导得

$$y' = -2x e^{-x^2}, \quad y'' = 2(2x^2 - 1)e^{-x^2}.$$

由于 $e^{-x^2} > 0$,所以

当 $2x^2 - 1 > 0$,即 $x > \dfrac{1}{\sqrt{2}}$ 或 $x < -\dfrac{1}{\sqrt{2}}$ 时,$y'' > 0$;

当 $2x^2 - 1 < 0$,即 $-\dfrac{1}{\sqrt{2}} < x < \dfrac{1}{\sqrt{2}}$ 时,$y'' < 0$.

因此,在区间 $\left(-\infty, -\dfrac{1}{\sqrt{2}}\right)$ 与 $\left(\dfrac{1}{\sqrt{2}}, +\infty\right)$ 上曲线是凹的;在区间 $\left(-\dfrac{1}{\sqrt{2}}, \dfrac{1}{\sqrt{2}}\right)$ 上曲线是凸的.

从上例我们可以看出,函数的图形从凹的到凸的,再从凸的到凹的.下面我们就来讨论连续曲线 $y = f(x)$ 凹凸性的分界点.

定义 2 一条处处具有切线的连续曲线 $y = f(x)$ 的凹凸性的分界点称为曲线的**拐点**.

根据这个定义可知,曲线的切线在拐点处是穿过曲线的.现在我们来介绍拐点的判定与求法.

定理 2 设函数 $y = f(x)$ 二阶可导,如果点 $(x_0, f(x_0))$ 是曲线 $y = f(x)$ 的拐点,那么 $f''(x_0) = 0$.

证明 这里只就二阶导函数连续的情况加以证明:用反证法,假定 $f''(x_0) \neq 0$,不妨设 $f''(x_0) > 0$.根据 $f''(x)$ 的连续性,在 x_0 的某一邻域内 $f''(x) > 0$.由定理 1 知在这个邻域内曲线 $y = f(x)$ 是凹的,这与点是曲线的拐点相矛盾.所以必有 $f''(x_0) = 0$.

定理 2 为寻找拐点指出了范围,即具有二阶导数的曲线 $y = f(x)$,它的拐点的横坐标只需从使 $f''(x) = 0$ 的点中去寻找.从而由拐点的定义及定理 1,有下列拐点的判定与求法:

设函数 $f(x)$ 在 x_0 的某一邻域内二阶可导,且 $f''(x_0) = 0$,而 $f''(x)$ 在 x_0 的左右邻域内分别有确定的符号,如果在这个邻域的左右两边 $f''(x)$ 异号,那么 $(x_0, f(x_0))$ 是曲线 $y = f(x)$ 的拐点;如果在这个邻域的左右两边 $f''(x)$ 同号,那么 $(x_0, f(x_0))$ 不是曲线 $y = f(x)$ 的拐点.

例 2 求曲线 $y = (x-1)^4(x-6)$ 的拐点.

解 $y' = (x-1)^4 + 4(x-1)^3(x-6) = (x-1)^3 + 5(x-5)$,

$$y'' = 20(x-1)^2(x-4).$$

令 $y'' = 0$,得 $x = 1$ 与 $x = 4$. 当 $x < 4$ 时, $y'' < 0$;当 $x > 4$ 时, $y'' > 0$, $x = 1$, 所以点 $(4, -162)$ 为曲线的拐点. 但在 $x = 1$ 的左右两边 y'' 不变号,因此曲线只有一个拐点.

应当指出,上述拐点的求法是对二阶可导函数来说的. 事实上,函数 $f(x)$ 在 x_0 处的二阶导数虽不存在,但在 x_0 的去心邻域内仍然二阶可导,那么 $(x_0, f(x_0))$ 也还可能是曲线 $y = f(x)$ 的拐点. 例如,曲线 $y = x^{\frac{1}{3}}$, $y' = \frac{1}{3}x^{-\frac{2}{3}}$ $(x \neq 0)$,当 $x = 0$ 时, $y' \to +\infty$,从而 y'' 不存在. 而当 $x \neq 0$ 时, $y'' = -\frac{2}{9}x^{-\frac{5}{3}}$. 所以 $x < 0$ 时, $y'' > 0$; $x > 0$ 时, $y'' < 0$,因此,原点 $(0, 0)$ 是曲线的拐点.

曲线的凹凸性与拐点是曲线的重要特征,知道了这些特征,对作出函数的图形是很有帮助的.

例 3 求函数 $y = \ln(1+x^2)$ 的凹凸区间及拐点.

解 设 $y = f(x) = \ln(1+x^2)$,则

$$f'(x) = \frac{2x}{x^2+1}, \quad f''(x) = \frac{2(x^2+1) - 2x \cdot 2x}{(x^2+1)^2} = \frac{-2(x^2-1)}{(x^2+1)^2}.$$

令 $f''(x) = 0$,得 $x = \pm 1$,由此将定义域 $(-\infty, +\infty)$ 分成以下几个区间:

x	$(-\infty, -1)$	-1	$(-1, 1)$	1	$(1, +\infty)$
$f''(x)$	$-$	0	$+$	0	$-$
$y = f(x)$ 的图形	凸	拐点 $(-1, \ln 2)$	凹	拐点 $(1, \ln 2)$	凸

所以,曲线在 $(-\infty, -1)$, $(1, +\infty)$ 上是凸的,在 $(-1, 1)$ 上是凹的. 拐点是 $(-1, \ln 2)$ 和 $(1, \ln 2)$.

习题 3-6

1. 求下列函数图形的拐点及凹或凸的区间.

(1) $y = x^3 - 5x^2 + 3x + 5$;   (2) $y = \dfrac{x^2 e^{-x}}{2}$.

2. 问 a, b 为何值时,点 $(1, 3)$ 为曲线 $y = ax^3 + bx^2$ 的拐点?

§3.7 函数图形的描绘

在前面我们讨论了函数的单调性和极值,以及函数图形的凹凸性及拐点.这样我们对函数的性态就有了比较深入的了解.在此基础上来做函数的图形,比在中学里用描点法来作图自然要精准些.现将作函数 $y = f(x)$ 图形的步骤归纳如下:

(1) 确定函数 $y = f(x)$ 的定义域、间断点、奇偶性、周期性等;

(2) 求出函数 $f(x)$ 的一阶和二阶导数,并求出使 $f'(x) = 0$,$f''(x) = 0$ 的点和 $f'(x)$,$f''(x)$ 不存在的点 $x_i(i = 1, 2, \cdots)$,以及这些点对应的函数值 $f(x_i)$,得到图形上相应的多个点;

(3) 根据 $f'(x)$,$f''(x)$ 的正负号,列表讨论函数的单调区间、极值、图形的凹凸区间和拐点等函数性态;

(4) 讨论曲线 $y = f(x)$ 的渐近线;

(5) 结合(3),(4)连接这些点画出函数的图形.为了把图形描绘的准确些,有时还需要补充一些点.

下面举两个例子.

例1 作出高斯曲线 $y = e^{-x^2}$ 的图形.

解 (1)所给函数 $y = f(x)$ 的定义域为 $(-\infty, +\infty)$,所以是偶函数,图形对称于 y 轴.

(2) $y' = -2xe^{-x^2}$,$y'' = 2(2x^2 - 1)e^{-x^2}$.令 $y' = 0$,得 $x = 0$;令 $y'' = 0$,得 $x = \pm\frac{1}{\sqrt{2}}$.且 $f(0) = 1$,$f\left(\pm\frac{1}{\sqrt{2}}\right) = \frac{1}{\sqrt{e}}$,无 y',y'' 不存在的点.从而得到函数图形上的三个点:

$$M_1(0, 1), \quad M_2\left(\frac{1}{\sqrt{2}}, \frac{1}{\sqrt{e}}\right), \quad M_4\left(-\frac{1}{\sqrt{2}}, \frac{1}{\sqrt{e}}\right).$$

(3) 单调区间、极值、凹凸区间、拐点等如下表所示:

x	$\left(-\infty, -\frac{1}{\sqrt{2}}\right)$	$-\frac{1}{\sqrt{2}}$	$\left(-\frac{1}{\sqrt{2}}, 0\right)$	0	$\left(0, \frac{1}{\sqrt{2}}\right)$	$\frac{1}{\sqrt{2}}$	$\left(\frac{1}{\sqrt{2}}, +\infty\right)$
$f'(x)$	+	+	+	0	−	−	−
$f''(x)$	+	0	−	−	−	0	+
$y = f(x)$ 的图形	↗	拐点	⤴	极大	↘	拐点	↘

（4）当 $x \to \infty$ 时，$y \to 0$，所以 $y = 0$ 是一条水平渐近线.

（5）算出 $f(-1) = \dfrac{1}{e}$，$f(-1) = \dfrac{1}{e}$，从而得到

函数 $y = e^{-x^2}$ 图形上的两个点 $M_3\left(1, \dfrac{1}{e}\right)$，

$M_5\left(-1, \dfrac{1}{e}\right)$ 作为补充点，并结合（3），（4）中得到的

结果，画出函数 $y = e^{-x^2}$ 的图形（图3-14）.

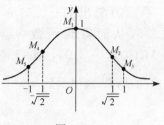

图 3-14

注意　在本例中，由于函数 $y = e^{-x^2}$ 是偶函数，其图形关于轴对称，在作图时可以只作出该函数在区间 $[0, +\infty]$ 内的图形，而 $[-\infty, 0)$ 内的图形则可由对称性得到.

例 2　作出函数 $y = \dfrac{x^2 - 2x + 2}{x - 1}$ 的图形.

解　（1）定义域为 $(-\infty, 1)$，$(1, +\infty)$，间断点为 $x = 1$.

（2）$y' = \dfrac{x(x-2)}{(x-1)^2}$，$y'' = \dfrac{2}{(x-1)^3}$. 令 $y' = 0$，得 $x = 0$，$x = 2$，没有使得 $y'' = 0$ 的点，由于 $x = 1$ 是间断点，所以在该点处 y'，y'' 都不存在，$f(0) = -2$，$f(2) = 2$，从而得到函数图形上的两个点：

$$M_1(0, -2), \quad M_2(2, 2).$$

（3）函数性态如下表所示：

x	$(-\infty, 0)$	0	$(0, 1)$	1	$(1, 2)$	2	$(2, +\infty)$
$f'(x)$	$+$	0	$-$	不存在	$-$	0	$+$
$f''(x)$	$-$	$-$	$-$	不存在	$+$	$+$	$+$
$y = f(x)$ 的图形	⤴	极大	⤵	间断点	⤷	极小	⤴

（4）当 $x \to 1^-$ 时，$y \to -\infty$；当 $x \to 1^+$ 时，$y \to +\infty$，所以 $x = 1$ 是曲线的垂直渐近线.

又因为

$$\lim_{x \to \infty} \frac{f(x)}{x} = \lim_{x \to \infty} \frac{x^2 - 2x + 2}{x(x-1)} = 1,$$

$$\lim_{x \to \infty}\left[\frac{x^2 - 2x + 2}{(x-1)} - x\right] = -1,$$

所以，函数的曲线有一条斜渐近线：$y = x - 1$.

(5) 算出 $f(-0.5)=-2.166\ 7$，$f(0.5)=-2.5$，$f(1.5)=2.5$，$f(3)=2.5$，从而得到函数 $y=\mathrm{e}^{-x^2}$ 图形上的四个点 $M_3(-0.5,-2.166\ 7)$，$M_4(0.5,-2.5)$，$M_5(1.5,2.5)$，$M_6(3,2.5)$ 作为补充点,并结合(3),(4)中得到的结果,画出函数 $y=\dfrac{x^2-2x+2}{x-1}$ 的图形(图3-15).

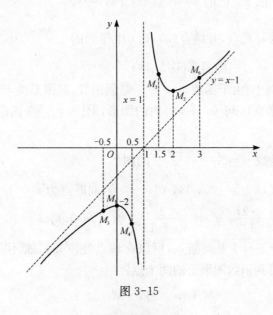

图 3-15

习题 3-7

1. 曲线 $y=x+\dfrac{x}{x^2-1}$ 的垂直渐近线方程为_____,斜渐近线方程为_____.

2. 设 $y=\dfrac{x^2+3}{x-1}$,

(1) 求函数的增减区间及极值;

(2) 求函数曲线的凹凸区间和拐点;

(3) 求函数的渐近线;

(4) 作出其图形.

3. 作出函数 $y=3x-x^3$ 的图形.

§3.8　导数在经济学中的应用

一、经济学中常用的一些函数

在社会经济活动中,存在着许多经济变量,如产量、成本、收益、利润、投资、消费等. 在研究经济问题的过程中,一个经济变量往往是与多种因素相关的,当我们用数学方法来研究经济变量间的数量关系时,经常是找出其中的主要因素,而将其他的一些次要因素或忽略不计或假定为常量. 这样可以使问题化为只含一个自变量的函数关系.

下面介绍经济活动中的几个常用的经济函数.

1. 成本函数、收益函数与利润函数

在产品的生产和经营活动中,人们总希望尽可能地降低成本,提高收入和增加利润. 而成本、收入和利润这些经济变量都与产品的产量和销售量 Q 密切相关,它们都可以看做是 Q 的函数,我们分别称为成本函数、收益函数与利润函数,并分别记作 $C(Q)$,$R(Q)$,$L(Q)$.

(1) 成本函数

某商品的成本是指生产一定数量的产品所需的全部经济资源的价格或费用总额. 成本大体可以分为两大部分:其一,是在短时间内不发生变化或不明显地随产品数量增加而变化的部分成本,如厂房、设备等,称为**固定成本**,常用 C_1 表示;其二,是随产品数量的变化而直接变化的部分成本,如原材料、能源、人工等,称为**可变成本**,常用 C_2 表示,C_2 是产品数量 Q 的函数,即

$$C_2 = C_2(Q).$$

生产某种商品 Q 个单位的可变成本 C_2 与固定成本 C_1 之和,称为**总成本**,常用 C 表示,即

$$C = C(Q) = C_1 + C_2(Q).$$

常用生产 Q 个单位产品的平均成本来说明企业生产状况的好坏. 生产 Q 个单位产品的平均成本为

$$\overline{C}(Q) = \frac{C(Q)}{Q} = \frac{C_1 + C_2(Q)}{Q}.$$

在生产技术和原材料、劳动力等生产要素的价格固定不变的条件下,总成本、平均成本都是产量的函数.

(2) 收益函数

收益是指售出商品后获得的收入,常用的收益函数有总收益函数与平均收益函数,总收益、平均收益都是售出商品数量的函数.

总收益是销售者售出一定数量商品后所得的全部收入,常用 R 表示.

平均收益是指售出一定数量的商品时,平均每售出一个单位商品的收入,常用 $\overline{R}$ 表示.

设 P 为商品价格,Q 为商品数量(一般地,这个 Q 对销售者来说就是销售量,

对消费者来说就是需求量),则有

$$R = R(Q) = QP = QP(Q), \quad \overline{R} = \frac{R(Q)}{Q} = P(Q),$$

其中 $P(Q)$ 是商品的价格函数.

(3) 利润函数

生产一定数量的产品的总收入与总成本的差值即为**总利润**,一般记作 L,即

$$L = L(Q) = R(Q) - C(Q),$$

其中 Q 为商品数量.每一个单位的产品产生的利润为**平均利润**,记作 $\overline{L}$,即

$$\overline{L} = \overline{L}(Q) = \frac{L(Q)}{Q}.$$

2. 需求函数与供给函数

(1) 需求函数

"需求"是指一定价格条件下,消费者愿意且有支付能力购买的某种商品的数量.

如果用 Q 表示商品的需求量,P 表示商品的价格,影响需求量的因素很多,这里略去价格以外的其他因素,只讨论需求量和价格的关系,则需求量 Q 可以视为该商品价格 P 的函数,称为**需求函数**,记作 $Q = f(P)$.显然需求函数是单调减少的.

若 $Q = Q(P)$ 存在反函数,则 $P = f^{-1}(Q)$ 也是单调减少的函数,也称为需求函数.

下面列出常见的需求函数与需求曲线.

① 线性需求(最常见的):$Q = a - bP(a > 0,\ b > 0)$,$a$ 为价格为零时的最大需求量;

② 反比需求:$Q = \dfrac{A}{P}(A > 0)$,缺点:变化太明显;

③ 指数需求:$Q = Ae^{-bP}(A > 0,\ b > 0)$ 最常用.

(2) 供给函数

"供给"是指一定价格条件下,生产者愿意生产且可供出售的某种商品的数量.供给是与需求相对应的概念,需求是就市场中的消费者而言,而供给是就市场中的生产销售者而言的.影响商品供给量的因素很多,但是商品的市场供给量主要受商品价格的制约,价格上涨将刺激生产者向市场提供更多的商品,供给量增加;反之,价格下跌将使供给量减少.

如果用 Q 表示商品的供给量,P 表示商品的价格,略去价格以外的其他因素,只讨论供给量和价格的关系,则供给量 Q 可以视为该商品价格 P 的函数,称为**供**

给函数，记作 $Q=\varphi(P)$. 显然供给函数是单调增加的.

若 $Q=\varphi(P)$ 存在反函数，则 $P=\varphi^{-1}(Q)$ 也是单调增加的函数，也称为供给函数.

常见的供给函数有以下几类：

① 线性供给函数：$Q=c+dP(c>0,\ d>0)$；

② 二次供给函数：$Q=a+bP+cP^2(a>0,\ b>0,\ c>0)$；

③ 指数供给函数：$Q=Ae^{dP}(a>0,\ d>0)$.

3. 均衡价格

均衡价格是指市场上需求量与供给量相等时的价格，在图 3-16 中表示为需求曲线与供给曲线相交点处的横坐标 $P=P_0$，此时的需求量与供给量 Q_0 称为**均衡商品量**.

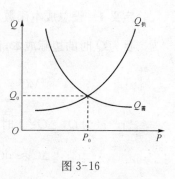

图 3-16

当市场价格 P 高于均衡价格 P_0 时，供给量增加而需求量减少（供大于求）；反之，市场价格低于均衡价格时，供给量减少而需求量增加（供不应求）. 在市场调节下，商品价格在均衡价格附近上下波动.

二、边际分析

19 世纪 70 年代，经济学发生了一场著名的"边际革命"，成功地运用了数学中导数和微分的理论成果，建立了边际分析理论. 所谓"边际"是指额外的或增加的意思，边际是经济学中刻画经济变量升降趋势、变动急缓的量化指标，需要有数学中导数概念与微分方法的支撑. 运用边际来衡量和评价经济变量变动的状态，就是**边际分析**，边际分析对经济活动的决策具有重要的指导意义.

由导数定义可知，函数的导数是函数的变化率. 经济学上将函数的导数称为边际函数. 设函数 $y=f(x)$ 在点 x 处可导，则称 $f'(x)$ 为 $f(x)$ 的**边际函数**，简称边际. $f'(x)$ 在 x_0 处的导数值 $f'(x_0)$ 为**边际函数值**. 利用导数研究经济变量的边际变化的方法，称为**边际分析方法**.

设 $y=f(x)$ 是一个可导的经济函数，由微分的概念可知，自变量 x 的改变量很小时有 $\Delta y\approx\mathrm{d}y$，但在经济应用中，最小的改变量可以是一个单位，即 $\Delta x=1$，所以有

$$\Delta y\approx\mathrm{d}y=f'(x_0)\Delta x=f'(x_0).$$

这说明，$f(x)$ 在点 $x=x_0$ 处当 x 产生一个单位的改变时，函数 $y=f(x)$ 近似改变了 $f'(x_0)$ 个单位.

例 1　设函数 $f(x)=x^2$，试求 $f(x)$ 在 $x=5$ 时的边际函数值.

123

解　由边际函数 $f'(x)=2x$，得边际函数值

$$f'(5) = 2 \times 5 = 10.$$

边际函数值 $f'(5)$ 的意义：当 $x=5$ 时，x 改变一个单位，函数 $f(x)$ 大约改变 10 个单位.

由于在经济学的研究中，常把变量看作连续变化，因而可以用导数来计算边际成本、边际收益和边际利润.

1. 边际成本

定义 1　设总成本函数为 $C(Q)$，则称其导数 $C'(Q) = \lim\limits_{\Delta Q \to 0} \dfrac{C(Q+\Delta Q)-C(Q)}{\Delta Q}$ 为产量为 Q 时的**边际成本**，记为 MC. 即

$$MC = \frac{\mathrm{d}C}{\mathrm{d}Q} = \lim_{\Delta Q \to 0} \frac{C(Q+\Delta Q)-C(Q)}{\Delta Q}.$$

当产量为 Q，$\Delta Q=1$ 时，

$$\Delta C \approx \mathrm{d}C = C'(Q) \cdot \Delta Q = C'(Q) = MC.$$

因此，产量为 Q 时的边际成本的经济意义为：$C'(Q)$ 近似等于当产品的产量生产了 Q 个单位时，再生产一个单位产品时所需增加的成本数.

显然，边际成本与固定成本无关.

平均成本的导数 $\overline{C}(Q) = \left(\dfrac{C(Q)}{Q} \right)' = \dfrac{QC'(Q)-C(Q)}{Q^2}$ 为边际平均成本.

例 2　设某产品产量为 Q（单位：t）时的总成本函数（单位：元）为

$$C(Q) = 1\,000 + 7Q + 50\sqrt{Q}.$$

求：(1) 产量为 100 t 时的总成本；

(2) 产量为 100 t 时的平均成本；

(3) 产量从 100 t 增加到 225 t 时，总成本的平均变化率；

(4) 产量为 100 t 时，边际成本.

解　(1) 产量为 100 t 时的总成本为

$$C(100) = 1\,000 + 7 \times 100 + 50\sqrt{100} = 2\,200(元).$$

(2) 产量为 100 t 时的平均成本为

$$\overline{C}(100) = \frac{C(100)}{100} = 22(元/t).$$

（3）产量从 100 t 增加到 225 t 时，总成本的平均变化率为

$$\frac{\Delta C}{\Delta Q} = \frac{C(225) - C(100)}{225 - 100} = \frac{3\ 325 - 2\ 200}{125} = 9(\text{元}/\text{t}).$$

（4）产量为 100 t 时，总成本的变化率即边际成本为

$$MC = C'(100) = (1\ 000 + 7Q + 50\sqrt{Q})' \big|_{Q=100} = 9.5(\text{元}).$$

经济含义是：当产量为 100 t 时，再多生产 1 t 成本增加 9.5 元.

例 3　已知某商品的成本函数为

$$C(Q) = 100 + \frac{1}{4}Q^2 \quad (Q\ \text{表示产量}).$$

求：（1）当 $Q=10$ 时的平均成本及 Q 为多少时，平均成本最小；

（2）当 $Q=10$ 时的边际成本，并解释其经济意义.

解　（1）由 $C(Q) = 100 + \frac{1}{4}Q^2$ 得平均成本函数为

$$\frac{C(Q)}{Q} = \frac{100 + \frac{1}{4}Q^2}{Q} = \frac{100}{Q} + \frac{1}{4}Q.$$

当 $Q=10$ 时，$\dfrac{C(Q)}{Q}\Big|_{Q=10} = \dfrac{100}{10} + \dfrac{1}{4} \times 10 = 12.5.$

记 $\overline{C} = \dfrac{C(Q)}{Q}$，则

$$\overline{C}' = -\frac{100}{Q^2} + \frac{1}{4}, \quad \overline{C}'' = \frac{200}{Q^3},$$

令 $\overline{C}'=0$，得 $Q=20.$ 而 $\overline{C}''(20) = \dfrac{200}{20^3} = \dfrac{1}{40} > 0$，所以当 $Q=20$ 时，平均成本最小.

（2）由 $C(Q) = 100 + \frac{1}{4}Q^2$ 得边际成本函数为

$$C'(Q) = \frac{1}{2}Q,$$

于是 $C'(Q)\big|_{Q=10} = \dfrac{1}{2} \times 10 = 5$，即当产量 $Q=10$ 时的边际成本为 5，其经济意义为：当产量为 10 时，若再增加（减少）一个单位产品，总成本将近似地增加（减少）5 个单位.

2. 边际收益

定义 2 设总收益函数为 $R(Q)$，则称其导数 $R'(Q) = \lim\limits_{\Delta Q \to 0} \dfrac{R(Q+\Delta Q) - R(Q)}{\Delta Q}$ 为销量为 Q 时的**边际收益**，记为 MR. 即

$$MR = \frac{\mathrm{d}R}{\mathrm{d}Q} = \lim\limits_{\Delta Q \to 0} \frac{R(Q+\Delta Q) - R(Q)}{\Delta Q}.$$

当销量为 Q，$\Delta Q = 1$ 时，

$$\Delta R \approx \mathrm{d}R = R'(Q)\Delta Q = R'(Q) = MR.$$

其经济含义是：销量为 Q 个单位时，再销售一个单位产品，所增加的收益为 $R'(Q)$.

例 4 某商品的价格 P 关于需求量 Q 的函数为 $P = 10 - \dfrac{Q}{5}$，求：

(1) 总收益函数、平均收益函数和边际收益函数；

(2) 当 $Q = 20$ 时的总收益、平均收益和边际收益.

解 (1)
$$R(Q) = PQ = 10Q - \frac{1}{5}Q^2,$$

$$\overline{R}(Q) = \frac{R(Q)}{Q} = 10 - \frac{1}{5}Q,$$

$$R'(Q) = 10 - \frac{2}{5}Q.$$

(2) 容易求得 $R(20) = 120$，$\overline{R}(20) = 6$，$R'(20) = 2$.

例 5 设某产品的需求函数为 $x = 100 - 5P$，其中 P 为价格，x 为需求量，求边际收入函数以及 $x = 20$，50 和 70 时的边际收入，并解释所得结果的经济意义.

解 由题设有 $P = \dfrac{1}{5}(100 - x)$，于是，总收入函数为

$$R(x) = xP = x \cdot \frac{1}{5}(100 - x) = 20x - \frac{1}{5}x^2.$$

于是边际收入函数为

$$R'(x) = 20 - \frac{2}{5}x = \frac{1}{5}(100 - 2x),$$

$$R'(20) = 12, \quad R'(50) = 0, \quad R'(70) = -8.$$

由所得结果可知，当销售量（即需求量）为 20 个单位时，再增加销售可使总收入增加，多销售一个单位产品，总收入约增加 12 个单位；当销售量为 50 个单位时，

总收入的变化变为零,这时总收入达到最大值,增加一个单位的销售量,总收入基本不变;当销售量为 70 个单位时,再多销售一个单位产品,反而使总收入约减少 8 个单位,或者说,再少销售一个单位产品,将使总收入少损失约 8 个单位.

3. 边际利润

定义 3　设总利润函数为 $L(Q)$,则称其导数 $L'(Q) = \lim\limits_{\Delta Q \to 0} \dfrac{L(Q + \Delta Q) - L(Q)}{\Delta Q}$

为销量为 Q 时的**边际利润**,记为 ML. 即

$$ML = \frac{dL}{dQ} = \lim_{\Delta Q \to 0} \frac{L(Q + \Delta Q) - L(Q)}{\Delta Q}.$$

当销量为 Q, $\Delta Q = 1$ 时,由 $L = L(Q) = R(Q) - C(Q)$,得

$$\Delta L \approx dL = R'(Q) - C'(Q) = MR - MC.$$

即边际利润等于边际收益与边际成本之差,其经济意义为:销售量为 Q 单位时再销售一个单位产品时所增加的利润.

例 6　生产某种产品 q 单位的利润是

$$L(q) = -0.000\ 01q^2 + q + 5\ 000 (元).$$

求:(1) 边际利润函数;

(2) $q = 40\ 000$ 单位时的边际利润,并说明其经济意义;

(3) 利润最大时的产量.

解　(1) 由 $L(q) = -0.000\ 01q^2 + q + 5\ 000$,得

边际利润函数　$ML = L'(q) = -0.000\ 02q + 1$.

(2) 由 $L'(q) = -0.000\ 02q + 1$,得

$$L'(40\ 000) = 0.2 > 0.$$

边际利润 $L'(40\ 000) = 0.2 > 0$,说明产量还可以继续增加.

(3) 由 $L'(q) = -0.000\ 02q + 1 = 0$,得 $q = 50\ 000$.

因为 $L''(Q) = -0.000\ 02 < 0$,所以利润最大时的产量为 50 000. 此时边际利润为零($ML = 0$),边际收益等于边际成本($MR = MC$). 这说明,当产量为 50 000 个单位时,再多生产 1 个单位产品不会增加利润.

由此题可获得结论:当边际利润 $ML > 0$ 时,边际收益大于边际成本($MR > MC$),即生产每一单位产品的收益大于成本,因此这种经济活动是可取的;当边际利润 $ML < 0$ 时,边际收益小于边际成本($MR < MC$),即生产每一单位这种产品的收益小于成本,因此这种经济活动是不可取的;当边际利润 $ML = 0$ 时,边际收入等于边际成本($MR = MC$),厂商利润最大.

三、弹性分析

弹性分析也是经济分析中常用的一种方法,主要用于对生产、供给、需求等问题的研究.弹性概念是经济学中的另一个重要概念,用来定量地描述一个经济变量对另一个经济变量变化的反应程度.例如,甲商品单位价格 10 元,涨价 1 元;乙商品单位价格 200 元,也涨价 1 元.两种商品绝对改变量都是 1 元,但人们的感受是不一样的.哪个商品的涨价幅度更大呢?仅考虑变量的改变量还不够.我们只要用它们与原价相比就能获得答案.甲商品涨价 10%,乙商品涨价 0.5%,显然甲商品的涨价幅度比乙商品的涨价幅度更大.商品价格上涨的百分比更能反映商品价格的改变情况,因此,有必要研究函数的相对改变量与相对变化率.当 x 取改变量 Δx 时,称 $\dfrac{\Delta x}{x_0}$ 为 x 在点 x_0 的相对改变量,称 $\dfrac{\Delta y}{y_0} = \dfrac{f(x_0 + \Delta x) - f(x_0)}{f(x_0)}$ 为函数 y 在点 x_0 的相对改变量.

下面给出弹性的一般概念.

定义 4 函数 $y = f(x)$ 在点 x_0 的相对改变量

$$\frac{\Delta y}{y_0} = \frac{f(x_0 + \Delta x) - f(x_0)}{y_0}$$

与自变量的相对改变量 $\dfrac{\Delta x}{x_0}$ 之比 $\dfrac{\dfrac{\Delta y}{y_0}}{\dfrac{\Delta x}{x_0}}$,称为函数 $f(x)$ 从 $x = x_0$ 到 $x = x_0 + \Delta x$ 两点间的**弹性**(或相对变化率).

如果 $f'(x_0)$ 存在,则极限

$$\lim_{\Delta x \to 0} \frac{\dfrac{\Delta y}{y_0}}{\dfrac{\Delta x}{x_0}} = \lim_{\Delta x \to 0} \frac{x_0}{y_0} \cdot \frac{\Delta y}{\Delta x} = f'(x_0) \frac{x_0}{y_0}$$

称为函数 $f(x)$ 在点 x_0 处的**相对变化率**,或**相对导数**或**弹性**,记为 $\left. \dfrac{Ey}{Ex} \right|_{x=x_0}$ 或 $\dfrac{E}{Ex} f(x_0)$. 即

$$\left. \frac{Ey}{Ex} \right|_{x=x_0} = \frac{E}{Ex} f(x_0) = f'(x_0) \frac{x_0}{y_0}.$$

如果 $f'(x)$ 存在,则

$$\frac{Ey}{Ex} = \frac{E}{Ex}f(x) = \lim_{\Delta x \to 0} \frac{\dfrac{\Delta y}{y}}{\dfrac{\Delta x}{x}} = \lim_{\Delta x \to 0} \frac{x}{y} \cdot \frac{\Delta y}{\Delta x}$$

$$= f'(x)\frac{x}{y} \quad (\text{是 } x \text{ 的函数})$$

称为 $f(x)$ 的**弹性函数**.

由于 $\lim\limits_{\Delta x \to 0} \dfrac{\dfrac{\Delta y}{y_0}}{\dfrac{\Delta x}{x_0}} = \dfrac{E}{Ex}f(x_0)$，当 $|\Delta x|$ 充分小时，$\dfrac{\dfrac{\Delta y}{y_0}}{\dfrac{\Delta x}{x_0}} \approx \dfrac{E}{Ex}f(x_0)$，从而 $\dfrac{\Delta y}{y_0} \approx \dfrac{\Delta x}{x_0}\dfrac{E}{Ex}$

$f(x_0)$. 若取 $\dfrac{\Delta x}{x_0} = 1\%$，则 $\dfrac{\Delta y}{y_0} \approx \dfrac{E}{Ex}f(x_0)\%$. 从而可知

弹性的经济意义：如果 $f'(x_0)$ 存在，则 $\dfrac{E}{Ex}f(x_0)$ 表示在点 x_0 处，x 改变 1%

时，$f(x)$ 近似地改变 $\dfrac{E}{Ex}f(x_0)\%$，或直接说成改变 $\dfrac{E}{Ex}f(x_0)\%$.

因此，函数 $f(x)$ 在点 x 的弹性 $\dfrac{Ey}{Ex}$ 反映随 x 的变化 $f(x)$ 变化幅度的大小，即

$f(x)$ 对 x 变化反应的强烈程度或灵敏度.

例 7　求函数 $y = 3 + 2x$，在 $x = 3$ 处的弹性.

解　因 $y' = 2$，则 $\dfrac{Ey}{Ex} = 2\dfrac{x}{y}$，$x = 3$，$y = 9$，即 $\dfrac{Ey}{Ex}\bigg|_{x=3} = \dfrac{2}{3}$.

例 8　求函数 $y = 2\mathrm{e}^{-3x}$ 的弹性函数 $\dfrac{Ey}{Ex}$.

解　$\dfrac{Ey}{Ex} = \dfrac{x}{y}y' = \dfrac{x}{2\mathrm{e}^{-3x}}(2\mathrm{e}^{-3x})' = \dfrac{x}{2\mathrm{e}^{-3x}}(-6\mathrm{e}^{-3x}) = -3x$.

例 9　求幂函数 $y = x^a$（a 为常数）的弹性函数.

解　$\dfrac{Ey}{Ex} = \dfrac{x}{y}y' = \dfrac{x}{x^a}(x^a)' = \dfrac{x}{x^a}(ax^{a-1}) = a$.

由此可见，某函数的弹性函数为常数，所以也称幂函数为不变弹性函数.

在经济问题中通常考虑的是需求与供给对价格的弹性，下面介绍几个常用的经济函数的弹性.

1. 需求弹性

需求弹性反映了商品价格变动时需求变动的强弱. 由于需求函数 $Q = f(P)$ 为

递减函数，所以 $f'(P) \leqslant 0$，从而 $f'(P_0)\dfrac{P_0}{Q_0}$ 为负数. 经济学家一般用正数表示需求

弹性,因此,一般采用需求函数相对变化率的相反数来定义需求弹性.

设某商品的需求函数为 $Q=f(P)$,若 $f'(P_0)$ 存在,则可定义该商品在 $P=P_0$ 处的需求弹性为

$$\eta\big|_{P=P_0} = \eta(P_0) = -\lim_{\Delta P \to 0} \frac{\dfrac{\Delta Q}{Q_0}}{\dfrac{\Delta P}{P_0}}$$

$$= -\lim_{\Delta P \to 0} \frac{\Delta Q}{\Delta P} \cdot \frac{P_0}{Q_0} = -f'(P_0) \cdot \frac{P_0}{f(P_0)}.$$

若 $f'(P)$ 存在,则可定义该商品的需求弹性函数为

$$\eta = \eta(P) = -f'(P) \frac{P}{f(P)}.$$

例 10 设某商品的需求函数为 $Q=\mathrm{e}^{-\frac{P}{5}}$,求:

(1) 需求弹性函数;

(2) $P=3,5,6$ 时的需求弹性,并说明其经济意义.

解 (1) $\eta(P) = -\dfrac{P}{Q} \cdot \dfrac{\mathrm{d}Q}{\mathrm{d}P} = -\dfrac{P}{\mathrm{e}^{-\frac{P}{5}}} \cdot \left(-\dfrac{1}{5}\right) \mathrm{e}^{-\frac{P}{5}} = \dfrac{P}{5}.$

(2) $\eta(3)=0.6<1$,说明当 $P=3$ 时,需求变动的幅度小于价格变动的幅度,即 $P=3$ 时,价格上涨 1%,需求减少 0.6%.

$\eta(5)=1$,说明当 $P=5$ 时,价格与需求变动的幅度相同.

$\eta(6)=1.2>1$,说明当 $P=6$ 时,需求变动的幅度大于价格变动的幅度,即 $P=6$ 时,价格上涨 1%,需求减少 1.2%.

2. 供给弹性

设某商品的供给函数为 $Q=\varphi(P)$,由于供给函数为单调递增函数,若 $\varphi'(P_0)$ 存在,则可定义该商品在 $P=P_0$ 处的供给弹性为

$$\varepsilon\big|_{P=P_0} = \varepsilon(P_0) = \lim_{\Delta P \to 0} \frac{\dfrac{\Delta Q}{Q_0}}{\dfrac{\Delta P}{P_0}} = \lim_{\Delta P \to 0} \frac{\Delta Q}{\Delta P} \cdot \frac{P_0}{Q_0}$$

$$= \varphi'(P_0) \cdot \frac{P_0}{\varphi(P_0)}.$$

若 $\varphi'(P)$ 存在,则可定义该商品的供给弹性函数为

$$\varepsilon = \varepsilon(P) = \varphi'(P) \frac{P}{\varphi(P)}.$$

例 11 设某商品的供给函数 $Q=4+5P$,求供给弹性函数及 $P=2$ 时的供给弹性.

解
$$\varepsilon=\varphi'(P)\frac{P}{\varphi(P)}=5\cdot\frac{P}{4+5P}=\frac{5P}{4+5P},$$

当 $P=2$ 时,$\varepsilon(2)=\dfrac{10}{4+10}=\dfrac{5}{7}$.

至于其他经济变量的弹性,读者可根据上面介绍的需求弹性与供给弹性,进行类似的讨论.

3. 用需求弹性分析总收益

因为 $R=P\cdot Q=P\cdot f(P)$,所以

$$R'=f(P)+Pf'(P)=f(P)\Big[1+f'(P)\frac{P}{f(P)}\Big]=f(P)(1-\eta).$$

由于 $f(P)>0$,于是

(1) 若 $\eta<1$,则需求变动的幅度小于价格变动的幅度,此时 $R'>0$,R 递增. 即价格上涨,总收益增加;价格下跌,总收益减少.

(2) 若 $\eta>1$,则需求变动的幅度大于价格变动的幅度,此时 $R'<0$,R 递减. 即价格上涨,总收益减少;价格下跌,总收益增加.

(3) 若 $\eta=1$,则需求变动的幅度等于价格变动的幅度,此时 $R'=0$,可以验证,此时 R 取得最大值.

综上所述,总收益的变化受需求弹性的制约,随商品需求弹性的变化而变化,如图 3-17 所示.

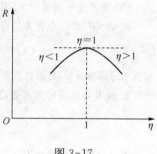

图 3-17

例 12 某商品需求函数为 $Q=f(P)=12-\dfrac{P}{2}$. 求:

(1) 需求弹性函数;

(2) $P=6$ 时的需求弹性;

(3) $P=6$ 时,若价格上涨 1%,总收益增加还是减少? 将变化百分之几?

(4) P 为何值时,总收益最大? 最大的总收益是多少?

解 (1) $\eta(P)=-\dfrac{P\mathrm{d}Q}{Q\mathrm{d}P}=-\dfrac{P}{12-\dfrac{P}{2}}\cdot\Big(-\dfrac{1}{2}\Big)=\dfrac{P}{24-P}$.

(2) $\eta(6)=\dfrac{6}{24-6}=\dfrac{1}{3}$.

(3) $\dfrac{ER}{EP} = \dfrac{P\mathrm{d}R}{R\mathrm{d}P} = 1 - \eta$，故 $\left.\dfrac{ER}{EP}\right|_{P=6} = 1 - \eta(6) = \dfrac{2}{3} \approx 0.67.$

于是，当 $P=6$ 时，若价格上涨 1%，总收益增加 0.67%．

(4) 当 $\eta=1$ 时，总收益最大，由

$$\eta = \frac{P}{24-P} = 1,$$

得 $$P = 12.$$

即 $P=12$ 时，总收益最大，为 72．

习题 3-8

1. 设每月产量为 x(t) 时，总成本函数为

$$C(x) = \frac{1}{4}x^2 + 8x + 4\,900(元),$$

求最低平均成本和相应产量的边际成本．

2. 设某种产品的需求函数为 $x=1\,000-100P$，求当需求量 $x=300$ 时的总收入、平均收入和边际收入．

3. 设某产品的需求函数为 $P=80-0.1x$（P 是价格，x 是需求量），成本函数为 $C=5\,000+20x(元)$．求：

(1) 边际利润函数 $L'(x)$，并分别求 $x=150$ 和 $x=400$ 时的边际利润；

(2) 需求量 x 为多少时，其利润最大？

4. 设某厂在一个计算期内产品的产量 x 与其成本 C 的关系为

$$C = C(x) = 1\,000 + 6x - 0.003x^2 + 0.000\,001x^3(元),$$

根据市场调研得知，每单位该种产品的价格为 6 元，且能够全部销售出，试求使利润最大的产量．

5. 设某种商品的需求量 Q 与价格 P 的关系为

$$Q(P) = 1\,600\left(\frac{1}{4}\right)^P.$$

求：(1) 需求弹性 $\eta(P)$；

(2) 当商品的价格 $P=10$(元) 时，再增加 1%，该商品需求量的变化情况．

6. 某商品的需求函数为 $Q=75-P^2$（Q 为需求量，P 为价格）．求：

(1) $P=4$ 时的边际需求，并说明其经济意义．

(2) $P=4$ 时的需求弹性，并说明其经济意义．

(3) $P=4$ 时，若价格 P 上涨 1%，总收益将变化百分之几？是增加还是减少？

(4) $P=6$ 时，若价格 P 上涨 1%，总收益将变化百分之几？是增加还是减少？

7. 糖果厂每周的销售量为 Q 千袋，每袋价格为 2 元，总成本函数为 $C(Q)=100Q^2+1\,300Q+1\,000(元)$，试求：

（1）不盈不亏时的销售量；

（2）可取得利润的销售量；

（3）取得最大利润的销售量和最大利润；

（4）平均成本最少时的产量.

8. 一玩具经销商以下列成本及收益函数销售某种产品：

$$C(x) = 2.4x - 0.000\,2x^2, \quad 0 \leqslant x \leqslant 6\,000,$$

$$R(x) = 7.2x - 0.001x^2, \quad 0 \leqslant x \leqslant 6\,000.$$

试问何时利润随产量增加（即增加产量可使利润增加）？

9. 某企业的成本函数为 $C = 0.5x + 5\,000$，其中 C 的单位为元，而 x 为生产数量. 试求 $x = 1\,000, 10\,000$ 及 $100\,000$ 时的单位平均成本，当 x 趋近于无穷大时单位平均成本的极限为多少？

10. 设某产品的成本函数和价格函数分别为

$$C(x) = 3\,800 + 5x - \frac{x^2}{1\,000}, \quad P(x) = 50 - \frac{x}{100},$$

决定产品的生产量 x，以使利润达到最大.

第4章 不定积分

在第 2 章我们讨论了函数的求导问题,在本章我们将讨论这个问题的反问题,即现在我们有了一个导函数,要寻找一个可导函数,使它的导函数等于已知函数,这就是我们在本章中要研究的积分学中的基本问题之一.

§4.1 不定积分的概念与性质

一、原函数与不定积分

1. 原函数的概念

定义 如果在区间 I 上,可导函数 $F(x)$ 的导函数为 $f(x)$,即对任意 $x \in I$,都有

$$F'(x) = f(x) \quad \text{或} \quad dF(x) = f(x)dx,$$

那么函数 $F(x)$ 就称为 $f(x)$ 在区间 I 上的**原函数**.

例如,因 $(\cos x)' = -\sin x$,故 $\cos x$ 是 $-\sin x$ 的一个原函数.

又如,$(x^2)' = 2x$,故 x^2 是 $2x$ 的一个原函数.

原函数存在定理:如果函数 $f(x)$ 在区间 I 上连续,那么在区间 I 上存在可导函数 $F(x)$,使得任意 $x \in I$,都有 $F'(x) = f(x)$.

简言之,连续函数一定有原函数.

2. 不定积分的概念

若 $F(x)$ 是 $f(x)$ 在区间 I 上的原函数,那么,对任何常数 C,显然也有

$$[F(x) + C]' = f(x),$$

即对任何常数 C,函数 $F(x) + C$ 也是 $f(x)$ 的原函数,这说明 $f(x)$ 有一个原函数,那么 $f(x)$ 就有无限个原函数,这种含有任意常数项的原函数,称为 $f(x)$ 在区间 I 上的**不定积分**,记作 $\int f(x)dx$,即

$$\int f(x)dx = F(x) + C.$$

134

其中，$\int$ 称为**积分号**，$f(x)$ 称为**被积函数**，$f(x)\mathrm{d}x$ 称为**被积表达式**，x 称为**积分变量**.

由定义，要求一个函数的不定积分，只要找到这个函数的一个原函数，在加上任意常数 C 即可.

例 1 求 $\int x\mathrm{d}x$.

解 由于 $\left(\dfrac{x^2}{2}\right)' = x$，所以 $\dfrac{x^2}{2}$ 是 x 的一个原函数，因此

$$\int x\mathrm{d}x = \frac{x^2}{2} + C.$$

例 2 求 $\int \dfrac{1}{x}\mathrm{d}x$.

解 当 $x>0$ 时，由于 $(\ln x)' = \dfrac{1}{x}$，所以 $\ln x$ 是 $\dfrac{1}{x}$ 在 $(0, +\infty)$ 内的一个原函数，因此在 $(0, +\infty)$ 内

$$\int \frac{1}{x}\mathrm{d}x = \ln x + C.$$

当 $x<0$ 时，由于 $[\ln(-x)]' = \dfrac{1}{-x}(-1) = \dfrac{1}{x}$，所以 $\ln(-x)$ 是 $\dfrac{1}{x}$ 在 $(-\infty, 0)$ 内的一个原函数，因此在 $(-\infty, 0)$ 内

$$\int \frac{1}{x}\mathrm{d}x = \ln(-x) + C.$$

把上述两种情况结合起来，就有

$$\int \frac{1}{x}\mathrm{d}x = \ln|x| + C.$$

例 3 一条曲线通过点 $(\mathrm{e}^2, 3)$，且在任一点处的切线斜率等于该横坐标的倒数，求该曲线的方程.

解 设所求的曲线方程为 $y = f(x)$，依题设，曲线上任一点 (x, y) 处的切线斜率为

$$\frac{\mathrm{d}y}{\mathrm{d}x} = \frac{1}{x},$$

即 $f(x)$ 是 $\dfrac{1}{x}$ 的一个原函数. 由例 2 知，所求曲线为 $y = \ln|x| + C$，因所求曲线通

过点$(e^2,3)$,代入可得$C=1$. 考虑到曲线$y=\ln|x|+1$有两支,而$(e^2,3)$在第一象限,故所求曲线方程为

$$y=\ln x+1.$$

函数$f(x)$的原函数的图形称为$f(x)$的积分曲线. 显然,求不定积分得到——积分曲线族.

从不定积分的定义,即可知下述关系:

由于$\int f(x)\mathrm{d}x$是$f(x)$的原函数,所以

$$\frac{\mathrm{d}}{\mathrm{d}x}\Big[\int f(x)\mathrm{d}x\Big]=f(x) \quad 或 \quad \mathrm{d}\Big[\int f(x)\mathrm{d}x\Big]=f(x)\mathrm{d}x;$$

又由于$F(x)$是$F'(x)$的原函数,所以

$$\int F'(x)\mathrm{d}x=F(x)+C \quad 或 \quad \int \mathrm{d}F(x)=F(x)+C.$$

二、基本积分表

因为如果不考虑积分常数C,那么积分运算完全可视为微分运算的逆运算,很自然地从导数公式就可得到相应的积分公式.

我们把一些基本的积分公式列成一个表,这个表叫做积分公式表,它是我们进行积分运算的最基本的结论.

(1) $\int k\mathrm{d}x=kx+C$ (k为常数);

(2) $\int x^{\mu}\mathrm{d}x=\dfrac{x^{\mu+1}}{\mu+1}+C$ ($\mu\neq-1$);

(3) $\int \dfrac{1}{x}\mathrm{d}x=\ln|x|+C$;

(4) $\int \dfrac{1}{1+x^2}\mathrm{d}x=\arctan x+C$;

(5) $\int \dfrac{1}{\sqrt{1-x^2}}\mathrm{d}x=\arcsin x+C$;

(6) $\int \cos x\mathrm{d}x=\sin x+C$;

(7) $\int \sin x\mathrm{d}x=-\cos x+C$;

(8) $\int \dfrac{1}{(\cos x)^2}\mathrm{d}x=\int \sec^2 x\mathrm{d}x=\tan x+C$;

(9) $\displaystyle\int \frac{1}{(\sin x)^2}\mathrm{d}x = \int \csc^2 x\mathrm{d}x = -\cot x + C;$

(10) $\displaystyle\int \sec x\tan x\mathrm{d}x = \sec x + C;$

(11) $\displaystyle\int \csc x\cot x\mathrm{d}x = -\csc x + C;$

(12) $\displaystyle\int \mathrm{e}^x\mathrm{d}x = \mathrm{e}^x + C;$

(13) $\displaystyle\int a^x\mathrm{d}x = \frac{a^x}{\ln a} + C \quad (a > 0,\ a \neq 1).$

以上 13 个公式是求不定积分的基础.

例 4　求 $\displaystyle\int \frac{1}{x^2}\mathrm{d}x.$

解　$\displaystyle\int \frac{1}{x^2}\mathrm{d}x = \int x^{-2}\mathrm{d}x = \frac{x^{-2+1}}{-2+1} + C = -x^{-1} + C = -\frac{1}{x} + C.$

例 5　求 $\displaystyle\int x^3\sqrt{x}\mathrm{d}x.$

解　$\displaystyle\int x^3\sqrt{x}\mathrm{d}x = \int x^{\frac{7}{2}}\mathrm{d}x = \frac{x^{\frac{7}{2}+1}}{\frac{7}{2}+1} + C = \frac{2}{9}x^{\frac{9}{2}} + C.$

例 6　求 $\displaystyle\int \sqrt{x\sqrt{x\sqrt{x}}}\mathrm{d}x.$

解　$\displaystyle\int \sqrt{x\sqrt{x\sqrt{x}}}\mathrm{d}x = \int x^{\frac{1}{2}+\frac{1}{4}+\frac{1}{8}}\mathrm{d}x = \int x^{\frac{7}{8}}\mathrm{d}x = \frac{x^{\frac{7}{8}+1}}{\frac{7}{8}+1} + C = \frac{8}{15}x^{\frac{15}{8}} + C.$

三、不定积分的性质

不定积分有两条基本性质,利用它可以帮助我们进行积分运算.

性质 1　设函数 $f(x)$ 及 $g(x)$ 的原函数存在,则

$$\int [f(x) + g(x)]\mathrm{d}x = \int f(x)\mathrm{d}x + \int g(x)\mathrm{d}x.$$

证明　把上式两端求导,得

$$\left[\int [f(x) + g(x)]\mathrm{d}x\right]' = \left[\int f(x)\mathrm{d}x\right]' + \left[\int g(x)\mathrm{d}x\right]' = f(x) + g(x).$$

可见,公式右端是 $f(x) + g(x)$ 的原函数,又公式右端有两个积分记号,形式上含有两任意常数,由于表明它们会与任意常数合并后仍为任意常数,因此公式右

端是 $f(x)+g(x)$ 的不定积分.

性质 1 可推广到有限个函数的代数和. 类似地, 可以证明不定积分的第二个性质.

性质 2 设函数 $f(x)$ 的原函数存在, k 为非零常数, 则

$$\int kf(x)\mathrm{d}x = k\int f(x)\mathrm{d}x.$$

下面我们利用这两条基本性质及基本积分公式表求一些相对简单的函数的不定积分.

例 7 求 $\int(x^3+2x+1)\mathrm{d}x$.

解
$$\int(x^3+2x+1)\mathrm{d}x = \int x^3\mathrm{d}x + \int 2x\mathrm{d}x + \int 1\mathrm{d}x = \int x^3\mathrm{d}x + 2\int x\mathrm{d}x + \int 1\mathrm{d}x$$
$$= \frac{1}{4}x^4 + 2\frac{1}{2}x^2 + x + C.$$

例 8 求 $\int[(\sqrt{x}+1)\cdot(\sqrt{x}-2)]\mathrm{d}x$.

解
$$\int[(\sqrt{x}+1)(\sqrt{x}-2)]\mathrm{d}x = \int(x-\sqrt{x}-2)\mathrm{d}x = \int x\mathrm{d}x - \int\sqrt{x}\mathrm{d}x - \int 2\mathrm{d}x$$
$$= \frac{1}{2}x^2 - \frac{2}{3}x^{\frac{3}{2}} - 2x + C.$$

例 9 求 $\int\frac{(1-x)^2}{\sqrt{x}}\mathrm{d}x$.

解
$$\int\frac{(1-x)^2}{\sqrt{x}}\mathrm{d}x = \int\frac{1-2x+x^2}{\sqrt{x}}\mathrm{d}x = \int(x^{-\frac{1}{2}} - 2x^{\frac{1}{2}} + x^{\frac{3}{2}})\mathrm{d}x$$
$$= 2x^{\frac{1}{2}} - \frac{4}{3}x^{\frac{3}{2}} + \frac{2}{5}x^{\frac{5}{2}} + C.$$

例 10 求 $\int 3^x\mathrm{e}^x\mathrm{d}x$.

解
$$\int 3^x\mathrm{e}^x\mathrm{d}x = \int(3\mathrm{e})^x\mathrm{d}x = \frac{(3\mathrm{e})^x}{\ln(3\mathrm{e})} + C = \frac{(3\mathrm{e})^x}{1+\ln 3} + C.$$

例 11 求 $\int\cos^2\left(\frac{x}{2}\right)\mathrm{d}x$.

解
$$\int\cos^2\left(\frac{x}{2}\right)\mathrm{d}x = \int\frac{1}{2}(1+\cos x)\mathrm{d}x = \frac{1}{2}\int(1+\cos x)\mathrm{d}x$$
$$= \frac{1}{2}\left(\int\mathrm{d}x + \int\cos x\mathrm{d}x\right) = \frac{1}{2}(x+\sin x) + C.$$

例 12 求 $\int\frac{1}{1+\cos 2x}\mathrm{d}x$.

解 $\displaystyle\int \frac{1}{1+\cos 2x}\mathrm{d}x = \int \frac{1}{2\cos^2 x}\mathrm{d}x = \frac{1}{2}\int \frac{1}{\cos^2 x}\mathrm{d}x = \frac{1}{2}\tan x + C.$

例 13 求 $\displaystyle\int \frac{x^2}{1+x^2}\mathrm{d}x.$

解 $\displaystyle\int \frac{x^2}{1+x^2}\mathrm{d}x = \int \frac{(x^2+1)-1}{1+x^2}\mathrm{d}x = \int \left(1 - \frac{1}{1+x^2}\right)\mathrm{d}x$

$$= \int \mathrm{d}x - \int \frac{1}{1+x^2}\mathrm{d}x = x - \arctan x + C.$$

例 14 求 $\displaystyle\int \mathrm{e}^x\left(1+\frac{\mathrm{e}^{-x}}{\sqrt{x}}\right)\mathrm{d}x.$

解 $\displaystyle\int \mathrm{e}^x\left(1+\frac{\mathrm{e}^{-x}}{\sqrt{x}}\right)\mathrm{d}x = \int \left(\mathrm{e}^x+\frac{1}{\sqrt{x}}\right)\mathrm{d}x = \int \mathrm{e}^x\mathrm{d}x + \int \frac{1}{\sqrt{x}}\mathrm{d}x.$

$$= \mathrm{e}^x + 2x^{\frac{1}{2}} + C = \mathrm{e}^x + 2\sqrt{x} + C.$$

要验证上述不定积分的运算结果是否正确，有一个很简单的方法，就是将运算结果求导，看是否为被积函数.

习题 4-1

1. 选择题、填空题.

(1) $\displaystyle\int \left[1-2\sin^2\left(\frac{x}{2}\right)\right]\mathrm{d}x = $ _____.

(2) 在积分曲线族 $\displaystyle\int \frac{\mathrm{d}x}{x\sqrt{x}}$ 中，过 $(1, 1)$ 点的积分曲线是 _____.

(3) $F'(x) = f(x)$，则 $\displaystyle\int f(ax+b)\mathrm{d}x = $ _____.

(4) 若 $\displaystyle\int xf(x)\mathrm{d}x = x\sin x - \int \sin x\mathrm{d}x$，则 $f(x) = $ _____.

(5) 若 $f(x)$ 在 (a, b) 内连续，则在 (a, b) 内，$f(x)$ _____.

A. 必有导函数　　　　　　　　　B. 必有原函数

C. 必有界　　　　　　　　　　　D. 必有极限

(6) 下列各式中正确的是（　　）.

A. $\mathrm{d}\left[\displaystyle\int f(x)\mathrm{d}x\right] = f(x)$　　　　　B. $\dfrac{\mathrm{d}}{\mathrm{d}x}\left[\displaystyle\int f(x)\mathrm{d}x\right] = f(x)\mathrm{d}x$

C. $\displaystyle\int \mathrm{d}f(x) = f(x)$　　　　　　　D. $\displaystyle\int \mathrm{d}f(x) = f(x) + C$

(7) $\displaystyle\int \frac{\mathrm{d}x}{\sqrt{x(1-x)}} = $ _____.

A. $\dfrac{1}{2}\arcsin\sqrt{x} + C$　　　　　　B. $\arcsin\sqrt{x} + C$

C. $2\arcsin(2x-1) + C$　　　　　　D. $\arcsin(2x-1) + C$

2. 计算题.

(1) $\displaystyle\int \sqrt{x}(x^2-5)\mathrm{d}x$;

(2) $\displaystyle\int \frac{(x-1)^3\mathrm{d}x}{x^2}$;

(3) $\displaystyle\int (\mathrm{e}^x - 3\cos x)\mathrm{d}x$;

(4) $\displaystyle\int x\sqrt[3]{x}\mathrm{d}x$;

(5) $\displaystyle\int (7x^3 - \sqrt{x^3})\mathrm{d}x$;

(6) $\displaystyle\int (x^2-1)^2\mathrm{d}x$;

(7) $\displaystyle\int \left(2\mathrm{e}^x + \sin x + \frac{2}{x}\right)\mathrm{d}x$;

(8) $\displaystyle\int \left(\frac{1}{\sqrt{1-x^2}} + \frac{1}{1+x^2}\right)\mathrm{d}x$;

(9) $\displaystyle\int 5^x \mathrm{e}^x \mathrm{d}x$;

(10) $\displaystyle\int \frac{3^x - 2^x}{3^x}\mathrm{d}x$;

(11) $\displaystyle\int \sec x(\sec x - \tan x)\mathrm{d}x$;

(12) $\displaystyle\int \frac{\cos 2x}{\cos x - \sin x}\mathrm{d}x$;

(13) $\displaystyle\int \frac{x^4}{x^2+1}\mathrm{d}x$;

(14) $\displaystyle\int \frac{3x^4 + 2x^2}{x^2+1}\mathrm{d}x$.

3. 证明函数 $\arcsin(2x-1)$，$\arccos(1-2x)$ 和 $2\arctan\sqrt{\dfrac{x}{1-x}}$ 都是 $\dfrac{1}{\sqrt{x-x^2}}$ 的原函数.

§4.2 换 元 积 分 法

能够利用基本积分公式表及不定积分的两条基本性质求出的不定积分是非常有限的,因此,我们有必要寻求更多的计算不定积分的方法. 本节利用中间变量的代换,得到复合函数的积分法,称之为换元积分法,简称换元法. 换元法有两种,下面我们先介绍第一类换元法.

一、第一类换元法(凑微分法)

在一般情况下,设 $f(u)$ 具有原函数 $F(u)$,即

$$F'(u) = f(u), \quad \int f(u)\mathrm{d}u = F(u) + C.$$

如果 u 是另一个变量 x 的函数 $u = \varphi(x)$,且设 $\varphi(x)$ 可微,那么,根据复合函数微分法,有

$$\mathrm{d}F[\varphi(x)] = f[\varphi(x)] \cdot \varphi'(x)\mathrm{d}x,$$

从而根据不定积分的定义就得

$$\int f[\varphi(x)] \cdot \varphi'(x)\mathrm{d}x = F[\varphi(x)] + C = \left[\int f(u)\mathrm{d}u\right]_{u=\varphi(x)}.$$

定理 1 设 $f(u)$ 具有原函数，$u=\varphi(x)$ 可导，则有换元公式

$$\int f[\varphi(x)] \cdot \varphi'(x)\mathrm{d}x = \left[\int f(u)\mathrm{d}u\right]_{u=\varphi(x)}.$$

此公式称为**第一类换元公式**（**凑微分法**）.

也就是我们在理解积分公式 $\int f(x)\mathrm{d}x = F(x)+C$ 时，应将公式中的"x"理解为任意的变量，或者说是一个函数.

例 1 求 $\int \cos 2x\mathrm{d}x$.

解 被积函数 $\cos 2x$ 是一个复合函数，$\cos 2x=\cos u$，$u=2x$，因此将 $u=2x$ 视为中间变量，$u'=2$，所以

$$\int \cos 2x\mathrm{d}x = \frac{1}{2}\int \cos 2x \cdot (2x)'\mathrm{d}x$$
$$= \frac{1}{2}\int \cos 2x\mathrm{d}(2x) = \frac{1}{2}\int \cos u\mathrm{d}u$$
$$= \frac{1}{2}\sin u+C = \frac{1}{2}\sin 2x+C.$$

例 2 求 $\int \dfrac{1}{2x-1}\mathrm{d}x$.

解 被积函数 $\dfrac{1}{2x-1}=\dfrac{1}{u}$，这里 $u=2x-1$，$u'=2$. 故

$$\int \frac{1}{2x-1}\mathrm{d}x = \frac{1}{2}\int \frac{1}{2x-1}\cdot(2x-1)'\mathrm{d}x = \frac{1}{2}\int \frac{1}{2x-1}\mathrm{d}(2x-1)$$
$$= \frac{1}{2}\int \frac{1}{u}\mathrm{d}u = \frac{1}{2}\ln|u|+C$$
$$= \frac{1}{2}\ln|2x-1|+C.$$

例 3 求 $\int x^2\mathrm{e}^{x^3}\mathrm{d}x$.

解 设 $\mathrm{e}^{x^3}=\mathrm{e}^u$，$u=x^3$，$u'=3x^2$. 故

$$\int x^2\mathrm{e}^{x^3}\mathrm{d}x = \frac{1}{3}\int \mathrm{e}^{x^3}(x^3)'\mathrm{d}x = \frac{1}{3}\int \mathrm{e}^{x^3}\mathrm{d}x^3 = \frac{1}{3}\int \mathrm{e}^u\mathrm{d}u$$
$$= \frac{1}{3}\mathrm{e}^u+C = \frac{1}{3}\mathrm{e}^{x^3}+C.$$

例 4 求 $\int \dfrac{1}{\sqrt[3]{2-3x}}\mathrm{d}x$.

解 将 $2-3x$ 看作中间变量 u，即 $u=2-3x$，$u'=-3$，故

$$\int \frac{1}{\sqrt[3]{2-3x}}dx = -\frac{1}{3}\int \frac{1}{\sqrt[3]{2-3x}}(2-3x)'dx = -\frac{1}{3}\int \frac{1}{\sqrt[3]{2-3x}}d(2-3x)$$

$$= -\frac{1}{3}\int u^{-\frac{1}{3}}du = -\frac{1}{3}\cdot\frac{3}{2}u^{\frac{2}{3}}+C = -\frac{1}{2}(2-3x)^{\frac{2}{3}}+C.$$

例 5 求 $\int x\sqrt{1-x^2}dx$.

解 设 $u=1-x^2$，$u'=-2x$，故

$$\int x\sqrt{1-x^2}dx = -\frac{1}{2}\int \sqrt{1-x^2}(1-x^2)'dx = -\frac{1}{2}\int \sqrt{1-x^2}d(1-x^2)$$

$$= -\frac{1}{2}\int u^{\frac{1}{2}}du = -\frac{1}{3}u^{\frac{3}{2}}+C = -\frac{1}{3}(1-x^2)^{\frac{3}{2}}+C.$$

例 6 求 $\int \frac{e^{\sqrt{x}}}{\sqrt{x}}dx$.

解 设 $u=\sqrt{x}$，$u'=\frac{1}{2\sqrt{x}}$. 故

$$\int \frac{e^{\sqrt{x}}}{\sqrt{x}}dx = 2\int e^{\sqrt{x}}(\sqrt{x})'dx = 2\int e^{\sqrt{x}}d(\sqrt{x})$$

$$= 2\int e^u du = 2e^u+C = 2e^{\sqrt{x}}+C.$$

例 7 求 $\int \tan x dx$.

解 $\int \tan x dx = \int \frac{\sin x}{\cos x}dx$，设 $u=\cos x$，$u'=-\sin x$，故

$$\int \frac{\sin x}{\cos x}dx = -\int \frac{1}{\cos x}(\cos x)'dx = -\int \frac{1}{\cos x}d(\cos x)$$

$$= -\int \frac{1}{u}du = -\ln|u|+C = -\ln|\cos x|+C.$$

类似地，可得到 $\int \cot x dx = \ln|\sin x|+C$. 在对变量代换比较熟悉以后，就可以不写出中间变量了.

例 8 求 $\int \frac{1}{3+x^2}dx$.

解 $\int \frac{1}{3+x^2}dx = \frac{1}{3}\int \frac{1}{1+\left(\frac{x}{\sqrt{3}}\right)^2}dx = \frac{\sqrt{3}}{3}\int \frac{1}{1+\left(\frac{x}{\sqrt{3}}\right)^2}d\left(\frac{x}{\sqrt{3}}\right)$

$$= \frac{\sqrt{3}}{3} \arctan\left(\frac{x}{\sqrt{3}}\right) + C.$$

在此例中,用了变换 $u = \frac{x}{\sqrt{3}}$,并在求出积分 $\frac{\sqrt{3}}{3} \int \frac{1}{1 + u^2} du$ 之后,代回原积分变量 x,只是没写出这些步骤而已.

例 9 求 $\int \frac{1}{\sqrt{3 - x^2}} dx$.

解 $\int \frac{1}{\sqrt{3 - x^2}} dx = \frac{1}{\sqrt{3}} \int \frac{1}{\sqrt{1 - \left(\frac{x}{\sqrt{3}}\right)^2}} dx = \int \frac{1}{\sqrt{1 - \left(\frac{x}{\sqrt{3}}\right)^2}} d\left(\frac{x}{\sqrt{3}}\right)$

$$= \arcsin\left(\frac{x}{\sqrt{3}}\right) + C.$$

例 10 求 $\int \frac{1}{x^2 - 3} dx$.

解 $\int \frac{1}{x^2 - 3} dx = \frac{1}{2\sqrt{3}} \int \left(\frac{1}{x - \sqrt{3}} - \frac{1}{x + \sqrt{3}}\right) dx$

$$= \frac{1}{2\sqrt{3}} \left(\int \frac{1}{x - \sqrt{3}} dx - \int \frac{1}{x + \sqrt{3}} dx\right)$$

$$= \frac{1}{2\sqrt{3}} \left[\int \frac{1}{x - \sqrt{3}} d(x - \sqrt{3}) - \int \frac{1}{x + \sqrt{3}} d(x + \sqrt{3})\right]$$

$$= \frac{1}{2\sqrt{3}} (\ln |x - \sqrt{3}| - \ln |x + \sqrt{3}|) + C$$

$$= \frac{1}{2\sqrt{3}} \ln \left|\frac{x - \sqrt{3}}{x + \sqrt{3}}\right| + C.$$

下面一些积分的例子,它们的被积函数中含有三角函数,在计算它们的时候,需要用到一些三角公式.

例 11 求 $\int \cos^3 x dx$.

解 $\int \cos^3 x dx = \int \cos^2 x \cdot \cos x dx = \int (1 - \sin^2 x) d\sin x$

$$= \sin x - \frac{1}{3} \sin^3 x + C.$$

例 12 求 $\int \sin^2 x dx$.

解 $\int \sin^2 x \mathrm{d}x = \int \dfrac{1 - \cos 2x}{2} \mathrm{d}x = \dfrac{1}{2}\left(\int \mathrm{d}x - \int \cos 2x \mathrm{d}x\right)$

$\qquad\qquad = \dfrac{1}{2}\int \mathrm{d}x - \dfrac{1}{4}\int \cos 2x \mathrm{d}2x = \dfrac{1}{2}x - \dfrac{\sin 2x}{4} + C.$

例 13 求 $\int \sec^6 x \mathrm{d}x.$

解 $\int \sec^6 x \mathrm{d}x = \int (\sec^2 x)^2 \sec^2 x \mathrm{d}x = \int (1 + \tan^2 x)^2 \mathrm{d}\tan x$

$\qquad\qquad = \int (1 + 2\tan^2 x + \tan^4 x)\mathrm{d}\tan x$

$\qquad\qquad = \tan x + \dfrac{2}{3}\tan^3 x + \dfrac{1}{5}\tan^5 x + C.$

从上面所举的例子，我们发现不定积分的换元需要一定的技巧，而且如何适当地选择变量代换 $u = \varphi(x)$ 是没有一定的规律的，因此要掌握换元法，除了熟悉一些典型的例子外，还要做大量的练习方可.

二、第二类换元法

前面我们学习了第一类换元法，其特点是作变量代换 $u = \varphi(x)$（x 作为自变量），但对于一些积分，应用该法仍然很难甚至不能凑效. 例如，$\int \sqrt{a^2 - x^2}\mathrm{d}x$，$\int \dfrac{1}{\sqrt{a^2 + x^2}}\mathrm{d}x$，等等，而作另一种换元 $x = \psi(t)$，却能比较容易地求出这些积分，这就是我们要介绍的第二类换元法.

定理 2 设 $x = \psi(t)$ 是单调可导函数，并且 $\psi'(t) \neq 0$，又设 $f(\psi(t))\psi'(t)$ 具有原函数，则有换元公式

$$\int f(x)\mathrm{d}x = \left[\int f(\psi(t))\psi'(t)\mathrm{d}t\right]_{t = \varphi(x)}.$$

其中，$t = \varphi(x)$ 为 $x = \psi(t)$ 的反函数.

证明 设 $f[\psi(t)]\psi'(t)$ 的原函数为 $\Phi(t)$，记 $\Phi[\varphi(x)] = F(x)$. 利用复合函数求导法则及反函数求导公式，可得

$$F'(x) = \frac{\mathrm{d}\Phi}{\mathrm{d}t} \cdot \frac{\mathrm{d}t}{\mathrm{d}x} = f[\psi(t)]\psi'(t)\frac{1}{\psi'(t)} = f[\psi(t)] = f(x),$$

即表明 $F(x)$ 是 $f(x)$ 的原函数，所以有

$$\int f(x)\mathrm{d}x = F(x) + C = \Phi[\varphi(x)] + C = \left[\int f[\psi(t)]\psi'(t)\mathrm{d}t\right]_{t = \varphi(x)}.$$

利用第二类换元积分公式来计算积分的方法叫做**第二类换元法**,其一般步骤如下:

(1) **换元** 选择适当的变量代换 $x = \psi(t)$,将积分 $\int f(x)\mathrm{d}x$ 变为积分 $\int f[\psi(t)]\psi'(t)\mathrm{d}t$;

(2) **整理** 将转化后的积分整理化简;

(3) **积分** 求出上面积分的结果;

(4) **回代** 根据 $x = \psi(t)$,将结果中的变量 t 转化为 x,得原积分的结果.

例 14 求 $\displaystyle\int \frac{1}{1+\sqrt[3]{x+2}}\mathrm{d}x$.

解 该积分的问题在于含有根号,为了去根号,令 $\sqrt[3]{x+2}=t$,则 $x=t^3-2$,从而 $\mathrm{d}x=3t^2\mathrm{d}t$,于是

$$
\begin{aligned}
\int \frac{1}{1+\sqrt[3]{x+2}}\mathrm{d}x &= \int \frac{3t^2}{1+t}\mathrm{d}t = 3\int \frac{t^2-1+1}{1+t}\mathrm{d}t \\
&= 3\int \left(t-1+\frac{1}{1+t}\right)\mathrm{d}t \\
&= 3\left(\frac{t^2}{2}-t+\ln|1+t|\right)+C \\
&= \frac{3}{2}\sqrt[3]{(x+2)^2}-3\sqrt[3]{x+2}+3\ln|1+\sqrt[3]{x+2}|+C.
\end{aligned}
$$

例 15 求 $\displaystyle\int \frac{\sqrt{x-1}}{x}\mathrm{d}x$.

解 同理,为去掉根号,令 $\sqrt{x-1}=t$,则 $x=t^2+1$,从而 $\mathrm{d}x=2t\mathrm{d}t$,于是

$$
\begin{aligned}
\int \frac{\sqrt{x-1}}{x}\mathrm{d}x &= \int \frac{t}{t^2+1}2t\mathrm{d}t = 2\int \frac{t^2}{t^2+1}\mathrm{d}t \\
&= 2\int \left(1-\frac{1}{1+t^2}\right)\mathrm{d}t \\
&= 2(t-\arctan t)+C \\
&= 2(\sqrt{x-1}-\arctan\sqrt{x-1})+C.
\end{aligned}
$$

例 16 求 $\displaystyle\int \frac{1}{(1+\sqrt[3]{x})\sqrt{x}}\mathrm{d}x$.

解 为了能同时去掉两个根号,令 $x=t^6(t>0)$,即令 $t=\sqrt[6]{x}$,从而 $\mathrm{d}x=$

$6t^5 \mathrm{d}t$，于是

$$\int \frac{1}{(1+\sqrt[3]{x})\sqrt{x}} \mathrm{d}x = \int \frac{6t^5}{(1+t^2)t^3} \mathrm{d}t = 6\int \frac{t^2}{1+t^2} \mathrm{d}t$$

$$= 6\int \left(1 - \frac{1}{1+t^2}\right) \mathrm{d}t = 6(t - \arctan t) + C$$

$$= 6(\sqrt[6]{x} - \arctan \sqrt[6]{x}) + C.$$

例 17 求 $\int \sqrt{a^2 - x^2} \mathrm{d}x$，$a > 0$.

解 设 $x = a\sin t\left(-\frac{\pi}{2} < t < \frac{\pi}{2}\right)$，则 $\sqrt{a^2 - x^2} = a\cos t$，$t = \arcsin \frac{x}{a}$，从而 $\mathrm{d}x = a\cos t \mathrm{d}t$，于是

$$\int \sqrt{a^2 - x^2} \mathrm{d}x = \int a\cos t \cdot a\cos t \mathrm{d}t = a^2 \int \cos^2 t \mathrm{d}t$$

$$= a^2 \int \frac{1 + \cos 2t}{2} \mathrm{d}t = a^2 \left(\frac{t}{2} + \frac{\sin 2t}{4}\right) + C$$

$$= a^2 \frac{t}{2} + \frac{a^2}{2} \sin t\cos t + C.$$

由 $x = a\sin t \left(-\frac{\pi}{2} < t < \frac{\pi}{2}\right)$，可得 $\cos t = \sqrt{1 - \sin^2 t} = \sqrt{1 - \left(\frac{x}{a}\right)^2} = \frac{\sqrt{a^2 - x^2}}{a}$，于是所求积分为

$$\int \sqrt{a^2 - x^2} \mathrm{d}x = \frac{a^2}{2} \arcsin \frac{x}{a} + \frac{1}{2} x\sqrt{a^2 - x^2} + C.$$

注 上面确定 $\cos t$ 的过程采用如下方法更简便，作一个辅助三角形(图 4-1)，可得 $\cos t = \frac{\sqrt{a^2 - x^2}}{a}$.

例 18 求 $\int \frac{1}{\sqrt{a^2 + x^2}} \mathrm{d}x$ $(a > 0)$.

解 令 $x = a\tan t\left(-\frac{\pi}{2} < t < \frac{\pi}{2}\right)$，则 $\mathrm{d}x = a\sec^2 t \mathrm{d}t$，

$$\sqrt{a^2 + x^2} = a\sqrt{1 + \tan^2 t} = a\sec t,$$

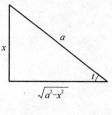

图 4-1

于是

$$\int \frac{\mathrm{d}x}{\sqrt{a^2+x^2}} = \int \frac{a \sec^2 t}{a \sec t} \mathrm{d}t = \int \sec t \mathrm{d}t = \ln|\sec t + \tan t| + C_1.$$

而 $\tan t = \dfrac{x}{a}$, $\sec t = \dfrac{\sqrt{a^2+x^2}}{a}$ (图 4-2). 又 $\sec t + \tan t > 0$,

故

$$\int \frac{\mathrm{d}x}{\sqrt{a^2+x^2}} = \ln\left(\frac{x}{a} + \frac{\sqrt{a^2-x^2}}{a}\right) + C_1$$

$$= \ln(x + \sqrt{a^2+x^2}) + C.$$

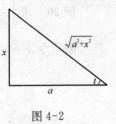

图 4-2

其中, $C = C_1 - \ln a$.

例 19 求 $\displaystyle\int \frac{\mathrm{d}x}{\sqrt{x^2-a^2}}\,(a > 0)$.

解 因为被积函数的定义域为 $x > a$ 或 $x < -a$, 故分两种情况讨论. 同理, 被积函数中的根号可根据 $\sec^2 t - 1 = \tan^2 t$ 消去.

当 $x > a$ 时, 设 $x = a \sec t \left(0 < t < \dfrac{\pi}{2}\right)$, 则 $\mathrm{d}x = a \sec t \tan t \mathrm{d}t$,

$$\sqrt{x^2-a^2} = \sqrt{a^2 \sec^2 t - a^2},$$

于是

$$\int \frac{\mathrm{d}x}{\sqrt{x^2-a^2}} = \int \frac{a \sec t \tan t}{a \tan t} \mathrm{d}t = \int \sec t \mathrm{d}t = \ln(\sec t + \tan t) + C_1.$$

而 $\sec t = \dfrac{x}{a}$, $\tan t = \dfrac{\sqrt{x^2-a^2}}{a}$ (图 4-3), 故

$$\int \frac{\mathrm{d}x}{\sqrt{x^2-a^2}} = \ln\left(\frac{x}{a} + \frac{\sqrt{x^2-a^2}}{a}\right) + C_1$$

$$= \ln(x + \sqrt{x^2-a^2}) + C.$$

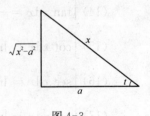

图 4-3

其中, $C = C_1 - \ln a$.

当 $x < -a$ 时, 令 $x = -a \sec t \left(0 < t < \dfrac{\pi}{2}\right)$, 同理可得

$$\int \frac{\mathrm{d}x}{\sqrt{x^2-a^2}} = \ln(-x - \sqrt{x^2-a^2}) + C.$$

将上面两种结果合并起来,可写作

$$\int \frac{\mathrm{d}x}{\sqrt{x^2-a^2}} = \ln |x+\sqrt{x^2-a^2}| + C.$$

例 20 求 $\int \frac{(x-1)^7}{x^9} \mathrm{d}x$.

解 令 $x = \frac{1}{t}$,则 $\mathrm{d}x = -\frac{1}{t^2}\mathrm{d}t$,于是

$$\int \frac{(x-1)^7}{x^9}\mathrm{d}x = \int \left(\frac{1}{t}-1\right)^7 t^9 \left(-\frac{1}{t^2}\mathrm{d}t\right)$$

$$= -\int (1-t)^7 \mathrm{d}t = \int (1-t)^7 \mathrm{d}(1-t)$$

$$= \frac{1}{8}(1-t)^8 + C = \frac{1}{8}\left(1-\frac{1}{x}\right)^8 + C.$$

例 21 求 $\int \frac{1}{\mathrm{e}^x+1}\mathrm{d}x$.

解 令 $x = \ln t$,则 $\mathrm{d}x = \frac{1}{t}\mathrm{d}t$,于是

$$\int \frac{1}{\mathrm{e}^x+1}\mathrm{d}x = \int \frac{1}{t(t+1)}\mathrm{d}t = \int \frac{(1+t)-t}{t(t+1)}\mathrm{d}t$$

$$= \ln t - \ln(t+1) + C = x - \ln(\mathrm{e}^x+1) + C.$$

下面这些积分在不定积分的学习中经常会用到,它们也常作为积分的基本公式运用,现归纳如下,要求也能熟记(其中常数 $a>0$).

(14) $\int \tan x \mathrm{d}x = -\ln |\cos x| + C$;

(15) $\int \cot x \mathrm{d}x = \ln |\sin x| + C$;

(16) $\int \sec x \mathrm{d}x = \ln |\sec x + \tan x| + C$;

(17) $\int \csc x \mathrm{d}x = \ln |\csc x - \cot x| + C$;

(18) $\int \frac{1}{a^2+x^2}\mathrm{d}x = \frac{1}{a}\arctan \frac{x}{a} + C$;

(19) $\int \frac{1}{x^2-a^2}\mathrm{d}x = \frac{1}{2a}\ln \left|\frac{x-a}{x+a}\right| + C$;

(20) $\int \frac{1}{\sqrt{a^2-x^2}}\mathrm{d}x = \arcsin \frac{x}{a} + C$;

(21) $\int \dfrac{1}{\sqrt{x^2+a^2}}\mathrm{d}x = \ln\mid x+\sqrt{x^2+a^2}\mid +C;$

(22) $\int \dfrac{1}{\sqrt{x^2-a^2}}\mathrm{d}x = \ln\mid x+\sqrt{x^2-a^2}\mid +C.$

利用这些补充的公式,有时可使积分运算更加简便.

例 22 求 $\int \dfrac{1}{\sqrt{2+2x-x^2}}\mathrm{d}x.$

解 $\int \dfrac{1}{\sqrt{2+2x-x^2}}\mathrm{d}x = \int \dfrac{\mathrm{d}(x-1)}{\sqrt{(\sqrt{3})^2-(x-1)^2}}x = \arcsin \dfrac{x-1}{\sqrt{3}}+C.$

例 23 求 $\int \dfrac{1}{\sqrt{9x^2+4}}\mathrm{d}x.$

解 $\int \dfrac{1}{\sqrt{9x^2+4}}\mathrm{d}x = \int \dfrac{\mathrm{d}x}{\sqrt{(3x)^2+2^2}} = \dfrac{1}{3}\int \dfrac{\mathrm{d}(3x)}{\sqrt{(3x)^2+2^2}}$

$\qquad = \dfrac{1}{3}\ln(3x+\sqrt{9x^2+4})+C.$

例 24 求 $\int \dfrac{1}{x^2+4x+7}\mathrm{d}x.$

解 $\int \dfrac{1}{x^2+4x+7}\mathrm{d}x = \int \dfrac{1}{(x+2)^2+(\sqrt{3})^2}\mathrm{d}(x+2)$

$\qquad = \dfrac{1}{\sqrt{3}}\arctan \dfrac{x+2}{\sqrt{3}}+C.$

习题 4-2

求下列积分.

(1) $\int \dfrac{1}{\sqrt{x}+\sqrt[3]{x}}\mathrm{d}x;$

(2) $\int \dfrac{\mathrm{d}x}{x\sqrt{x+1}};$

(3) $\int \dfrac{\sqrt{x+1}-1}{\sqrt{x+1}+1}\mathrm{d}x;$

(4) $\int \dfrac{\mathrm{d}x}{\sqrt{1+\mathrm{e}^x}};$

(5) $\int \dfrac{\sqrt{x^2-9}}{x}\mathrm{d}x;$

(6) $\int \dfrac{x^2}{\sqrt{9-x^2}}\mathrm{d}x;$

(7) $\int \dfrac{1}{\sqrt{(x^2+1)^3}}\mathrm{d}x;$

(8) $\int \dfrac{1}{x^2+x+1}\mathrm{d}x;$

(9) $\int \dfrac{\mathrm{d}x}{\sqrt{4x^2-4x-1}};$

(10) $\int \dfrac{\mathrm{d}x}{(\arcsin x)^2\sqrt{1-x^2}};$

(11) $\int \dfrac{10^{2\arccos x}}{\sqrt{1-x^2}}\mathrm{d}x;$

(12) $\int \tan\sqrt{1+x^2}\cdot\dfrac{x}{\sqrt{1+x^2}}\mathrm{d}x;$

(13) $\int \dfrac{\arctan \sqrt{x}}{\sqrt{x}(1+x)}\mathrm{d}x$;

(14) $\int \dfrac{1+\ln x}{(x\ln x)^2}\mathrm{d}x$;

(15) $\int \dfrac{\mathrm{d}x}{\cos x\sin x}$;

(16) $\int \dfrac{\ln\tan x}{\cos x\sin x}\mathrm{d}x$;

(17) $\int \cos^3 x\mathrm{d}x$;

(18) $\int \cos^2(\omega t+\varphi)\mathrm{d}t$;

(19) $\int \sin 2x\cos 3x\mathrm{d}x$;

(20) $\int \cos x\cos\dfrac{x}{2}\mathrm{d}x$;

(21) $\int \sin 5x\sin 7x\mathrm{d}x$;

(22) $\int \tan^3 x\sec x\mathrm{d}x$;

(23) $\int \dfrac{1}{\mathrm{e}^x+\mathrm{e}^{-x}}\mathrm{d}x$.

§4.3 分 部 积 分 法

利用前面介绍的积分方法,可以解决许多积分的运算,但对于 $\int \ln x\mathrm{d}x$, $\int x\mathrm{e}^x\mathrm{d}x$, $\int x\sin x\mathrm{d}x$ 等这些"形式上"较简单的积分却毫无办法,为了解决这类积分的运算,我们介绍了另一种重要的方法——分部积分法.

定理　设函数 $u(x)$ 及 $v(x)$ 都具有连续的导数,则有分部积分公式

$$\int u\mathrm{d}v = uv - \int v\mathrm{d}u \quad 或 \quad \int uv'\mathrm{d}v = uv - \int vu'\mathrm{d}x.$$

证明　由微分公式 $\mathrm{d}(uv)=v\mathrm{d}u+u\mathrm{d}v$,得

$$u\mathrm{d}v = \mathrm{d}(uv) - v\mathrm{d}u,$$

上式两边同时求不定积分,即得

$$\int u\mathrm{d}v = uv - \int v\mathrm{d}u.$$

由分部积分公式可知,若某积分形如 $\int u\mathrm{d}v$,而积分 $\int v\mathrm{d}u$ 较 $\int u\mathrm{d}v$ 容易求得,那么就可以考虑采用分部积分法计算,其一般步骤如下:

(1) 将 $\int f(x)\mathrm{d}x$ 变成 $\int u\mathrm{d}v$ 的形式,并确定函数 u 和 v;

(2) 计算积分 $\int v\mathrm{d}u$,从而求得原积分的结果.

选取 u 和 v 的原则是：$\int v \mathrm{d}u$ 较 $\int u \mathrm{d}v$ 容易求得.

当不定积分中的被积函数为反三角函数、对数函数、幂函数、三角函数、指数函数这五类函数的乘积时，一般按"反、对、幂、三、指"的顺序，将前者取为 $u(x)$，剩余部分选为 $\mathrm{d}v$.

例 1 求 $\int x \sin x \mathrm{d}x$.

解 设 $u = x$，$\mathrm{d}v = \sin x \mathrm{d}x = \mathrm{d}(-\cos x)$，那么 $\mathrm{d}u = \mathrm{d}x$，$v = -\cos x$，代入分部积分公式，得

$$\int x \sin x \mathrm{d}x = -x \cos x + \int \cos x \mathrm{d}x,$$

上式右端中 $\int \cos x \mathrm{d}x$ 很容易积出来. 所以

$$\int x \sin x \mathrm{d}x = -x \cos x + \sin x + C.$$

求这个积分时，如果设 $u = \sin x$，$\mathrm{d}v = x \mathrm{d}x = \mathrm{d}\dfrac{x^2}{2}$，那么 $\mathrm{d}u = \cos x \mathrm{d}x$，$v = \dfrac{x^2}{2}$，

于是

$$\int x \sin x \mathrm{d}x = \frac{x^2}{2} \sin x - \int \frac{x^2}{2} \cos x \mathrm{d}x.$$

上式右端的积分比原积分更难求了.

由此可见，应用分部积分法时，恰当地选择 u 及 $\mathrm{d}v$ 是关键.

例 2 求 $\int x^2 \mathrm{e}^x \mathrm{d}x$.

解 设 $u = x^2$，$\mathrm{d}v = \mathrm{e}^x \mathrm{d}x$，那么 $\mathrm{d}u = 2x \mathrm{d}x$，$v = \mathrm{e}^x$，于是

$$\int x^2 \mathrm{e}^x \mathrm{d}x = x^2 \mathrm{e}^x - 2 \int x \mathrm{e}^x \mathrm{d}x = x^2 \mathrm{e}^x - 2 \int x \mathrm{d}\mathrm{e}^x$$

$$= x^2 \mathrm{e}^x - 2x \mathrm{e}^x + 2 \int \mathrm{e}^x \mathrm{d}x$$

$$= (x^2 - 2x + 2) \mathrm{e}^x + C.$$

注意 该例用了两次分部积分法，在某一个题中反复多次运用分部积分法是很常见的. 另外，当我们比较熟练以后，写出 u 及 $\mathrm{d}v$ 的过程可以省略.

例 3 求 $\int \ln x \mathrm{d}x$.

解 $\int \ln x \mathrm{d}x = x \ln x - \int x \mathrm{d}(\ln x) = x \ln x - \int \mathrm{d}x = x \ln x - x + C.$

例 4 求 $\int x \ln x \mathrm{d}x$.

解　$\displaystyle\int x\ln x\mathrm{d}x=\int \ln x\mathrm{d}\Big(\frac{x^2}{2}\Big)=\frac{x^2}{2}\ln x-\int \frac{x^2}{2}\mathrm{d}(\ln x)$

$\displaystyle\qquad\qquad\quad=\frac{x^2}{2}\ln x-\int \frac{x^2}{2}\cdot\frac{1}{x}\mathrm{d}x$

$\displaystyle\qquad\qquad\quad=\frac{x^2}{2}\ln x-\frac{1}{2}\int x\mathrm{d}x=\frac{x^2}{2}\ln x-\frac{x^2}{4}+C.$

例 5　求 $\displaystyle\int \arcsin x\mathrm{d}x.$

解　$\displaystyle\int \arcsin x\mathrm{d}x=x\arcsin x-\int x\mathrm{d}\arcsin x$

$\displaystyle\qquad\qquad\quad=x\arcsin x-\int \frac{x}{\sqrt{1-x^2}}\mathrm{d}x$

$\displaystyle\qquad\qquad\quad=x\arcsin x+\frac{1}{2}\int \frac{1}{\sqrt{1-x^2}}\mathrm{d}(1-x^2)$

$\displaystyle\qquad\qquad\quad=x\arcsin x+\sqrt{1-x^2}+C.$

例 6　求 $\displaystyle\int x\sin x\cos x\mathrm{d}x.$

解　$\displaystyle\int x\sin x\cos x\mathrm{d}x=\int x\mathrm{d}\Big(-\frac{1}{4}\cos 2x\Big)=-\frac{1}{4}x\cos 2x+\frac{1}{4}\int \cos 2x\mathrm{d}x$

$\displaystyle\qquad\qquad\qquad\quad=-\frac{1}{4}x\cos 2x+\frac{1}{8}\sin 2x+C.$

例 7　求 $\displaystyle\int x^2\arctan x\mathrm{d}x.$

解　$\displaystyle\int x^2\arctan x\mathrm{d}x=\frac{1}{3}\int \arctan x\mathrm{d}(x^3)=\frac{1}{3}x^3\arctan x-\frac{1}{3}\int x^3\mathrm{d}\arctan x$

$\displaystyle\qquad\qquad\qquad=\frac{1}{3}x^3\arctan x-\frac{1}{3}\int \frac{x^3}{1+x^2}\mathrm{d}x$

$\displaystyle\qquad\qquad\qquad=\frac{1}{3}x^3\arctan x-\frac{1}{3}\int x\mathrm{d}x+\frac{1}{3}\int \frac{x}{1+x^2}\mathrm{d}x$

$\displaystyle\qquad\qquad\qquad=\frac{1}{3}x^3\arctan x-\frac{1}{6}x^2+\frac{1}{6}\ln(1+x^2)+C.$

例 8　求 $\displaystyle\int \mathrm{e}^x\sin x\mathrm{d}x.$

解　取 $u=\sin x$，那么

$\displaystyle\int \mathrm{e}^x\sin x\mathrm{d}x=\int \sin x\mathrm{d}(\mathrm{e}^x)=\mathrm{e}^x\sin x-\int \mathrm{e}^x\mathrm{d}(\sin x)$

$\displaystyle\qquad\qquad\quad=\mathrm{e}^x\sin x-\int \mathrm{e}^x\cos x\mathrm{d}x.$

取 $u = \cos x$,再用一次分部积分法,于是

$$原式 = \mathrm{e}^x \sin x - \int \cos x \mathrm{d}(\mathrm{e}^x)$$

$$= \mathrm{e}^x \sin x - \mathrm{e}^x \cos x + \int \mathrm{e}^x \mathrm{d}(\cos x)$$

$$= \mathrm{e}^x (\sin x - \cos x) - \int \mathrm{e}^x \sin x \mathrm{d}x.$$

由于右端中出现的积分正是要求的积分(出现了"循环"),此时类似于解方程式求得

$$\int \mathrm{e}^x \sin x \mathrm{d}x = \frac{1}{2} \mathrm{e}^x (\sin x - \cos x) + C.$$

需要指出的是,原上式的右端是不含积分项的,因此必须加上任意常数 C.

例 9 求 $I_n = \int \dfrac{\mathrm{d}x}{(x^2 + a^2)^n}$,其中 n 为正整数.

解 用分部积分法,当 $n > 1$ 时,有

$$I_{n-1} = \int \frac{\mathrm{d}x}{(x^2 + a^2)^{n-1}} = \frac{x}{(x^2 + a^2)^{n-1}} + 2(n-1) \int \frac{x^2}{(x^2 + a^2)^n} \mathrm{d}x$$

$$= \frac{x}{(x^2 + a^2)^{n-1}} + 2(n-1) \int \left[\frac{1}{(x^2 + a^2)^{n-1}} - \frac{a^2}{(x^2 + a^2)^n} \right] \mathrm{d}x$$

$$= \frac{x}{(x^2 + a^2)^{n-1}} + 2(n-1)(I_{n-1} - a^2 I_n),$$

于是 $$I_n = \frac{1}{2a^2(n-1)} \left[\frac{x}{(x^2 + a^2)^{n-1}} + (2n-3)I_{n-1} \right].$$

以此作为递推公式,并由 $I_1 = \dfrac{1}{a} \arctan \dfrac{x}{a} + C$,即可求得 I_n.

需要说明的是,在求不定积分时,换元法与分部积分法往往交替使用,不要拘泥于一种方法,要善于变通,如例 10.

例 10 求 $\int \sin \sqrt{x} \mathrm{d}x$.

解 令 $\sqrt{x} = t$,则 $x = t^2$, $\mathrm{d}x = 2t\mathrm{d}t$,于是

$$\int \sin \sqrt{x} \mathrm{d}x = 2 \int t \sin t \mathrm{d}t = 2 \int t \mathrm{d}(-\cos t)$$

$$= -2t\cos t + 2 \int \cos t \mathrm{d}t$$

$$= -2t\cos t + 2\sin t + C$$

$$=-2\sqrt{x}\cos\sqrt{x}+2\sin\sqrt{x}+C.$$

习题 4-3

求下列不定积分.

(1) $\int x^2\ln x\mathrm{d}x$;

(2) $\int\frac{x\arctan x}{\sqrt{1+x^2}}\mathrm{d}x$;

(3) $\int x\cos\frac{x}{2}\mathrm{d}x$;

(4) $\int x\mathrm{e}^{-x}\mathrm{d}x$;

(5) $\int x^2\arctan x\mathrm{d}x$;

(6) $\int\cos(\ln x)\mathrm{d}x$;

(7) $\int\mathrm{e}^{-x}\cos x\mathrm{d}x$;

(8) $\int\mathrm{e}^{\sqrt{x}}\mathrm{d}x$;

(9) 已知 $f(x)=\frac{1}{x}\mathrm{e}^x$, 求 $\int xf''(x)\mathrm{d}x$.

§4.4 几种特殊函数的积分

本节简要地介绍有理函数的积分及可化为有理函数的积分.

一、有理函数的积分

有理函数是两个多项式 $P_m(x)$ 与 $Q_n(x)$ 之商, $P_m(x)$ 为 x 的 m 次多项式, $Q_n(x)$ 为 x 的 n 次多项式. 如果 $m<n$, 称之为**真分式**; 否则成为**假分式**. 利用多项式的除法, 总可以将一个假分式化为一个多项式与一个真分式之和的形式. 例如,

$$\frac{x^4+x^3+1}{x^2+1}=(x^2+x-1)+\frac{-x+2}{x^2+1}.$$

由于多项式易于积分, 所以有理函数的积分剩下的就是求真分式的积分问题. 真分式积分的基本方法是把它分成许多简单分式的代数和, 即分成所谓部分分式, 然后逐项求积分. 由代数学可知, 真分式的积分变成了计算下面四种类型简单分式积分的问题.

(1) $\int\frac{A}{x-a}\mathrm{d}x$, 其结果为

$$\int\frac{A}{x-a}\mathrm{d}x=A\ln|x-a|+C.$$

(2) $\int\frac{A}{(x-a)^n}\mathrm{d}x$, 其结果为

$$\int \frac{A}{(x-a)^n}\mathrm{d}x = \frac{A}{1-n} \cdot \frac{1}{(x-a)^{n-1}} + C \quad (n \neq 1).$$

(3) $\displaystyle\int \frac{Mx+N}{x^2+px+q}\mathrm{d}x \ (p^2-4q<0)$，其结果为

$$\int \frac{Mx+N}{x^2+px+q}\mathrm{d}x$$

$$= \frac{M}{2}\int \frac{\mathrm{d}(x^2+px+q)}{x^2+px+q} + \left(N-\frac{Mp}{2}\right)\int \frac{\mathrm{d}\left(x+\frac{p}{2}\right)}{\left(x+\frac{p}{2}\right)^2 + \left(\sqrt{q-\frac{p^2}{4}}\right)^2}$$

$$= \frac{M}{2}\ln(x^2+px+q) + \frac{N-\frac{Mp}{2}}{\sqrt{q-\frac{p^2}{4}}}\arctan \frac{x+\frac{p}{2}}{\sqrt{q-\frac{p^2}{4}}} + C.$$

(4) $\displaystyle\int \frac{Mx+N}{(x^2+px+q)^n}\mathrm{d}x$，其结果为

$$\int \frac{Mx+N}{(x^2+px+q)^n}\mathrm{d}x = \frac{M}{2}I_1 + \left(N-\frac{Mp}{2}\right)I_2,$$

$$I_1 = \int \frac{2x+p}{(x^2+px+q)^n}\mathrm{d}x = \int \frac{\mathrm{d}(x^2+px+q)}{(x^2+px+q)^n} = \frac{(x^2+px+q)^{1-n}}{1-n} + C,$$

$$I_2 = \int \frac{\mathrm{d}x}{(x^2+px+q)^n} = \int \frac{\mathrm{d}x}{\left[\left(x+\frac{p}{2}\right)^2 + \frac{(4q-p^2)}{4}\right]^n}.$$

可化为 $I_n = \displaystyle\int \frac{\mathrm{d}u}{(u^2+a^2)^n}$ 的积分，这是我们在分部积分法这一节中介绍的例 9 的积分，它是可以积出来的.

综上所述，有理函数的积分都是有理函数并且总可积出，具体步骤如下：

(1) 变假分式为多项式与真分式之和，多项式部分直接积分；

(2) 化真分式为部分分式；

(3) 对每一部分分式，对照上面的四种情形，分别积出结果.

例 1 求 $\displaystyle\int \frac{x+1}{x^2-5x+6}\mathrm{d}x$.

解 设 $\dfrac{x+1}{x^2-5x+6} = \dfrac{x+1}{(x-3)(x-2)} = \dfrac{A}{x-3} + \dfrac{B}{x-2}$，

其中 A，B 为待定系数，上式两端去分母后，得

$$x+1 = A(x-2) + B(x-3),$$

即
$$x+1 = (A+B)x + (-2A-3B).$$

比较上式两端同次幂的系数，即有

$$\begin{cases} A+B=1, \\ 2A+3B=-1, \end{cases}$$

解得 $A=4$，$B=-3$. 于是

$$\int \frac{x+1}{x^2-5x+6}\mathrm{d}x = \int \left(\frac{4}{x-3} - \frac{3}{x-2}\right)\mathrm{d}x = \int \frac{4}{x-3}\mathrm{d}x - \int \frac{3}{x-2}\mathrm{d}x.$$

由情形(1)知

$$\int \frac{x+1}{x^2-5x+6}\mathrm{d}x = 4\ln|x-3| - 3\ln|x-2| + C.$$

例 2 $\int \dfrac{x^4+2}{x^4+1}\mathrm{d}x.$

解 $\dfrac{x^4+2}{x^4+1} = 1 + \dfrac{1}{x^4+1} = 1 + \dfrac{1}{(x^2+\sqrt{2}x+1)(x^2-\sqrt{2}x+1)}.$

令

$$\frac{1}{(x^2+\sqrt{2}x+1)(x^2-\sqrt{2}x+1)} = \frac{Ax+B}{x^2+\sqrt{2}x+1} + \frac{Cx+D}{x^2-\sqrt{2}x+1},$$

其中 A, B, C, D 为待定系数. 上式两端去分母后比较两端同次幂的系数得

$$A+C=0,$$
$$-\sqrt{2}A + B + \sqrt{2}C + D = 0,$$
$$A - \sqrt{2}B + C + \sqrt{2}D = 0, \quad B+D=1.$$

解之得 $A = \dfrac{1}{2\sqrt{2}}$，$B = \dfrac{1}{2}$，$C = -\dfrac{1}{2\sqrt{2}}$，$D = \dfrac{1}{2}$. 所以

$$\int \frac{x^4+2}{x^4+1}\mathrm{d}x = \frac{1}{2\sqrt{2}}\int \frac{x+\sqrt{2}}{x^2+\sqrt{2}x+1}\mathrm{d}x - \frac{1}{2\sqrt{2}}\int \frac{x-\sqrt{2}}{x^2-\sqrt{2}x+1}\mathrm{d}x.$$

$$= \frac{1}{4\sqrt{2}}\ln(x^2+\sqrt{2}x+1) + \frac{1}{2\sqrt{2}}\arctan(\sqrt{2}x+1).$$

由情形(3)知

$$-\frac{1}{4\sqrt{2}}\ln(x^2-\sqrt{2}x+1) + \frac{1}{2\sqrt{2}}\arctan(\sqrt{2}x-1) + C.$$

于是

$$\int \frac{x^4+2}{x^4+1}dx = x + \frac{1}{4\sqrt{2}}\ln \frac{x^2+\sqrt{2}x+1}{x^2-\sqrt{2}x+1} + \frac{1}{2\sqrt{2}}\arctan(\sqrt{2}x+1) +$$

$$\frac{1}{2\sqrt{2}}\arctan(\sqrt{2}x-1) + C.$$

需要说明的是,在真分式分解为简单分式的过程中,首先要将真分式的分母因式分解为 x 的一次式 $x-a$ 或 $(x-a)^k$ 及二次质因式 (x^2+px+q) 或 $(x^2+px+q)^l$,其中 $p^2-4q<0$ 的形式,那么拆成的简单分式的形式应为 $\frac{P_1(x)}{(x-a)^k}$, $\frac{P^2(x)}{(x^2+px+q)^l}$,其中 $P_1(x)$ 为小于 k 次的多项式,$P_2(x)$ 为小于 $2l$ 次的多项式. 然后通过待定系数的方法来确定 $P_1(x)$ 与 $P_2(x)$. 下面再举一例说明.

例 3 求 $\int \frac{x-7}{(x-1)(x^2-1)}dx$.

解 被积函数的分母可进一步分解为 $(x-1)^2(x+1)$,设

$$\frac{x-7}{(x-1)(x^2-1)} = \frac{Ax+B}{(x-1)^2} + \frac{C}{x+1},$$

去分母得 $\qquad x-7 = (Ax+B)(x+1) + C(x-1)^2,$

即 $\qquad x-7 = (A+C)x^2 + (A+B-2C)x + B+C,$

有 $\qquad \begin{cases} A+C=0, \\ A+B-2C=1, \\ B+C=-7, \end{cases}$ 解得 $\begin{cases} A=2, \\ B=-5, \\ C=-2. \end{cases}$

于是 $\quad \displaystyle\int \frac{x-7}{(x-1)(x^2-1)}dx = \int \left[\frac{2x-5}{(x-1)^2} + \frac{-2}{x+1} \right]dx$

$$= \int \frac{2(x-1)-3}{(x-1)^2}dx - 2\int \frac{1}{x+1}dx$$

$$= 2\int \frac{1}{x-1}dx - 3\int \frac{1}{(x-1)^2}dx - 2\int \frac{1}{x+1}dx$$

$$= 2\ln|x-1| + \frac{3}{x-1} - 2\ln|x+1| + C.$$

二、三角函数有理式的积分

三角函数的积分是会经常遇到的,如果用 $R(x)$ 表示有理函数,将其中的 x 用 $\sin x$ 或 $\cos x$ 来替代. 我们就得到三角函数有理式. 诸如:

$$\frac{1+\sin x}{\sin x(1+\cos x)}, \quad \frac{1}{2+\sin x}, \quad \frac{\sin x}{2\sin x - \cos x + 5}, \quad \text{等等}.$$

对上述类型的被积函数,我们总可利用"万能代换"求解.

令 $\tan\dfrac{x}{2}=u$,即 $x=2\arctan u$,则有

$$\sin x = \frac{2u}{1+u^2}, \quad \cos x = \frac{1-u^2}{1+u^2}, \quad \mathrm{d}x = \frac{2\mathrm{d}u}{1+u^2}.$$

代入后,被积函数总可化为关于 u 的有理函数的积分,它总可积出,再将 u 代回原变量即可.

例 4 求 $\displaystyle\int \frac{1}{1+\sin x + \cos x}\mathrm{d}x$.

解 令 $\tan\dfrac{x}{2}=u$,代入"万能公式"及 $\mathrm{d}x=\dfrac{2u}{1+u^2}\mathrm{d}u$ 得

$$\int \frac{1}{1+\sin x + \cos x}\mathrm{d}x = \int \frac{1}{1+\dfrac{2u}{1+u^2}+\dfrac{1-u^2}{1+u^2}}\cdot\frac{2}{1+u^2}\mathrm{d}u$$

$$= \int \frac{1}{1+u}\mathrm{d}u = \ln|1+u|+C$$

$$= \ln\left|1+\tan\frac{x}{2}\right|+C.$$

三、简单无理函数的积分

不像有理函数的不定积分总是初等函数那样,无理函数的不定积分不一定是初等函数. 因此这类积分就很可能"积不出来",下面通过几个例子来说明有些简单的无理函数的积分可通过适当的变量替换化为有理函数的不定积分.

例 5 求 $\displaystyle\int \frac{1}{x}\sqrt{\frac{1+x}{x}}\mathrm{d}x$.

解 设 $\sqrt{\dfrac{1+x}{x}}=u$,则

$$\frac{1+x}{x}=u^2, \quad x=\frac{1}{u^2-1},$$

$$\mathrm{d}x = -\frac{2u}{(u^2-1)^2}\mathrm{d}u,$$

于是

$$\int \frac{1}{x}\sqrt{\frac{1+x}{x}}\,dx = \int (u^2-1)u \cdot \frac{-2u}{(u^2-1)^2}\,du = -2\int \frac{u^2}{u^2-1}\,du$$

$$= -2\int \Big(1+\frac{1}{u^2-1}\Big)\,du = -2u - \ln\Big|\frac{u-1}{u+1}\Big| + C$$

$$= -2u + 2\ln|u+1| - \ln|u^2-1| + C$$

$$= -2\sqrt{\frac{1+x}{x}} + 2\ln\Big(\sqrt{\frac{1+x}{x}}+1\Big) + \ln|x| + C.$$

例 6　求 $\displaystyle\int \frac{dx}{\sqrt[3]{(x-1)(x+1)^2}}$.

解　由于

$$\int \frac{dx}{\sqrt[3]{(x-1)(x+1)^2}} = \int \sqrt[3]{\frac{x+1}{x-1}} \cdot \frac{dx}{x+1},$$

可令 $\sqrt[3]{\dfrac{x+1}{x-1}} = u$，有

$$x = \frac{u^3+1}{u^3-1}, \quad dx = \frac{-6u^2}{(u^3-1)^2}\,du,$$

于是

$$原式 = \int \frac{-3\,du}{u^3-1} = \int \Big(-\frac{1}{u-1} + \frac{u+2}{u^2+u+1}\Big)\,du$$

$$= \frac{1}{2}\ln\frac{u^2+u+1}{(u-1)^2} + \sqrt{3}\arctan\frac{2u+1}{\sqrt{3}} + C.$$

再将 $u = \sqrt[3]{\dfrac{x+1}{x-1}}$ 代入上式即可.

例 7　求 $\displaystyle\int \frac{1}{(x+a)\sqrt{x^2+2ax}}\,dx$　$(a>0)$.

解　令 $x=u-a$，则

$$原式 = \int \frac{du}{u\sqrt{u^2-a^2}}.$$

再令 $u=a\sec t$，代入得

$$原式 = \int \frac{a\sec t \cdot \tan t}{a\sec t \cdot a\tan t}\,dt = \int \frac{1}{a}\,dt = \frac{t}{a} + C$$

$$= \frac{1}{a}\operatorname{arcsec}\Big(1+\frac{x}{a}\Big) + C.$$

习题 4-4

求下列不定积分.

(1) $\int \dfrac{x+1}{x^2-4x+3}\mathrm{d}x$;

(2) $\int \dfrac{\mathrm{d}x}{x(x^2+1)}$;

(3) $\int \dfrac{\mathrm{d}x}{(x^2+1)(x^2+x+1)}$;

(4) $\int \dfrac{x^5+x^4-8}{x^3-x}\mathrm{d}x$;

(5) $\int \dfrac{\mathrm{d}x}{3+\cos x}$;

(6) $\int \dfrac{\mathrm{d}x}{3+\sin^2 x}$;

(7) $\int \dfrac{\mathrm{d}x}{1+\sqrt[3]{x+1}}$;

(8) $\int \dfrac{(\sqrt{x})^3-1}{\sqrt{x}+1}\mathrm{d}x$;

(9) $\int \sqrt{\dfrac{1-x}{1+x}}\cdot\dfrac{\mathrm{d}x}{x}$;

(10) $\int \dfrac{\mathrm{d}x}{\sqrt{x}(1+\sqrt[3]{x})}$.

第 5 章   定积分及其应用

本章讨论积分学的另一个基本问题——定积分. 我们先从简单的几何学、物理学问题出发引进定积分的定义,然后讨论它的性质、计算方法及其应用.

§5.1   定积分的概念与性质

一、引例

1. 曲边梯形的面积计算

曲边梯形由曲边即在区间 $[a, b]$ 上非负的连续曲线 $y=f(x)$ 及直线 $x=a$, $x=b$, $y=0$ 所围成,如图 5-1 所示.

曲边梯形的面积的计算不同于矩形,其在底边上各点处的高 $f(x)$ 在 $[a, b]$ 上是随 x 的变化而变化的,不能用矩形的面积公式来计算. 但其高 $y=f(x)$ 在 $[a, b]$ 上是连续变化的,即自变量 x 在很微小的小区间内变化时,$f(x)$ 的变化也很微小,近似于不

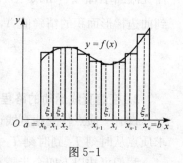

图 5-1

变. 因此,如果把 $[a, b]$ 分割为很多的小区间,在每一个小区间上用其中某一点处的函数值来近似代替这个小区间上的小曲边梯形的变高,那么,每个小曲边梯形的面积就近似等于这个小区间上的小矩形的面积. 从而,所有这些小矩形的面积之和就可以作为原曲边梯形面积的近似值. 而且,若将 $[a, b]$ 无限细分下去,使得每个小区间的长度都趋于零时,所有小矩形面积之和的极限就可以定义为曲边梯形的面积. 具体可归纳为以下四个步骤:

（1）**分割**   在 $[a, b]$ 中插入 $n-1$ 个分点

$$a = x_0 < x_1 < x_2 < \cdots < x_{n-1} < x_n = b,$$

把 $[a, b]$ 分成 n 个小区间

$$[x_0, x_1], [x_1, x_2], \cdots, [x_{n-1}, x_n],$$

其长度依次记为

$$\Delta x_1 = x_1 - x_0, \ \Delta x_2 = x_2 - x_1, \cdots, \Delta x_n = x_n - x_{n-1},$$

经过每一个分点 $x_i(i=1,2,\cdots,n-1)$ 作垂直于 x 轴的直线段,把曲边梯形分割成 n 个小曲边梯形.

(2) **近似** 在每个小曲边梯形底边 $[x_{i-1}, x_i]$ 上任取一点 $\xi_i(x_{i-1}\leqslant\xi_i\leqslant x_i)$,以 $[x_{i-1}, x_i]$ 为底边,$f(\xi_i)$ 为高的小矩形的面积 $f(\xi_i)\Delta x_i$ 近似代替相对应的小曲边梯形的面积 ΔA_i,即

$$\Delta A_i \approx f(\xi_i)\Delta x_i \qquad (i=1,2,\cdots,n).$$

(3) **求和** 把(2)得到的 n 个小矩形面积之和作为所求曲边梯形的面积 A 的近似值,即

$$A \approx f(\xi_1)\Delta x_1 + f(\xi_2)\Delta x_2 + \cdots + f(\xi_n)\Delta x_n = \sum_{i=1}^{n} f(\xi_i)\Delta x_i.$$

(4) **取极限** 为保证所有的小区间的区间长度随小区间的个数 n 的无限增加而无限缩小,记 $\lambda = \max_{1\leqslant i\leqslant n}\{\Delta x_i\}$,要求 $\lambda\to 0$(这时 $n\to\infty$),取上述和式的极限,便可得到曲边梯形面积的精确值 A,即

$$A = \lim_{\lambda\to 0}\sum_{i=1}^{n} f(\xi_i)\Delta x_i.$$

2. 变速直线运动的路程求解

设有一质点作变速直线运动,在时刻 t 的速度 $v=v(t)$ 是一已知的连续函数,求质点从时刻 T_1 到时刻 T_2 所通过的路程.

我们可按以下四个步骤求出质点在该时间内通过的路程:

(1) **分割** 在 $[T_1, T_2]$ 内任意插入 $n-1$ 个分点

$$T_1 = t_0 < t_1 < t_2 < \cdots < t_{n-1} < t_n = T_2,$$

把 $[T_1, T_2]$ 分成 n 个时间间隔 $[t_{i-1}, t_i]$,每段时间间隔的长为

$$\Delta t_i = t_i - t_{i-1} \quad (i=1,2,\cdots,n).$$

(2) **近似** 在 $[t_{i-1}, t_i]$ 内任取一点 τ_i,作乘积

$$\Delta S_i = v(\tau_i)\Delta t_i \quad (i=1,2,\cdots,n)$$

为 $[t_{i-1}, t_i]$ 内的路程的近似值.

(3) **求和** 把每段时间通过的路程相加,得到所求变速直线运动的路程的近

似值,即
$$S \approx \sum_{i=1}^{n} v(\tau_i) \Delta t_i.$$

(4) **取极限**　令 $\lambda = \max\limits_{1 \leqslant i \leqslant n} \{\Delta t_i\}$,有

$$S = \lim_{\lambda \to 0} \sum_{i=1}^{n} v(\tau_i) \Delta t_i,$$

即为变速直线运动的路程.

二、定积分的定义

上述两个问题,虽然实际意义不同,但其解决问题的途径一致,均为求一个乘积和式的极限. 类似的问题还有很多,弄清它们在数量关系上共同的本质与特性,加以抽象与概括,就是定积分的定义.

定义　设函数 $f(x)$ 在 $[a, b]$ 上有界.

(1) **分割**　在 $[a, b]$ 中任意插入 $n-1$ 个分点

$$a = x_0 < x_1 < x_2 < \cdots < x_{n-1} < x_n = b,$$

把 $[a, b]$ 分成 n 个小区间 $[x_{i-1}, x_i]$,并记每个小区间的长度为

$$\Delta x_i = x_i - x_{i-1} \qquad (i = 1, 2, \cdots, n).$$

(2) **近似**　在每个小区间 $[x_{i-1}, x_i]$ 上任取一点 ξ_i,作乘积

$$f(\xi_i) \Delta x_i \qquad (i = 1, 2, \cdots, n).$$

(3) **求和**　$\sum\limits_{i=1}^{n} f(\xi_i) \Delta x_i.$

(4) **取极限**　记 $\lambda = \max\limits_{1 \leqslant i \leqslant n} \{\Delta x_i\}$,作极限

$$\lim_{\lambda \to 0} \sum_{i=1}^{n} f(\xi_i) \Delta x_i. \tag{1}$$

如果对 $[a, b]$ 任意分割,在 $[x_{i-1}, x_i]$ 任取 ξ_i,只要当 $\lambda \to 0$ 时,极限 (1) 总趋于同一个定数 I. 这时,我们称 $f(x)$ 在 $[a, b]$ 上可积,并称这个极限值 I 为 $f(x)$ 在 $[a, b]$ 上的**定积分**,记作 $\int_a^b f(x)\mathrm{d}x$,即

$$\int_a^b f(x)\mathrm{d}x = \lim_{\lambda \to 0} \sum_{i=1}^{n} f(\xi_i) \Delta x_i.$$

其中,$f(x)$ 称为**被积函数**,$f(x)\mathrm{d}x$ 称为**被积表达式**,x 称为**积分变量**,a 称为**积分**

下限,b 称为积分上限,$[a,b]$ 称为积分区间.

根据定积分的定义,前面所举的例子可以用定积分表述如下:

(1) 曲线 $y=f(x)(f(x)\geqslant0)$,$x=a$,$x=b$,$y=0$ 所围图形的面积

$$A = \int_a^b f(x)\mathrm{d}x.$$

(2) 质点以速度 $v=v(t)$ 做直线运动,从时刻 T_1 到时刻 T_2 所通过的路程

$$S = \int_{T_1}^{T_2} v(t)\mathrm{d}t.$$

关于定积分,还要强调说明如下几点:

(1) 定积分与不定积分是两个截然不同的概念. 定积分是一个数值,定积分存在时,其值只与被积函数 $f(x)$ 及积分区间 $[a,b]$ 有关,与积分变量的记法无关,即

$$\int_a^b f(x)\mathrm{d}x = \int_a^b f(t)\mathrm{d}t.$$

(2) 关于函数 $f(x)$ 的可积性问题:

定理 1 闭区间 $[a,b]$ 上的连续函数必在 $[a,b]$ 上可积.

定理 2 闭区间 $[a,b]$ 上的只有有限个间断点的有界函数必在 $[a,b]$ 上可积. 这里不给出证明,但有界函数不一定可积.

(3) 当 $a=b$ 时,规定 $\int_a^b f(x)\mathrm{d}x = 0$.

(4) 规定 $\int_a^b f(x)\mathrm{d}x = -\int_b^a f(x)\mathrm{d}x$.

(5) 定积分的几何意义:在 $[a,b]$ 上,如果 $f(x)\geqslant0$,$\int_a^b f(x)\mathrm{d}x$ 表示曲线 $y=f(x)$,直线 $x=a$,$x=b$,$y=0$ 所围成的图形的面积;如果 $f(x)\leqslant0$,则 $\int_a^b f(x)\mathrm{d}x$ 表示由曲线 $y=f(x)$,直线 $x=a$,$x=b$,$y=0$ 所围成的图形的面积的负值;如果 $f(x)$ 既取得正值又取得负值时,$\int_a^b f(x)\mathrm{d}x$ 表示介于 x 轴,函数 $f(x)$ 的图像及直线 $x=a$,$x=b$ 之间的各部分图形的面积的代数和,其中在 x 轴上方的部分图形的面积规定为正,下方的规定为负,如图 $5-2$ 所示.

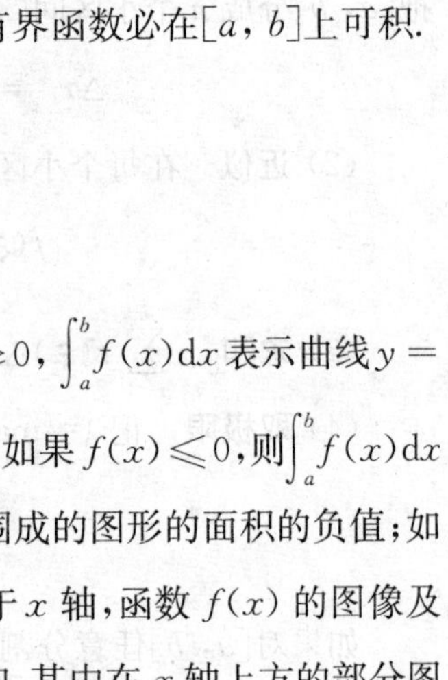

例 1 利用定积分定义计算定积分 $\int_0^1 x^2 \mathrm{d}x$.

解 因为被积函数 x^2 在 $[0,1]$ 上连续,从而可积. 所以积分值与 $[0,1]$ 的分法及 ξ_i 的取法无关,故

图 5-2

(1) 分割 将 $[0, 1]$ 分成 n 等份,取 $x_i = \dfrac{i}{n}$,每个小区间 $[x_{i-1}, x_i]$ 的长度 Δx_i $= \dfrac{1}{n}(i = 1, 2, \cdots, n)$.

(2) 近似 取 $\xi_i = x_i = \dfrac{i}{n}$,作

$$\Delta A_i \approx f(\xi_i)\Delta x_i = \left(\dfrac{i}{n}\right)^2 \cdot \dfrac{1}{n} \quad (i = 1, 2, \cdots, n).$$

(3) 求和 $S \approx \displaystyle\sum_{i=1}^{n} f(\xi_i)\Delta x_i = \dfrac{1}{n^3}\sum_{i=1}^{n} i^2 = \dfrac{1}{6}\left(1 + \dfrac{1}{n}\right)\left(2 + \dfrac{1}{n}\right).$

(4) 取极限 令 $\lambda = \max\limits_{1 \leqslant i \leqslant n}\{\Delta x_i\}$,当 $\lambda \to 0$ 时 $(n \to \infty)$,有

$$\int_0^1 x^2 \mathrm{d}x = \lim_{\lambda \to 0}\sum_{i=1}^{n}\xi_i^2 \Delta x_i = \lim_{n \to \infty}\dfrac{1}{6}\left(1 + \dfrac{1}{n}\right)\left(2 + \dfrac{1}{n}\right) = \dfrac{1}{3}.$$

例 2 用定积分的几何意义求 $\displaystyle\int_0^{2\pi} \sin x \mathrm{d}x.$

解 画出被积函数 $y = \sin x$ 在 $[0, 2\pi]$ 上的图形,如图 5-3 所示. 因 x 轴上方与 x 轴下方图形面积相同,用定积分表示时上方的用 $+S$,下方的用 $-S$,所以

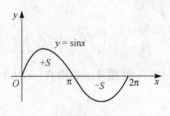

图 5-3

$$\int_0^{2\pi} \sin x \mathrm{d}x = (+S) + (-S) = 0.$$

三、定积分的性质

在以下所列的性质中,均认定函数 $f(x)$,$g(x)$ 在指定区间上可积.

性质 1 两个函数的代数和的积分等于两函数积分的代数和,即

$$\int_a^b [f(x) \pm g(x)]\mathrm{d}x = \int_a^b f(x)\mathrm{d}x \pm \int_a^b g(x)\mathrm{d}x.$$

证明 由定积分的定义,有

$$\int_a^b [f(x) \pm g(x)]\mathrm{d}x = \lim_{n \to 0}\sum_{i=1}^{n}[f(\xi_i) \pm g(\xi_i)]\Delta x_i$$

$$= \lim_{n \to 0}\sum_{i=1}^{n}f(\xi_i)\Delta x_i \pm \lim_{n \to 0}\sum_{i=1}^{n}g(\xi_i)\Delta x_i$$

$$= \int_a^b f(x)\mathrm{d}x \pm \int_a^b g(x)\mathrm{d}x.$$

对于任意有限个函数的代数和的积分,该性质都成立.

性质 2 被积函数的常数因子可以提到积分号外面,即

$$\int_a^b kf(x)\mathrm{d}x = k\int_a^b f(x)\mathrm{d}x \quad (k \text{ 为常数}).$$

性质 3(**定积分的积分区间可加性**) 如果将积分区间 $[a, b]$ 分成两个小区间 $[a, c]$ 和 $[c, b]$,则在整个区间上的定积分等于这两个小区间上定积分之和,即若 $a<c<b$,则

$$\int_a^b f(x)\mathrm{d}x = \int_a^c f(x)\mathrm{d}x + \int_c^b f(x)\mathrm{d}x.$$

当 c 不介于 a,b 之间时,上式仍然成立.例如,$a<b<c$,则

$$\int_a^c f(x)\mathrm{d}x = \int_a^b f(x)\mathrm{d}x + \int_b^c f(x)\mathrm{d}x,$$

于是

$$\int_a^b f(x)\mathrm{d}x = \int_a^c f(x)\mathrm{d}x - \int_b^c f(x)\mathrm{d}x = \int_a^c f(x)\mathrm{d}x + \int_c^b f(x)\mathrm{d}x.$$

性质 4 如果在 $[a, b]$ 上,$f(x)\equiv 1$,则

$$\int_a^b 1\mathrm{d}x = \int_a^b \mathrm{d}x = b-a.$$

性质 5 如果在 $[a, b]$ 上,$f(x)\leqslant g(x)$,则

$$\int_a^b f(x)\mathrm{d}x \leqslant \int_a^b g(x)\mathrm{d}x.$$

推论 1 如果在 $[a, b]$ 上,$f(x)\geqslant 0$,则 $\int_a^b f(x)\mathrm{d}x \geqslant 0$.

推论 2 $\left|\int_a^b f(x)\mathrm{d}x\right| \leqslant \int_a^b |f(x)|\mathrm{d}x \quad (a<b).$

注 若在 $[a, b]$ 上 $f(x)\leqslant g(x)$,且 $f(x)\not\equiv g(x)$,则

$$\int_a^b f(x)\mathrm{d}x < \int_a^b g(x)\mathrm{d}x.$$

性质 6(**定积分的估值定理**) 设 M 及 m 分别是函数 $f(x)$ 在 $[a, b]$ 上的最大值及最小值,则

$$m(b-a) \leqslant \int_a^b f(x)\mathrm{d}x \leqslant M(b-a) \quad (a<b).$$

以上这些性质或推论的证明均可类似性质 1 用定积分的定义或利用性质 5 来完成.（请读者自行证明.）

性质 7（定积分中值定理）　如果函数 $f(x)$ 在 $[a, b]$ 上连续,则在 $[a, b]$ 上至少存在一点 ξ,使

$$\int_a^b f(x)\mathrm{d}x = f(\xi)(b-a) \qquad (a \leqslant \xi \leqslant b).$$

证明　根据定积分估值定理,有

$$m \leqslant \frac{1}{b-a}\int_a^b f(x)\mathrm{d}x \leqslant M,$$

即确定的数值 $\dfrac{1}{b-a}\displaystyle\int_a^b f(x)\mathrm{d}x$ 介于函数 $f(x)$ 的最小值 m 及最大值 M 之间. 根据闭区间上连续函数的介值定理,在 $[a, b]$ 上至少存在一点 ξ,使得函数 $f(x)$ 在 ξ 处的值与这个确定的数值相等,即

图 5-4

$$\frac{1}{b-a}\int_a^b f(x)\mathrm{d}x = f(\xi) \qquad (a \leqslant \xi \leqslant b),$$

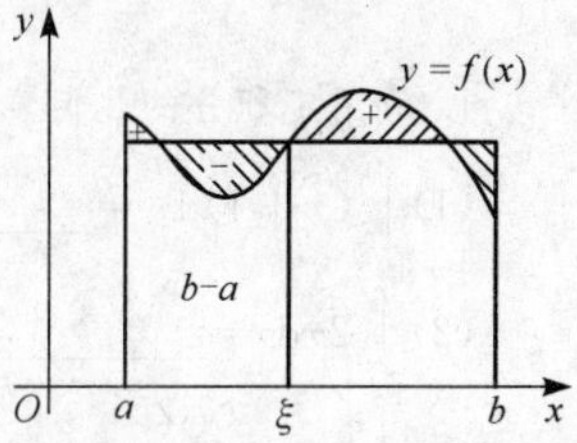

亦即　$\displaystyle\int_a^b f(x)\mathrm{d}x = f(\xi)(b-a) \qquad (a \leqslant \xi \leqslant b).$

上述各条性质均可进行几何解释,仅以性质 7 为例. 在区间 $[a, b]$ 上至少存在一点 ξ,使得以 $[a, b]$ 为底边,以曲线 $y = f(x)$ 为曲边的曲边梯形的面积等于同一底边、而高为 $f(\xi)$ 的一个矩形的面积（图 5-4）,图中的正负符号是 $f(x)$ 相对于长方形凸出和凹进的部分,并称 $\dfrac{1}{b-a}\displaystyle\int_a^b f(x)\mathrm{d}x$ 为函数 $f(x)$ 在区间 $[a, b]$ 上的平均值.

例 3　估计积分值 $\displaystyle\int_{\frac{1}{2}}^1 x^4\mathrm{d}x$ 的大小.

解　令 $f(x) = x^4$,因 $x \in \left[\dfrac{1}{2}, 1\right]$,则 $f'(x) = 4x^3 > 0$,所以 $f(x)$ 在 $\left[\dfrac{1}{2}, 1\right]$ 上单调增加,$f(x)$ 在 $\left[\dfrac{1}{2}, 1\right]$ 上的最小值 $m = f\left(\dfrac{1}{2}\right) = \dfrac{1}{16}$,最大值 $M = f(1) = 1$. 所以有

$$\frac{1}{16}\left(1 - \frac{1}{2}\right) \leqslant \int_{\frac{1}{2}}^1 x^4\mathrm{d}x \leqslant 1\left(1 - \frac{1}{2}\right),$$

即
$$\frac{1}{32} \leqslant \int_{\frac{1}{2}}^{1} x^4 \mathrm{d}x \leqslant \frac{1}{2}.$$

例 4 比较 $\int_0^1 \mathrm{e}^x \mathrm{d}x$ 与 $\int_0^1 (1+x) \mathrm{d}x$ 的大小.

解 令 $f(x) = \mathrm{e}^x - (1+x)$,因 $x \in [0, 1]$,则 $f'(x) = \mathrm{e}^x - 1 \geqslant 0$(仅当 $x=0$ 时等号成立),所以 $f(x)$ 在 $[0, 1]$ 上单调递增,即 $x > 0$ 时,$f(x) > f(0) = 0$,即在 $(0, 1)$ 内 $\mathrm{e}^x > 1+x$,所以

$$\int_0^1 \mathrm{e}^x \mathrm{d}x > \int_0^1 (1+x) \mathrm{d}x.$$

习题 5-1

1. 利用定积分的几何意义,填写下列定积分值.

(1) $\int_0^1 (x+1) \mathrm{d}x = $ _____ ;

(2) $\int_0^1 2x \mathrm{d}x = $ _____ ;

(3) $\int_{-\pi}^{\pi} \sin x \mathrm{d}x = $ _____ ;

(4) $\int_0^1 \sqrt{1-x^2} \mathrm{d}x = $ _____ .

2. 利用定积分定义计算 $\int_0^1 \mathrm{e}^x \mathrm{d}x$.

3. 设 $a < b$,问 a, b 取什么值时,积分 $\int_a^b (x - x^2) \mathrm{d}x$ 取得最大值?

4. 比较下列各组两个积分的大小.

(1) $\int_0^1 x^2 \mathrm{d}x$ _____ $\int_0^1 x^3 \mathrm{d}x$; (2) $\int_0^1 \mathrm{e}^x \mathrm{d}x$ _____ $\int_0^1 (1+x) \mathrm{d}x$.

5. 估计下列积分的值.

(1) $\int_0^1 (x^2+1) \mathrm{d}x$; (2) $\int_2^0 \mathrm{e}^{x^2-x} \mathrm{d}x$.

6. 设 $f(x)$ 在 $[a, b]$ 上连续,若 $f(x) \geqslant 0$ 且 $\int_a^b f(x) \mathrm{d}x = 0$,试证:在 $[a, b]$ 上 $f(x) \equiv 0$.

§5.2 微积分基本公式

在 §5.1 我们利用定积分的定义计算在 $[0, 1]$ 上被积函数为 $f(x) = x^2$ 的定积分,计算它已经比较困难,如果被积函数变得比较复杂,利用定积分的定义计算定积分就会变得非常困难,甚至不可解.因而,必须寻求计算定积分的新的方法.

一、变速直线运动中位置函数与速度函数之间的联系

设一物体沿直线作变速运动,在 t 时刻物体所在位置为 $S(t)$,速度为 $v(t)(v(t) \geqslant 0)$,则物体在时间间隔 $[T_1, T_2]$ 内经过的路程可用速度函数表示为 $\int_{T_1}^{T_2} v(t) \mathrm{d}t$.

另一方面,这段路程还可以通过位置函数 $S(t)$ 在 $[T_1, T_2]$ 上的增量 $S(T_2) - S(T_1)$ 来表达,即

$$\int_{T_1}^{T_2} v(t) \mathrm{d}t = S(T_2) - S(T_1),$$

且 $S'(t) = v(t)$.

对于一般函数 $f(x)$,设 $F'(x) = f(x)$,是否也有

$$\int_a^b f(x) \mathrm{d}x = F(b) - F(a)?$$

若上式成立,我们就找到了用 $f(x)$ 的原函数的数值差 $F(b) - F(a)$ 来计算 $f(x)$ 在 $[a, b]$ 上的定积分的方法.

二、积分上限的函数及其导数

设函数 $f(x)$ 在 $[a, b]$ 上连续,任意取定 $x \in [a, b]$,则 $f(x)$ 在 $[a, x]$ 上也连续,从而确定了唯一一个数值

$$\int_a^x f(x) \mathrm{d}x = \int_a^x f(t) \mathrm{d}t.$$

如果上限 x 在 $[a, b]$ 上任意取值,总有唯一确定的数值 $\int_a^x f(t) \mathrm{d}t$ 与之对应,所以定义了一个 $[a, b]$ 区间上的函数,记作 $\Phi(x)$,即

$$\Phi(x) = \int_a^x f(t) \mathrm{d}t \qquad (a \leqslant x \leqslant b).$$

称 $\Phi(x)$ 为**积分上限的函数**. 积分上限的函数具有下述重要性质.

定理 1 如果函数 $f(x)$ 在 $[a, b]$ 上连续,则积分上限的函数

$$\Phi(x) = \int_a^x f(t) \mathrm{d}t$$

在 $[a, b]$ 上可导,并且其导数为

$$\Phi'(x) = \frac{\mathrm{d}}{\mathrm{d}x}\int_a^x f(t)\mathrm{d}t = f(x) \qquad (a \leqslant x \leqslant b).$$

证明 任取 x 及 Δx, 使 x, $x + \Delta x \in (a, b)$(图 5-5), 则

$$\Delta\Phi(x) = \Phi(x + \Delta x) - \Phi(x)$$

$$= \int_a^{x+\Delta x} f(t)\mathrm{d}t - \int_a^x f(t)\mathrm{d}t$$

$$= \int_a^x f(t)\mathrm{d}t + \int_x^{x+\Delta x} f(t)\mathrm{d}t - \int_a^x f(t)\mathrm{d}t$$

$$= \int_x^{x+\Delta x} f(t)\mathrm{d}t$$

$$= f(\xi)\Delta x \quad (x \leqslant \xi \leqslant x + \Delta x),$$

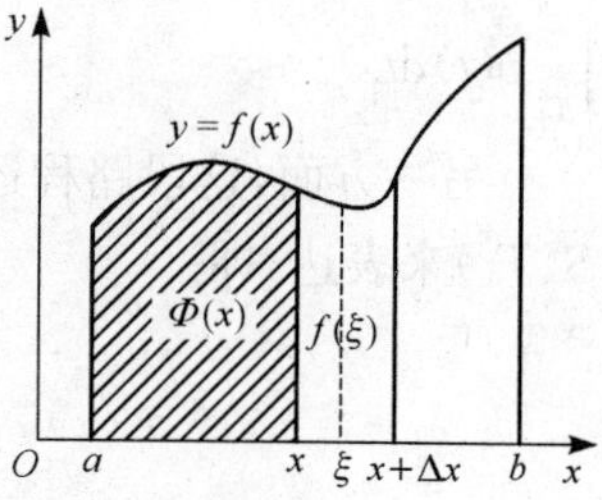

图 5-5

从而 $\qquad \dfrac{\Delta\Phi(x)}{\Delta x} = f(\xi) \qquad (x \leqslant \xi \leqslant x + \Delta x).$

由于 $f(x)$ 在 $[a, b]$ 上连续, 当 $\Delta x \to 0$ 时, $\xi \to x$, 故在上式两端同时取极限, 有

$$\Phi'(x) = \lim_{\Delta x \to 0} f(\xi) = f(x).$$

若 $x = a$, 取 $\Delta x > 0$, 同理可证 $\Phi'_+(a) = f(a)$; 若 $x = b$, 取 $\Delta x < 0$, 则 $\Phi'_-(b) = f(b)$. 所以

$$\Phi'(x) = \frac{\mathrm{d}}{\mathrm{d}x}\int_a^x f(t)\mathrm{d}t = f(x) \qquad (a \leqslant x \leqslant b).$$

推论 设 $f(x)$ 在 $[a, b]$ 上连续, $\varphi(x)$ 在 $[a, b]$ 上可导, 则

$$\frac{\mathrm{d}}{\mathrm{d}x}\int_a^{\varphi(x)} f(t)\mathrm{d}t = f[\varphi(x)] \cdot \varphi'(x).$$

定理 2 如果函数 $f(x)$ 在 $[a, b]$ 上连续, 则函数

$$F(x) = \int_a^x f(t)\mathrm{d}t$$

为 $f(x)$ 在 $[a, b]$ 上的一个原函数.

这个定理肯定了连续函数一定存在原函数, 而且, 初步揭示了定积分与原函数之间的联系, 因此利用原函数来计算定积分就变得有可能了.

三、微积分基本公式

定理3 如果函数 $F(x)$ 是 $[a, b]$ 上的连续函数 $f(x)$ 的任意一个原函数，则

$$\int_a^b f(x)\mathrm{d}x = F(b) - F(a).$$

证明 因为 $\Phi(x) = \int_a^x f(t)\mathrm{d}t$ 与 $F(x)$ 都是 $f(x)$ 的原函数，故

$$F(x) - \Phi(x) = C \qquad (a \leqslant x \leqslant b).$$

其中，C 为某一常数.

令 $x = a$，得 $F(a) - \Phi(a) = C$，且 $\Phi(a) = \int_a^a f(t)\mathrm{d}t = 0$，即有 $C = F(a)$，故

$$F(x) = \Phi(x) + F(a),$$
$$\Phi(x) = F(x) - F(a) = \int_a^x f(t)\mathrm{d}t.$$

令 $x = b$，有 $\qquad \int_a^b f(x)\mathrm{d}x = F(b) - F(a).$

为了方便起见，还常用 $F(x)\Big|_a^b$ 表示 $F(b) - F(a)$，即

$$\int_a^b f(x)\mathrm{d}x = F(x)\Big|_a^b = F(b) - F(a).$$

该式称为**微积分基本公式**或**牛顿-莱布尼茨公式**. 它指出了求连续函数定积分的一般方法，把求定积分的问题转化成求原函数的问题，是联系微分学与积分学的桥梁.

例1 计算 $\int_0^1 x^2 \mathrm{d}x$.

解 由于 $\frac{1}{3}x^3$ 是 x^2 的一个原函数，所以根据牛顿-莱布尼茨公式有

$$\int_0^1 x^2 \mathrm{d}x = \frac{1}{3}x^3\Big|_0^1 = \frac{1}{3}\cdot 1^3 - \frac{1}{3}\cdot 0^3 = \frac{1}{3}.$$

例2 计算 $\int_0^1 \frac{\mathrm{d}x}{\sqrt{4-x^2}}$.

解 由于 $\frac{1}{\sqrt{4-x^2}}$ 的一个原函数为 $\arcsin\frac{x}{2}$，故

$$\int_0^1 \frac{\mathrm{d}x}{\sqrt{4-x^2}} = \arcsin \frac{x}{2} \Big|_0^1 = \arcsin \frac{1}{2} - \arcsin 0 = \frac{\pi}{6}.$$

例3　计算 $\int_1^e \frac{\ln x}{x} \mathrm{d}x.$

解　　　　$\int_1^e \frac{\ln x}{x} \mathrm{d}x = \int_1^e \ln x \mathrm{d}(\ln x) = \frac{1}{2}(\ln x)^2 \Big|_1^e = \frac{1}{2}.$

例4　计算 $\int_{-1}^1 |\, 2x+1 \,| \mathrm{d}x.$

解　因为

$$|\, 2x+1 \,| = \begin{cases} 2x+1, & x \geqslant -\dfrac{1}{2}, \\ -(2x+1), & x < -\dfrac{1}{2}, \end{cases}$$

故

$$\int_{-1}^1 |\, 2x+1 \,| \mathrm{d}x = -\int_{-1}^{-\frac{1}{2}} (2x+1) \mathrm{d}x + \int_{-\frac{1}{2}}^1 (2x+1) \mathrm{d}x$$

$$= \left[-x^2 - x \right]_{-1}^{-\frac{1}{2}} + \left[x^2 + x \right]_{-\frac{1}{2}}^1 = \frac{5}{2}.$$

　　例5　计算正弦曲线 $y = \sin x$ 在$[0, \pi]$上与 x 轴所围成的图形(图 5-6)的面积.

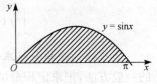
图 5-6

　　解　由于 $y = \sin x$ 在$[0, \pi]$上非负连续,所以它围成的面积

$$A = \int_0^\pi \sin x \mathrm{d}x = -\cos x \Big|_0^\pi$$

$$= -\cos \pi + \cos 0 = 2.$$

例6　计算 $\lim\limits_{x \to 0} \frac{1}{x} \int_0^{\sin x} \mathrm{e}^{-t^2} \mathrm{d}t.$

　　解　这是一个"$\dfrac{0}{0}$"型的未定式,运用洛必达法则及本节中的推论来计算这个极限

$$\frac{\mathrm{d}}{\mathrm{d}x} \int_0^{\sin x} \mathrm{e}^{-t^2} \mathrm{d}t = \mathrm{e}^{-\sin^2 x} \cdot \cos x,$$

所以

$$\lim_{x \to 0} \frac{1}{x} \int_0^{\sin x} e^{-t^2} \, dt = \lim_{x \to 0} \frac{\int_0^{\sin x} e^{-t^2} \, dt}{x} = \lim_{x \to 0} \frac{e^{-\sin^2 x} \cdot \cos x}{1} = 1.$$

例 7　设 $f(x)$ 是 $(0, +\infty)$ 上的连续函数，$F(x) = \dfrac{1}{x} \int_0^x f(t) \, dt$，若 $f(x)$ 是单调增函数，证明：$F(x)$ 也为单调增函数.

证明　由 $F(x) = \dfrac{1}{x} \int_0^x f(t) \, dt$，有

$$F'(x) = \frac{xf(x) - \int_0^x f(t) \, dt}{x^2}.$$

由积分中值定理，有

$$\int_0^x f(t) \, dt = xf(\xi) \qquad (0 < \xi < x),$$

所以

$$F'(x) = \frac{xf(x) - \int_0^x f(t) \, dt}{x^2} = \frac{f(x) - f(\xi)}{x}.$$

由于 $f(x)$ 是单调增函数，有 $f(x) - f(\xi) > 0$，故 $F'(x) > 0$，即 $F(x)$ 为单调增函数.

习题 5-2

1. 求由参数表达式 $x = \displaystyle\int_0^t \sin u \, du$，$y = \displaystyle\int_0^t \cos u \, du$ 所给定的函数 $y = y(x)$ 的导数 $\dfrac{dy}{dx}$.

2. 当 x 为何值时，函数 $I(x) = \displaystyle\int_0^x te^{-t^2} \, dt$ 有极值？

3. 计算下列各导数.

(1) $\dfrac{d}{dx} \displaystyle\int_0^{x^2} \sqrt{1 + t^2} \, dt$；

(2) $\dfrac{d}{dx} \displaystyle\int_{x^2}^{x^3} \dfrac{dt}{\sqrt{1 + t^4}}$；

(3) $\dfrac{d}{dx} \displaystyle\int_0^x (x - t) \sin t \, dt$.

4. 计算下列各定积分.

(1) $\displaystyle\int_0^a (3x^2 - x + 1) \, dx$；

(2) $\displaystyle\int_4^9 \sqrt{x}(1 + \sqrt{x}) \, dx$；

(3) $\displaystyle\int_{-1}^0 \dfrac{3x^4 + 3x^2 + 1}{x^2 + 1} \, dx$；

(4) $\displaystyle\int_0^1 \dfrac{dx}{\sqrt{4 - x^2}}$；

(5) $\displaystyle\int_0^{\sqrt{3}a} \dfrac{dx}{a^2 + x^2}$；

(6) $\displaystyle\int_0^{\frac{\pi}{4}} \tan^2 \theta \, d\theta$；

(7) $\int_0^{2\pi} |\sin x| \, dx$;

(8) $\int_0^2 f(x) \, dx$, 其中 $f(x) = \begin{cases} x+1, & x \leqslant 1, \\ \dfrac{1}{2} x^2, & x > 1. \end{cases}$

5. 求下列极限.

(1) $\lim\limits_{x \to 0} \dfrac{\left(\int_0^x e^{t^2} \, dt \right)^2}{\int_0^x t e^{2t^2} \, dt}$;

(2) $\lim\limits_{x \to 0} \dfrac{\int_0^x (\arctan t)^2 \, dt}{\sqrt{x^3+1}-1}$.

6. 设 $f(x) > 0$ 且在 $[a, b]$ 上连续,令 $F(x) = \int_a^x f(t) \, dt + \int_b^x \dfrac{dt}{f(t)}$,求证:

(1) $F'(x) \geqslant 2$;

(2) 方程 $F(x) = 0$ 在 (a, b) 内有且仅有一实根.

7. 设 $f(x)$ 在 $[0, +\infty)$ 内连续,且 $\lim\limits_{x \to +\infty} f(x) = 1$. 证明:函数 $y = e^{-x} \int_0^x e^t f(t) \, dt$ 满足方程 $\dfrac{dy}{dx} + y = f(x)$,并求 $\lim\limits_{x \to +\infty} y(x)$.

§5.3 定积分的换元法与分部积分法

计算定积分 $\int_a^b f(x) \, dx$ 的简便方法是求出一个原函数,用牛顿-莱布尼茨公式计算. 在不定积分中,我们知道用换元积分法和分部积分法可以求出一些函数的原函数. 因此,在一定条件下,可以用换元积分法和分部积分法来计算定积分. 下面我们就来讨论定积分的这两种计算方法.

一、定积分的换元法

定理 设 $f(x)$ 在 $[a, b]$ 上连续,函数 $x = \varphi(t)$ 在闭区间 $[\alpha, \beta]$ 上有连续导数 $\varphi'(t)$,当 t 从 α 变到 β 时,$\varphi(t)$ 从 $\varphi(\alpha) = a$ 单调变到 $\varphi(\beta) = b$,则

$$\int_a^b f(x) \, dx = \int_\alpha^\beta f[\varphi(t)] \varphi'(t) \, dt.$$

该公式称为**定积分的换元公式**,与不定积分的换元公式不同的是:只要计算在新的积分变量下新的被积函数在新的积分区间内的积分值,从而避免了不定积分中积分后的新变量要代回到原变量的麻烦.

证明 按定理条件,等式两边的积分都是存在的,设 $F(x)$ 是 $f(x)$ 的一个原函数,由复合函数的求导法则可知,$F[\varphi(t)]$ 是 $f[\varphi(t)] \varphi'(t)$ 的一个原函数. 于是,由牛顿-莱布尼茨公式,有

$$\int_a^b f(x) \, dx = F(b) - F(a) = F[\varphi(\beta)] - F[\varphi(\alpha)] = \int_\alpha^\beta f[\varphi(t)] \varphi'(t) \, dt.$$

注 换元公式对 $a > b$ 的情形也成立.

例 1 计算 $\int_0^a \sqrt{a^2 - x^2}\,\mathrm{d}x$ $(a > 0)$.

解 令 $x = a\sin t$,则 $\mathrm{d}x = a\cos t\mathrm{d}t$. 当 x 从 0 变到 a 时,相应地 t 从 0 变到 $\frac{\pi}{2}$,于是

$$\int_0^a \sqrt{a^2 - x^2}\,\mathrm{d}x = a^2 \int_0^{\frac{\pi}{2}} \cos^2 t\mathrm{d}t = \frac{a^2}{2}\left[t + \frac{1}{2}\sin 2t\right]_0^{\frac{\pi}{2}} = \frac{\pi}{4}a^2.$$

例 2 计算 $\int_{\frac{3}{4}}^1 \frac{\mathrm{d}x}{\sqrt{1 - x} - 1}$.

解 令 $\sqrt{1 - x} = t$,则 $x = 1 - t^2$, $\mathrm{d}x = -2t\mathrm{d}t$. 当 x 从 $\frac{3}{4}$ 变到 1 时,相应地 t 从 $\frac{1}{2}$ 变到 0,于是

$$\int_{\frac{3}{4}}^1 \frac{\mathrm{d}x}{\sqrt{1 - x} - 1} = \int_{\frac{1}{2}}^0 \frac{-2t}{t - 1}\mathrm{d}t = 2\left[t + \ln\mid t - 1\mid\right]_0^{\frac{1}{2}} = 1 - 2\ln 2.$$

在定积分的计算过程中,如果运用凑微分法,且未写出中间变量,则无需改变积分限,而可采用下述书写方法.

例 3 计算 $\int_1^{e^2} \frac{\mathrm{d}x}{x\sqrt{1 + \ln x}}$.

解
$$\int_1^{e^2} \frac{\mathrm{d}x}{x\sqrt{1 + \ln x}} = \int_1^{e^2} \frac{\mathrm{d}(\ln x)}{\sqrt{1 + \ln x}} = \int_1^{e^2} \frac{\mathrm{d}(1 + \ln x)}{\sqrt{1 + \ln x}}$$
$$= 2\sqrt{1 + \ln x}\,\Big|_1^{e^2} = 2(\sqrt{3} - 1).$$

例 4 计算 $\int_0^{\pi} \sqrt{\sin^3 x - \sin^5 x}\,\mathrm{d}x$.

解 由于 $\sqrt{\sin^3 x - \sin^5 x} = \sin^{\frac{3}{2}} x \cdot \mid\cos x\mid$,该定积分要分区间分别进行计算,即

$$\int_0^{\pi} \sqrt{\sin^3 x - \sin^5 x}\mathrm{d}x = \int_0^{\pi} \sin^{\frac{3}{2}} x \mid\cos x\mid\mathrm{d}x$$
$$= \int_0^{\frac{\pi}{2}} \sin^{\frac{3}{2}} x\cos x\mathrm{d}x + \int_{\frac{\pi}{2}}^{\pi} \sin^{\frac{3}{2}} x(-\cos x)\mathrm{d}x$$
$$= \int_0^{\frac{\pi}{2}} \sin^{\frac{3}{2}} x\mathrm{d}(\sin x) - \int_{\frac{\pi}{2}}^{\pi} \sin^{\frac{3}{2}} x\mathrm{d}(\sin x)$$
$$= \frac{2}{5}\sin^{\frac{5}{2}} x\,\Big|_0^{\frac{\pi}{2}} - \frac{2}{5}\sin^{\frac{5}{2}} x\,\Big|_{\frac{\pi}{2}}^{\pi} = \frac{4}{5}.$$

例5 试证:若 $f(x)$ 在 $[-a, a]$ 上连续,则

(1) $\int_{-a}^{a} f(x)\mathrm{d}x = \int_{0}^{a}[f(-x) + f(x)]\mathrm{d}x$;

(2) 当 $f(x)$ 为奇函数时, $\int_{-a}^{a} f(x)\mathrm{d}x = 0$;

(3) 当 $f(x)$ 为偶函数时, $\int_{-a}^{a} f(x)\mathrm{d}x = 2\int_{0}^{a} f(x)\mathrm{d}x$.

证明 (1) 因为 $\int_{-a}^{a} f(x)\mathrm{d}x = \int_{-a}^{0} f(x)\mathrm{d}x + \int_{0}^{a} f(x)\mathrm{d}x$, 对积分式 $\int_{-a}^{0} f(x)\mathrm{d}x$
作变换 $x=-t$,则有

$$\int_{-a}^{0} f(x)\mathrm{d}x = -\int_{a}^{0} f(-t)\mathrm{d}t = \int_{0}^{a} f(-x)\mathrm{d}x,$$

从而

$$\int_{-a}^{a} f(x)\mathrm{d}x = \int_{0}^{a}[f(-x) + f(x)]\mathrm{d}x.$$

(2) 若 $f(x)$ 为奇函数,即 $f(-x) = -f(x)$,由(1)有

$$\int_{-a}^{a} f(x)\mathrm{d}x = \int_{0}^{a}[-f(x) + f(x)]\mathrm{d}x = 0.$$

(3) 若 $f(x)$ 为偶函数,即 $f(-x) = f(x)$,由(1)有

$$\int_{-a}^{a} f(x)\mathrm{d}x = \int_{0}^{a}[f(x) + f(x)]\mathrm{d}x = 2\int_{0}^{a} f(x)\mathrm{d}x.$$

例6 设 $f(x) = \begin{cases} 1+x^2, & x \leqslant 0, \\ \mathrm{e}^{-x}, & x > 0, \end{cases}$ 求 $\int_{1}^{3} f(x-2)\mathrm{d}x$.

解 令 $x-2=t$,当 x 从 1 变到 3 时,相应地 t 从 -1 变到 1,于是

$$\int_{1}^{3} f(x-2)\mathrm{d}x = \int_{-1}^{1} f(t)\mathrm{d}t = \int_{-1}^{0}(1+t^2)\mathrm{d}t + \int_{0}^{1} \mathrm{e}^{-t}\mathrm{d}t$$

$$= \left[t + \frac{1}{3}t^3\right]_{-1}^{0} - \mathrm{e}^{-t}\Big|_{0}^{1} = \frac{7}{3} - \frac{1}{\mathrm{e}}.$$

二、定积分的分部积分法

设函数 $u=u(x)$, $v=v(x)$ 在 $[a, b]$ 上有连续导数,则有定积分的分部积分
公式:

$$\int_{a}^{b} u(x)v'(x)\mathrm{d}x = u(x)v(x)\Big|_{a}^{b} - \int_{a}^{b} u'(x)v(x)\mathrm{d}x$$

或
$$\int_a^b u(x)\mathrm{d}v(x) = u(x)v(x)\Big|_a^b - \int_a^b v(x)\mathrm{d}u(x).$$

事实上,由函数乘积的求导公式

$$[u(x)v(x)]' = u'(x)v(x) + u(x)v'(x),$$

得出
$$u(x)v'(x) = [u(x)v(x)]' - u'(x)v(x).$$

两边同时对 x 在 $[a, b]$ 上积分即有

$$\int_a^b u(x)v'(x)\mathrm{d}x = u(x)v(x)\Big|_a^b - \int_a^b u'(x)v(x)\mathrm{d}x.$$

例 7　计算 $\displaystyle\int_0^{\frac{1}{2}}\arcsin x\mathrm{d}x$.

解　令 $u=\arcsin x$, $v'=1$,则 $u'=\dfrac{1}{\sqrt{1-x^2}}$, $v=x$,有

$$\int_0^{\frac{1}{2}}\arcsin x\mathrm{d}x = x\arcsin x\Big|_0^{\frac{1}{2}} - \int_0^{\frac{1}{2}}\frac{x}{\sqrt{1-x^2}}\mathrm{d}x$$

$$= \frac{\pi}{12} + \sqrt{1-x^2}\Big|_0^{\frac{1}{2}} = \frac{\pi}{12} + \frac{\sqrt{3}}{2} - 1.$$

例 8　计算 $\displaystyle\int_1^4\frac{\ln x}{\sqrt{x}}\mathrm{d}x$.

解　先用换元法,令 $\sqrt{x}=t$,则 $x=t^2$, $\mathrm{d}x=2t\mathrm{d}t$,且当 x 从 1 变到 4 时,t 从 1 变到 2,于是

$$\int_1^4\frac{\ln x}{\sqrt{x}}\mathrm{d}x = 4\int_1^2\ln t\mathrm{d}t = 4t\ln t\Big|_1^2 - 4\int_1^2 t\cdot\frac{1}{t}\mathrm{d}t$$

$$= 8\ln 2 - 4t\Big|_1^2 = 4\ln 4 - 4.$$

例 9　证明:定积分公式

$$I_n = \int_0^{\frac{\pi}{2}}\sin^n x\mathrm{d}x = \begin{cases} \dfrac{n-1}{n}\cdot\dfrac{n-3}{n-2}\cdot\cdots\cdot\dfrac{3}{4}\cdot\dfrac{1}{2}\cdot\dfrac{\pi}{2}, & n\text{ 为正偶数,} \\[2mm] \dfrac{n-1}{n}\cdot\dfrac{n-3}{n-2}\cdot\cdots\cdot\dfrac{4}{5}\cdot\dfrac{2}{3}, & n\text{ 为大于 1 的正奇数.} \end{cases}$$

证明　$I_n = \displaystyle\int_0^{\frac{\pi}{2}}\sin^{n-1}x\mathrm{d}(-\cos x) = -\cos x\sin^{n-1}x\Big|_0^{\frac{\pi}{2}} + \int_0^{\frac{\pi}{2}}\cos x\mathrm{d}(\sin^{n-1}x)$

$$= (n-1)\int_0^{\frac{\pi}{2}} \cos^2 x \sin^{n-2} x \mathrm{d}x = (n-1)\int_0^{\frac{\pi}{2}} (1-\sin^2 x)\sin^{n-2} x \mathrm{d}x$$

$$= (n-1)\int_0^{\frac{\pi}{2}} \sin^{n-2} x \mathrm{d}x - (n-1)\int_0^{\frac{\pi}{2}} \sin^n x \mathrm{d}x$$

$$= (n-1)I_{n-2} - (n-1)I_n,$$

故

$$I_n = \frac{n-1}{n} I_{n-2}.$$

这个等式为积分 I_n 关于下标 n 的递推公式,如果把 n 换成 $n-2$,有

$$I_{n-2} = \frac{n-3}{n-2} I_{n-4}.$$

同样依次进行下去,直到 I_n 的下标递减到 0 到 1 为止,于是有

$$I_{2m} = \frac{2m-1}{2m} \cdot \frac{2m-3}{2m-2} \cdot \cdots \cdot \frac{3}{4} \cdot \frac{1}{2} \cdot I_0,$$

$$I_{2m+1} = \frac{2m}{2m+1} \cdot \frac{2m-2}{2m-1} \cdot \cdots \cdot \frac{4}{5} \cdot \frac{2}{3} \cdot I_1 \quad (m = 1, 2, \cdots).$$

而

$$I_0 = \int_0^{\frac{\pi}{2}} \sin^0 x \mathrm{d}x = \frac{\pi}{2}, \quad I_1 = \int_0^{\frac{\pi}{2}} \sin x \mathrm{d}x = 1,$$

从而

$$I_n = \begin{cases} \dfrac{n-1}{n} \cdot \dfrac{n-3}{n-2} \cdot \cdots \cdot \dfrac{3}{4} \cdot \dfrac{1}{2} \cdot \dfrac{\pi}{2}, & n \text{ 为正偶数}, \\ \dfrac{n-1}{n} \cdot \dfrac{n-3}{n-2} \cdot \cdots \cdot \dfrac{4}{5} \cdot \dfrac{2}{3}, & n \text{ 为大于 } 1 \text{ 的正奇数}. \end{cases}$$

习题 5-3

1. 填空题.

(1) $\displaystyle\int_{-a}^{a} \frac{x^3 \sin^2 x}{x^4 + x^2 + 1} \mathrm{d}x = $ _____;

(2) $\displaystyle\int_{-1}^{1} (2x + \sqrt{1-x^2}) \mathrm{d}x = $ _____;

(3) $f(u)$ 连续,$a \neq b$ 为常数,则 $\dfrac{\mathrm{d}}{\mathrm{d}x}\displaystyle\int_a^b f(x+t) \mathrm{d}t = $ _____;

(4) 设 $f''(x)$ 在 $[0, 2]$ 上连续,且 $f(0) = 0$,$f(2) = 4$,$f'(2) = 2$,则 $\displaystyle\int_0^1 x f''(2x) \mathrm{d}x = $

_____.

2. 计算下列定积分.

(1) $\displaystyle\int_0^{\frac{\pi}{2}} \sin x\cos^3 x\,\mathrm{d}x$;

(2) $\displaystyle\int_{\frac{1}{\sqrt{2}}}^1 \frac{\sqrt{1-x^2}}{x^2}\,\mathrm{d}x$;

(3) $\displaystyle\int_0^1 t\mathrm{e}^{-\frac{t^2}{2}}\,\mathrm{d}t$;

(4) $\displaystyle\int_1^{\mathrm{e}^2} \frac{\mathrm{d}x}{x\,\sqrt{1+\ln x}}$;

(5) $\displaystyle\int_{-\frac{\pi}{2}}^{\frac{\pi}{2}} \cos x\cos 2x\,\mathrm{d}x$;

(6) $\displaystyle\int_{-\frac{\pi}{2}}^{\frac{\pi}{2}} \sqrt{\cos x-\cos^3 x\,\mathrm{d}x}$;

(7) $\displaystyle\int_0^1 x\mathrm{e}^{-x}\,\mathrm{d}x$;

(8) $\displaystyle\int_1^{\mathrm{e}} x\ln x\,\mathrm{d}x$;

(9) $\displaystyle\int_0^1 x\arctan x\,\mathrm{d}x$;

(10) $\displaystyle\int_1^{\mathrm{e}} \sin(\ln x)\,\mathrm{d}x$;

(11) $\displaystyle\int_{\mathrm{e}^{-1}}^{\mathrm{e}} |\ln x|\,\mathrm{d}x$;

(12) $\displaystyle\int_0^{\frac{\pi}{2}} \mathrm{e}^{2x}\cos x\,\mathrm{d}x$;

(13) $\displaystyle\int_0^1 (1-x^2)^{\frac{m}{2}}\,\mathrm{d}x$ （m 为正整数）;

(14) $I_m = \displaystyle\int_0^{\pi} x\sin^m x\,\mathrm{d}x$ （m 为正整数）.

3. 设 $f(x) = \begin{cases} \dfrac{1}{1+x}, & x\geqslant 0, \\[2mm] \dfrac{1}{1+\mathrm{e}^x}, & x<0, \end{cases}$ 求 $\displaystyle\int_0^2 f(x-1)\,\mathrm{d}x$.

4. 证明：$\displaystyle\int_x^1 \frac{\mathrm{d}x}{1+x^2} = \int_1^{\frac{1}{x}} \frac{\mathrm{d}x}{1+x^2}$ （$x>0$）.

5. $f(x)$ 是以 l 为周期的连续函数，证明 $\displaystyle\int_a^{a+l} f(x)\,\mathrm{d}x$ 的值与 a 无关.

6. 若 $f(t)$ 是连续的奇函数，证明 $\displaystyle\int_0^x f(t)\,\mathrm{d}t$ 是偶函数；若 $f(t)$ 是连续的偶函数，证明 $\displaystyle\int_0^x f(t)\,\mathrm{d}t$ 是奇函数.

§5.4　广　义　积　分

定积分存在有两个必要条件,即积分区间有限与被积函数有界.但在实际问题中,经常遇到积分区间无限或被积函数无界等情形的积分,这是定积分的两种推广形式,即广义积分.

一、无限区间上的广义积分

定义 1　设函数 $f(x)$ 在 $[a,+\infty)$ 上连续,取 $t>a$,称 $\displaystyle\lim_{t\to+\infty}\int_a^t f(x)\,\mathrm{d}x$ 为 $f(x)$ 在 $[a,+\infty)$ 上的广义积分,记

$$\int_a^{+\infty} f(x)\mathrm{d}x = \lim_{t\to+\infty} \int_a^t f(x)\mathrm{d}x.$$

若 $\lim\limits_{t\to+\infty}\int_a^t f(x)\mathrm{d}x$ 存在且等于 A，则称广义积分 $\int_a^{+\infty} f(x)\mathrm{d}x$ **存在**或**收敛**，也称广义积分 $\int_a^{+\infty} f(x)\mathrm{d}x$ **收敛**于 A；若 $\lim\limits_{t\to+\infty}\int_a^t f(x)\mathrm{d}x$ 不存在，则称广义积分 $\int_a^{+\infty} f(x)\mathrm{d}x$ **不存在**或**发散**.

类似地，可以定义无穷区间 $(-\infty, b]$ 上的广义积分和 $(-\infty, +\infty)$ 上的广义积分，即

$$\int_{-\infty}^b f(x)\mathrm{d}x = \lim_{t\to-\infty} \int_t^b f(x)\mathrm{d}x,$$

$$\int_{-\infty}^{+\infty} f(x)\mathrm{d}x = \int_{-\infty}^c f(x)\mathrm{d}x + \int_c^{+\infty} f(x)\mathrm{d}x.$$

其中 c 为任意实数，此时 $\int_{-\infty}^c f(x)\mathrm{d}x$ 与 $\int_c^{+\infty} f(x)\mathrm{d}x$ 都收敛是 $\int_{-\infty}^{+\infty} f(x)\mathrm{d}x$ 收敛的充分必要条件.

由牛顿-莱布尼茨公式，若 $F(x)$ 是 $f(x)$ 在 $[a, +\infty)$ 上的一个原函数，且 $\lim\limits_{t\to+\infty} F(x)$ 存在，则广义积分

$$\int_a^{+\infty} f(x)\mathrm{d}x = \lim_{x\to+\infty} F(x) - F(a).$$

为了书写方便，当 $\lim\limits_{x\to+\infty} F(x)$ 存在时，常记 $F(+\infty) = \lim\limits_{x\to+\infty} F(x)$，即

$$\int_a^{+\infty} f(x)\mathrm{d}x = F(x)\Big|_a^{+\infty} = F(+\infty) - F(a).$$

另外两种类型在收敛时也可类似地记为

$$\int_{-\infty}^b f(x)\mathrm{d}x = F(x)\Big|_{-\infty}^b = F(b) - F(-\infty),$$

$$\int_{-\infty}^{+\infty} f(x)\mathrm{d}x = F(x)\Big|_{-\infty}^{+\infty} = F(+\infty) - F(-\infty).$$

注意 $F(+\infty)$，$F(-\infty)$ 有一个不存在时，广义积分 $\int_{-\infty}^{+\infty} f(x)\mathrm{d}x$ 发散.

例1 计算 $\int_0^{+\infty} x\mathrm{e}^{-x}\mathrm{d}x$.

解 $\int_0^{+\infty} x\mathrm{e}^{-x}\mathrm{d}x = \lim\limits_{t\to+\infty}\int_0^t x\mathrm{e}^{-x}\mathrm{d}x = \lim\limits_{t\to+\infty}\left(-x\mathrm{e}^{-x}\Big|_0^t + \int_0^t \mathrm{e}^{-x}\mathrm{d}x\right)$

$$= \lim_{t \to +\infty}(1 - \mathrm{e}^{-t} - t\mathrm{e}^{-t}) = 1 - \lim_{t \to +\infty}\frac{1+t}{\mathrm{e}^t} = 1.$$

例 2 计算 $\displaystyle\int_{-\infty}^{+\infty}\frac{\mathrm{d}x}{x^2 + 2x + 2}$.

解 $\displaystyle\int_{-\infty}^{+\infty}\frac{\mathrm{d}x}{x^2 + 2x + 2} = \int_{-\infty}^{+\infty}\frac{\mathrm{d}x}{(x+1)^2 + 1} = \arctan(x+1)\Big|_{-\infty}^{+\infty}$

$$= \lim_{x \to +\infty}\arctan(x+1) - \lim_{x \to -\infty}\arctan(x+1)$$

$$= \frac{\pi}{2} - \left(-\frac{\pi}{2}\right) = \pi.$$

例 3 证明: $\displaystyle\int_a^{+\infty}\frac{1}{x^p}\mathrm{d}x(a > 0)$ 在 $p > 1$ 时收敛,在 $p \leqslant 1$ 时发散.

证明 当 $p = 1$ 时,

$$\int_a^{+\infty}\frac{1}{x^p}\mathrm{d}x = \int_a^{+\infty}\frac{1}{x}\mathrm{d}x = \ln x\Big|_a^{+\infty} = +\infty.$$

当 $p \neq 1$ 时,

$$\int_a^{+\infty}\frac{1}{x^p}\mathrm{d}x = \frac{1}{1-p}x^{1-p}\Big|_a^{+\infty} = \frac{1}{1-p}\lim_{x \to +\infty}x^{1-p} - \frac{a^{1-p}}{1-p}$$

$$= \begin{cases} +\infty, & p < 1, \\ \dfrac{a^{1-p}}{p-1}, & p > 1. \end{cases}$$

所以,当 $p \leqslant 1$ 时,该广义积分发散;当 $p > 1$ 时,该广义积分收敛 $\dfrac{a^{1-p}}{p-1}$.

例 4 设 $f(x) = \begin{cases} \dfrac{1}{\pi\sqrt{1-x^2}}, & |x| < \dfrac{1}{2}, \\ 0, & \text{其他}, \end{cases}$ 求 $F(x) = \displaystyle\int_{-\infty}^x f(t)\mathrm{d}t$.

解 当 $x < -\dfrac{1}{2}$ 时,

$$F(x) = \int_{-\infty}^x f(t)\mathrm{d}t = \int_{-\infty}^x 0\mathrm{d}t = 0.$$

当 $-\dfrac{1}{2} \leqslant x < +\dfrac{1}{2}$ 时,

$$F(x) = \int_{-\infty}^x f(t)\mathrm{d}t = \int_{-\infty}^{-\frac{1}{2}} 0\mathrm{d}t + \int_{-\frac{1}{2}}^x \frac{\mathrm{d}t}{\pi\sqrt{1-t^2}} = \frac{1}{6} + \frac{1}{\pi}\arcsin x.$$

当 $x \geqslant \dfrac{1}{2}$ 时,

$$F(x) = \int_{-\infty}^{x} f(t)\,\mathrm{d}t = \int_{-\infty}^{-\frac{1}{2}} 0\,\mathrm{d}t + \int_{-\frac{1}{2}}^{\frac{1}{2}} \frac{\mathrm{d}t}{\pi\sqrt{1-t^2}} + \int_{\frac{1}{2}}^{x} 0\,\mathrm{d}t = \frac{1}{3}.$$

故

$$F(x) = \begin{cases} 0, & x < -\dfrac{1}{2}, \\[2mm] \dfrac{1}{6} + \dfrac{1}{\pi}\arcsin x, & -\dfrac{1}{2} \leqslant x < \dfrac{1}{2}, \\[2mm] \dfrac{1}{3}, & x \geqslant \dfrac{1}{2}. \end{cases}$$

二、无界函数的广义积分

定义 2 设函数 $f(x)$ 在 $(a,b]$ 上连续,且 $\lim\limits_{x \to a^+} f(x) = \infty$,则称 $\lim\limits_{\varepsilon \to 0^+} \int_{a+\varepsilon}^{b} f(x)\,\mathrm{d}x$ 为 $f(x)$ 在 $(a,b]$ 上的**广义积分**,仍记作 $\int_{a}^{b} f(x)\,\mathrm{d}x$,即

$$\int_{a}^{b} f(x)\,\mathrm{d}x = \lim\limits_{\varepsilon \to 0^+} \int_{a+\varepsilon}^{b} f(x)\,\mathrm{d}x.$$

若 $\lim\limits_{\varepsilon \to 0^+} \int_{a+\varepsilon}^{b} f(x)\,\mathrm{d}x$ 存在且等于 A,则称广义积分 $\int_{a}^{b} f(x)\,\mathrm{d}x$ **存在**或**收敛**,也称广义积分 $\int_{a}^{b} f(x)\,\mathrm{d}x$ 收敛于 A;若 $\lim\limits_{\varepsilon \to 0^+} \int_{a+\varepsilon}^{b} f(x)\,\mathrm{d}x$ 不存在,则称广义积分 $\int_{a}^{b} f(x)\,\mathrm{d}x$ **不存在**或**发散**.

类似地,可定义 $f(x)$ 在 $[a,b)$ 上连续,且 $\lim\limits_{x \to b^-} f(x) = \infty$ 时的广义积分的收敛与发散:

$$\int_{a}^{b} f(x)\,\mathrm{d}x = \lim\limits_{\varepsilon \to 0^+} \int_{a}^{b-\varepsilon} f(x)\,\mathrm{d}x,$$

以及 $f(x)$ 在 $[a,b]$ 上除 c 点 $(a<c<b)$ 外连续,且 $\lim\limits_{x \to c} f(x) = \infty$ 时的广义积分的收敛与发散:

$$\int_{a}^{b} f(x)\,\mathrm{d}x = \int_{a}^{c} f(x)\,\mathrm{d}x + \int_{c}^{b} f(x)\,\mathrm{d}x = \lim\limits_{\varepsilon \to 0^+} \int_{a}^{c-\varepsilon} f(x)\,\mathrm{d}x + \lim\limits_{\varepsilon \to 0^+} \int_{c+\varepsilon}^{b} f(x)\,\mathrm{d}x.$$

此时,$\int_{a}^{c} f(x)\,\mathrm{d}x$ 与 $\int_{c}^{b} f(x)\,\mathrm{d}x$ 至少有一个为无界函数的广义积分,且二者均收敛是 $\int_{a}^{b} f(x)\,\mathrm{d}x$ 收敛的充要条件.

例 5 计算广义积分 $\displaystyle\int_a^{2a}\dfrac{\mathrm{d}x}{\sqrt{x^2-a^2}}$ $(a>0)$.

解 因为 $\displaystyle\lim_{x\to a^+}\dfrac{1}{\sqrt{x^2-a^2}}=+\infty$，所以

$$\int_a^{2a}\frac{\mathrm{d}x}{\sqrt{x^2-a^2}}=\lim_{\varepsilon\to0^+}\int_{a+\varepsilon}^{2a}\frac{\mathrm{d}x}{\sqrt{x^2-a^2}}=\lim_{\varepsilon\to0^+}\ln\left[x+\sqrt{x^2-a^2}\right]_{a+\varepsilon}^{2a}$$

$$=\lim_{\varepsilon\to0^+}\left[\ln(2+\sqrt{3})a-\ln(a+\varepsilon+\sqrt{(a+\varepsilon)^2-a^2})\right]$$

$$=\ln(2+\sqrt{3}).$$

例 6 计算广义积分 $\displaystyle\int_0^2\dfrac{\mathrm{d}x}{(x-1)^2}$.

解 因为 $\displaystyle\lim_{x\to1}\dfrac{1}{(x-1)^2}=+\infty$，所以

$$\int_0^2\frac{\mathrm{d}x}{(x-1)^2}=\int_0^1\frac{\mathrm{d}x}{(x-1)^2}+\int_1^2\frac{\mathrm{d}x}{(x-1)^2}$$

$$=\lim_{\varepsilon\to0^+}\int_0^{1-\varepsilon}\frac{\mathrm{d}x}{(x-1)^2}+\lim_{\varepsilon\to0^+}\int_{1+\varepsilon}^2\frac{\mathrm{d}x}{(x-1)^2}.$$

而

$$\lim_{\varepsilon\to0^+}\int_0^{1-\varepsilon}\frac{\mathrm{d}x}{(x-1)^2}=\lim_{\varepsilon\to0^+}\frac{1}{1-x}\bigg|_0^{1-\varepsilon}=\lim_{\varepsilon\to0^+}\left(\frac{1}{\varepsilon}-1\right)=+\infty,$$

所以 $\displaystyle\int_0^1\dfrac{\mathrm{d}x}{(x-1)^2}$ 发散，从而广义积分 $\displaystyle\int_0^2\dfrac{\mathrm{d}x}{(x-1)^2}$ 也发散.

注意 如果疏忽了 $x=1$ 是 $\dfrac{1}{(x-1)^2}$ 的无穷间断点或将两个极限的和（其中至少有一个不存在）理解为和的极限，均将导致错误的结论：

$$\int_0^2\frac{\mathrm{d}x}{(x-1)^2}=\frac{1}{1-x}\bigg|_0^2=-2.$$

或

$$\int_0^2\frac{\mathrm{d}x}{(x-1)^2}=\lim_{\varepsilon\to0^+}\left[\int_0^{1-\varepsilon}\frac{\mathrm{d}x}{(x-1)^2}+\int_{1+\varepsilon}^2\frac{\mathrm{d}x}{(x-1)^2}\right]$$

$$=\lim_{\varepsilon\to0^+}\left(\frac{1}{\varepsilon}-1-1-\frac{1}{\varepsilon}\right)=-2.$$

例 7 证明：$\displaystyle\int_a^b\dfrac{\mathrm{d}x}{(b-x)^q}$ 在 $q\geqslant1$ 时发散，在 $q<1$ 时收敛.

证明 因为 $q>0$，有

$$\lim_{x \to b^-} \frac{1}{(b-x)^q} = +\infty,$$

即 $x=b$ 是被积函数 $\dfrac{1}{(b-x)^q}$ 的无穷间断点.

当 $q=1$ 时，

$$\int_a^b \frac{\mathrm{d}x}{(b-x)^q} = \int_a^b \frac{\mathrm{d}x}{b-x} = \lim_{\varepsilon \to 0^+} \left[-\ln(b-x) \right]_a^{b-\varepsilon}$$

$$= \lim_{\varepsilon \to 0^+} \ln \frac{b-a}{\varepsilon} = +\infty.$$

当 $q \neq 1$ 时，

$$\int_a^b \frac{\mathrm{d}x}{(b-x)^q} = \lim_{\varepsilon \to 0^+} \left[\frac{-(b-x)^{1-q}}{1-q} \right]_a^{b-\varepsilon} = \lim_{\varepsilon \to 0^+} \frac{-1}{1-q} \left[\varepsilon^{1-q} - (b-a)^{1-q} \right]$$

$$= \begin{cases} +\infty, & q > 1, \\ \dfrac{(b-a)^{1-q}}{1-q}, & q < 1. \end{cases}$$

所以，$q \geq 1$ 时该广义积分发散；$q<1$ 时该广义积分收敛于 $\dfrac{(b-a)^{1-q}}{1-q}$.

习题 5-4

1. 判断下列过程是否正确.

(1) $\displaystyle\int_{-\infty}^{+\infty} \frac{x}{1+x^2} \mathrm{d}x = \lim_{A \to +\infty} \int_{-A}^{A} \frac{x}{1+x^2} \mathrm{d}x = 0$ （　　）

(2) $\displaystyle\int_0^4 \frac{\mathrm{d}x}{(x-3)^2} = \left[\frac{-1}{x-3} \right]_0^4 = -\frac{4}{3}$ （　　）

(3) $\displaystyle\int_{-1}^1 \frac{\mathrm{d}x}{1+x^2} = -\int_{-1}^1 \frac{\mathrm{d}\left(\frac{1}{x}\right)}{1+\left(\frac{1}{x}\right)^2} = \left[-\arctan \frac{1}{x} \right]_{-1}^1 = -\frac{\pi}{2}$ （　　）

2. 判定下列各反常积分的收敛性，如果收敛，计算反常积分的值.

(1) $\displaystyle\int_0^{+\infty} \mathrm{e}^{-ax} \mathrm{d}x \quad (a>0)$;

(2) $\displaystyle\int_{-\infty}^{+\infty} \frac{\mathrm{d}x}{x^2+2x+2}$;

(3) $\displaystyle\int_0^2 \frac{\mathrm{d}x}{(1-x)^2}$;

(4) $\displaystyle\int_1^2 \frac{x\mathrm{d}x}{\sqrt{x-1}}$;

(5) $\displaystyle\int_1^{\mathrm{e}} \frac{\mathrm{d}x}{x\sqrt{1-(\ln x)^2}}$.

3. 利用 $\int_0^{+\infty} e^{-x^2} dx = \dfrac{\sqrt{\pi}}{2}$,计算 $\int_0^{+\infty} x^2 e^{-x^2} dx$.

4. 当 k 为何值时,反常积分 $\int_0^{+\infty} \dfrac{dx}{x(\ln x)^k}$ 收敛? 当 k 为何值时,反常积分发散? 又当 k 为何值时,这反常积分取得最小值?

§5.5 定积分的应用举例

本节将应用定积分的理论来分析解决一些几何、经济中的问题. 通过这些例子,我们将学会如何将实际问题转化为定积分.

一、微元法

在定积分的应用中,经常采用所谓微元法. 为了说明这种方法,我们先回顾一下第一节中讨论过的曲边梯形的面积问题.

设 $f(x)$ 在区间 $[a, b]$ 上连续且 $f(x) \geqslant 0$,求以曲线 $y = f(x)$ 为曲边、底为 $[a, b]$ 的曲边梯形的面积 A. 把这个面积 A 表示为定积分

$$A = \int_a^b f(x) dx$$

的步骤如下:

(1) 用任意一组分点把区间 $[a, b]$ 分成长度为 $\Delta x_i (i = 1, 2, \cdots, n)$ 的 n 个小区间,相应地把曲边梯形分成 n 个窄曲边梯形,第 i 个窄曲边梯形的面积设为 ΔA_i,于是有

$$A = \sum_{i=1}^n \Delta A_i.$$

(2) 计算 ΔA_i 的近似值

$$\Delta A_i \approx f(\xi_i) \Delta x_i \qquad (x_{i-1} \leqslant \xi_i \leqslant x_i).$$

(3) 求和,得 A 的近似值

$$A \approx \sum_{i=1}^n f(\xi_i) \Delta x_i.$$

(4) 求极限,得

$$A = \lim_{\lambda \to 0} \sum_{i=1}^n f(\xi_i) \Delta x_i = \int_a^b f(x) dx.$$

在上述问题中我们注意到,所求量(即面积 A)与区间 $[a,b]$ 有关. 如果把区间 $[a,b]$ 分成许多部分区间,则所求量相应地分成许多部分量(即 ΔA_i),而所求量等于所有部分量之和(即 $A = \sum_{i=1}^{n} \Delta A_i$),这一性质称为所求量对于区间 $[a,b]$ 具有可加性. 我们还要指出,以 $f(\xi_i)\Delta x_i$ 近似代替部分量 ΔA_i 时,它们只相差一个比 Δx_i 高阶的无穷小,因此和式 $\sum_{i=1}^{n} f(\xi_i)\Delta x_i$ 的极限是 A 的精确值,而 A 可以表示为定积分

$$A = \int_a^b f(x)\,\mathrm{d}x.$$

在引出 A 的积分表达式的四个步骤中,主要的是第(2)步,这一步是要确定 ΔA_i 的近似值 $f(\xi_i)\Delta x_i$,使得

$$A = \lim_{\lambda \to 0} \sum_{i=1}^{n} f(\xi_i)\Delta x_i = \int_a^b f(x)\,\mathrm{d}x.$$

在实际上,为了简便起见,省略下标 i,用 ΔA 表示任一小区间 $[x, x+\mathrm{d}x]$ 上的窄曲边梯形的面积,这样

$$A = \sum \Delta A.$$

取 $[x, x+\mathrm{d}x]$ 的左端点 x 为 ξ,以点 x 处的函数值 $f(x)$ 为高、$\mathrm{d}x$ 为底的矩形的面积 $f(x)\mathrm{d}x$ 为 ΔA 的近似值(如图 5-7 阴影部分所示),即

$$\Delta A \approx f(x)\,\mathrm{d}x.$$

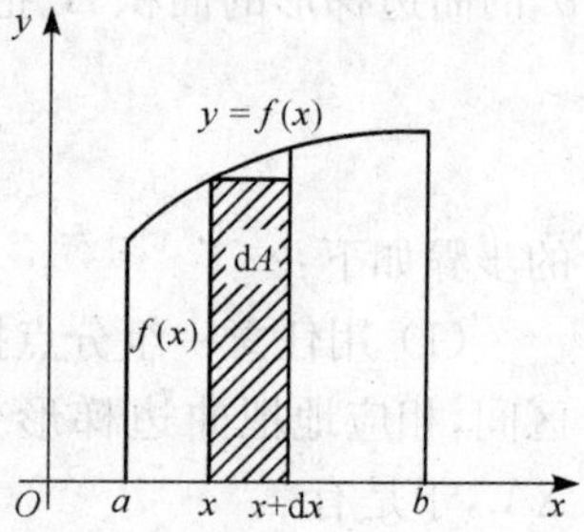

图 5-7

上式右端 $f(x)\mathrm{d}x$ 叫做**面积微元**,记作 $\mathrm{d}A = f(x)\mathrm{d}x$,于是

$$A \approx \sum f(x)\,\mathrm{d}x,$$

则

$$A = \lim_{\lambda \to \infty} \sum f(x)\,\mathrm{d}x = \int_a^b f(x)\,\mathrm{d}x.$$

一般地,如果某一实际问题中的所求量 U 符合下列条件:

(1) U 是与一个变量 x 的变化区间 $[a,b]$ 有关的量.

(2) U 对于区间 $[a,b]$ 具有可加性,就是说,如果把区间 $[a,b]$ 分成许多部分区间,则 U 相应地分成许多部分量,而 U 等于所有部分量之和.

(3) 部分量 ΔU_i 的近似值可表示为 $f(\xi_i)\Delta x_i$,那么就可考虑用定积分来表达这个量 U. 通常写出这个量 U 的积分表达式的步骤如下:

① 根据问题的具体情况,选取一个变量,例如 x 为积分变量,并确定它的变化区间 $[a, b]$.

② 设想把区间 $[a, b]$ 分成 n 个小区间,取其中任一小区间并记作 $[x, x+dx]$,求出相应于这个小区间的部分量 ΔU 的近似值. 如果 ΔU 能近似地表示为 $[a, b]$ 上的一个连续函数在 x 处的值 $f(x)$ 与 dx 的乘积,就把 $f(x)dx$ 称为量 U 的元素且记作 dU,即

$$dU = f(x)dx.$$

③ 以所求量 U 的元素 $f(x)dx$ 为被积表达式,在区间 $[a, b]$ 上作定积分,得

$$U = \int_a^b f(x)dx.$$

这就是所求量 U 的积分表达式.

这个方法通常叫做**微元法**. 下面几节中我们将应用这个方法来讨论几何、物理中的一些问题.

二、平面图形的面积

若平面区域 D 由 $x=a$, $x=b(a<b)$ 及曲线 $y=\varphi_1(x)$ 与曲线 $y=\varphi_2(x)$ 所围成(其中 $\varphi_1(x) \leqslant \varphi_2(x)$),如图 5-8 所示.

在 $[a, b]$ 区间上任取一点 x,过此点作铅直线交区域 D 的下边界曲线 $y=\varphi_1(x)$ 于点 S_x,交上边界曲线 $y=\varphi_2(x)$ 于点 T_x,给自变量 x 以增量 dx,图 5-8 中阴影部分可看成以 S_xT_x 为高、dx 为宽的小矩形,其面积 $dA=[\varphi_2(x)-\varphi_1(x)]dx$,故

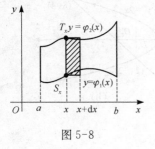

图 5-8

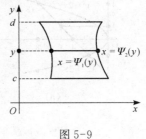

图 5-9

$$A = \int_a^b [\varphi_2(x) - \varphi_1(x)]dx.$$

若平面区域 D 由 $y=c$, $y=d(c<d)$ 及曲线 $x=\Psi_1(y)$ 与曲线 $x=\Psi_2(y)$ 所围成(其中 $\Psi_1(y) \leqslant \Psi_2(y)$),如图 5-9 所示,则区域的面积为

$$A = \int_c^d [\Psi_2(y) - \Psi_1(y)]\mathrm{d}y.$$

例1 求抛物线 $y=x^2$ 与直线 $y=x$ 围成图形 D 的面积 A.

解 求解方程组

$$\begin{cases} y = x, \\ y = x^2, \end{cases}$$

得直线与抛物线的交点

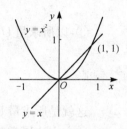

图 5-10

$$\begin{cases} x = 0, \\ y = 0; \end{cases} \quad \begin{cases} x = 1, \\ y = 1, \end{cases}$$

其图形如图 5-10 所示.

所以该图形在铅直线 $x=0$ 与 $x=1$ 之间,$y=x^2$ 为图形的下边界,$y=x$ 为图形的上边界,故

$$A = \int_0^1 (x - x^2)\mathrm{d}x = \left[\frac{1}{2}x^2\right]_0^1 - \left[\frac{x^3}{3}\right]_0^1 = \frac{1}{6}.$$

例2 计算由抛物线 $y^2=2x$ 与直线 $y=x-4$ 围成的图形 D 的面积 A.

解 求解方程组

$$\begin{cases} y^2 = 2x, \\ y = x - 4, \end{cases}$$

得抛物线与直线的交点$(2，-2)$和$(8，4)$,如图 5-11 所示,下面分别用两种方法求解.

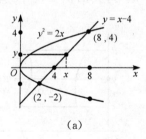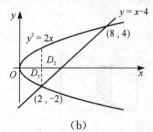

(a)   (b)

图 5-11

方法1 图形 D 夹在水平线 $y=-2$ 与 $y=4$ 之间,其左边界 $x=\frac{y^2}{2}$,右边界 $x=y+4$(图 5-11(a)),故

$$A = \int_{-2}^4 \left[(y+4) - \frac{y^2}{2}\right]\mathrm{d}y = \left[\frac{y^2}{2} + 4y - \frac{y^3}{6}\right]_{-2}^4 = 18.$$

方法 2 图形 D 夹在铅直线 $x=0$ 与 $x=8$ 之间，其上边界为 $y=\sqrt{2x}$，而下边界是由两条曲线 $y=-\sqrt{2x}$ 与 $y=x-4$ 分段构成的(图 5-11(b))，所以需要将图形 D 分成两个小区域 D_1，D_2，故

$$A = \int_0^2 \left[\sqrt{2x} - (-\sqrt{2x})\right]\mathrm{d}x + \int_2^8 \left[\sqrt{2x} - (x-4)\right]\mathrm{d}x$$

$$= 2\sqrt{2} \cdot \frac{2}{3}x^{\frac{3}{2}}\bigg|_0^2 + \left[\sqrt{2} \cdot \frac{2}{3}x^{\frac{3}{2}} - \frac{x^2}{2} + 4x\right]_2^8 = 18.$$

三、体积

1. 旋转体体积

将一个平面图形绕此平面内的一条直线旋转一周所得的立体称之为旋转体，这条直线称为旋转轴。常见的旋转体有圆柱、圆锥、球体、圆台等，它们分别可看做矩形绕其一条边、直角三角形绕其一条直角边、半圆绕其直径、直角梯形绕其直角腰旋转一周所得。如曲边梯形 $D\{(x, y)\,|\,a \leqslant x \leqslant b,\ 0 \leqslant y \leqslant f(x)\}$ 绕 x 轴旋转所得立体的体积，此旋转体可看做无数多的垂直于 x 轴的圆片叠加而成，任取其中的一片，设它位于 x 处，则它的半径为 $y=f(x)$，厚度为 $\mathrm{d}x$，如图 5-12 所示，从而此片对应的扁圆柱体的体积微元等于圆片的面积与其厚度 $\mathrm{d}x$ 的乘积，即 $\mathrm{d}V = \pi\left[f(x)\right]^2\mathrm{d}x$，所以

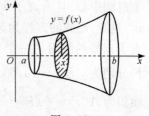

图 5-12

$$V = \pi\int_a^b f^2(x)\mathrm{d}x.$$

例 3 将椭圆 $\dfrac{x^2}{a^2} + \dfrac{y^2}{b^2} = 1$ 围成的区域绕 x 轴旋转一周，所得的立体称为旋转椭球，计算其体积。

解 上半椭圆的表达式为 $y = \dfrac{b}{a}\sqrt{a^2 - x^2}$，故

$$V = \pi\int_{-a}^a f^2(x)\mathrm{d}x = \pi\int_{-a}^a \frac{b^2}{a^2}(a^2 - x^2)\mathrm{d}x$$

$$= \frac{\pi b^2}{a^2}\left(2a^3 - \frac{2}{3}a^3\right) = \frac{4\pi}{3}ab^2.$$

由此我们得到半径为 R 的球的体积为 $\dfrac{4\pi R^3}{3}$.

2. 平行截面面积已知的立体的体积

旋转体的体积之所以可计算，主要是因为垂直于旋转轴的每个截面都为圆，从

而可顺利地计算其面积,进而可得到它所对应的体积微元.如果一个立体,虽然它不是旋转体,但它垂直于某固定直线的截面面积是已知的,就也能得到体积微元.事实上,取此直线为 x 轴,设该立体位于过点 $x=a$, $x=b$ 且垂直于 x 轴的两个平面之间,如图 5-13 所示,则过每个点 x 且垂直于 x 轴的截面面积都是已知的,设其为 $A(x)$,则此薄片对应的体积微元 $\mathrm{d}V=A(x)\mathrm{d}x$,故立体的体积

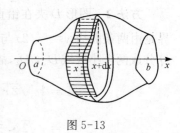

图 5-13

$$V = \int_a^b A(x)\mathrm{d}x.$$

例 4 一平面经过半径为 R 的圆柱体的底圆中心,并与底面交成角 α. 计算这平面截圆柱体所得立体的体积 V.

解 取该平面与圆柱体的底面的交线为 x 轴,底面上过圆心、且垂直于 x 轴的直线为 y 轴,如图 5-14 所示. 这样,底圆的方程为 $x^2+y^2=R^2$. 立体中过点 x 且垂直于 x 轴的截面是一个直角三角形. 它的两条直角边的长分别为 y 及 $y\tan\alpha$,即 $\sqrt{R^2-x^2}$ 及 $\sqrt{R^2-x^2}\tan\alpha$. 因而截面积为 $A(x)=\dfrac{1}{2}(R^2-x^2)\tan\alpha$,于是,所求的体积

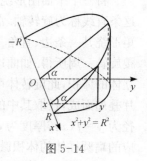

图 5-14

$$V = \int_{-R}^{R} \frac{1}{2}(R^2-x^2)\tan\alpha\,\mathrm{d}x$$

$$= \frac{1}{2}\tan\alpha\left[R^2x-\frac{1}{3}x^3\right]_{-R}^{R} = \frac{2}{3}R^3\tan\alpha.$$

如果两个立体的高相等,且垂直于高的任何平面截这两个立体所得的截面积都相等,由上面的积分公式,立即得到它们有相等的体积. 这个结果是我国古代数学家祖暅发现的. 祖暅是我国南北朝著名科学家祖冲之(429—500)的儿子. 在现代数学界,则把这个结果称做**卡哇列原理**(Cavalier principle).

四、平面曲线的弧长

设平面中有光滑曲线弧 L

$$\begin{cases} x=x(t), \\ y=y(t) \end{cases} \quad (t\in[\alpha,\beta]).$$

其中光滑指的是 $x(t)$，$y(t)$ 均有连续的导数.

　　我们仍用微元法来讨论弧长的计算. 事实上，总的弧长等于每一点的弧长（微元）之和，因此，我们只需要找出每一点的弧长微元 $\mathrm{d}s$. 对任意 $t \in [\alpha, \beta]$，为了求它所对应的点 $M(x(t), y(t))$ 的弧长（微元），给 t 一个增量 $\mathrm{d}t$，将弧上的点 M 放大成一个小弧段 MN，其中 N 为点 $(x(t+\mathrm{d}t), y(t+\mathrm{d}t))$，如图 5-15 所示. MN 的弧长 Δs 可用 MN 的弦长 $\sqrt{(\Delta x)^2 + (\Delta y)^2}$ 来近似，由于 $\Delta x \approx \mathrm{d}x = x'(t)\mathrm{d}t$，$\Delta y \approx \mathrm{d}y = y'(t)\mathrm{d}t$，所以

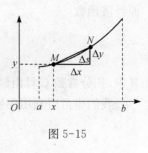

图 5-15

$$\Delta s \approx \sqrt{[x'(t)\mathrm{d}t]^2 + [y'(t)\mathrm{d}t]^2} = \sqrt{(x'(t))^2 + (y'(t))^2}\,\mathrm{d}t.$$

因此
$$\mathrm{d}s = \sqrt{(x'(t))^2 + (y'(t))^2}\,\mathrm{d}t = \sqrt{x'^2 + y'^2}\,\mathrm{d}t,$$

从而
$$s = \int_\alpha^\beta \sqrt{x'^2 + y'^2}\,\mathrm{d}t.$$

　　当曲线弧是函数 $y = f(x)$ $(x \in [a, b])$ 的图像时，选择 x 为参数，则参数方程为

$$\begin{cases} x = x, \\ y = f(x) \end{cases} \quad (x \in [a, b]).$$

弧长为
$$s = \int_a^b \sqrt{1 + f'^2(x)}\,\mathrm{d}x.$$

　　例 5　计算曲线 $y = \dfrac{2}{3}x^{\frac{3}{2}}$ 上相应于 x 从 0 到 3 的一段弧的长度.

　　解　由 $y' = \sqrt{x}$，所以

$$s = \int_0^3 \sqrt{1 + (\sqrt{x})^2}\,\mathrm{d}x = \int_0^3 \sqrt{1 + x}\,\mathrm{d}x = \left[\frac{2}{3}(1+x)^{\frac{3}{2}}\right]_0^3 = \frac{14}{3}.$$

五、定积分在经济学中的应用

1. 由边际函数求原经济函数

　　由边际分析知，对一已知经济函数 $F(x)$（如需求函数 $Q(P)$、总成本函数 $C(x)$、总收入函数 $R(x)$ 和利润函数 $L(x)$ 等，它的边际函数就是它的导函数 $F'(x)$.

　　作为导数（微分）的逆运算，若对已知的边际函数 $F'(x)$ 求不定积分，则可求得

原经济函数

$$F(x) = \int F'(x)\mathrm{d}x.$$

其中,积分常数 C 可由经济函数的具体条件确定.

我们也可以利用牛顿-莱布尼茨公式

$$\int_0^x F'(t)\mathrm{d}t = F(x) - F(0),$$

求得原经济函数

$$F(x) = \int_0^x F'(t)\mathrm{d}t + F(0),$$

并可求出原经济函数从 a 到 b 的变支动值(或增值)

$$\Delta F = F(b) - F(a) = \int_a^b F'(t)\mathrm{d}t.$$

(1) 总成本函数

设产量为 x 时的边际成本为 $C'(x)$,固定成本为 C_0,则产量为 x 时的总成本函数为

$$C(x) = \int C'(x)\mathrm{d}x.$$

其中,积分常数 C 由初始条件 $C(0) = C_0$ 确定.

$C(x)$ 也可用积分上限的函数表示为

$$C(x) = \int_0^x C'(t)\mathrm{d}t + C_0.$$

其中,C_0 为固定成本,$\int_0^x C'(t)\mathrm{d}t$ 为可变成本.

例6　若企业生产某种产品的边际成本是产量 x 的函数:$C'(x) = 2\mathrm{e}^{0.2x}$,固定成本 $C_0 = 90$,求总成本函数.

解　由不定积分公式,得

$$C(x) = \int C'(x)\mathrm{d}x = \int 2\mathrm{e}^{0.2x}\mathrm{d}x = \frac{2}{0.2}\mathrm{e}^{0.2x} + C = 10\mathrm{e}^{0.2x} + C.$$

由固定成本 $C_0 = 90$,即 $x = 0$ 时,$C(0) = 90$,代入上式,得

$$90 = 10 + C, \quad 即 \quad C = 80.$$

于是,所求总成本函数为

$$C(x) = 10e^{0.2x} + 80,$$

或用定积分公式 $C(x) = \int_0^x C'(t)dt + C_0 = \int_0^x 2e^{0.2t}dt + 90 = 10e^{0.2x} + 80.$

(2) 总收入函数

设产销量为 x 时的边际收入为 $R'(x)$,则产销量为 x 时的总收入函数可由不定积分公式求得

$$R(x) = \int R'(x)dx.$$

其中,积分常数 C 由 $R(0)=0$ 确定(一般地,假定产销量为零时的总收入为零).

$R(x)$ 也可用积分上限的函数表示为

$$R(x) = \int_0^x R'(t)dt.$$

例 7　已知生产某产品 x 单位时的边际收入为 $R'(x)=100-2x$(元/单位),求生产 40 单位时的总收入及平均收入,并求再生产 10 个单位时所增加的总收入.

解　生产 40 单位时总收入为

$$R(40) = \int_0^{40}(100-2x)dx = \left[100x - x^2\right]_0^{40} = 2\,400(元).$$

平均收入是

$$\frac{R(40)}{40} = \frac{2\,400}{40} = 60(元).$$

在生产 40 个单位后再生产 10 个单位所增加的总收入可由增量公式得

$$\Delta R = R(50) - R(40) = \int_{40}^{50} R'(x)dx$$

$$= \int_{40}^{50}(100-2x)dx = \left[100x - x^2\right]_{40}^{50} = 100(元).$$

(3) 总利润函数

设某产品的边际收入为 $R'(x)$,边际成本 $C'(x)$,则总收入为

$$R(x) = \int_0^x R'(t)dt,$$

总成本为

$$C(x) = \int_0^x C'(t)dt + C_0.$$

其中,$C_0 = C(0)$为固定成本. 边际利润为

$$L'(x) = R'(x) - C'(x),$$

总利润为

$$L(x) = R(x) - C(x) = \int_0^x R'(t)\mathrm{d}t - \left[\int_0^x C'(t)\mathrm{d}t + C_0\right]$$

$$= \int_0^x [R'(t) - C'(t)]\mathrm{d}t - C_0,$$

即

$$L(x) = \int_0^x L'(t)\mathrm{d}t - C_0.$$

其中,$\int_0^x L'(t)\mathrm{d}t$ 称为产销量为 x 时的毛利,毛利减去固定成本即为纯利.

例 8 已知某产品的边际收入为 $R'(x) = 25 - 2x$,边际成本为 $C'(x) = 13 - 4x$,固定成本为 $C_0 = 10$,求当 $x = 5$ 时的毛利和纯利.

解 由边际利润的公式有

$$L'(x) = R'(x) - C'(x) = (25 - 2x) - (13 - 4x) = 12 + 2x,$$

从而,可求得 $x = 5$ 的毛利为

$$\int_0^x L'(t)\mathrm{d}t = \int_0^5 (12 + 2t)\mathrm{d}t = \left[12t + t^2\right]_0^5 = 85.$$

当 $x = 5$ 时的纯利为

$$L(5) = \int_0^5 L'(t)\mathrm{d}t - C_0 = 85 - 10 = 75.$$

2. 由边际函数求最优问题

例 9 设生产某产品的固定成本为 50,边际成本和边际收益分别为

$$MC = Q^2 - 14Q + 111, \quad MR = 100 - 2Q.$$

问:产量 Q 为多少时总利润最大? 并求出最大利润.

解 $L(Q) = \int_0^Q (MR - MC)\mathrm{d}Q - C_0 = \int_0^Q (-Q^2 + 12Q - 11)\mathrm{d}Q - 50$

$$= -\frac{Q^3}{3} + 6Q^2 - 11Q - 50.$$

令 $L'(Q) = 0$,即 $Q^2 - 12Q + 11 = 0$,得 $Q_1 = 1$,$Q_2 = 11$.

由于 $L''(Q) = 12 - 2Q$,而 $L''(1) = 10 > 0$,$Q = 1$ 为极小值点;$L''(11) = -10 < 0$,$Q = 11$ 为极大值点. 由实际问题知所求最大利润一定存在,所以 $Q = 11$ 为所求最大值点,即当产量为 11 时总利润最大,且最大利润为 $L(11) = 111\frac{1}{3}$.

3. 由变化率求总量

例 10 某工厂生产某商品,在时刻 t 的总产量变化率为 $x'(t)=100+12t$(单位/h). 求由 $t=2$ 到 $t=4$ 这两小时的总产量.

解 总产量 $Q=\displaystyle\int_2^4 x'(t)\mathrm{d}t=\int_2^4(100+12t)\mathrm{d}t=\Big[100t+6t^2\Big]_2^4=272.$

例 11 生产某产品的边际成本为 $C'(x)=150-0.2x$,当产量由 200 增加到 300 时,需追加成本为多少?

解 追加成本

$$C=\int_{200}^{300}(150-0.2x)\mathrm{d}x=\Big[150x-0.1x^2\Big]_{200}^{300}=10\,000.$$

例 12 某地区当消费者个人收入为 x 时,消费支出 $W(x)$ 的变化率 $W'(x)=\dfrac{15}{\sqrt{x}}$,当个人收入由 900 增加到 1 600 时,消费支出增加多少?

解 $W=\displaystyle\int_{900}^{1\,600}\dfrac{15}{\sqrt{x}}\mathrm{d}x=\Big[30\sqrt{x}\Big]_{900}^{1\,600}=300.$

4. 收益流的现值和将来值

我们知道,若以连续复利率 r 计息,一笔 P 元人民币从现在起存入银行,t 年后的价值(将来值)为

$$B=P\mathrm{e}^{rt}.$$

若 t 年后得到 B 元人民币,则现在需要存入银行的金额(现值)为

$$P=B\mathrm{e}^{-rt}.$$

下面讨论收益流的现值和将来值.

先介绍收益流和收益流量的概念. 若某公司的收益是连续地获得的,则其收益可视为一种随时间连续变化的收益流,而收益流对时间的变化率称为收益流量. 收益流量实际上是一种速率,一般用 $P(t)$ 表示. 若时间 t 以年为单位,收益以元为单位,则收益流的单位为元/年(时间 t 一般从现在开始计算). 若 $P(t)=b$ 为常数,则称该收益流量具有常数收益流量.

和单笔款项一样,收益流的将来值定义为将其存入银行并加上利息之后的存款值;而收益流的现值是这样一笔款项:若把它存入可获息的银行,将来从收益流中获得的总收益与包括利息在内的银行存款值有相同的价值.

在讨论连续收益流时,为简单起见,假设以连续复利率 r 计息.

若有一笔收益流的收益流量为 $P(t)$(元/年),下面计算其现值及将来值.

考虑从现在开始 $t=0$ 到 T 年后这一时间段,利用微元法,在区间 $[0,T]$ 内任

取一小区间 $[t, t+dt]$, 在 $[t, t+dt]$ 内将 $P(t)$ 近似视为常数, 则所应获得的金额近似等于 $P(t)dt$(元).

从现在 $t=0$ 算起, $P(t)dt$ 这一金额是在 t 年后的将来而获得, 因此在 $[t, t+dt]$ 内,

$$收益流的现值 \approx [P(t)dt]e^{-rt},$$
$$总现值 = \int_0^T P(t)e^{-rt}dt.$$

在计算将来值时, 收入 $P(t)dt$ 在以后的 $(T-t)$ 年期间内获息, 故在 $[t, t+dt]$ 内

$$收益流的将来值 \approx [P(t)dt]e^{r(T-t)},$$
$$将来值 = \int_0^T P(t)e^{r(T-t)}dt.$$

例 13 假设以年连续复利率 $r=0.1$ 计息.

(1) 求收益流量为 100 元/年的收益流在 20 年期间的现值和将来值;

(2) 将来值和现值的关系如何? 解释这一关系.

解 (1) 现值 $= \int_0^{20} 100e^{-0.1t}dt = 1\,000(1-e^{-2}) \approx 864.66$(元),

$$将来值 = \int_0^{20} 100e^{0.1(20-t)}dt = 1\,000e^2(1-e^{-2}) \approx 6\,389.06(元).$$

(2) 显然　　　　　　　　将来值 $=$ 现值 $\times e^2$.

若在 $t=0$ 时刻以现值 $1\,000(1-e^{-2})$ 作为一笔款项存入银行, 以年连续复利率 $r=0.1$ 计息, 则 20 年中这笔单独款项的将来值为

$$1\,000(1-e^{-2})e^{0.1 \times 20} = 1\,000(1-e^{-2})e^2.$$

而这正好是上述收益流在 20 年期间的将来值.

一般来说, 以年连续复利率 r 计息, 则在从现在起到 T 年后该收益流的将来值等于将该收益流的现值作为单笔款项存入银行 T 年后的将来值.

例 14 某公司投资 100 万元建成 1 条生产线, 并于 1 年后取得经济效益, 年收入为 30 万元, 设银行年利率为 10%, 问公司多少年后收回投资?

解 设 T 年后可收回投资, 投资回收期应是总收入的现值等于总投资的现值的时间长度, 因此有

$$\int_0^T 30e^{-0.1t}dt = 100,$$

即 $30(1-e^{-0.1T})=100.$

解得 $T=4.055$,即在投资后的 4.055 年内可收回投资.

习题 5-5

1. 求由下列各组曲线所围成图形的面积.

(1) $y=e^x$, $y=e^{-x}$ 与直线 $x=1$;

(2) $y=\ln x$, y 轴与直线 $y=\ln a$, $y=\ln b(b>a>0)$.

2. 由 $y=x^3$, $x=2$, $y=0$ 所围成的图形,分别绕 x 轴及 y 轴旋转,计算所得两个旋转体的体积.

3. 计算底面是半径为 R 的圆,而垂直于底面上一条固定直径的所有截面都是等边三角形的立体的体积.

4. 计算曲线 $y=\dfrac{1}{3}\sqrt{x}(3-x)$ 上相应于 $1\leqslant x\leqslant 3$ 的一段弧长.

5. 计算曲线 $y=\ln x$ 上相应于 $\sqrt{3}\leqslant x\leqslant\sqrt{8}$ 的一段弧的长度.

6. 某商品的边际成本 $C'(x)=x^2-4x+6$,且固定成本为 2,求总成本函数,当产品从 2 个单位增加到 4 个单位时,求总成本的增量.

7. 某商品的边际成本 $C'(x)=2-x$,且固定成本为 100,边际收益 $R'(x)=20-4x$,求:

(1) 总成本函数;

(2) 收益函数;

(3) 产量为多少时,利润最大?

8. 设生产某产品的固定成本为 6,而边际成本和边际收益分别为

$$MC=3Q^2-18Q+36, \quad MR=33-8Q.$$

试求获取最大利润的产量和最大利润.

9. 一小轿车的使用寿命为 10 年,如购进此轿车需 35 000 元,而租用此轿车每月租金为 600 元,设资金的年利率为 14%.按连续复利计算,问购进轿车与租用轿车哪一种方式合算?

10. 连续收益流量每年 500 元,设年利率为 8%,按连续复利计算为期 10 年,问总值为多少? 现在值为多少?

第6章 微分方程

微积分研究的对象是函数,要应用微积分解决问题,首先要根据实际问题寻找其中存在的函数关系.但是根据实际问题给出的条件,往往不能直接写出其中的函数关系,而可以列出函数及其导数所满足的方程式,这类方程式称为微分方程.微分方程建立以后,对它进行研究,找出未知函数来,这就是解微分方程.本章主要介绍微分方程的一些基本概念和几种较简单的微分方程的解法.

§6.1 微分方程的基本概念

为了说明微分方程的基本概念,先看一个例子.

例1 一曲线通过点$(1,2)$,且在该曲线上任一点$M(x,y)$处切线的斜率为$2x$,求这曲线的方程.

解 设所求曲线的方程为$y=y(x)$,根据导数的几何意义,可知未知函数$y=y(x)$应满足关系式

$$\frac{\mathrm{d}y}{\mathrm{d}x}=2x, \tag{1}$$

且满足条件

$$x=1 \text{ 时}, \quad y=2, \quad \text{简记为 } y\Big|_{x=1}=2. \tag{2}$$

对式(1)两端积分,得

$$y=x^2+C. \tag{3}$$

其中,C是任意常数.

将条件"$x=1$时,$y=2$"代入式(3),得$2=1^2+C$,由此得出常数$C=1$.把$C=1$代入式(3),得所求曲线方程为

$$y=x^2+1. \tag{4}$$

以上例子中的方程(1),是含有未知函数及其导数(包括一阶导数和高阶导数)的方程,这样的方程就称为微分方程.

定义 1　一般地,我们称表示未知函数、未知函数的导数或微分以及自变量之间关系的方程为**微分方程**,称未知函数是一元函数的微分方程为**常微分方程**,称未知函数是多元函数的微分方程为**偏微分方程**.微分方程中出现的未知函数的最高阶导数的阶数,叫做**微分方程的阶**.

我们只讨论常微分方程.

例如,$x^3 y''' + x^2 y'' - 4xy + 3x^2 = 0$ 是一个三阶微分方程,$y^{(4)} - 4y''' + 10y'' - 12y' + 5y\sin 2x = 0$ 是一个四阶微分方程,$y^{(n)} + 110 = 0$ 是一个 n 阶微分方程.

一般地,n 阶微分方程可写成

$$F(x,\ y,\ y',\ \cdots,\ y^{(n)}) = 0 \quad 或 \quad y^{(n)} = f(x,\ y,\ y',\ \cdots,\ y^{(n-1)}).$$

其中,F 是 $n+2$ 个变量的函数.必须指出,这里 $y^{(n)}$ 是必须出现的,而 x, y, y', $\cdots$, $y^{(n-1)}$ 等变量则可以不出现.例如,二阶微分方程

$$y'' = f(x,\ y')$$

中 y 就没出现.

什么是微分方程的解呢?

定义 2　把满足微分方程的函数(把函数代入微分方程能使该方程成为恒等式)叫做该**微分方程的解**.确切地说,设函数 $y(x)$ 在区间 I 上有 n 阶连续导数,如果在区间 I 上,有

$$F[x,\ y(x), y'(x),\ \cdots,\ y^{(n)}(x)] \equiv 0.$$

那么函数 $y(x)$ 就叫做微分方程 $F(x,\ y,\ y',\ \cdots,\ y^{(n)}) = 0$ 在区间 I 上的解.例如,

$$y = x^2,\ y = x^2 + 1,\ \cdots,\ y = x^2 + C$$

都是方程(1)的解.

值得指出的是,由于解微分方程的过程需要积分,故微分方程的解中有时包含任意常数.

定义 3　如果微分方程的解中含有任意常数,且任意常数的个数与微分方程的阶数相同,则称这样的解为该**微分方程的通解**.例如,$y = x^2 + C$(C 为任意常数)就是方程(1)的通解;又如,$y = C_1\cos x + C_2\sin x$($C_1$, C_2 为任意常数)是二阶微分方程 $y'' + y = 0$ 的通解.

在以后的讨论中,除特殊说明外,C, C_1, C_2 等均指任意常数.

定义 4 用于确定通解中任意常数的条件,称为**初始条件**.如 $x=x_0$ 时,$y=y_0$,$y'=y_1$,或写成 $y\Big|_{x=x_0}=y_0$,$y'\Big|_{x=x_0}=y_1$.

定义 5 确定了通解中的任意常数以后,就得到**微分方程的特解**,即不含任意常数的解.例如,$y=x^2+1$ 是方程(1)的特解.

定义 6 求微分方程满足初始条件的特解的问题称为微分方程的**初值问题**.例 1 中,要求

$$\begin{cases} \dfrac{\mathrm{d}y}{\mathrm{d}x}=2x, \\ y\Big|_{x=1}=2 \end{cases}$$

的解就是一个初值问题.

定义 7 微分方程的解的图形是一条曲线,叫做微分方程的**积分曲线**.

例 2 验证函数

$$x=C_1\cos kt+C_2\sin kt \tag{5}$$

是微分方程

$$\frac{\mathrm{d}^2 x}{\mathrm{d}t^2}+k^2 x=0 \quad (k\neq 0) \tag{6}$$

的通解.

证明 求出所给函数(5)的一阶导数及二阶导数:

$$\frac{\mathrm{d}x}{\mathrm{d}t}=-C_1 k\sin kt+C_2 k\cos kt,$$

$$\frac{\mathrm{d}^2 x}{\mathrm{d}t^2}=-k^2(C_1\cos kt+C_2\sin kt). \tag{7}$$

把方程(5)及方程(7)代入方程(6),得

$$-k^2(C_1\cos kt+C_2\sin kt)+k^2(C_1\cos kt+C_2\sin kt)\equiv 0.$$

因此函数(5)是方程(6)的解.

又函数(5)中含有两个任意常数,而方程(6)为二阶微分方程,所以函数(5)是方程(6)的通解.

习题 6-1

1. 指出下列各微分方程的自变量、未知函数、方程的阶数.

(1) $x^2\,\mathrm{d}y + y^2\,\mathrm{d}x = 0$；

(2) $\dfrac{\mathrm{d}^2 x}{\mathrm{d}y^2} + xy = 0$；

(3) $t(x')^2 - 2tx' - t = 0$；

(4) $\dfrac{\mathrm{d}^2 y}{\mathrm{d}x^2} + 2x + \left(\dfrac{\mathrm{d}y}{\mathrm{d}x}\right)^2 = 0$；

(5) $\dfrac{\mathrm{d}^4 s}{\mathrm{d}t^4} + s = s^4$.

2. 验证下列函数是否为所给微分方程的解.

(1) $x\dfrac{\mathrm{d}y}{\mathrm{d}x} + 3y = 0$，$\quad y = Cx^{-3}$；

(2) $\dfrac{\mathrm{d}^2 y}{\mathrm{d}x^2} - \dfrac{2\mathrm{d}y}{x\mathrm{d}x} + \dfrac{2y}{x^2} = 0$，$\quad y = C_1 x + C_2 x^2$；

(3) $y'' + k^2 y = 0$，$\quad y = C_1 e^{kx} + C_2 e^{-kx}$；

(4) $\dfrac{\mathrm{d}^2 y}{\mathrm{d}x^2} + w^2 y = 0$，$\quad y = C_1 \cos wx + C_2 \sin wx$.

3. 在下列各题给出的微分方程的通解中,按照所给的初始条件确定特解.

(1) $x^2 - y^2 = C$，$\quad y\Big|_{x=0} = 5$；

(2) $y = C_1 \sin(x - C_2)$，$\quad y\Big|_{x=\pi} = 1$，$\quad y'\Big|_{x=\pi} = 0$.

4. 写出由下列条件确定的曲线所满足的微分方程.

(1) 曲线在点 (x, y) 处的切线斜率等于该点横坐标的平方;

(2) 曲线上点 $P(x, y)$ 处的法线与 x 轴的交点为 Q,而线段 PQ 被 y 轴平分.

§6.2　可分离变量的微分方程

定义　如果一个一阶微分方程能写成

$$g(y)\mathrm{d}y = f(x)\mathrm{d}x \quad (\text{或 } y' = \varphi(x)\psi(y))$$

的形式,即能把微分方程写成一端只含 y 的函数和 $\mathrm{d}y$,另一端只含 x 的函数和 $\mathrm{d}x$,那么原方程就称为**可分离变量的微分方程**.

可分离变量的微分方程的解法:

(1) 分离变量,将方程写成 $g(y)\mathrm{d}y = f(x)\mathrm{d}x$ 的形式;

(2) 两端积分 $\displaystyle\int g(y)\mathrm{d}y = \int f(x)\mathrm{d}x$,设积分后得 $G(y) = F(x) + C$;

(3) 求出由隐函数 $G(y) = F(x) + C$ 所确定的 $y = \Phi(x) + C$ 或 $x = \Psi(y)$.

$G(y) = F(x) + C$, $y = \Phi(x) + C$ 或 $x = \Psi(y) + C$ 都是方程的通解,其中 $G(y) = F(x) + C$ 称为隐式(通)解.

例 1 求微分方程

$$\frac{\mathrm{d}y}{\mathrm{d}x} = 2xy \tag{1}$$

的通解.

分析 解微分方程的第一步是判断方程的类型,然后根据类型选择解法,这是一个可分离变量的方程,故选择上述先分离变量,后积分的解法.

解 此方程为可分离变量方程,分离变量后得

$$\frac{1}{y}\mathrm{d}y = 2x\mathrm{d}x \quad (y \neq 0).$$

两边积分,得

$$\int \frac{1}{y}\mathrm{d}y = \int 2x\mathrm{d}x, \tag{2}$$

即

$$\ln|y| = x^2 + C_1, \tag{3}$$

从而

$$y = \pm\, \mathrm{e}^{x^2 + C_1} = \pm\, \mathrm{e}^{C_1}\, \mathrm{e}^{x^2}.$$

因为 $\pm\mathrm{e}^{C_1}$ 仍是任意常数,把它记作 C,又 $y = 0$ 也是方程(1)的解,所以方程(1)的通解可表示成

$$y = C\mathrm{e}^{x^2}. \tag{4}$$

为方便,今后我们由式(2)两边积分得

$$\ln y = x^2 + \ln C,$$

并由此直接得方程(1)的通解(4).

例 2 铀的衰变速度与当时未衰变的原子的含量 M 成正比.已知 $t = 0$ 时铀的含量为 M_0,求在衰变过程中铀含量 $M(t)$ 随时间 t 变化的规律.

解 铀的衰变速度就是 $M(t)$ 对时间 t 的导数 $\dfrac{\mathrm{d}M}{\mathrm{d}t}$. 由于铀的衰变速度与其含量成正比,故得微分方程

$$\frac{\mathrm{d}M}{\mathrm{d}t} = -\lambda M.$$

其中 $\lambda(\lambda > 0)$ 是常数,叫做衰变系数,负号表示当 t 增加时 M 单调减少,即 $\dfrac{\mathrm{d}M}{\mathrm{d}t} < 0$. 由题意,初始条件为 $M\Big|_{t_0 = 0} = M_0$.

将方程分离变量,得 $$\frac{\mathrm{d}M}{M}=-\lambda \mathrm{d}t.$$

两边积分,得 $$\int \frac{\mathrm{d}M}{M}=\int (-\lambda)\mathrm{d}t,$$

即 $\ln M(t)=-\lambda t+\ln C$,也即 $M(t)=C\mathrm{e}^{-\lambda t}$. 由初始条件,得 $M_0=C\mathrm{e}^0=C$,所以铀含量 $M(t)$ 随时间 t 变化的规律为 $M=M_0\mathrm{e}^{-\lambda t}$.

例3 求微分方程 $\dfrac{\mathrm{d}y}{\mathrm{d}x}=1+x+y^2+xy^2$ 的通解.

解 方程可化为 $$\frac{\mathrm{d}y}{\mathrm{d}x}=(1+x)(1+y^2).$$

分离变量,得 $$\frac{1}{1+y^2}\mathrm{d}y=(1+x)\mathrm{d}x.$$

两边积分,得

$$\int \frac{1}{1+y^2}\mathrm{d}y=\int (1+x)\mathrm{d}x,\quad 即\quad \arctan y=\frac{1}{2}x^2+x+C.$$

于是,原方程的通解为

$$y=\tan\left(\frac{1}{2}x^2+x+C\right).$$

习题 6-2

1. 求下列微分方程的通解.

(1) $xy'-y\ln y=0$;

(2) $3x^2+5x-5y'=0$;

(3) $y'=\dfrac{\sqrt{1-y^2}}{\sqrt{1-x^2}}$;

(4) $\sec^2 x\tan y\mathrm{d}x+\sec^2 y\tan x\mathrm{d}y=0$;

(5) $\dfrac{\mathrm{d}y}{\mathrm{d}x}=10^{x+y}$;

(6) $(\mathrm{e}^{x+y}-\mathrm{e}^x)\mathrm{d}x+(\mathrm{e}^{x+y}+\mathrm{e}^y)\mathrm{d}y=0$;

(7) $\cos x\sin y\mathrm{d}x+\sin x\cos y\mathrm{d}y=0$;

(8) $y\mathrm{d}x+(x^2-4x)\mathrm{d}y=0$.

2. 求下列微分方程满足所给初始条件的特解.

(1) $y'=\mathrm{e}^{2x-y}$, $y\big|_{x=0}=0$;

(2) $y'\sin x=y\ln y$, $y\big|_{x=\frac{\pi}{2}}=\mathrm{e}$;

(3) $\cos y\mathrm{d}x+(1+\mathrm{e}^{-x})\sin y\mathrm{d}y=0$, $y\big|_{x=0}=\dfrac{\pi}{4}$;

(4) $x\mathrm{d}y+2y\mathrm{d}x=0$, $y\big|_{x=2}=1$.

3. 镭的衰变有如下的规律:镭的衰变速度与它的现存量 R 成正比. 由经验材料得知,镭经过 $1\,600$ 年后,只剩余原始量 R_0 的一半. 试求镭的量 R 与时间 t 的函数关系.

4. 一曲线通过点 $(2, 3)$,它在两坐标轴间的任一切线线段均被切点所平分,求这曲线的方程.

§6.3 齐 次 方 程

定义 如果一阶微分方程 $\dfrac{\mathrm{d}y}{\mathrm{d}x}=f(x, y)$ 中的函数 $f(x, y)$ 可写成 $\dfrac{y}{x}$ 的函数,即

$f(x, y)=\varphi\left(\dfrac{y}{x}\right)$,则称方程 $\dfrac{\mathrm{d}y}{\mathrm{d}x}=\varphi\left(\dfrac{y}{x}\right)$ 为**齐次方程**.

下列方程中哪些是齐次方程?

(1) $xy'-y-\sqrt{y^2-x^2}=0$ 是齐次方程,因为

$$\frac{\mathrm{d}y}{\mathrm{d}x}=\frac{y+\sqrt{y^2-x^2}}{x}\Rightarrow\frac{\mathrm{d}y}{\mathrm{d}x}=\frac{y}{x}+\sqrt{\left(\frac{y}{x}\right)^2-1}.$$

(2) $\sqrt{1-x^2}\,y'=\sqrt{1-y^2}$ 不是齐次方程,因为

$$\frac{\mathrm{d}y}{\mathrm{d}x}=\sqrt{\frac{1-y^2}{1-x^2}}.$$

(3) $(x^2+y^2)\mathrm{d}x-xy\mathrm{d}y=0$ 是齐次方程,因为

$$\frac{\mathrm{d}y}{\mathrm{d}x}=\frac{x^2+y^2}{xy}\Rightarrow\frac{\mathrm{d}y}{\mathrm{d}x}=\frac{x}{y}+\frac{y}{x}.$$

(4) $(2x+y-4)\mathrm{d}x+(x+y-1)\mathrm{d}y=0$ 不是齐次方程,因为

$$\frac{\mathrm{d}y}{\mathrm{d}x}=-\frac{2x+y-4}{x+y-1}.$$

齐次方程的解法:

在齐次方程 $\dfrac{\mathrm{d}y}{\mathrm{d}x}=\varphi\left(\dfrac{y}{x}\right)$ 中,令 $u=\dfrac{y}{x}$,则 $y=ux$,$\dfrac{\mathrm{d}y}{\mathrm{d}x}=u+x\dfrac{\mathrm{d}u}{\mathrm{d}x}$,所以有

$$u+x\frac{\mathrm{d}u}{\mathrm{d}x}=\varphi(u).$$

分离变量,得 $$\frac{\mathrm{d}u}{\varphi(u)-u}=\frac{\mathrm{d}x}{x}.$$

两端积分,得
$$\int \frac{\mathrm{d}u}{\varphi(u)-u} = \int \frac{\mathrm{d}x}{x}.$$

求出积分后,再用 $\frac{y}{x}$ 代替 u,即得所给齐次方程的通解.

例1 解方程 $y^2+x^2 \frac{\mathrm{d}y}{\mathrm{d}x}=xy \frac{\mathrm{d}y}{\mathrm{d}x}$.

解 原方程可写成

$$\frac{\mathrm{d}y}{\mathrm{d}x} = \frac{y^2}{xy-x^2} = \frac{\left(\frac{y}{x}\right)^2}{\frac{y}{x}-1},$$

因此原方程是齐次方程.

令 $\frac{y}{x}=u$,则 $y=ux$,$\frac{\mathrm{d}y}{\mathrm{d}x}=u+x \frac{\mathrm{d}u}{\mathrm{d}x}$,于是原方程变为

$$u+x \frac{\mathrm{d}u}{\mathrm{d}x} = \frac{u^2}{u-1},$$

即
$$x \frac{\mathrm{d}u}{\mathrm{d}x} = \frac{u}{u-1}.$$

分离变量,得
$$\left(1-\frac{1}{u}\right)\mathrm{d}u = \frac{\mathrm{d}x}{x}.$$

两边积分,得

$$u-\ln u+C = \ln x, \quad 即 \quad \ln xu = u+C.$$

以 $\frac{y}{x}$ 代上式中的 u,得原方程的通解

$$\ln y = \frac{y}{x}+C.$$

例2 求微分方程 $(y+\sqrt{x^2-y^2})\mathrm{d}x-x\mathrm{d}y=0 (x>0)$ 的通解.

解 由原方程得 $\frac{\mathrm{d}y}{\mathrm{d}x}=\frac{y+\sqrt{x^2-y^2}}{x}$,即

$$\frac{\mathrm{d}y}{\mathrm{d}x} = \frac{y}{x}+\sqrt{1-\left(\frac{y}{x}\right)^2},$$

这是齐次方程.

令 $u=\dfrac{y}{x}$，则 $y=ux$，$\dfrac{\mathrm{d}y}{\mathrm{d}x}=u+x\dfrac{\mathrm{d}u}{\mathrm{d}x}$，于是原方程变为

$$u+x\frac{\mathrm{d}u}{\mathrm{d}x}=u+\sqrt{1-u^2}，\quad 即\quad x\frac{\mathrm{d}u}{\mathrm{d}x}=\sqrt{1-u^2}.$$

这是一个可分离变量的微分方程，分离变量得

$$\frac{\mathrm{d}u}{\sqrt{1-u^2}}=\frac{\mathrm{d}x}{x}.$$

两边积分得 $\qquad\qquad\qquad \arcsin u=\ln x+C.$

将 $u=\dfrac{y}{x}$ 代入，得原方程的通解为

$$\arcsin\frac{y}{x}=\ln x+C.$$

对于齐次方程，我们通过变量代换 $y=xu$，把它化为可分离变量的方程，然后分离变量，经积分求得通解. 变量代换的方法是解微分方程最常用的方法. 这就是说，求解一个不能分离变量的微分方程，常要考虑寻求适当的变量代换（因变量的变量代换或自变量的变量代换），使它化为变量可分离的方程. 下面仅举一个例子.

例 3 求解微分方程 $\dfrac{\mathrm{d}y}{\mathrm{d}x}=\dfrac{1}{x+y}.$

解 令 $x+y=u$，则 $y=u-x$，$\dfrac{\mathrm{d}y}{\mathrm{d}x}=\dfrac{\mathrm{d}u}{\mathrm{d}x}-1$. 于是

$$\frac{\mathrm{d}u}{\mathrm{d}x}-1=\frac{1}{u},$$

即 $\qquad\qquad\qquad \dfrac{\mathrm{d}u}{\mathrm{d}x}=\dfrac{1}{u}+1=\dfrac{u+1}{u}.$

分离变量得 $\qquad\qquad\qquad \dfrac{u}{u+1}\mathrm{d}u=\mathrm{d}x.$

两边积分得 $\qquad\qquad u-\ln(u+1)=x-\ln C.$

以 $u=x+y$ 代回，得 $y-\ln(x+y+1)=-\ln C,$

即 $\qquad\qquad\qquad x=C\mathrm{e}^y-y-1.$

习题 6-3

1. 求下列齐次方程的通解.

(1) $xy' - y - \sqrt{y^2 - x^2} = 0$; (2) $x\dfrac{\mathrm{d}y}{\mathrm{d}x} = y\ln\dfrac{y}{x}$;

(3) $(x^2 + y^2)\mathrm{d}x - xy\mathrm{d}y = 0$; (4) $(1 + 2\mathrm{e}^{\frac{x}{y}})\mathrm{d}x + 2\mathrm{e}^{\frac{x}{y}}\left(1 - \dfrac{x}{y}\right)\mathrm{d}y = 0$.

2. 求下列齐次方程满足所给初始条件的特解.

(1) $(y^2 - 3x^2)\mathrm{d}y + 2xy\mathrm{d}x = 0$, $y\Big|_{x=0} = 1$;

(2) $(x + 2y)y' = y - 2x$, $y\Big|_{x=1} = 1$.

3. 用适当的变量代换将下列方程化为可分离变量的方程,然后求出通解.

(1) $y' = (x + y)^2$; (2) $y' = \dfrac{1}{x - y} + 1$;

(3) $xy' + y = y(\ln x + \ln y)$.

§6.4　一阶线性微分方程

定义　形如$\dfrac{\mathrm{d}y}{\mathrm{d}x} + P(x)y = Q(x)$的微分方程,称为**一阶线性微分方程**. 线性是指方程关于未知函数 y 及其导数$\dfrac{\mathrm{d}y}{\mathrm{d}x}$都是一次的. 称 $Q(x)$ 为**非齐次项**或**右端项**,如果 $Q(x) \equiv 0$,则称方程为**一阶线性齐次微分方程**;否则,即 $Q(x) \not\equiv 0$,则称方程为**一阶线性非齐次微分方程**.

对于一阶线性非齐次微分方程

$$\frac{\mathrm{d}y}{\mathrm{d}x} + P(x)y = Q(x), \tag{1}$$

称方程

$$\frac{\mathrm{d}y}{\mathrm{d}x} + P(x)y = 0 \tag{2}$$

为方程(1)所对应的齐次微分方程.

下列方程是什么类型的方程?

(1) $(x - 2)\dfrac{\mathrm{d}y}{\mathrm{d}x} = y$,因为$\dfrac{\mathrm{d}y}{\mathrm{d}x} - \dfrac{1}{x-2}y = 0$,所以原方程是一阶线性齐次微分方程.

(2) $3x^2 + 5x - y' = 0$,因为 $y' = 3x^2 + 5x$,所以原方程是一阶线性非齐次微分方程.

(3) $y' + y\cos x = \mathrm{e}^{-\sin x}$,是一阶线性非齐次微分方程.

(4) $\dfrac{\mathrm{d}y}{\mathrm{d}x}=10^{x+y}$，不是一阶线性方程.

(5) $(y+1)^2\dfrac{\mathrm{d}y}{\mathrm{d}x}+x^3=0$，因为 $\dfrac{\mathrm{d}y}{\mathrm{d}x}+\dfrac{x^3}{(y+1)^2}=0$ 或 $\dfrac{\mathrm{d}x}{\mathrm{d}y}+\dfrac{(y+1)^2}{x^3}=0$，所以原方程不是一阶线性方程.

一、一阶线性齐次微分方程的解法

方程 $\dfrac{\mathrm{d}y}{\mathrm{d}x}+P(x)y=0$ 是变量可分离方程，分离变量后得

$$\frac{\mathrm{d}y}{y}=-P(x)\mathrm{d}x.$$

两边积分，得 $\qquad \ln y=-\displaystyle\int P(x)\mathrm{d}x+\ln C,$

即 $\qquad\qquad\qquad\qquad y=Ce^{-\int P(x)\mathrm{d}x}. \qquad\qquad\qquad\qquad (3)$

这就是齐次微分方程(2)的通解(积分中不再加任意常数).

例 1 求方程 $(x-2)\dfrac{\mathrm{d}y}{\mathrm{d}x}=y$ 的通解.

解 这是一阶线性齐次微分方程，分离变量，得

$$\frac{\mathrm{d}y}{y}=\frac{\mathrm{d}x}{x-2}.$$

两边积分，得 $\qquad\qquad \ln y=\ln(x-2)+\ln C,$

故方程的通解为 $y=C(x-2)$.

二、一阶线性非齐次微分方程的解法(常数变易法)

将齐次方程(2)的通解(3)中的任意常数 C 换成未知函数 $u(x)$，再把

$$y=u(x)e^{-\int P(x)\mathrm{d}x}$$

设想成非齐次方程(1)的通解，代入方程(1)中，得

$$u'(x)e^{-\int P(x)\mathrm{d}x}-u(x)e^{-\int P(x)\mathrm{d}x}P(x)+P(x)u(x)e^{-\int P(x)\mathrm{d}x}=Q(x).$$

化简得 $\qquad\qquad u'(x)=Q(x)e^{\int P(x)\mathrm{d}x},$

即 $\qquad\qquad\qquad u(x)=\displaystyle\int Q(x)e^{\int P(x)\mathrm{d}x}+C.$

于是非齐次方程(1)的通解为

$$y = \mathrm{e}^{-\int P(x)\mathrm{d}x}\left[\int Q(x)\mathrm{e}^{\int P(x)\mathrm{d}x}\mathrm{d}x + C\right] \tag{4}$$

或

$$y = C\mathrm{e}^{-\int P(x)\mathrm{d}x} + \mathrm{e}^{-\int P(x)\mathrm{d}x}\int Q(x)\mathrm{e}^{\int P(x)\mathrm{d}x}\mathrm{d}x.$$

故一阶线性非齐次微分方程(1)的通解等于它对应的齐次微分方程的通解与它的一个特解之和.

例 2　求方程 $\dfrac{\mathrm{d}y}{\mathrm{d}x} - \dfrac{2y}{x+1} = (x+1)^{\frac{5}{2}}$ 的通解.

分析　我们可以直接用公式(4)求出方程的通解. 也可以应用常数变易法求方程的通解. 这里, 我们采用后者.

解　先求原方程对应的齐次微分方程 $\dfrac{\mathrm{d}y}{\mathrm{d}x} - \dfrac{2y}{x+1} = 0$ 的通解.

分离变量, 得

$$\frac{\mathrm{d}y}{y} = \frac{2\mathrm{d}x}{x+1}.$$

两边积分, 得

$$\ln y = 2\ln(x+1) + \ln C.$$

故齐次线性方程的通解为 $y = C(x+1)^2$.

下面用常数变易法求原方程的通解. 把 C 换成 $u(x)$, 即令 $y = u(x)(x+1)^2$, 代入原方程, 得

$$u'(x) \cdot (x+1)^2 + 2u(x) \cdot (x+1) - \frac{2}{x+1}u(x) \cdot (x+1)^2 = (x+1)^{\frac{5}{2}},$$

$$u'(x) = (x+1)^{\frac{1}{2}}.$$

两边积分, 得

$$u(x) = \frac{2}{3}(x+1)^{\frac{3}{2}} + C.$$

再把上式代入 $y = u(x)(x+1)^2$ 中, 即得所求方程的通解为

$$y = (x+1)^2\left[\frac{2}{3}(x+1)^{\frac{3}{2}} + C\right].$$

例 3　求一曲线方程, 这曲线通过原点, 并且它在点 (x, y) 处的切线斜率等于 $2x + y$.

解　设所求曲线方程为 $y = y(x)$, 则

$$\begin{cases} \dfrac{\mathrm{d}y}{\mathrm{d}x} = 2x + y, & (5) \\ y\Big|_{x=0} = 0. & (6) \end{cases}$$

这是一阶微分方程的初值问题.

方程(5)可化为 $\dfrac{\mathrm{d}y}{\mathrm{d}x}-y=2x$,故它是一阶线性非齐次方程,其中 $P(x)=-1$, $Q(x)=2x$. 根据公式(4),得方程(5)的通解为

$$
\begin{aligned}
y &= \mathrm{e}^{-\int(-1)\mathrm{d}x}\Big[\int 2x\mathrm{e}^{\int(-1)\mathrm{d}x}\mathrm{d}x+C\Big] \\
&= \mathrm{e}^{x}\Big(\int 2x\mathrm{e}^{-x}\mathrm{d}x+C\Big)-\mathrm{e}^{x}(-2x\mathrm{e}^{-x}-2\mathrm{e}^{-x}+C) \\
&= C\mathrm{e}^{x}-2x-2.
\end{aligned}
$$

又因为 $y\big|_{x=0}=0$,所以 $-2+C=0$,即 $C=2$,于是所求曲线方程为

$$
y=2(\mathrm{e}^{x}-x-1).
$$

例 4 解方程 $\dfrac{\mathrm{d}y}{\mathrm{d}x}=\dfrac{1}{x+y}$.

分析 这个微分方程作为以 x 为自变量,以 y 为未知函数的方程,既不属于可分离变量方程和齐次方程,也不属于一阶线性微分方程. 我们希望将它转化成上述可解类型的方程.

解 由原方程得 $\dfrac{\mathrm{d}x}{\mathrm{d}y}=x+y$,即

$$
\frac{\mathrm{d}x}{\mathrm{d}y}-x=y.
$$

上式可以看成以 y 为自变量,以 x 为未知函数的一阶线性微分方程. 这时

$$
P(y)=-1,\quad Q(y)=y,
$$

相应的通解公式(4)应该为

$$
x=\mathrm{e}^{-\int P(y)\mathrm{d}y}\Big[\int Q(y)\mathrm{e}^{\int P(y)\mathrm{d}y}\mathrm{d}y+C\Big].
$$

所以,原方程的通解为

$$
\begin{aligned}
x &= \mathrm{e}^{-\int(-1)\mathrm{d}y}\Big[\int y\mathrm{e}^{\int(-1)\mathrm{d}y}\mathrm{d}y+C\Big]=\mathrm{e}^{y}\Big(\int y\mathrm{e}^{-y}\mathrm{d}y+C\Big) \\
&= \mathrm{e}^{y}(-y\mathrm{e}^{-y}-\mathrm{e}^{-y}+C)=C\mathrm{e}^{y}-y-1.
\end{aligned}
$$

习题 6-4

1. 求下列微分方程的通解.

(1) $\dfrac{\mathrm{d}y}{\mathrm{d}x}+y=\mathrm{e}^{-x}$；

(2) $\dfrac{\mathrm{d}\rho}{\mathrm{d}\theta}+3\rho=2$；

(3) $y'+y\cos x=\mathrm{e}^{-\sin x}$；

(4) $y'+y\tan x=\sin 2x$；

(5) $(x^2-1)y'+2xy-\cos x=0$；

(6) $y'+2xy=4x$；

(7) $2y\mathrm{d}x+(y^2-6x)\mathrm{d}y=0$；

(8) $y\ln y\mathrm{d}x+(x-\ln y)\mathrm{d}y=0$.

2. 求下列微分方程满足所给初始条件的特解.

(1) $y'-y\tan x=\sec x$，$y\big|_{x=0}=0$；

(2) $y'+\dfrac{y}{x}=\dfrac{\sin x}{x}$，$y\big|_{x=\pi}=1$；

(3) $y'+y\cot x=5\mathrm{e}^{\cos x}$，$y\big|_{x=\frac{\pi}{2}}=-4$；

(4) $y'+\dfrac{2-3x^2}{x^3}y=1$，$y\big|_{x=1}=0$.

§6.5 可降阶的高阶微分方程

一、$y^{(n)}=f(x)$ 型的微分方程

解法 对两边求积分,得

$$y^{(n-1)}=\int f(x)\mathrm{d}x+C_1.$$

同理可得

$$y^{(n-2)}=\int\left[\int f(x)\mathrm{d}x+C_1\right]\mathrm{d}x+C_2.$$

依此法继续进行,接连积分 n 次,便得原微分方程的含有 n 个任意常数的通解.

例 1 求微分方程 $y'''=\mathrm{e}^{2x}-\cos x$ 的通解.

解 对所给方程接连积分三次,得

$$y''=\frac{1}{2}\mathrm{e}^{2x}-\sin x+C_1,$$

$$y'=\frac{1}{4}\mathrm{e}^{2x}+\cos x+C_1x+C_2,$$

$$y=\frac{1}{8}\mathrm{e}^{2x}+\sin x+\frac{1}{2}C_1x^2+C_2x+C_3.$$

这就是所给方程的通解.

二、$y''=f(x, y')$ 型的微分方程

解法 设 $y'=p$,则 $y''=\dfrac{\mathrm{d}p}{\mathrm{d}x}=p'$,方程化为

$$p'=f(x, p).$$

这是一个关于变量 x,p 的一阶微分方程. 设其通解为 $p=\varphi(x, C_1)$,即

$$\frac{\mathrm{d}y}{\mathrm{d}x}=\varphi(x, C_1).$$

对其积分,便得原方程的通解为

$$y=\int\varphi(x, C_1)\mathrm{d}x+C_2.$$

例 2 求微分方程 $(1+x^2)y''=2xy'$ 满足初始条件 $y\Big|_{x_0=0}=1$,$y'\Big|_{x_0=0}=3$ 的特解.

解 所给方程是 $y''=f(x, y')$ 型的. 设 $y'=p$,代入方程并分离变量后,得

$$\frac{\mathrm{d}p}{p}=\frac{2x}{1+x^2}\mathrm{d}x.$$

两边积分,得 $\qquad \ln p=\ln(1+x^2)+\ln C_1,$

即 $\qquad\qquad\qquad p=y'=C_1(1+x^2).$

由条件 $y'\Big|_{x_0=0}=3$,得 $C_1=3$,所以

$$y'=3(1+x^2).$$

两边再积分,得 $\qquad y=x^3+3x+C_2.$

又由条件 $y\Big|_{x_0=0}=1$,得 $C_2=1$,于是所求的特解为

$$y=x^3+3x+1.$$

三、$y''=f(y, y')$ 型的微分方程

解法 设 $y'=p$,则

$$y'' = \frac{\mathrm{d}p}{\mathrm{d}x} = \frac{\mathrm{d}p}{\mathrm{d}y} \cdot \frac{\mathrm{d}y}{\mathrm{d}x} = p\frac{\mathrm{d}p}{\mathrm{d}y}.$$

原方程化为 $$p\frac{\mathrm{d}p}{\mathrm{d}y} = f(y,\ p).$$

这是一个关于变量 $y,\ p$ 的一阶微分方程. 设其通解为

$$y' = p = \varphi(y, C_1),$$

分离变量并积分, 便得原方程的通解为

$$\int \frac{\mathrm{d}y}{\varphi(y, C_1)} = x + C_2.$$

例 3 求微分方程 $yy'' = y'^2$ 的通解.

解 设 $y' = p$, 则 $y'' = p\dfrac{\mathrm{d}p}{\mathrm{d}y}$, 代入原方程, 得

$$yp\frac{\mathrm{d}p}{\mathrm{d}y} - p^2 = 0.$$

当 $y \neq 0,\ p \neq 0$ 时, 约去 p 并分离变量, 得

$$\frac{\mathrm{d}p}{p} = \frac{\mathrm{d}y}{y}.$$

两边积分, 得 $$\ln p = \ln y + \ln C_1,$$

即 $$p = C_1 y \quad 或 \quad y' = C_1 y.$$

再分离变量并两边积分, 得原方程的通解为

$$\ln y = C_1 x + \ln C_2 \quad 或 \quad y = C_2 \mathrm{e}^{c_1 x}.$$

习题 6-5

1. 求下列各微分方程的通解.

(1) $y'' = x + \sin x$;

(2) $y''' = x\mathrm{e}^x$;

(3) $y'' = \dfrac{1}{1+x^2}$;

(4) $y'' = 1 + y'^2$;

(5) $y'' = y' + x$;

(6) $xy'' + y' = 0$;

(7) $y^3 y'' - 1 = 0$;

(8) $y'' = (y')^3 + y'$.

2. 求下列各微分方程满足所给初始条件的特解.

(1) $y''' = \mathrm{e}^{ax}$, $y\big|_{x=1} = y'\big|_{x=1} = y''\big|_{x=1} = 0$;

(2) $y'' - ay'^2 = 0$, $y\big|_{x=0} = 0$, $y'\big|_{x=0} = -1$;

(3) $(1-x^2)y'' - xy' = 0$, $\left. y \right|_{x=0} = 0$, $\left. y' \right|_{x=0} = 1$;

(4) $y'' = 3\sqrt{y}$, $\left. y \right|_{x=0} = 1$, $\left. y' \right|_{x=0} = 2$.

3. 试求 $y'' = x$ 的经过点 $M(0, 1)$ 且在此点与直线 $y = \dfrac{x}{2} + 1$ 相切的积分曲线.

§6.6 二阶常系数齐次线性微分方程

定义 1 微分方程

$$y'' + py' + qy = 0 \tag{1}$$

称为**二阶常系数齐次线性微分方程**, 其中 p, q 均为常数.

我们可以用代数的方法来解这类方程. 为此, 先讨论这类方程的性质.

定理 如果函数 $y_1(x)$ 与 $y_2(x)$ 是方程(1)的两个解, 那么

$$y = C_1 y_1(x) + C_2 y_2(x) \quad (C_1, C_2 \text{ 为任意常数})$$

仍然是方程(1)的解.

证明 $[C_1 y_1 + C_2 y_2]' = C_1 y_1' + C_2 y_2'$, $[C_1 y_1 + C_2 y_2]'' = C_1 y_1'' + C_2 y_2''$.

因为 y_1 与 y_2 是方程(1)的解, 所以有

$$y_1'' + py_1' + qy_1 = 0 \quad \text{及} \quad y_2'' + py_2' + qy_2 = 0,$$

从而

$$[C_1 y_1 + C_2 y_2]'' + p[C_1 y_1 + C_2 y_2]' + q[C_1 y_1 + C_2 y_2]$$
$$= C_1[y_1'' + py_1' + qy_1] + C_2[y_2'' + py_2' + qy_2] = 0 + 0 = 0.$$

这就证明了 $y = C_1 y_1(x) + C_2 y_2(x)$ 也是方程 $y'' + py' + qy = 0$ 的解.

由此定理可知, 如果我们能找到方程(1)的两个解 $y_1(x)$ 与 $y_2(x)$, 且 $\dfrac{y_1(x)}{y_2(x)}$ 不恒等于常数, 那么

$$y = C_1 y_1(x) + C_2 y_2(x)$$

就是含有两个任意常数的解, 因而就是方程(1)的通解. 否则, 若 $\dfrac{y_1(x)}{y_2(x)} = $ 常数 C, 即 $y_1(x) = C y_2(x)$, 那么 $C_1 y_1(x) + C_2 y_2(x) = C_1 C y_2(x) + C_2 y_2(x) = (C_1 C + C_2) y_2(x) = C_3 y_2(x)$, 此时这个解实际上只含一个任意常数, 因而就不是二阶方程(1)的通解.

注意,对于两个函数,如果它们的比为常数,则称此二函数**线性相关**,如果它们的比不为常数,则称此二函数**线性无关**.

所以,定理告诉我们:如果 $y_1(x)$ 与 $y_2(x)$ 是二阶常系数齐次线性微分方程的两个线性无关的解,那么 $y=C_1 y_1(x)+C_2 y_2(x)$ 就是它的通解.

下面,我们讨论如何用代数的方法来找方程(1)的两个特解.

当 r 为常数时,指数函数 $y=\mathrm{e}^{rx}$ 和它的各阶导数都只差一个常数因子. 由于指数函数有这样的特点,因此我们用函数 $y=\mathrm{e}^{rx}$ 来尝试,看能否适当地选取常数 r,使 $y=\mathrm{e}^{rx}$ 满足方程(1).

将 $y=\mathrm{e}^{rx}$ 求导,得

$$y'=r\mathrm{e}^{rx}, \quad y''=r^2\mathrm{e}^{rx}.$$

把 y,y',y'' 代入方程(1),得 $\quad (r^2+pr+q)\mathrm{e}^{rx}=0.$

由于 $\mathrm{e}^{rx}\neq 0$,所以 $\quad r^2+pr+q=0.$ \qquad\qquad\qquad\qquad (2)

由此可见,只要 r 满足代数方程(2),函数 $y=\mathrm{e}^{rx}$ 就是微分方程(1)的解.

定义 2 我们把代数方程 $r^2+pr+q=0$ 叫做微分方程 $y''+py'+qy=0$ 的**特征方程**. 特征方程的根称为**特征根**.

·特征方程的两个根 r_1,r_2 可用公式

$$r_{1,2}=\frac{-p\pm\sqrt{p^2-4q}}{2}$$

求出.

特征方程的根与通解的关系:

(1) 特征方程有两个不相等的实根 r_1,r_2 时,函数 $y_1=\mathrm{e}^{r_1 x}$,$y_2=\mathrm{e}^{r_2 x}$ 是二阶常系数齐次线性微分方程的两个线性无关的解.

因为函数 $y_1=\mathrm{e}^{r_1 x}$,$y_2=\mathrm{e}^{r_2 x}$ 是方程的解,又 $\dfrac{y_1}{y_2}=\dfrac{\mathrm{e}^{r_1 x}}{\mathrm{e}^{r_2 x}}=\mathrm{e}^{(r_1-r_2)x}$ 不是常数,所以 y_1,y_2 线性无关,因此方程的通解为

$$y=C_1\mathrm{e}^{r_1 x}+C_2\mathrm{e}^{r_2 x}.$$

(2) 特征方程有两个相等的实根 $r_1=r_2$ 时,函数 $y_1=\mathrm{e}^{r_1 x}$,$y_2=x\mathrm{e}^{r_1 x}$ 是二阶常系数齐次线性微分方程的两个线性无关的解.

因为 $y_1=\mathrm{e}^{r_1 x}$ 是方程的解,又

$$(x\mathrm{e}^{r_1 x})''+p(x\mathrm{e}^{r_1 x})'+q(x\mathrm{e}^{r_1 x})$$
$$=(2r_1+xr_1^2)\mathrm{e}^{r_1 x}+p(1+xr_1)\mathrm{e}^{r_1 x}+qx\mathrm{e}^{r_1 x}$$
$$=\mathrm{e}^{r_1 x}(2r_1+p)+x\mathrm{e}^{r_1 x}(r_1^2+pr_1+q)=0,$$

所以 $y_2 = xe^{r_1 x}$ 也是方程的解,且 $\dfrac{y_2}{y_1} = \dfrac{xe^{r_1 x}}{e^{r_1 x}} = x$ 不是常数,y_1,y_2 线性无关,因此方程的通解为

$$y = C_1 e^{r_1 x} + C_2 x e^{r_1 x} = (C_1 + C_2 x) e^{r_1 x}.$$

（3）特征方程有一对共轭复根 $r_{1,2} = \alpha \pm i\beta$ 时,函数 $y_1 = e^{(\alpha - i\beta)x}$,$y_2 = e^{(\alpha - i\beta)x}$ 是微分方程的两个线性无关的复数形式的解,此时,可以证明函数 $y = e^{\alpha x} \cos \beta x$,$y = e^{\alpha x} \sin \beta x$ 是微分方程的两个线性无关的实数形式的解.

函数 $y_1 = e^{(\alpha + i\beta)x}$ 和 $y_2 = e^{(\alpha - i\beta)x}$ 都是方程的解,而由欧拉公式,得

$$y_1 = e^{(\alpha + i\beta)x} = e^{\alpha x}(\cos \beta x + i\sin \beta x),$$

$$y_2 = e^{(\alpha - i\beta)x} = e^{\alpha x}(\cos \beta x - i\sin \beta x),$$

$$y_1 + y_2 = 2e^{\alpha x}\cos \beta x, \quad e^{\alpha x}\cos \beta x = \frac{1}{2}(y_1 + y_2),$$

$$y_1 - y_2 = 2ie^{\alpha x}\sin \beta x, \quad e^{\alpha x}\sin \beta x = \frac{1}{2i}(y_1 - y_2),$$

故 $y_1 = e^{\alpha x}\cos x$,$y_2 = e^{\alpha x}\sin \beta x$ 也是方程解. 可以验证,$y_1 = e^{\alpha x}\cos \beta x$,$y_2 = e^{\alpha x}\sin \beta x$ 是方程的线性无关解,因此方程的通解为

$$y = e^{\alpha x}(C_1 \cos \beta x + C_2 \sin \beta x).$$

综上所述,求二阶常系数齐次线性微分方程 $y'' + py' + qy = 0$ 的通解的步骤归纳如下:

（1）写出微分方程的特征方程 $r^2 + pr + q = 0$;

（2）求出特征方程的两个根 r_1,r_2;

（3）根据特征方程的两个根的不同情况,写出微分方程的通解.

例 1 求微分方程 $y'' - 2y' - 3y = 0$ 的通解.

解 所给微分方程的特征方程为

$$r^2 - 2r - 3 = 0,$$

即 $(r+1)(r-3) = 0$. 其根 $r_1 = -1$,$r_2 = 3$ 是两个不相等的实根,因此所求通解为

$$y = C_1 e^{-x} + C_2 e^{3x}.$$

例 2 求方程 $y'' + 2y' + y = 0$ 满足初始条件 $y\big|_{x=0} = 4$,$y'\big|_{x=0} = -2$ 的特解.

解 所给方程的特征方程为

$$r^2 + 2r + 1 = 0,$$

即 $(r+1)^2=0$. 其根 $r_1=r_2=-1$ 是两个相等的实根,因此所给微分方程的通解为

$$y = (C_1 + C_2 x)e^{-x}.$$

将条件 $y\big|_{x=0}=4$ 代入通解,得 $C_1=4$,从而

$$y = (4 + C_2 x)e^{-x}.$$

将上式对 x 求导,得

$$y' = (C_2 - 4 - C_2 x)e^{-x}.$$

再把条件 $y'\big|_{x=0}=-2$ 代入上式,得 $C_2=2$,于是所求特解为

$$y = (4 + 2x)e^{-x}.$$

例 3　求微分方程 $y''-2y'+5y=0$ 的通解.

解　所给方程的特征方程为

$$r^2 - 2r + 5 = 0.$$

特征方程的根为 $r_1=1+2\mathrm{i}$, $r_2=1-2\mathrm{i}$,是一对共轭复根,因此所求通解为

$$y = \mathrm{e}^x(C_1\cos 2x + C_2\sin 2x).$$

习题 6-6

1. 求下列微分方程的通解.

(1) $y''+y'-2y=0$;

(2) $y''-4y'=0$;

(3) $y''+y=0$;

(4) $y''+6y'+13y=0$;

(5) $4\dfrac{\mathrm{d}^2x}{\mathrm{d}t^2}-20\dfrac{\mathrm{d}x}{\mathrm{d}t}+25x=0$;

(6) $y''-4y'+5y=0$.

2. 求下列微分方程满足所给初始条件的特解.

(1) $y''-4y'+3y=0$, $\quad y\big|_{x=0}=6$, $\quad y'\big|_{x=0}=10$;

(2) $4y''+4y'+y=0$, $\quad y\big|_{x=0}=2$, $\quad y'\big|_{x=0}=0$;

(3) $y''-3y'-4y=0$, $\quad y\big|_{x=0}=0$, $\quad y'\big|_{x=0}=-5$;

(4) $y''+4y'+29y=0$, $\quad y\big|_{x=0}=0$, $\quad y'\big|_{x=0}=15$;

(5) $y''+25y'=0$, $\quad y\big|_{x=0}=2$, $\quad y'\big|_{x=0}=5$;

(6) $y'' - 4y' + 13y = 0$, $y\big|_{x=0} = 0$, $y'\big|_{x=0} = 3$.

§6.7 二阶常系数非齐次线性微分方程

定义 微分方程

$$y'' + py' + qy = f(x) \tag{1}$$

称为**二阶常系数非齐次线性微分方程**,称 $f(x)$ 为**非齐次项**或**右端项**,其中 p, q 均为常数. 而方程

$$y'' + py' + qy = 0 \tag{2}$$

称为非齐次方程(1)所对应的齐次方程.

为解方程(1),我们先讨论它的解的性质.

定理 1 设 $y = y^*(x)$ 是二阶常系数非齐次线性微分方程(1)的一个特解, $Y(x)$ 是方程(1)对应的齐次方程(2)的通解,则

$$y = Y(x) + y^*(x)$$

是方程(1)的通解.

证明 将 $y = Y(x) + y^*(x)$ 代入方程(1)的左端,得

$$[Y(x) + y^*(x)]'' + p[Y(x) + y^*(x)]' + q[Y(x) + y^*(x)]$$
$$= [Y'' + pY' + qY] + [y^{*''} + py^{*'} + qy^*]$$
$$= 0 + f(x) = f(x).$$

所以 $y = Y(x) + y^*(x)$ 是非齐次方程(1)的解. 又因为 $Y(x)$ 是方程(2)的通解,故 $Y(x)$ 中包含两个任意常数. 所以 $y = Y(x) + y^*(x)$ 是二阶方程(1)的包含两个任意常数的解,即是方程(1)的通解.

定理 1 告诉我们:二阶常系数非齐次线性微分方程的通解是对应的齐次方程的通解 $y = Y(x)$ 与非齐次方程本身的一个特解 $y = y^*(x)$ 之和,即 $y = Y(x) + y^*(x)$.

例如,$Y = C_1 \cos x + C_2 \sin x$ 是齐次方程 $y'' + y = 0$ 的通解,$y^* = x^2 - 2$ 是 $y'' + y = x^2$ 的一个特解,因此 $y = C_1 \cos x + C_2 \sin x + x^2 - 2$ 是方程 $y'' + y = x^2$ 的通解.

定理 2(叠加原理) 设二阶常系数非齐次线性微分方程(1)的右端 $f(x)$ 可以表示为几个函数之和,如

$$y'' + py' + qy = f_1(x) + f_2(x),$$

而 $y_1^*(x)$ 与 $y_2^*(x)$ 分别是方程

$$y'' + py' + qy = f_1(x) \quad 与 \quad y'' + py' + qy = f_2(x)$$

的解,则 $y_1^*(x) + y_2^*(x)$ 是方程 $y'' + py' + qy = f_1(x) + f_2(x)$ 的解.

证明 将 $y_1^*(x) + y_2^*(x)$ 代入 $y'' + py' + qy = f_1(x) + f_2(x)$ 的左侧,得

$$\begin{aligned}
& [y_1^* + y_2^*]'' + p[y_1^* + y_2^*]' + q[y_1^* + y_2^*] \\
&= [y^*{}''_1 + py^*{}'_1 + qy_1^*] + [y^*{}''_2 + py^*{}'_2 + qy_2^*] \\
&= f_1(x) + f_2(x).
\end{aligned}$$

故 $y_1^*(x) + y_2^*(x)$ 是方程 $y'' + py' + qy = f_1(x) + f_2(x)$ 的解.

求方程(2)的通解在上一节已经解决.下面我们只介绍当非齐次项 $f(x)$ 取两种特殊形式时,如何求方程(1)的一个特解 $y^*(x)$ 的方法,这种方法称为**待定系数法**.所谓待定系数法是通过对微分方程的分析,给出特解 $y^*(x)$ 的形式,然后代到方程中去,确定解的待定常数.这里所取的 $f(x)$ 的两种形式是:

(1) $f(x) = P_m(x)e^{\lambda x}$,其中 λ 是常数,$P_m(x)$ 是 x 的一个 m 次多项式:

$$P_m(x) = a_0 x^m + a_1 x^{m-1} + \cdots + a_{m-1} x + a_m.$$

(2) $f(x) = e^{\lambda x}[P_l(x)\cos \omega x + P_n(x)\sin \omega x]$,其中 λ 是常数,$P_l(x)$,$P_n(x)$ 分别是 x 的 l 次、n 次多项式,其中一个可为零.

1. $f(x) = P_m(x)e^{\lambda x}$ 型

我们来考虑怎样的函数可能满足形式(1).因为 $f(x)$ 是多项式 $P_m(x)$ 与指数函数 $e^{\lambda x}$ 的乘积,而多项式与指数函数的乘积之导数仍然是同一类型的函数,因此我们推测 $y^* = Q(x)e^{\lambda x}$(其中 $Q(x)$ 是某个多项式)可能是方程(1)的特解.因此,不妨设特解形式为 $y^* = Q(x)e^{\lambda x}$,将其代入方程(1),得等式

$$Q''(x) + (2\lambda + p)Q'(x) + (\lambda^2 + p\lambda + q)Q(x) = P_m(x).$$

(1) 如果 λ 不是特征方程 $r^2 + pr + q = 0$ 的根,则 $\lambda^2 + p\lambda + q \neq 0$. 要使上式成立,$Q(x)$ 应设为 m 次多项式

$$Q_m(x) = b_0 x^m + b_1 x^{m-1} + \cdots + b_{m-1} x + b_m.$$

通过比较等式两边同次项系数,可确定 b_0,b_1,$\cdots$,b_m,并得所求特解

$$y^* = Q_m(x)e^{\lambda x}.$$

(2) 如果 λ 是特征方程 $r^2 + pr + q = 0$ 的单根,则 $\lambda^2 + p\lambda + q = 0$,但 $2\lambda + p \neq 0$,要使等式

$$Q''(x) + (2\lambda + p)Q'(x) + (\lambda^2 + p\lambda + q)Q(x) = P_m(x)$$

成立，$Q(x)$ 应设为 $m+1$ 次多项式

$$Q(x) = xQ_m(x).$$

通过比较等式两边同次项系数，可确定 $b_0, b_1, \cdots, b_m$，并得所求特解

$$y^* = xQ_m(x)e^{\lambda x}.$$

（3）如果 λ 是特征方程 $r^2 + pr + q = 0$ 的二重根，则 $\lambda^2 + p\lambda + q = 0$，$2\lambda + p = 0$，要使等式

$$Q''(x) + (2\lambda + p)Q'(x) + (\lambda^2 + p\lambda + q)Q(x) = P_m(x)$$

成立，$Q(x)$ 应设为 $m+2$ 次多项式

$$Q(x) = x^2 Q_m(x).$$

通过比较等式两边同次项系数，可确定 $b_0, b_1, \cdots, b_m$，并得所求特解

$$y^* = x^2 Q_m(x)e^{\lambda x}.$$

综上所述，我们有如下结论：如果 $f(x) = P_m(x)e^{\lambda x}$，则二阶常系数非齐次线性微分方程 $y'' + py' + qy = f(x)$ 有形如

$$y^* = x^k Q_m(x)e^{\lambda x}$$

的特解. 其中 $Q_m(x)$ 是与 $P_m(x)$ 同次的多项式，而 k 按 λ 不是特征方程的根、是特征方程的单根或是特征方程的重根依次取 0，1 或 2.

例 1 求微分方程 $y'' - 2y' - 3y = 3x + 1$ 的一个特解.

解 这是二阶常系数非齐次线性微分方程，且函数 $f(x)$ 是 $P_m(x)e^{\lambda x}$ 型（其中 $P_m(x) = 3x + 1$，$\lambda = 0$）.

所给方程对应的齐次方程为

$$y'' - 2y' - 3y = 0,$$

它的特征方程为

$$r^2 - 2r - 3 = 0.$$

由于这里 $\lambda = 0$ 不是特征方程的根，所以应设特解为

$$y^* = b_0 x + b_1.$$

把它代入所给方程，得

$$-3b_0 x - 2b_0 - 3b_1 = 3x + 1.$$

比较两端 x 同次幂的系数,得

$$\begin{cases} -3b_0 = 3, \\ -2b_0 - 3b_1 = 1. \end{cases}$$

由此求得 $b_0 = -1$, $b_1 = \dfrac{1}{3}$,于是求得所给方程的一个特解为

$$y^* = -x + \frac{1}{3}.$$

例 2　求微分方程 $y'' - 5y' + 6y = xe^{2x}$ 的通解.

解　所给方程是二阶常系数非齐次线性微分方程,且 $f(x)$ 是 $P_m(x)e^{\lambda x}$ 型(其中 $P_m(x) = x$, $\lambda = 2$).

所给方程对应的齐次方程为

$$y'' - 5y' + 6y = 6.$$

它的特征方程为 $r^2 - 5r + 6 = 0$,特征方程有两个实根 $r_1 = 2$, $r_2 = 3$,于是所给方程对应的齐次方程的通解为

$$Y = C_1 e^{2x} + C_2 e^{3x}.$$

由于 $\lambda = 2$ 是特征方程的单根,所以应设方程的特解为

$$y^* = x(b_0 x + b_1)e^{2x}.$$

把它代入所给方程,得

$$-2b_0 x + 2b_0 - b_1 = x.$$

比较两端 x 同次幂的系数,得

$$\begin{cases} -2b_0 = 1, \\ 2b_0 - b_1 = 0. \end{cases}$$

由此求得 $b_0 = -\dfrac{1}{2}$, $b_1 = -1$,于是求得所给方程的一个特解为

$$y^* = x\left(-\frac{1}{2}x - 1\right)e^{2x},$$

从而所给方程的通解为

$$y = C_1 e^{2x} + C_2 e^{3x} - \frac{1}{2}(x^2 + 2x)e^{2x}.$$

2. $f(x) = \mathrm{e}^{\lambda x}[P_l(x)\cos\omega x + P_n(x)\sin\omega x]$ 型

可以证明,这时方程(1)具有形如

$$y^* = x^k\mathrm{e}^{\lambda x}[Q_m(x)\cos\omega x + R_m(x)\sin\omega x]$$

的特解. 其中 $Q_m(x)$,$R_m(x)$ 是 m 次多项式,$m = \max\{l,\ n\}$;而 k 按 $\lambda + \mathrm{i}\omega$ 不是特征方程的根、或是特征方程的单根依次取 0 或 1.

(证明略.)

例 3 求 $y'' + y = x\cos 2x$ 的一个特解.

解 这里 $f(x) = x\cos 2x$ 属 $\mathrm{e}^{\lambda x}[P_l(x)\cos\omega x + P_n(x)\sin\omega x]$ 型,其中 $\lambda = 0$,$\omega = 2$,$l = 1$,$n = 0$.

特征方程为 $r^2 + 1 = 0$,由于 $\lambda + \mathrm{i}m = 2\mathrm{i}$ 不是特征根,所以应取 $k = 0$;而 $m = \max\{1,\ 0\} = 1$. 故应设特解为

$$y^* = (a_0 x + a_1)\cos 2x + (b_0 x + b_1)\sin 2x_1.$$

求导得,

$$y^{*\prime} = (2b_0 x + a_0 + 2b_1)\cos 2x + (-2a_0 x + b_0 - 2a_1)\sin 2x,$$

$$y^{*\prime\prime} = (-4a_0 x + 4b_0 - 4a_1)\cos 2x + (-4b_0 x - 4a_0 - 4b_1)\sin 2x.$$

代入原方程,得

$$(-3a_0 x + 4b_0 - 3a_1)\cos 2x + (-3b_0 x + 4a_0 + 3b_1)\sin 2x = x\cos 2x.$$

比较同类项的系数,得

$$\begin{cases} -3a_0 = 1,\ 4b_0 - 3a_1 = 0, \\ -3b_0 = 0, \\ -4a_0 - 3b_1 = 0. \end{cases}$$

由此解得 $a_0 = -\dfrac{1}{3}$,$a_1 = 0$,$b_0 = 0$,$b_1 = \dfrac{4}{9}$. 于是求得一个特解为

$$y^* = -\frac{1}{3}x\cos 2x + \frac{4}{9}\sin 2x.$$

习题 6-7

1. 求下列微分方程的通解.

(1) $2y'' + y' - y = 2\mathrm{e}^x$;

(2) $y'' + a^2 y = \mathrm{e}^x$;

(3) $2y'' + 5y' = 5x^2 - 2x - 1$;

(4) $y'' + 3y' + 2y = 3x\mathrm{e}^{-x}$;

(5) $y'' + 5y' + 4y = 3 - 2x$;

(6) $y'' - 6y' + 9y = (x+1)\mathrm{e}^{3x}$;

(7) $y''+3y'+2y=\mathrm{e}^{-x}\cos x$;　　　　(8) $y''+4y=x\cos x$.

2. 求下列微分方程满足所给初始条件的特解.

(1) $y''-4y'=5$, $\left.y\right|_{x=0}=1$, $\left.y'\right|_{x=0}=0$;

(2) $y''-3y'+2y=5$, $\left.y\right|_{x=0}=1$, $\left.y'\right|_{x=0}=2$;

(3) $y''-10y'+9y=\mathrm{e}^{2x}$, $\left.y\right|_{x=0}=\dfrac{6}{7}$, $\left.y'\right|_{x=0}=\dfrac{33}{7}$;

(4) $y''-y=4x\mathrm{e}^{x}$, $\left.y\right|_{x=0}=0$, $\left.y'\right|_{x=0}=1$;

(5) $y''+y+\sin 2x=0$, $\left.y\right|_{x=\pi}=1$, $\left.y'\right|_{x=\pi}=1$.

§6.8　微分方程在经济学中的应用

微分方程在物理学、力学、经济学和管理科学等实际问题中具有广泛的应用. 本节介绍一些微分方程的实际应用,尤其是在经济学中的应用. 读者可从中感受到应用数学建模的理论和方法解决实际问题的魅力.

例1 设某商品的需求价格弹性为 $\varepsilon=k$(k 为常数),求该商品的需求函数 $Q=f(P)$.

解 根据需求价格弹性的定义,有　　$\varepsilon=-\dfrac{P}{Q}\dfrac{\mathrm{d}Q}{\mathrm{d}P}$,

得微分方程　　　　　　　　　　$\dfrac{\mathrm{d}Q}{\mathrm{d}P}\cdot\dfrac{P}{Q}=-k$,

分离变量,得　　　　　　　　　$\dfrac{\mathrm{d}Q}{Q}=-k\dfrac{\mathrm{d}P}{P}$,

两边积分,得　　　　　　　　　$\ln Q=-k\ln P+\ln C$,

因此需求函数为　　　　　　　　$Q=C\mathrm{e}^{-k\ln P}=CP^{-k}$.

例2 某林区实行封山养林,现有木材 10 万 m^3,如果在每一时刻 t,木材的变化率与当时的木材数成正比,假设 10 年后该林区的木材为 20 万 m^3. 若规定该林区的木材量达到 40 万 m^3 时才可砍伐,问多少年后才能砍伐?

解 如果时间 t 以年为单位,假设任一时刻 t 木材的数量为 $P(t)$ 万 m^3,由题意 $\dfrac{\mathrm{d}P}{\mathrm{d}t}=kP$($k$ 为比例系数). 且 $t=0$ 时,$P=10$;$t=10$ 时,$P=20$.

利用分离变量法解得通解为　　$P=C\mathrm{e}^{kt}$

将 $t=0$ 时,$P=10$ 代入,得 $C=10$,于是

$$P = 10\mathrm{e}^{kt}.$$

再将 $t=10$ 时，$P=20$ 代入，得 $k=\dfrac{\ln 2}{10}$，所以

$$P = 10\mathrm{e}^{\frac{\ln 2}{10}t} = 10 \cdot 2^{\frac{t}{10}}.$$

令 $P=40$，求得 $t=20$．故若规定该林区的木材量达到 40 万 m³ 时才可砍伐，至少 20 年后才可以砍伐．

例 3（新产品的推广模型） 设有某种新产品要推向市场，t 时刻的销量为 $x(t)$，由于产品性能良好，每个产品都是一个宣传品，因此，t 时刻产品销售的增长率 $\dfrac{\mathrm{d}x}{\mathrm{d}t}$ 与 $x(t)$ 成正比，同时，考虑到产品销售存在一定的市场容量 N，统计表明 $\dfrac{\mathrm{d}x}{\mathrm{d}t}$ 与尚未购买该产品的潜在顾客的数量 $N-x(t)$ 也成正比，于是有

$$\frac{\mathrm{d}x}{\mathrm{d}t} = kx(N-x). \tag{1}$$

其中 $k>0$ 是比例系数，称此方程为逻辑斯蒂（Logistic）方程，它在生物学，经济学等领域有着十分重要的作用．它是可分离变量的一阶常微分方程．

下面来求解该方程，分离变量得 $\dfrac{1}{x(N-x)}\mathrm{d}x=k\mathrm{d}t$，

两边积分

$$\int \frac{1}{x(N-x)}\mathrm{d}x = \int k\mathrm{d}t,$$

得

$$\frac{1}{N}[\ln x-\ln (N-x)]=kt+\ln C,$$

故所求通解为

$$x(t) = \frac{N}{1+C\mathrm{e}^{-kNt}}. \tag{2}$$

当 $x(t^*)<N$ 时，有 $\dfrac{\mathrm{d}x}{\mathrm{d}t}>0$，表明销量 $x(t)$ 单调增加；当 $x(t^*)=\dfrac{N}{2}$ 时，$\dfrac{\mathrm{d}^2 x}{\mathrm{d}t^2}=0$；当 $x(t^*)>\dfrac{N}{2}$ 时，$\dfrac{\mathrm{d}^2 x}{\mathrm{d}t^2}<0$；当 $x(t^*)<\dfrac{N}{2}$ 时，$\dfrac{\mathrm{d}^2 x}{\mathrm{d}t^2}>0$．即当销量达到最大需求量 N 的一半时，产品最畅销；当销量不足 N 的一半时，销售速度不断增大；当销量超过 N 的一半时，销售速度逐渐减少．

研究与调查表明：许多产品的销售曲线与公式（2）的曲线（逻辑斯蒂曲线）十分接近．

例 4（价格调整问题） 一般情况下，商品的价格变化主要服从市场供求关系．

设商品供给量 S 是价格 P 的单调递增函数，商品需求量 Q 是价格 P 的单调递减函数，为简单起见，设该商品的供给函数与需求函数分别为

$$S(P) = a + bP, \quad Q(P) = \alpha - \beta P. \tag{3}$$

式中，a，b，α，β 均为常数，且 $b > 0$，$\beta > 0$.

当供给量与需求量相等时，由式(3)，可得供求平衡时的价格

$$P_e = \frac{\alpha - a}{\beta + b},$$

并称 P_e 为均衡价格.

一般情况下，当某种商品供不应求，即 $S < Q$ 时，该商品价格要升；当供大于求，即 $S > Q$ 时，该商品价格要降. 因此，假定 t 时刻的价格 $P(t)$ 的变化率与超额需求量 Q-S 成正比，则有方程

$$\frac{\mathrm{d}P}{\mathrm{d}t} = k[Q(P) - S(P)].$$

其中 $k > 0$，用来反映价格的调整速度.

将式(3)代入方程，可得

$$\frac{\mathrm{d}P}{\mathrm{d}t} = \lambda(P_e - P). \tag{4}$$

其中常数 $\lambda = (b + \beta)k > 0$，方程(4)的通解为

$$P(t) = P_e + Ce^{-\lambda t}.$$

假设初始价格 $P(0) = P_0$，代入上式，得 $C = P_0 - P_e$，于是上述价格调整模型的解为

$$P(t) = P_e + (P_0 - P_e)e^{-\lambda t}.$$

由 $\lambda > 0$ 知，$t \to +\infty$ 时，$P(t) \to P_e$. 说明随着时间不断推延，实际价格 $P(t)$ 将逐渐趋近均衡价格 P_e.

习题 6-8

1. 某商品的需求量 Q 对价格 P 的弹性为 $P\ln 3$. 已知该商品的最大需求量为 1 200(即当 $P = 0$ 时，$Q = 1\,200$)，求需求量 Q 对价格 P 的函数关系.

2. 在某池塘内养鱼，该池塘最多能养 1 000 尾，设在 t 时刻池塘内鱼数 y 是时间 t 的函数，其变化率与鱼数 y 及 $1\,000 - y$ 的乘积成正比. 已知在池塘内放养鱼 100 尾，3 个月后池塘内有鱼 250 尾，求放养 7 个月后池塘内鱼数 $y(t)$ 的公式，并求放养 6 个月后有多少尾鱼？

3. 某商品的净利润 L 随广告费用 x 的变化而变化，假设它们之间的关系式可用如下方程表示：$\dfrac{\mathrm{d}L}{\mathrm{d}x} = k - a(L + x)$，其中 a，k 均为常数，当 $x = 0$ 时，$L = L_0$. 求 L 与 x 的函数关系式.

第 7 章　多元函数微积分

在很多实际问题中,往往牵涉多方面的因素,反映到数学上,就是一个变量依赖于多个变量的情形.这就提出了多元函数以及多元函数的微分和积分问题.本章在研究多元函数之前,先介绍一些空间解析几何知识.

§7.1　空间解析几何简介

一、空间直角坐标系

在空间取定一点 O,以 O 为公共原点作三条两两互相垂直的数轴,依次记为 x 轴(横轴)、y 轴(纵轴)和 z 轴(竖轴),统称坐标轴,这样就构成了**空间直角坐标系**,记作 $Oxyz$ 坐标系,点 O 称为**坐标原点**.在空间直角坐标系中,一般都采用右手系,即 x,y,z 轴的方向符合右手规则,这就是:以右手握住 z 轴,当右手的四个手指从正向 x 轴以 $\dfrac{\pi}{2}$ 角度转向正向 y 轴时,大拇指的指向就是 z 轴的正向,如图 7-1 所示.

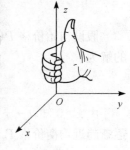

图 7-1

三条坐标轴中的任意两条可以确定一个平面,这样定出的三个平面统称为**坐标面**,分别叫做 xOy 平面、yOz 平面、zOx 平面;这三个平面将空间划分成八个部分,称为**空间直角坐标系的八个卦限**.由 x 轴、y 轴和 z 轴正半轴确定的那个卦限叫做第一卦限,其他第二、第三、第四卦限,在 xOy 平面的上方,按逆时针方向确定.第五至第八卦限,在 xOy 平面的下方,由第一卦限之下的第五卦限,按逆时针方向确定,这八个卦限分别用字母 Ⅰ、Ⅱ、Ⅲ、Ⅳ、Ⅴ、Ⅵ、Ⅶ、Ⅷ 表示(图 7-2).

建立了空间直角坐标系后,就可建立空间的点与由三个实数组成的有序数组的一一对应关系.

设 M 为空间中的任一点,过点 M 分别作垂直于三个坐标轴的三个平面,与 x

轴、y 轴和 z 轴依次交于 A，B，C 三点，若这三点在 x 轴、y 轴、z 轴上的坐标分别为 x，y，z，于是点 M 就唯一确定了一个有序数组 (x, y, z)，则称该数组 (x, y, z) 为点 M 在空间直角坐标系 $Oxyz$ 中的坐标，如图 7-3 所示. x，y，z 分别称为点 M 的横坐标、纵坐标和竖坐标.

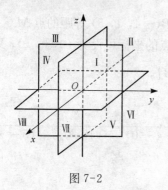

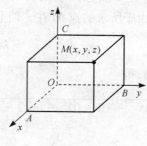

图 7-2   图 7-3

反之，若任意给定一个有序数组 (x, y, z)，在 x 轴、y 轴、z 轴上分别取坐标为 x，y，z 的三个点 A，B，C，过这三个点分别作垂直于三个坐标轴的平面，这三个平面只有一个交点 M，该点就是以有序数组 (x, y, z) 为坐标的点，因此空间中的点 M 就与有序数组 (x, y, z) 之间建立了一一对应的关系.

显然，原点 O 的坐标为 $(0, 0, 0)$；x 轴，y 轴，z 轴上的点的坐标分别是 $(x, 0, 0)$，$(0, y, 0)$，$(0, 0, z)$；三个坐标面 xOy，yOz，zOx 上的点的坐标分别是 $(x, y, 0)$，$(0, y, z)$，$(x, 0, z)$.

二、空间两点间的距离

在平面上，$M_1(x_1, y_1)$，$M_2(x_2, y_2)$ 两点之间的距离为

$$d = |M_1 M_2| = \sqrt{(x_2 - x_1)^2 + (y_2 - y_1)^2}.$$

设在空间上任意两点 $M_1(x_1, y_1, z_1)$，$M_2(x_2, y_2, z_2)$，求它们之间的距离 $d = |M_1 M_2|$.

事实上，过两点 M_1，M_2 分别作垂直于三条坐标轴的平面，这六个平面围成一个以 $|M_1 M_2|$ 为对角线的长方体（图 7-4）. 由于长方体的三个棱长分别为

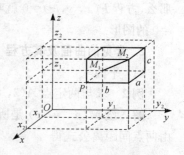

$$a = |x_2 - x_1|, \quad b = |y_2 - y_1|, \quad c = |z_2 - z_1|,$$

所以

图 7-4

$$|M_1M_2| = \sqrt{a^2+b^2+c^2} = \sqrt{(x_2-x_1)^2+(y_2-y_1)^2+(z_2-z_1)^2}. \qquad (1)$$

特别地,点 $M(x, y, z)$ 与坐标原点 $O(0, 0, 0)$ 的距离为

$$|OM| = \sqrt{x^2+y^2+z^2}.$$

例1 在 z 轴上求与点 $A(3, 5, -2)$ 和 $B(-4, 1, 5)$ 等距的点 M.

解 由于所求的点 M 在 z 轴上,因而 M 点的坐标可设为 $(0, 0, z)$,又由于

$$|MA| = |MB|,$$

由公式(1),得

$$\sqrt{(3-0)^2+(5-0)^2+(-2-z)^2} = \sqrt{(-4-0)^2+(1-0)^2+(5-z)^2}.$$

从而解得

$$z = \frac{2}{7},$$

即所求的点为 $M\left(0, 0, \dfrac{2}{7}\right)$.

三、曲面与方程

1. 曲面方程的概念

在空间解析几何中,任何曲面都可以看作点的几何轨迹. 在这样的意义下,如果曲面 S 与三元方程

$$F(x, y, z) = 0$$

有下述关系:

(1) 曲面 S 上任一点的坐标都满足方程 $F(x, y, z) = 0$;

(2) 不在曲面 S 上的点的坐标都不满足方程 $F(x, y, z) = 0$,

那么,方程 $F(x, y, z) = 0$ 就叫做**曲面 S 的方程**,而曲面 S 就叫做方程 $F(x, y, z) = 0$ 的图形.

2. 常见的曲面及其方程

(1) 平面

例2 求与两定点 $A(3, 8, 7)$,$B(-1, 2, -3)$ 等距的点的轨迹方程.

解 设 $M(x, y, z)$ 是所求曲面上一点,依题意有 $|MA| = |MB|$,由两点间距离公式得

$$\sqrt{(x-3)^2+(y-8)^2+(z-7)^2} = \sqrt{(x+1)^2+(y-2)^2+(z+3)^2},$$

化简得 $\qquad 2x+3y+5z-27=0.$

从几何直观上我们知道,所求的点集就是线段 AB 的垂直平分面,因此上面所求的方程是一个平面方程.

方程 $Ax+By+Cz+D=0$ 称为平面的一般方程.

（2）球面

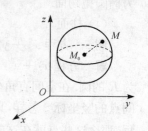

下面建立球心在点 $M_0(x_0,y_0,z_0)$、半径为 R 的球面的方程(图 7-5).

设 $M(x,y,z)$ 是球面上的任一点,那么

$$|M_0M|=R,$$

即 $\qquad \sqrt{(x-x_0)^2+(y-y_0)^2+(z-z_0)^2}=R$

图 7-5

或 $\qquad (x-x_0)^2+(y-y_0)^2+(z-z_0)^2=R^2.$

这就是球面上的点的坐标所满足的方程.

而不在球面上的点的坐标都不满足这个方程. 所以

$$(x-x_0)^2+(y-y_0)^2+(z-z_0)^2=R^2$$

就是球心在点 $M_0(x_0,y_0,z_0)$、半径为 R 的球面的方程.

特殊地,球心在原点 $O(0,0,0)$、半径为 R 的球面的方程为

$$x^2+y^2+z^2=R^2.$$

例 3　方程 $x^2+y^2+z^2-2x+4y=0$ 表示怎样的曲面?

解　通过配方,原方程可以改写成

$$(x-1)^2+(y+2)^2+z^2=5.$$

这是一个球面方程,球心在点 $M_0(1,-2,0)$、半径为 $R=\sqrt{5}$.

（3）旋转曲面

例 4　用截痕法作 $z=x^2+y^2$ 的图形.

解　用平面 $z=c$ 截曲面 $z=x^2+y^2$,其截痕方程为

$$x^2+y^2=c,\quad z=c.$$

当 $c=0$ 时,只有点 $(0,0,0)$ 满足方程;当 $c>0$ 时,其截痕为以点 $(0,0,c)$ 为圆心,以 $\sqrt{c}$ 为半径的圆,让平面 $z=c$ 向上移动,即让 c 越来越大,则截痕的圆也越来越大;当 $c<0$ 时,平面与曲面无交点,如用平面 $x=a$ 或 $y=b$ 去截曲面,则截痕均为抛物线. 我们称 $z=x^2+y^2$ 的图形为旋转抛物面,它可看成是由 yOz 平面

中的抛物线 $z = y^2$ 绕 z 轴旋转而得的曲面,如图 7-6 所示.

一般地,方程 $z = \dfrac{x^2}{a^2} + \dfrac{y^2}{b^2}(a > 0, b > 0)$,所表示的曲面称

为椭圆抛物面.

（4）柱面

例 5 方程 $x^2 + y^2 = R^2$ 表示怎样的曲面?

解 方程 $x^2 + y^2 = R^2$ 在 xOy 面上表示圆心在原点 O、半径

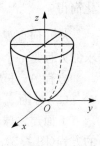

图 7-6

为 R 的圆.在空间直角坐标系中,这方程不含竖坐标 z,即不论空间点的竖坐标 z 怎样,只要它的横坐标 x 和纵坐标 y 能满足这方程,那么这些点就在这曲面上.也就是说,过 xOy 面上的圆 $x^2 + y^2 = R^2$,且平行于 z 轴的直线一定在 $x^2 + y^2 = R^2$ 表示的曲面上.所以这个曲面可以看成是由平行于 z 轴的直线 l 沿 xOy 面上的圆 $x^2 + y^2 = R^2$ 移动而形成的.这曲面叫做圆柱面(图 7-7),xOy 面上的圆 $x^2 + y^2 = R^2$ 叫做它的准线,这平行于 z 轴的直线 l 叫做它的母线.

上面我们看到,不含 z 的方程 $x^2 + y^2 = R^2$ 在空间直角坐标系中表示圆柱面,它的母线平行于 z 轴,它的准线是 xOy 面上的圆 $x^2 + y^2 = R^2$.

一般地,只含 x, y 而缺 z 的方程 $F(x, y) = 0$,在空间直角坐标系中表示母线平行于 z 轴的柱面,其准线是 xOy 面上的曲线 $C: F(x, y) = 0$.

例如,方程 $y = x^2$ 表示母线平行于 z 轴的柱面,它的准线是 xOy 面上的抛物线 $y = x^2$,该柱面叫做抛物柱面(图 7-8).类似地,只含 x, z 而缺 y 的方程 $G(x, z) = 0$ 和只含 y, z 而缺 x 的方程 $H(y, z) = 0$ 分别表示母线平行于 y 轴和 x 轴的柱面.

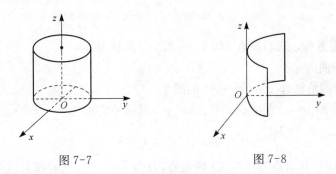

图 7-7   图 7-8

习题 7-1

1. 研究空间直角坐标系各个卦限中点的坐标特征,指出下列各点在哪个卦限:

$$A(1,-2,3), \qquad B(2,3,-4), \qquad C(2,-3,-4), \qquad D(-2,-3,1).$$

2. 研究在各个坐标面和坐标轴上的点的坐标各有什么特征,指出下列各点在哪个坐标面或坐标轴上:

$$A(3,4,0), \qquad B(0,4,3), \qquad C(3,0,0), \qquad D(0,-1,0).$$

3. 求点 $M(x,y,z)$ 与 x 轴、xOy 平面及原点的对称点坐标.

4. 试证以 $A(4,1,9)$,$B(10,-1,6)$,$C(2,4,3)$ 为顶点的三角形是等腰三角形.

5. 求球心在点 $(-1,-3,2)$,且通过点 $(1,-1,1)$ 的球面的方程.

6. 求球面 $x^2 + y^2 + z^2 - 6z - 7 = 0$ 的球心和半径.

7. 指出下列方程所表示的几何图形的名称,并画草图.

(1) $3x^2 + 4y^2 = 25$; (2) $x^2 + y^2 = 4z$.

§7.2 多元函数的基本概念

一、多元函数的概念

本节将把函数、极限、连续等基本概念从一元函数推广到多元函数. 同一元函数一样,多元函数也是从自然现象和实际问题中抽象出来的数学概念. 下面先看两个多元函数的例子:

例 1 长方形的面积 S 与它的长 a 和宽 b 有关系

$$S = ab,$$

当 a,b 在一定范围 $(a>0,b>0)$ 内任取一对数值时,S 就有唯一确定的值与之对应.

例 2 在物理学中,一定质量的理想气体,其压强 p、体积 V 和热力学温度 T 之间有关系

$$p = \frac{RT}{V}.$$

其中,R 为常量. 当 T,V 在一定范围 $(T>0,V>0)$ 内任取一对数值时,p 就有唯一确定的值与之对应.

上面两例,来自于不同的实际问题,但有一定的共性. 由这些共性,可以抽象出以下二元函数的定义.

定义 1 设 D 为平面非空点集,若对 D 内任意一点 (x,y),按照某一对应法则 f,都有唯一一实数 z 与之对应,则称 z 为 x,y 在 D 上的**二元函数**,记作

$$z = f(x,y) \quad 或 \quad z = z(x,y).$$

其中 x，y 称为**自变量**，z 称为**因变量**. 自变量 x，y 的变化范围 D 称为函数 $z = f(x, y)$ 的**定义域**，数集 $f(D) = \{z \mid z = f(x, y), (x, y) \in D\}$ 称为函数 $z = f(x, y)$ 的**值域**.

当自变量 x，y 分别取 x_0，y_0 时，函数 z 的对应值为 z_0，记作 $z_0 = f(x_0, y_0)$，称为函数 $z = f(x, y)$ 当 $x = x_0$，$y = y_0$ 时的函数值.

类似的，可以定义三元函数 $u = f(x, y, z)$ 以及三元以上的函数. 二元及二元以上的函数统称为**多元函数**.

如同用 x 轴上的点表示实数 x 一样，可以用 xOy 坐标平面上的点 $P(x, y)$ 表示一对有序数组 (x, y)，于是二元函数 $z = f(x, y)$ 可简记为

$$z = f(P).$$

同一元函数一样，二元函数的定义域也是函数概念的一个重要组成部分，从实际问题提出的函数，一般根据自变量所表示的实际意义确定函数的定义域，而对于由数学式子表示的函数 $z = f(x, y)$，它的定义域就是能使该数学式子有意义的那些自变量取值的全体. 求函数的定义域，就是求出使函数有意义的自变量的取值范围.

例3 求函数 $z = \sqrt{9 - x^2 - y^2}$ 的定义域，并计算 $f(0, 1)$ 和 $f(-1, 1)$.

解 容易看出，当且仅当自变量 x，y 满足不等式

$$x^2 + y^2 \leqslant 9$$

时函数才有意义. 故函数的定义域为

$$D = \{(x, y) \mid x^2 + y^2 \leqslant 9\}.$$

其几何表示是 xOy 平面上以原点为圆心，半径为3的圆及其边界上点的全体(图7-9)，这是一个闭区域.

$$f(0, 1) = \sqrt{9 - 0^2 - 1^2} = 2\sqrt{2},$$
$$f(-1, 1) = \sqrt{9 - (-1)^2 - 1^2} = \sqrt{7}.$$

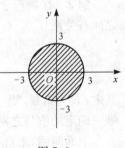

图 7-9

例4 求二元函数 $z = \ln(x - y)$ 的定义域.

解 容易看出，当且仅当自变量 x，y 满足不等式

$$x - y > 0$$

时函数 z 才有意义. 故所求函数的定义域为

$$D = \{(x, y) \mid x - y > 0\}.$$

其几何表示是 xOy 平面上位于直线 $y = x$ 下方而不包括这条直线在内的半平面(图 7-10),这是一个开区域.

3. 二元函数的几何表示

一元函数 $y = f(x)$ 的图形在 xOy 平面上一般表示一条曲线. 对于二元函数 $z = f(x, y)$,设其定义域为 D,$P(x, y)$ 为函数定义域中的一点,与 P 点对应的函数值记为 $z = f(x, y)$,于是可在空间直角坐标系 $Oxyz$ 中作出点 $M(x, y, z)$. 当点 $P(x, y)$ 在定义域 D 内变动时,对应点 $M(x, y, z)$ 的轨迹就是函数 $z = f(x, y)$ 的几何图形. 一般来说,它通常是一张曲面. 这就是二元函数的几何表示 (图7-11). 而定义域 D 正是这张曲面在 Oxy 平面上的投影.

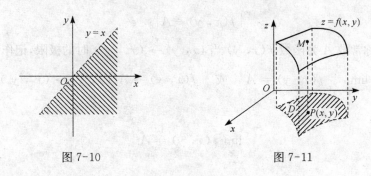

图 7-10　　　　　　　　　图 7-11

例 5　作二元函数 $z = \sqrt{1 - x^2 - y^2}$ 的图形.

解　函数 $z = \sqrt{1 - x^2 - y^2}$ 的定义域为 $x^2 + y^2 \leqslant 1$,即为单位圆的内部及其边界.

对表达式 $z = \sqrt{1 - x^2 - y^2}$ 两边平方,得

$$z^2 = 1 - x^2 - y^2,$$

即

$$x^2 + y^2 + z^2 = 1.$$

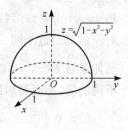

它表示以 $(0, 0, 0)$ 为球心,1 为半径的球面. 又 $z \geqslant 0$,因此,函数 $z = \sqrt{1 - x^2 - y^2}$ 的图形是位于 xOy 平面上方的半球面(图 7-12).

图 7-12

二、二元函数的极限

在一元函数中已经有了极限的概念. 尽管各种类型的极限不尽相同,但它们有共同的特点:自变量的变化趋势引起了因变量的变化趋势. 多元函数的极限也是如此. 这里只讨论二元函数的极限.

　　二元函数的极限的**直观描述**：当 $P(x, y)$ 以**任意方式**趋近于点 $P_0(x_0, y_0)$ 时，对应的函数值 $f(x, y)$ 无限接近于一个确定的常数 A，就称 A 为函数 $z = f(x, y)$ 当 $P \to P_0$ 时的极限.

　　下面用"$\varepsilon - \delta$"语言描述这个极限概念.

　　定义 2　设 $f(x, y)$ 的定义域为 D，$P_0(x_0, y_0)$ 是 D 的内点或边界点. 如果对于任意给定的正数 ε，总存在正数 δ，使得对于适合不等式

$$0 < |PP_0| = \sqrt{(x-x_0)^2 + (y-y_0)^2} < \delta$$

的一切点 $P(x, y) \in D$，都有

$$|f(x, y) - A| < \varepsilon$$

成立，则称常数 A 为函数 $f(x, y)$ 当 $(x, y) \to (x_0, y_0)$ 时的极限，记作

$$\lim_{(x, y) \to (x_0, y_0)} f(x, y) = A \quad 或 \quad f(x, y) \to A((x, y) \to (x_0, y_0)),$$

也记作

$$\lim_{\substack{x \to x_0 \\ y \to y_0}} f(x, y) = A.$$

　　为了区别于一元函数的极限，把二元函数的极限叫做**二重极限**.

　　注　（1）二元函数的极限定义在形式上与一元函数的极限定义没有多大区别，但是二元函数的极限较一元函数要复杂得多，它要求点 $P(x, y)$ **以任意方式**趋近于点 $P_0(x_0, y_0)$ 时，$f(x, y)$ 都趋近于同一个确定的常数 A. 因此，即使当点 $P(x, y)$ 沿着许多特殊的方式趋近于点 $P_0(x_0, y_0)$ 时，二元函数 $z = f(x, y)$ 的对应值都趋近于同一个确定的常数，也不能断定 $\lim\limits_{(x, y) \to (x_0, y_0)} f(x, y) = A$ 存在；然而如果当 $P(x, y)$ **以不同的方式**趋于点 $P_0(x_0, y_0)$ 时，函数 $z = f(x, y)$ 趋向于**不同的值**，那么可以断定 $\lim\limits_{(x, y) \to (x_0, y_0)} f(x, y) = A$ **不存在**.

　　（2）关于二元函数的极限运算，有与一元函数类似的运算法则. 为计算二元函数的二重极限，常用变量代换将二元函数的极限化为一元函数的极限来计算.

　　例 6　求 $\lim\limits_{(x, y) \to (0, 2)} \dfrac{\sin(xy)}{x}$.

　　解　$\lim\limits_{(x, y) \to (0, 2)} \dfrac{\sin(xy)}{x} = \lim\limits_{(x, y) \to (0, 2)} \left[\dfrac{\sin(xy)}{xy} \cdot y \right]$

$$= \lim_{(x, y) \to (0, 2)} \frac{\sin(xy)}{xy} \cdot \lim_{(x, y) \to (0, 2)} y.$$

因为
$$\lim_{(x,y)\to(0,2)}\frac{\sin(xy)}{xy}\overset{xy=t}{=}\lim_{t\to0}\frac{\sin t}{t}=1, \qquad \lim_{(x,y)\to(0,2)}y=2,$$

所以
$$\lim_{(x,y)\to(0,2)}\frac{\sin(xy)}{x}=2.$$

例 7 讨论二元函数

$$f(x,y)=\begin{cases}\dfrac{xy}{x^2+y^2}, & x^2+y^2\neq0,\\ 0, & x^2+y^2=0.\end{cases}$$

当 $(x,y)\to(0,0)$ 时，极限是否存在？

解 首先考察两条特殊路径的极限：当点 (x,y) 沿着 x ($y=0$) 轴趋于点 $(0,0)$ 时，有

$$\lim_{\substack{(x,y)\to(0,0)\\y=0}}f(x,y)=\lim_{x\to0}f(x,0)=\lim_{x\to0}0=0.$$

当点 (x,y) 沿着 y 轴 ($x=0$) 趋于点 $(0,0)$ 时，有

$$\lim_{\substack{(x,y)\to(0,0)\\x=0}}f(x,y)=\lim_{y\to0}f(0,y)=\lim_{y\to0}0=0.$$

虽然点 (x,y) 沿这两条路径趋于点 $(0,0)$ 的极限值都为同一个数值零，然而还不能断定当 $(x,y)\to(0,0)$ 时函数存在极限. 事实上极限是不存在的.

当点 (x,y) 沿着直线 $y=kx$ 轴趋于点 $(0,0)$ 时，

$$\lim_{\substack{(x,y)\to(0,0)\\y=kx}}f(x,y)=\lim_{\substack{(x,y)\to(0,0)\\y=kx}}\frac{xy}{x^2+y^2}=\lim_{x\to0}\frac{kx^2}{x^2+k^2x^2}=\frac{k}{1+k^2}.$$

当 k 取不同的数值时，上式的值就不相等，即当点沿不同的直线 $y=kx$ 趋于点 $(0,0)$ 时，函数 $z=f(x,y)$ 趋近于不同的值，因此 $\lim\limits_{(x,y)\to(0,0)}f(x,y)$ 不存在.

三、二元函数的连续性

仿照一元函数连续性的定义，下面给出二元函数连续性的定义.

定义 3 设函数 $z=f(x,y)$ 在点 $P_0(x_0,y_0)$ 的某一邻域内有定义，如果

$$\lim_{(x,y)\to(x_0,y_0)}f(x,y)=f(x_0,y_0),$$

则称函数 $f(x,y)$ 在点 $P_0(x_0,y_0)$ **处连续**.

如果函数 $z = f(x, y)$ 在区域 D 的每一点处都连续,则称函数 $z = f(x, y)$ **在区域 D 上连续**. 连续的二元函数 $z = f(x, y)$ 在几何上表示一张无空无隙的曲面.

如果函数 $z = f(x, y)$ 在点 $P_0(x_0, y_0)$ 处不连续,则称该点为函数 $z = f(x, y)$ 的**间断点**.

与一元函数相类似,二元连续函数的和、差、积、商(分母不为零)以及复合函数仍为连续函数. 下面讨论二元初等函数的连续性. 为此,给出二元初等函数的定义.

定义 4 由变量 x, y 的基本初等函数经过有限次的四则运算与复合运算而构成的,且用一个数学式子表示的函数称为**二元初等函数**.

根据以上所述,可以得到以下结论:二元初等函数在其定义区域(包含在定义域内的区域)内是连续的.

设 (x_0, y_0) 是初等函数 $z = f(x, y)$ 的定义域内的任一点,由上面结论可得

$$\lim_{(x, y) \to (x_0, y_0)} f(x, y) = f(x_0, y_0).$$

例 8 求下列二重极限.

(1) $\displaystyle\lim_{(x, y) \to (1, 0)} \frac{2x + \cos y}{\sqrt{x^2 - y^2}}$;

(2) $\displaystyle\lim_{(x, y) \to (0, 0)} \frac{1 - \sqrt{xy + 1}}{xy}$.

解 (1) 因为 $(1, 0)$ 是初等函数 $f(x, y) = \dfrac{2x + \cos y}{\sqrt{x^2 - y^2}}$ 的定义域内的一点,所以

$$\lim_{(x, y) \to (1, 0)} \frac{2x + \cos y}{\sqrt{x^2 - y^2}} = f(1, 0) = \frac{2 \times 1 + \cos 0}{\sqrt{1^2 - 0^2}} = 3.$$

(2) $\displaystyle\lim_{(x, y) \to (0, 0)} \frac{1 - \sqrt{xy + 1}}{xy} = \lim_{(x, y) \to (0, 0)} \frac{(1 - \sqrt{xy + 1})(1 + \sqrt{xy + 1})}{xy(1 + \sqrt{xy + 1})}$

$$= -\lim_{(x, y) \to (0, 0)} \frac{1}{1 + \sqrt{xy + 1}} = -\frac{1}{2}.$$

与闭区间上的一元连续函数的性质类似,在有界闭区域上的二元连续函数也有以下两个重要性质:

性质 1(有界性和最大值最小值定理) 如果函数 $f(x, y)$ 在有界闭区域 D 上连续,则 $f(x, y)$ 在 D 上有界,且一定存在最大值和最小值.

性质 2(介值定理) 如果函数 $f(x, y)$ 在有界闭区域 D 上连续,则 $f(x, y)$

在 D 上必可取得介于函数最大值 M 与最小值 m 之间的任何值. 即如果 μ 是 M 与 m 之间的任一常数 $(m < \mu < M)$, 则在 D 上至少存在一点 $(\xi, \eta) \in D$, 使得

$$f(\xi, \eta) = \mu.$$

以上就二元函数的极限与连续进行了讨论, 这些概念和理论可以推广到二元以上的函数.

习题 7-2

1. 已知函数

$$f(x, y) = x^2 + y^2 - xy \tan \frac{x}{y},$$

试求 $f(tx, ty)$.

2. 求下列函数的定义域 D, 并画图表示.

(1) $z = \ln(y^2 - 2x + 1)$;　　　　　　　(2) $z = \sqrt{1 - x^2} + \sqrt{y^2 - 1}$;

(3) $z = \sqrt{1 - x - y} + \sqrt{1 + x - y}$;　　(4) $z = \sqrt{1 - \dfrac{x^2}{a^2} - \dfrac{y^2}{b^2}}$.

3. 求下列极限.

(1) $\displaystyle \lim_{(x, y) \to (0, 1)} \frac{1 - xy}{3x^2 + y^2}$;　　　　　(2) $\displaystyle \lim_{(x, y) \to (3, 0)} \frac{x + y}{\sqrt{x + y + 1} - 1}$;

(3) $\displaystyle \lim_{(x, y) \to (1, 0)} \frac{\ln(x + e^y)}{\sqrt{x^2 + y^2}}$;　　　(4) $\displaystyle \lim_{(x, y) \to (0, 2)} (1 + xy)^{\frac{1}{x}}$;

(5) $\displaystyle \lim_{(x, y) \to (3, 0)} \frac{\tan(xy)}{x}$;　　　　　(6) $\displaystyle \lim_{(x, y) \to (0, 0)} \frac{1 - \cos(x + y)}{x + y}$.

4. 证明极限 $\displaystyle \lim_{(x, y) \to (0, 0)} \frac{x + y}{x - y}$ 不存在.

§7.3 偏　导　数

一、偏导数的概念及其计算法

在一元函数里, 从研究函数的变化率入手引入了导数的概念. 对于二元函数, 也有函数关于各个自变量的变化率的问题, 比如已知理想气体的体积 V、压强 p 和温度 T 之间的函数关系为 $V = \dfrac{RT}{p}$ (R 为常数), 在热力学中常讨论下面两种问题:

(1) 等温过程中(即温度 T 固定不变时),考虑由压强 p 的变化引起的体积的变化率;

(2) 等压过程中(即压强 p 固定不变时),考虑由温度 T 的变化引起的体积的变化率.

上述问题都是研究二元函数当一个自变量固定(看作常数)时对另一个自变量求导数的问题,这就是二元函数的偏导数.

定义 设函数 $z = f(x, y)$ 在点 (x_0, y_0) 的某一邻域内有定义,当 y 固定在 y_0,而 x 在 x_0 处有增量 Δx 时,相应地,函数有增量

$$f(x_0 + \Delta x, y_0) - f(x_0, y_0),$$

如果极限

$$\lim_{\Delta x \to 0} \frac{f(x_0 + \Delta x, y_0) - f(x_0, y_0)}{\Delta x}$$

存在,则称此极限值为函数 $z = f(x, y)$ 在点 (x_0, y_0) 处**对 x 的偏导数**,记为

$$\left. \frac{\partial z}{\partial x} \right|_{(x_0, y_0)}, \quad \left. \frac{\partial f}{\partial x} \right|_{(x_0, y_0)}, \quad f_x(x_0, y_0) \quad \text{或} \quad z_x(x_0, y_0),$$

即

$$\left. \frac{\partial z}{\partial x} \right|_{(x_0, y_0)} = \lim_{\Delta x \to 0} \frac{f(x_0 + \Delta x, y_0) - f(x_0, y_0)}{\Delta x}.$$

类似地,函数 $z = f(x, y)$ 在点 (x_0, y_0) 处**对 y 的偏导数**,定义为

$$\left. \frac{\partial z}{\partial y} \right|_{(x_0, y_0)} = \lim_{\Delta y \to 0} \frac{f(x_0, y_0 + \Delta y) - f(x_0, y_0)}{\Delta y},$$

又可记为

$$\left. \frac{\partial f}{\partial y} \right|_{(x_0, y_0)}, \quad f_y(x_0, y_0) \quad \text{或} \quad z_y(x_0, y_0).$$

如果函数 $z = f(x, y)$ 在区域 D 内每一点 (x, y) 处都存在对 x 的偏导数,则这个偏导数仍是 x, y 的函数,称为函数 $z = f(x, y)$ **对自变量 x 的偏导函数**,记为

$$\frac{\partial z}{\partial x}, \quad \frac{\partial f}{\partial x}, \quad f_x(x, y) \quad \text{或} \quad z_x(x, y).$$

类似地,可以定义函数 $z = f(x, y)$ **对自变量 y 的偏导函数**,记为

$$\frac{\partial z}{\partial y}, \quad \frac{\partial f}{\partial y}, \quad f_y(x, \ y) \quad 或 \quad z_y(x, \ y),$$

且有

$$\frac{\partial z}{\partial x} = \lim_{\Delta x \to 0} \frac{f(x + \Delta x, \ y) - f(x, \ y)}{\Delta x},$$

$$\frac{\partial z}{\partial y} = \lim_{\Delta y \to 0} \frac{f(x, \ y + \Delta y) - f(x, \ y)}{\Delta y}.$$

函数 $z = f(x, \ y)$ 在点 $(x_0, \ y_0)$ 处对 x 的偏导数 $f_x(x_0, \ y_0)$，就是偏导函数 $f_x(x, \ y)$ 在点 $(x_0, \ y_0)$ 处的函数值，而 $f_y(x_0, \ y_0)$ 就是偏导函数 $f_y(x, \ y)$ 在点 $(x_0, \ y_0)$ 处的函数值. 在不至于混淆的情况下，常把偏导函数称为偏导数.

二元以上的多元函数的偏导数可类似地定义.

由偏导函数的定义可知，求二元函数对某一自变量的偏导数时，是将另一自变量暂时看作常量，而只对该自变量求导数即可. 例如，求 $z = f(x, \ y)$ 对 x 的偏导数 f_x 时，把 y 暂时看作常量，而对 x 求导数；求对 y 的偏导数 f_y 时，把 x 暂时看作常量，而对 y 求导数.

例 1 设 $z = 2x^2 y^5 + y^2 + 2x$，求 $\dfrac{\partial z}{\partial x}, \dfrac{\partial z}{\partial y}, \dfrac{\partial z}{\partial x}\bigg|_{(2, 1)}$ 及 $\dfrac{\partial z}{\partial y}\bigg|_{(2, 1)}$.

解 为求 $\dfrac{\partial z}{\partial x}$，把 y 看成常量，对 x 求导数，得

$$\frac{\partial z}{\partial x} = 2 \cdot 2x \cdot y^5 + 2 = 4xy^5 + 2.$$

为求 $\dfrac{\partial z}{\partial y}$，把 x 看成常量，对 y 求导数，得

$$\frac{\partial z}{\partial y} = 2x^2 \cdot 5y^4 + 2y = 10x^2 y^4 + 2y.$$

在点 $(2, 1)$ 处的偏导数就是偏导函数在点 $(2, 1)$ 处的值，故

$$\frac{\partial z}{\partial x}\bigg|_{(2, 1)} = 4 \times 2 \times 1^5 + 2 = 10, \quad \frac{\partial z}{\partial y}\bigg|_{(2, 1)} = 10 \times 2^2 \times 1^4 + 2 \times 1 = 42.$$

例 2 求函数 $z = x^y (x > 0, \ x \neq 1)$ 的偏导数.

解 把 y 看成常量，对 x 求导数，得 $\dfrac{\partial z}{\partial x} = yx^{y-1}$.

把 x 看成常量,对 y 求导数,得 $\dfrac{\partial z}{\partial y} = x^y \ln x$.

例3 设 $z = \ln (2x+3y)\sin (xy)$,求 $\dfrac{\partial z}{\partial x}$,$\dfrac{\partial z}{\partial y}$.

解
$$\frac{\partial z}{\partial x} = \frac{2}{2x+3y}\sin xy + \ln (2x+3y)\cos (xy) \cdot y$$
$$= \frac{2\sin xy}{2x+3y} + y\ln (2x+3y)\cos (xy),$$
$$\frac{\partial z}{\partial y} = \frac{3}{2x+3y}\sin xy + \ln (2x+3y)\cos (xy) \cdot x$$
$$= \frac{3\sin xy}{2x+3y} + x\ln (2x+3y)\cos (xy).$$

例4 已知理想气体的状态方程 $pV = RT$(R 为常数),证明:
$$\frac{\partial p}{\partial V} \cdot \frac{\partial V}{\partial T} \cdot \frac{\partial T}{\partial p} = -1.$$

证明 因为
$$p = \frac{RT}{V}, \frac{\partial p}{\partial V} = -\frac{RT}{V^2}, \quad V = \frac{RT}{p}, \frac{\partial V}{\partial T} = \frac{R}{p}, \quad T = \frac{pV}{R}, \frac{\partial T}{\partial p} = \frac{V}{R},$$

所以
$$\frac{\partial p}{\partial V} \cdot \frac{\partial V}{\partial T} \cdot \frac{\partial T}{\partial p} = -\frac{RT}{V^2} \cdot \frac{R}{p} \cdot \frac{V}{R} = -\frac{RT}{Vp} = -1.$$

上式说明,偏导数的记号 $\dfrac{\partial y}{\partial x}$ 是一个整体记号,不能理解为"分子"∂y 与"分母"∂x 之商,否则上面这三个偏导数的积将等于 1. 这一点与一元函数的导数记号 $\dfrac{\mathrm{d}y}{\mathrm{d}x}$ 不同,$\dfrac{\mathrm{d}y}{\mathrm{d}x}$ 可以看成函数的微分 $\mathrm{d}y$ 与自变量微分 $\mathrm{d}x$ 的商.

例5 设二元函数
$$f(x, y) = \begin{cases} \dfrac{xy}{x^2+y^2}, & x^2+y^2 \neq 0, \\ 0, & x^2+y^2 = 0. \end{cases}$$

求 $f(x, y)$ 在点 $(0, 0)$ 处的偏导数.

解 因为 $f(x, y)$ 是一个分段函数,$(0, 0)$ 是分段点,所以需用偏导数的定

义求,即

$$f_x(0, 0) = \lim_{\Delta x \to 0} \frac{f(0 + \Delta x, 0) - f(0, 0)}{\Delta x} = \lim_{\Delta x \to 0} \frac{\dfrac{\Delta x \cdot 0}{\Delta x^2 + 0} - 0}{\Delta x} = 0,$$

$$f_y(0, 0) = \lim_{\Delta y \to 0} \frac{f(0, 0 + \Delta y) - f(0, 0)}{\Delta y} = \lim_{\Delta y \to 0} \frac{\dfrac{0 \cdot \Delta y}{0 + \Delta y^2} - 0}{\Delta y} = 0.$$

由 §7.2 例 7 可知,该函数在点 $(0, 0)$ 处不连续. 因此,对于多元函数来说,即使它在某点处所有偏导数都存在,也不能保证函数在该点处是连续的. 这说明多元函数在一点连续并不是函数在该点存在偏导数的必要条件.

同样还可以举出在点 $P(x_0, y_0)$ 处连续,而在该点的偏导数不存在的多元函数的例子. 例如二元函数 $f(x, y) = \sqrt{x^2 + y^2}$ 在点 $(0, 0)$ 处是连续的,但在该点的偏导数不存在(读者可以自己证明).

因此,二元函数连续与偏导数存在,这两个条件之间是没有必然联系的. 然而对一元函数而言,如果在某点导数存在,则其在该点是连续的,这是多元函数与一元函数的一个重要差异.

二、高阶偏导数

设函数 $z = f(x, y)$ 在区域 D 内有偏导数

$$\frac{\partial z}{\partial x} = f_x(x, y), \quad \frac{\partial z}{\partial y} = f_y(x, y).$$

一般说来,$f_x(x, y)$,$f_y(x, y)$ 仍是 x,y 的函数. 如果它们的偏导数仍存在,则将其称为函数 $z = f(x, y)$ 的**二阶偏导数**. 按照对自变量的不同的求导次序,函数 $z = f(x, y)$ 有下列四个二阶偏导数:

$$\frac{\partial}{\partial x}\left(\frac{\partial z}{\partial x}\right) = \frac{\partial^2 z}{\partial x^2} = f_{xx}(x, y) = z_{xx}(x, y),$$

$$\frac{\partial}{\partial y}\left(\frac{\partial z}{\partial x}\right) = \frac{\partial^2 z}{\partial x \partial y} = f_{xy}(x, y) = z_{xy}(x, y),$$

$$\frac{\partial}{\partial x}\left(\frac{\partial z}{\partial y}\right) = \frac{\partial^2 z}{\partial y \partial x} = f_{yx}(x, y) = z_{yx}(x, y),$$

$$\frac{\partial}{\partial y}\left(\frac{\partial z}{\partial y}\right) = \frac{\partial^2 z}{\partial y^2} = f_{yy}(x, y) = z_{yy}(x, y).$$

其中 $f_{xy}(x, y)$ 与 $f_{yx}(x, y)$ 称为**二阶混合偏导数**. $f_{xy}(x, y)$ 是先对 x, 后对 y 求偏导数, 而 $f_{yx}(x, y)$ 是先对 y, 后对 x 求偏导数.

类似可定义三阶、四阶以至 n 阶偏导数(如果存在的话). 二阶及二阶以上的偏导数统称为**高阶偏导数**. $f_x(x, y)$, $f_y(x, y)$ 又称为函数 $z = f(x, y)$ 的**一阶偏导数**.

例 6 设 $z = x^3 + y^3 - 2x^2 y$, 求它的二阶偏导数.

解 因为

$$\frac{\partial z}{\partial x} = 3x^2 - 4xy, \qquad \frac{\partial z}{\partial y} = 3y^2 - 2x^2,$$

所以

$$\frac{\partial^2 z}{\partial x^2} = \frac{\partial}{\partial x}\left(\frac{\partial z}{\partial x}\right) = \frac{\partial}{\partial x}(3x^2 - 4xy) = 6x - 4y,$$

$$\frac{\partial^2 z}{\partial x \partial y} = \frac{\partial}{\partial y}\left(\frac{\partial z}{\partial x}\right) = \frac{\partial}{\partial y}(3x^2 - 4xy) = -4x,$$

$$\frac{\partial^2 z}{\partial y \partial x} = \frac{\partial}{\partial x}\left(\frac{\partial z}{\partial y}\right) = \frac{\partial}{\partial x}(3y^2 - 2x^2) = -4x,$$

$$\frac{\partial^2 z}{\partial y^2} = \frac{\partial}{\partial y}\left(\frac{\partial z}{\partial y}\right) = \frac{\partial}{\partial y}(3y^2 - 2x^2) = 6y.$$

该题值得注意的是, 两个二阶混合偏导数相等, 这个结果并不是偶然的. 事实上, 有下面的定理.

定理 如果函数 $z = f(x, y)$ 在区域 D 上的二阶混合偏导数 $\dfrac{\partial^2 z}{\partial x \partial y}$, $\dfrac{\partial^2 z}{\partial y \partial x}$ 连续, 则在该区域上必有

$$\frac{\partial^2 z}{\partial x \partial y} = \frac{\partial^2 z}{\partial y \partial x}.$$

该定理说明, 二阶混合偏导数在连续条件下与求偏导的次序无关.

例 7 设 $z = \ln\sqrt{x^2 + y^2}$, 证明下面方程成立:

$$\frac{\partial^2 z}{\partial x^2} + \frac{\partial^2 z}{\partial y^2} = 0.$$

证明 因为 $z = \ln\sqrt{x^2 + y^2} = \dfrac{1}{2}\ln(x^2 + y^2)$,

所以

$$\frac{\partial z}{\partial x} = \frac{x}{x^2 + y^2}, \quad \frac{\partial z}{\partial y} = \frac{y}{x^2 + y^2},$$

$$\frac{\partial^2 z}{\partial x^2} = \frac{(x^2 + y^2) - x \cdot 2x}{(x^2 + y^2)^2} = \frac{y^2 - x^2}{(x^2 + y^2)^2},$$

$$\frac{\partial^2 z}{\partial y^2} = \frac{(x^2 + y^2) - y \cdot 2y}{(x^2 + y^2)^2} = \frac{x^2 - y^2}{(x^2 + y^2)^2},$$

因此

$$\frac{\partial^2 z}{\partial x^2} + \frac{\partial^2 z}{\partial y^2} = \frac{y^2 - x^2}{(x^2 + y^2)^2} + \frac{x^2 - y^2}{(x^2 + y^2)^2} = 0,$$

即

$$\frac{\partial^2 z}{\partial x^2} + \frac{\partial^2 z}{\partial y^2} = 0.$$

本例中的方程称为**拉普拉斯（Laplace）方程**，它是工程中常用的一种方程.

习题 7-3

1. 求 $z = x^2 - 2xy + 3y^3$ 在点 $(1, 2)$ 处的偏导数.

2. 求下列函数的偏导数.

(1) $z = x^3 y^2 - 3xy^3 - xy$;

(2) $z = xy + \dfrac{x}{y}$;

(3) $z = \sin(xy) + \cos^2(xy)$;

(4) $z = \ln\tan\dfrac{x}{y}$;

(5) $s = \dfrac{u^2 + v^2}{uv}$;

(6) $z = \dfrac{2xy + \sin(xy)}{x^2 + e^y}$;

(7) $z = (1 + xy)^y$;

(8) $u = xy^2 + yz^2 + zx^2$.

3. 求下列函数的 $\dfrac{\partial^2 z}{\partial x^2}$, $\dfrac{\partial^2 z}{\partial y^2}$ 和 $\dfrac{\partial^2 z}{\partial x \partial y}$.

(1) $z = x^3 + 3x^2 y + y^4 + 2$;

(2) $z = \arctan\dfrac{y}{x}$;

(3) $z = y^x$;

(4) $z = x\ln(xy)$.

4. 设 $f(x, y) = e^{xy} + \sin(x + y)$, 求 $f_{xx}\left(\dfrac{\pi}{2}, 0\right)$, $f_{xy}\left(\dfrac{\pi}{2}, 0\right)$.

5. 验证函数 $z = \sin\dfrac{y}{x} + y$ 满足方程: $x^2\dfrac{\partial^2 z}{\partial x^2} + 2xy\dfrac{\partial^2 z}{\partial x \partial y} + y^2\dfrac{\partial^2 z}{\partial y^2} = 0$.

6. 设 $r = \sqrt{x^2 + y^2 + z^2}$, 证明: $\dfrac{\partial^2 r}{\partial x^2} + \dfrac{\partial^2 r}{\partial y^2} + \dfrac{\partial^2 r}{\partial z^2} = \dfrac{2}{r}$.

§7.4 全 微 分

一、全微分的概念

1. 全微分的定义

设二元函数 $z = f(x, y)$ 在点 (x, y) 的某邻域内有定义,在该邻域内,当自变量 x, y 在点 (x, y) 处分别有增量 $\Delta x, \Delta y$ 时,函数 z 相应的增量为

$$\Delta z = f(x + \Delta x, y + \Delta y) - f(x, y).$$

称其为二元函数 $z = f(x, y)$ 在点 (x, y) 处的**全增量**.

在一元函数中,若函数 $y = f(x)$ 在点 x 的增量可表示为 $\Delta y = A\Delta x + o(\Delta x)$ (其中 A 与 Δx 无关),则称函数 y 在点 x 处可微,并称 $A\Delta x$ 为函数 y 在点 x_0 处的微分,记作 $\mathrm{d}y = A\Delta x$. 类似地,下面给出二元函数全微分的定义.

定义 设二元函数 $z = f(x, y)$ 在点 (x, y) 的某邻域内有定义,如果 $z = f(x, y)$ 在点 (x, y) 的全增量

$$\Delta z = f(x + \Delta x, y + \Delta y) - f(x, y) \tag{1}$$

可以表示为

$$\Delta z = A\Delta x + B\Delta y + o(\rho),$$

其中 A, B 不依赖于 $\Delta x, \Delta y$ 仅与 x, y 有关,$\rho = \sqrt{(\Delta x)^2 + (\Delta y)^2}$,$o(\rho)$ 是当 $(\Delta x, \Delta y) \to (0, 0)$ 时,比 ρ 高阶的无穷小,则称二元函数 $z = f(x, y)$ 在点 (x, y) 处**可微分**,简称可微,并称 $A\Delta x + B\Delta y$ 为函数 $z = f(x, y)$ 在点 (x, y) 处的**全微分**,记作 $\mathrm{d}z$,即

$$\mathrm{d}z = A\Delta x + B\Delta y.$$

若函数 $z = f(x, y)$ 在区域 D 内的每一点处都可微分,则称该函数在区域 D 内可微分.

由式 (1) 可知,如果函数 $z = f(x, y)$ 在点 (x, y) 处可微分,则当 $(\Delta x, \Delta y) \to (0, 0)$ 时,就有 $\Delta z \to 0$,于是 $\lim\limits_{(\Delta x, \Delta y) \to (0, 0)} f(x + \Delta x, y + \Delta y) = f(x, y)$,从而函数 $z = f(x, y)$ 在点 (x, y) 处连续. 因此,如果函数在点 (x, y) 处不连续,则函数在该点一定不可微分.

2. 可微分的条件及全微分的计算

在一元函数中,可微与可导是等价的,互为充分必要条件,且 $dy = f'(x)dx$,那么二元函数 $z = f(x, y)$ 在点 (x, y) 处的可微与偏导数存在之间有什么关系呢? 全微分定义中的 A, B 又如何确定? 下面定理给出回答.

定理 1(可微的必要条件)　若函数 $z = f(x, y)$ 在点 (x, y) 处可微,则该函数在点 (x, y) 的偏导数 $\dfrac{\partial z}{\partial x}$, $\dfrac{\partial z}{\partial y}$ 存在,并且在点 (x, y) 处的全微分为

$$dz = \frac{\partial z}{\partial x}\Delta x + \frac{\partial z}{\partial y}\Delta y. \tag{2}$$

证明　因为 $z = f(x, y)$ 在点 (x, y) 处可微,则

$$\Delta z = A\Delta x + B\Delta y + o(\rho),$$

上式对任意的 Δx, Δy 都成立. 当 $\Delta y = 0$ 时,$\rho = |\Delta x|$,则

$$\Delta z = f(x + \Delta x, y) - f(x, y) = A\Delta x + o(|\Delta x|),$$

两边同除以 Δx,再令 $\Delta x \to 0$,取极限,得

$$\lim_{\Delta x \to 0} \frac{f(x + \Delta x, y) - f(x, y)}{\Delta x} = \lim_{\Delta x \to 0} \frac{A\Delta x + o(|\Delta x|)}{\Delta x} = A,$$

从而偏导数 $\dfrac{\partial z}{\partial x}$ 存在,且

$$\frac{\partial z}{\partial x} = A.$$

同理可证偏导数 $\dfrac{\partial z}{\partial y}$ 存在,且

$$\frac{\partial z}{\partial y} = B,$$

所以式(2)成立. 证毕.

根据上面定理,如果函数 $z = f(x, y)$ 在点 (x, y) 处可微,则在该点的全微分为

$$dz = \frac{\partial z}{\partial x}\Delta x + \frac{\partial z}{\partial y}\Delta y.$$

这就是全微分的计算公式.

记 $dx = \Delta x$, $dy = \Delta y$,所以全微分又可写成

$$dz = \frac{\partial z}{\partial x}dx + \frac{\partial z}{\partial y}dy.$$

定理 1 指出, 二元函数在一点可微, 则在该点偏导数一定存在, 但此定理只是二元函数可微分的必要条件, 例如, 由 §7.3 例 5 知, 函数

$$f(x, y) = \begin{cases} \dfrac{xy}{x^2 + y^2}, & x^2 + y^2 \neq 0, \\ 0, & x^2 + y^2 = 0 \end{cases}$$

在点 $(0, 0)$ 的两个偏导数都存在, 但这个函数在点 $(0, 0)$ 处不连续, 因此是不可微分的. 那么二元函数可微的充分条件是什么呢? 可以证明以下定理成立.

定理 2(可微的充分条件) 若二元函数 $z = f(x, y)$ 在点 (x, y) 处的偏导数 $\dfrac{\partial z}{\partial x}, \dfrac{\partial z}{\partial y}$ 存在, 且在点 (x, y) 处连续, 则函数 $z = f(x, y)$ 在该点一定可微.

证明 由假定, 偏导数 $\dfrac{\partial z}{\partial x}, \dfrac{\partial z}{\partial y}$ 在点 (x, y) 的某邻域内存在. 设点 $(x + \Delta x, y + \Delta y)$ 为该邻域内任意一点, 考察函数的全增量

$$\begin{aligned} \Delta z &= f(x + \Delta x, y + \Delta y) - f(x, y) \\ &= [f(x + \Delta x, y + \Delta y) - f(x, y + \Delta y)] + [f(x, y + \Delta y) - f(x, y)]. \end{aligned}$$

在第一个方括号内的表达式, 由于 $y + \Delta y$ 不变, 因而可以看作是 x 的一元函数 $f(x, y + \Delta y)$ 的增量. 于是, 应用拉格朗日中值定理, 得到

$$f(x + \Delta x, y + \Delta y) - f(x, y + \Delta y) = f_x(x + \theta_1 \Delta x, y + \Delta y)\Delta x$$
$$(0 < \theta_1 < 1).$$

又由假设 $f_x(x, y)$ 在点 (x, y) 处连续, 所以上式可写为

$$f(x + \Delta x, y + \Delta y) - f(x, y + \Delta y) = f_x(x, y)\Delta x + \varepsilon_1 \Delta x. \tag{3}$$

其中 ε_1 为 $\Delta x, \Delta y$ 的函数, 且当 $\Delta x \to 0, \Delta y \to 0$ 时, $\varepsilon_1 \to 0$.

同理可证, 第二个方括号内的表达式可写为

$$f(x, y + \Delta y) - f(x, y) = f_y(x, y)\Delta y + \varepsilon_2 \Delta y. \tag{4}$$

其中 ε_2 为 Δy 的函数, 且当 $\Delta y \to 0$ 时, $\varepsilon_2 \to 0$.

由式(3)、式(4)可见, 在偏导数连续的假定下, 全增量 Δz 可以表示为

$$\Delta z = f_x(x, y)\Delta x + f_y(x, y)\Delta y + \varepsilon_1 \Delta x + \varepsilon_2 \Delta y. \tag{5}$$

容易看出

$$\left| \frac{\varepsilon_1 \Delta x + \varepsilon_2 \Delta y}{\rho} \right| \leqslant |\varepsilon_1| + |\varepsilon_2|,$$

它是随着 $(\Delta x, \Delta y) \to (0, 0)$，即 $\rho \to 0$ 而趋于零.

这就证明了 $z = f(x, y)$ 在点 $P(x, y)$ 处是可微分的.

上面两个定理说明，若函数可微，偏导数一定存在；若偏导数连续，函数一定可微. 由此可知，二元函数这些概念之间的关系与一元函数相关概念之间的关系是有区别的.

上面讨论的两个定理可以推广到三元和三元以上的多元函数. 如三元函数 $u = f(x, y, z)$ 的全微分存在，则有

$$du = \frac{\partial u}{\partial x} dx + \frac{\partial u}{\partial y} dy + \frac{\partial u}{\partial z} dz.$$

例1 求函数 $z = xy$ 在点 $(2, 3)$ 处，关于 $\Delta x = 0.01$，$\Delta y = -0.02$ 的全增量与全微分.

解 全增量 $\Delta z \big|_{(2, 3)} = (2 + 0.01)[3 + (-0.02)] - 2 \times 3 = -0.010\,2.$

因为

$$\frac{\partial z}{\partial x} \bigg|_{\substack{x=2 \\ y=3}} = y \bigg|_{\substack{x=2 \\ y=3}} = 3, \quad \frac{\partial z}{\partial y} \bigg|_{\substack{x=2 \\ y=3}} = x \bigg|_{\substack{x=2 \\ y=3}} = 2,$$

所以全增量

$$dz \bigg|_{\substack{x=2 \\ y=3}} = \frac{\partial z}{\partial x} \bigg|_{\substack{x=2 \\ y=3}} \Delta x + \frac{\partial z}{\partial y} \bigg|_{\substack{x=2 \\ y=3}} \Delta y = 3 \times 0.01 + 2 \times (-0.02) = -0.01.$$

显然，全微分 dz 是全增量 Δz 的近似值.

例2 求函数 $z = \sqrt{x^2 + y^2}$ 的全微分 dz.

解 因为

$$\frac{\partial z}{\partial x} = \frac{x}{\sqrt{x^2 + y^2}}, \quad \frac{\partial z}{\partial y} = \frac{y}{\sqrt{x^2 + y^2}},$$

不难验证 $\dfrac{\partial z}{\partial x}$，$\dfrac{\partial z}{\partial y}$ 除点 $(0, 0)$ 外都存在且连续，所以

$$dz = \frac{\partial z}{\partial x} dx + \frac{\partial z}{\partial y} dy = \frac{x}{\sqrt{x^2 + y^2}} dx + \frac{y}{\sqrt{x^2 + y^2}} dy,$$

其中 $(x, y) \neq (0, 0)$.

*二、全微分在近似计算中的应用

设函数 $z = f(x, y)$ 在点 (x_0, y_0) 处可微,则函数在该点的全增量可以表示为

$$\Delta z = f(x_0 + \Delta x, y_0 + \Delta y) - f(x_0, y_0)$$
$$= f_x(x_0, y_0)\Delta x + f_y(x_0, y_0)\Delta y + o(\rho).$$

当 $|\Delta x|$ 和 $|\Delta y|$ 很小时,就可以用函数的全微分 dz 近似代替函数的全增量 Δz,即

$$\Delta z \approx f_x(x_0, y_0)\Delta x + f_y(x_0, y_0)\Delta y = dz, \tag{6}$$

或写成

$$f(x_0 + \Delta x, y_0 + \Delta y) \approx f(x_0, y_0) + f_x(x_0, y_0)\Delta x + f_y(x_0, y_0)\Delta y. \tag{7}$$

与一元函数的情形类似,利用式(5)和式(6)可以计算函数增量的近似值、计算函数的近似值及估计误差.

例3 计算 $(1.03)^{3.02}$ 的近似值.

解 利用式(7)计算函数在点 $(x_0 + \Delta x, y_0 + \Delta y)$ 处的近似值,应首先根据题目选择函数 $f(x, y)$,其次选定点 (x_0, y_0),然后再按式(7)计算.

设 $f(x, y) = x^y$,取 $x_0 = 1, y_0 = 3, \Delta x = 0.03, \Delta y = 0.02.$

因为

$$f_x(x, y) = yx^{y-1}, \quad f_y(x, y) = x^y \ln x,$$
$$f(1, 3) = 1, \quad f_x(1, 3) = 3, \quad f_y(1, 3) = 0.$$

根据公式(7),得

$$(1.03)^{3.02} = f(1.03, 3.02) \approx f(1, 3) + f_x(1, 3)\Delta x + f_y(1, 3)\Delta y$$
$$= 1 + 3 \times 0.03 + 0 \times 0.02 = 1.09.$$

例4 要做一个无盖的圆柱体形水槽,其内径为 2 m,高为 4 m,厚度为 0.01 m,问需用多少立方米的材料?

解 设圆柱的底面半径为 r,高为 h,体积为 V,则有

$$V = \pi r^2 h.$$

由题意,取 $r_0 = 2, h_0 = 4, \Delta r = \Delta h = 0.01, \Delta r$ 与 Δh 相对 r, h 都很小,根据公式(6),可得

$$\Delta V \approx dV = \frac{\partial V}{\partial r}\bigg|_{(r_0, h_0)} \Delta r + \frac{\partial V}{\partial h}\bigg|_{(r_0, h_0)} \Delta h$$
$$= 2\pi r_0 h_0 \Delta r + \pi r_0^2 \Delta h$$
$$= 2\pi \times 2 \times 4 \times 0.01 + \pi \times 2^2 \times 0.01 = 0.628.$$

即,约需用 0.628 m³ 的材料.

习题 7-4

1. 求下列函数的全微分.

(1) $z = x^2 y + y^2$;

(2) $z = \dfrac{y}{\sqrt{x^2 + y^2}}$;

(3) $z = \mathrm{e}^{\frac{y}{x}}$;

(4) $z = \mathrm{e}^{xy} \cos(x + y)$;

(5) $z = x \ln(3x - y^2)$;

(6) $u = xyz$.

2. 求函数 $z = \ln(1 + x^2 + y^2)$ 在点 $(1, 2)$ 处的全微分.

3. 求函数 $z = \dfrac{y}{x}$ 当 $x = 2$, $y = 1$, $\Delta x = 0.1$, $\Delta y = -0.2$ 时的全增量和全微分.

4. 计算 $\mathrm{d}z = (1.97)^{1.05}$ 的近似值 $(\ln 2 \approx 0.693)$.

5. 已知长为 6 m、宽为 8 m 的长方形木板,如果长增加 5 cm,而宽减少 10 cm,问这块木板的对角线的近似变化怎样?

§7.5　多元复合函数的求导法则

一、多元复合函数的链式法则

在一元函数微分学中,复合函数的求导法则起到了极其重要的作用. 如果 $y = f(u)$, $u = \varphi(x)$, 则 y 是 x 的复合函数, y 对 x 的导数为

$$\frac{\mathrm{d}y}{\mathrm{d}x} = \frac{\mathrm{d}y}{\mathrm{d}u} \cdot \frac{\mathrm{d}u}{\mathrm{d}x}.$$

本节将一元函数微分学中的复合函数的概念及其求导法则推广到多元复合函数中.

定义　设 $z = f(u, v)$ 是变量 u, v 的函数,而 u, v 又是变量 x, y 的函数,即 $u = \varphi(x, y)$, $v = \psi(x, y)$, 当 $(x, y) \in D$ 时, $(\varphi(x, y), \psi(x, y)) \in D_f$, 这里 D_f 表示函数 $z = f(u, v)$ 的定义域,因而 $z = f[\varphi(x, y), \psi(x, y)]$ 也是 x, y 的函数,称为由 $z = f(u, v)$ 与 $u = \varphi(x, y)$, $v = \psi(x, y)$ 复合而成的**复合函数**. u, v 为**中间变量**, x, y 是**自变量**.

现在的问题是:若不将 $u = \varphi(x, y)$, $v = \psi(x, y)$ 代入 $z = f(u, v)$, 怎样直接从函数 $z = f(u, v)$ 偏导数及函数 $u = \varphi(x, y)$, $v = \psi(x, y)$ 的偏导函数来计算 $\dfrac{\partial z}{\partial x}$ 和 $\dfrac{\partial z}{\partial y}$. 关于这个问题有下面的定理.

定理 1　设函数 $u = \varphi(x, y)$, $v = \psi(x, y)$ 都在点 (x, y) 具有对 x 及对 y 的

偏导数,函数 $z = f(u, v)$ 在对应点 (u, v) 具有连续偏导数,则复合函数 $z = f[\varphi(x, y), \psi(x, y)]$ 在点 (x, y) 处偏导数存在,且

$$\frac{\partial z}{\partial x} = \frac{\partial z}{\partial u} \cdot \frac{\partial u}{\partial x} + \frac{\partial z}{\partial v} \cdot \frac{\partial v}{\partial x}, \tag{1}$$

$$\frac{\partial z}{\partial y} = \frac{\partial z}{\partial u} \cdot \frac{\partial u}{\partial y} + \frac{\partial z}{\partial v} \cdot \frac{\partial v}{\partial y}. \tag{2}$$

证明 先证式(1)成立. 设 x 获得增量 Δx,将 y 视作常量,这时 $u = \varphi(x, y)$,$v = \psi(x, y)$ 的对应增量为 Δu,Δv,由此,函数 $z = f(u, v)$ 对应地获得增量 Δz. 根据假定,函数 $z = f(u, v)$ 在点 (u, v) 具有连续偏导数,于是由 §7.4 式(5),有

$$\Delta z = \frac{\partial z}{\partial u} \Delta u + \frac{\partial z}{\partial v} \Delta v + \varepsilon_1 \Delta u + \varepsilon_2 \Delta v,$$

这里,当 $\Delta u \to 0$,$\Delta v \to 0$ 时,$\varepsilon_1 \to 0$,$\varepsilon_2 \to 0$.

将上式两边各除以 Δx,得

$$\frac{\Delta z}{\Delta x} = \frac{\partial z}{\partial u} \frac{\Delta u}{\Delta x} + \frac{\partial z}{\partial v} \frac{\Delta v}{\Delta x} + \varepsilon_1 \frac{\Delta u}{\Delta x} + \varepsilon_1 \frac{\Delta v}{\Delta x}.$$

因为当 $\Delta x \to 0$ 时,$\Delta u \to 0$,$\Delta v \to 0$,$\dfrac{\Delta u}{\Delta x} \to \dfrac{\partial u}{\partial x}$,$\dfrac{\Delta v}{\Delta x} \to \dfrac{\partial u}{\partial x}$,所以

$$\lim_{\Delta x \to 0} \frac{\Delta z}{\Delta x} = \frac{\partial z}{\partial u} \frac{\partial u}{\partial x} + \frac{\partial z}{\partial v} \frac{\partial v}{\partial x}.$$

即证式(1),同理可证式(2). 证毕.

为了掌握多元复合函数求偏导数的公式,常借助于复合函数的结构图. 例如,复合函数 $z = f[\varphi(x, y), \psi(x, y)]$ 的结构图如图 7-13 所示. 由结构图可清楚地看出哪些是复合函数的中间变量,哪些是自变量,以及它们的个数与关系. 形象地把公式(1)和公式(2)所表示的求导法则称为**链式法则**.

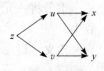

图 7-13

例 1 设 $z = e^u \sin v$,而 $u = xy$,$v = x + y$,求 $\dfrac{\partial z}{\partial x}$ 和 $\dfrac{\partial z}{\partial y}$.

解 因为 $\dfrac{\partial z}{\partial u} = e^u \sin v$,$\dfrac{\partial z}{\partial v} = e^u \cos v$,

$$\frac{\partial u}{\partial x} = y, \quad \frac{\partial v}{\partial x} = 1, \quad \frac{\partial u}{\partial y} = x, \quad \frac{\partial v}{\partial y} = 1.$$

所以

$$\frac{\partial z}{\partial x} = \frac{\partial z}{\partial u} \cdot \frac{\partial u}{\partial x} + \frac{\partial z}{\partial v} \cdot \frac{\partial v}{\partial x} = e^u \sin v \cdot y + e^u \cos v \cdot 1$$

$$= e^{xy} \left[y \sin (x+y) + \cos (x+y) \right],$$

$$\frac{\partial z}{\partial y} = \frac{\partial z}{\partial u} \cdot \frac{\partial u}{\partial y} + \frac{\partial z}{\partial v} \cdot \frac{\partial v}{\partial y} = e^u \sin v \cdot x + e^u \cos v \cdot 1$$

$$= e^{xy} \left[x \sin (x+y) + \cos (x+y) \right].$$

例 2 设 $z = (4x^2 + 3y^2)^{2x+3y}$，求 $\dfrac{\partial z}{\partial x}$.

解 引进中间变量 $u = 4x^2 + 3y^2$，$v = 2x + 3y$，则 $z = u^v$. 于是

$$\frac{\partial z}{\partial u} = v \cdot u^{v-1}, \quad \frac{\partial z}{\partial v} = u^v \ln u, \quad \frac{\partial u}{\partial x} = 8x, \quad \frac{\partial v}{\partial x} = 2.$$

所以

$$\frac{\partial z}{\partial x} = \frac{\partial z}{\partial u} \cdot \frac{\partial u}{\partial x} + \frac{\partial z}{\partial v} \cdot \frac{\partial v}{\partial x} = v \cdot u^{v-1} \cdot 8x + u^v \ln u \cdot 2$$

$$= 8x(2x+3y) \cdot (4x^2+3y^2)^{2x+3y-1} + 2 (4x^2+3y^2)^{2x+3y} \ln (4x^2+3y^2).$$

多元复合函数的求导法是学习、研究的重点和难点，为了更好地掌握这一方法，有必要做进一步的总结和分析.

多元复合函数的求导法则具有如下规律：

第一，公式右端求和的项数，等于连接自变量与因变量的路线数；

第二，公式右端每一项的因子数，等于该条路线上函数的个数.

上面的两条规律虽然是通过定理的式（1）和式（2）总结出来的，但它具有一般性. 对于中间变量或自变量不是两个，或复合步骤多于一次的复合函数，都可以按照链式法则得到复合函数的偏导数公式. 按照多元复合函数不同的复合情形，可以归结为三种情形，下面分别进行讨论.

（1）复合函数的中间变量均为一元函数的情形

定理 2 设函数 $u = \varphi(x)$，$v = \psi(x)$ 都在点 x 处可导，函数 $z = f(u, v)$ 在对应点 (u, v) 具有连续偏导数，则复合函数 $z = f[\varphi(x), \psi(x)]$ 在点 x 处可导，且

$$\frac{\mathrm{d}z}{\mathrm{d}x} = \frac{\partial z}{\partial u} \cdot \frac{\mathrm{d}u}{\mathrm{d}x} + \frac{\partial z}{\partial v} \cdot \frac{\mathrm{d}v}{\mathrm{d}x}. \tag{3}$$

式（3）对应的复合函数的结构如图 7-14 所示. 上述情形实际上是链式法则的

一种特殊情形. 注意到 u,v 都是 x 的函数,而与 y 无关,从而 $\dfrac{\partial u}{\partial y}$

图 7-14

$=0,\dfrac{\partial v}{\partial y}=0$;在 u 对 x 求导、v 对 x 求导时,由于 u,v 都是 x 的一

元函数,故 $\dfrac{\partial u}{\partial x},\dfrac{\partial v}{\partial x}$ 换成了 $\dfrac{\mathrm{d}u}{\partial x},\dfrac{\mathrm{d}v}{\partial x}$,这样就能从式(1)和式(2)得

到式(3).

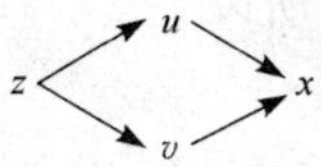

这种方法可以推广到复合函数的中间变量多于两个的情形. 例如,设 $z=f(u,v,w),u=\varphi(x),v=\psi(x),w=w(x)$ 复合而得到复合函数

$$z=f[\varphi(x),\psi(x),w(x)],$$

则在上述类似的条件下,这复合函数在点 x 处可导,且其导数为

$$\frac{\mathrm{d}z}{\mathrm{d}x}=\frac{\partial z}{\partial u}\cdot\frac{\mathrm{d}u}{\mathrm{d}x}+\frac{\partial z}{\partial v}\cdot\frac{\mathrm{d}v}{\mathrm{d}x}+\frac{\partial z}{\partial w}\cdot\frac{\mathrm{d}w}{\mathrm{d}x}. \tag{4}$$

式(3)及式(4)中的导数 $\dfrac{\mathrm{d}z}{\mathrm{d}x}$ 称为全导数.

例 3 设 $z=uv,u=\mathrm{e}^x,v=\cos 2x$,求全导数 $\dfrac{\mathrm{d}z}{\mathrm{d}x}$.

解 由式(3)知,

$$\frac{\mathrm{d}z}{\mathrm{d}x}=\frac{\partial z}{\partial u}\cdot\frac{\mathrm{d}u}{\mathrm{d}x}+\frac{\partial z}{\partial v}\cdot\frac{\mathrm{d}v}{\mathrm{d}x}=v\cdot\mathrm{e}^x+2u\cdot(-\sin 2x)=\mathrm{e}^x(\cos 2x-2\sin 2x).$$

例 4 设 $z=\mathrm{e}^{u-v^2}$,而 $u=\ln x,v=\sin x$,求全导数 $\dfrac{\mathrm{d}z}{\mathrm{d}x}$.

解 因为 $\qquad \dfrac{\partial z}{\partial u}=\mathrm{e}^{u-v^2},\qquad \dfrac{\partial z}{\partial v}=-2v\mathrm{e}^{u-v^2},$

$$\frac{\mathrm{d}u}{\mathrm{d}x}=\frac{1}{x},\qquad \frac{\mathrm{d}v}{\mathrm{d}x}=\cos x.$$

所以

$$\frac{\mathrm{d}z}{\mathrm{d}x}=\frac{\partial z}{\partial u}\frac{\mathrm{d}u}{\mathrm{d}x}+\frac{\partial z}{\partial v}\frac{\mathrm{d}v}{\mathrm{d}x}=\mathrm{e}^{\ln x-(\sin x)^2}\cdot\frac{1}{x}-2\sin x\mathrm{e}^{\ln x-(\sin x)^2}\cos x.$$

(2) 复合函数的中间变量均为多元函数的情形

本节前述定理 1 即为此种情形,下面将其扩展为三个中间变量的情形.

定理 3 设函数 $u=\varphi(x,y),v=\psi(x,y),w=\omega(x,y)$ 在点 (x,y) 处偏

导数存在，函数 $z=f(u, v, w)$ 在对应点 (u, v, w) 具有连续偏导数，则复合函数 $z=f[\varphi(x, y), \psi(x, y), \omega(x, y)]$ 在点 (x, y) 处偏导数存在，且

$$\frac{\partial z}{\partial x}=\frac{\partial z}{\partial u}\cdot\frac{\partial u}{\partial x}+\frac{\partial z}{\partial v}\cdot\frac{\partial v}{\partial x}+\frac{\partial z}{\partial w}\cdot\frac{\partial w}{\partial x}, \tag{5}$$

$$\frac{\partial z}{\partial y}=\frac{\partial z}{\partial u}\cdot\frac{\partial u}{\partial y}+\frac{\partial z}{\partial v}\cdot\frac{\partial v}{\partial y}+\frac{\partial z}{\partial w}\cdot\frac{\partial w}{\partial y}. \tag{6}$$

式(5)和式(6)对应的复合函数的结构如图 7-15 所示.

图 7-15

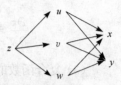

在情形 2 中，还会遇到这样的情形：中间变量只有一个，而中间变量是多元函数. 对此，只要应用复合函数的链式法则，则有如下的定理.

定理 4　设函数 $u=\varphi(x, y)$ 在点 (x, y) 处偏导数存在，函数 $z=f(u)$ 具有连续偏导数，则复合函数 $z=f[\varphi(x, y)]$ 在点 (x, y) 处偏导数存在，且

$$\frac{\partial z}{\partial x}=\frac{\mathrm{d}z}{\mathrm{d}u}\cdot\frac{\partial u}{\partial x}=f'(u)\cdot\frac{\partial u}{\partial x}, \tag{7}$$

$$\frac{\partial z}{\partial y}=\frac{\mathrm{d}z}{\mathrm{d}u}\cdot\frac{\partial u}{\partial y}=f'(u)\cdot\frac{\partial u}{\partial y}. \tag{8}$$

式(7)和式(8)对应的复合函数的结构如图 7-16 所示.

图 7-16

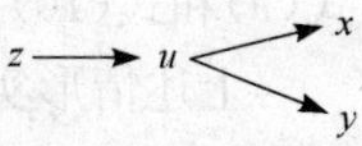

例 5　设 $z=u^2+v^2+w^2$，而 $u=x+y, v=xy, w=x-y$，求 $\frac{\partial z}{\partial x}$ 和 $\frac{\partial z}{\partial y}$.

解　因为 $\frac{\partial z}{\partial u}=2u, \frac{\partial z}{\partial v}=2v, \frac{\partial z}{\partial w}=2w,$

$$\frac{\partial u}{\partial x}=1,\quad \frac{\partial v}{\partial x}=y,\quad \frac{\partial w}{\partial x}=1,\quad \frac{\partial u}{\partial y}=1,\quad \frac{\partial v}{\partial y}=x,\quad \frac{\partial w}{\partial y}=-1.$$

所以

$$\begin{aligned}\frac{\partial z}{\partial x}&=\frac{\partial z}{\partial u}\cdot\frac{\partial u}{\partial x}+\frac{\partial z}{\partial v}\cdot\frac{\partial v}{\partial x}+\frac{\partial z}{\partial w}\cdot\frac{\partial w}{\partial x}\\&=2u\cdot 1+2v\cdot y+2w\cdot 1=2x(y^2+2),\\\frac{\partial z}{\partial y}&=\frac{\partial z}{\partial u}\cdot\frac{\partial u}{\partial y}+\frac{\partial z}{\partial v}\cdot\frac{\partial v}{\partial y}+\frac{\partial z}{\partial w}\cdot\frac{\partial w}{\partial y}\\&=2u\cdot 1+2v\cdot x+2w\cdot(-1)=2y(x^2+2).\end{aligned}$$

例 6 设 $z = f\left(\dfrac{x}{y}\right)$，其中 f 可微，求 $\dfrac{\partial z}{\partial x}$ 和 $\dfrac{\partial z}{\partial y}$.

解 令 $u = \dfrac{x}{y}$，则 $z = f\left(\dfrac{x}{y}\right)$ 为 $z = f(u)$ 与 $u = \dfrac{x}{y}$ 复合而成的复合函数，由式(7)与式(8)得

$$\frac{\partial z}{\partial x} = f'(u) \cdot \frac{\partial u}{\partial x} = f'(u) \cdot \frac{1}{y} = \frac{1}{y} f'(u),$$

$$\frac{\partial z}{\partial y} = f'(u) \cdot \frac{\partial u}{\partial y} = f'(u) \cdot \left(-\frac{x}{y^2}\right) = -\frac{x}{y^2} f'(u).$$

(3) 复合函数的中间变量既有一元函数，又有多元函数的情形

定理 5 设函数 $u = \varphi(x, y)$ 在点 (x, y) 处偏导数存在，$v = \psi(y)$ 在点 y 可导，函数 $z = f(u, v)$ 在对应点 (u, v) 具有连续偏导数，则复合函数 $z = f[\varphi(x, y), \psi(y)]$ 在点 (x, y) 处偏导数存在，且

$$\frac{\partial z}{\partial x} = \frac{\partial z}{\partial u} \cdot \frac{\partial u}{\partial x}, \tag{9}$$

$$\frac{\partial z}{\partial y} = \frac{\partial z}{\partial u} \cdot \frac{\partial u}{\partial y} + \frac{\partial z}{\partial v} \cdot \frac{\mathrm{d}v}{\mathrm{d}y}. \tag{10}$$

式(9)和式(10)对应的复合函数的结构如图 7-17 所示.

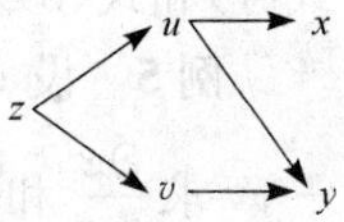

上述情形实际上也是链式法则的一种特殊情形. 注意到 v 与 x 无关，从而 $\dfrac{\partial v}{\partial x} = 0$；在 v 对 y 求导时，由于 v 是 y 的一元函数，故 $\dfrac{\partial v}{\partial y}$ 换成了 $\dfrac{\mathrm{d}v}{\mathrm{d}y}$ 这样就能从式(1)和式(2)分别得到式(9)和式(10).

图 7-17

例 7 设 $z = f(u, v) = 2u + v$，而 $u = x^2 - y^2$，$v = y$，证明：$y\dfrac{\partial z}{\partial x} + x\dfrac{\partial z}{\partial y} = x$.

证明 因为 $\dfrac{\partial z}{\partial u} = 2, \dfrac{\partial z}{\partial v} = \dfrac{\partial z}{\partial y} = 1, \dfrac{\partial u}{\partial x} = 2x, \dfrac{\partial u}{\partial y} = -2y, \dfrac{\mathrm{d}v}{\mathrm{d}y} = \dfrac{\mathrm{d}y}{\mathrm{d}y} = 1.$

所以

$$\frac{\partial z}{\partial x} = \frac{\partial z}{\partial u} \cdot \frac{\partial u}{\partial x} = 2 \cdot 2x = 4x,$$

$$\frac{\partial z}{\partial y} = \frac{\partial z}{\partial u} \cdot \frac{\partial u}{\partial y} + \frac{\partial z}{\partial v} \cdot \frac{dv}{dy} = \frac{\partial z}{\partial u} \cdot \frac{\partial u}{\partial y} + \frac{\partial z}{\partial y} \cdot \frac{dy}{dy}$$

$$= 2 \cdot (-2y) + 1 \cdot 1 = 1 - 4y.$$

从而

$$y \frac{\partial z}{\partial x} + x \frac{\partial z}{\partial y} = y \cdot 4x + x \cdot (1 - 4y) = x, \quad 即证等式成立.$$

在情形 3 中,还会遇到这样的情形:复合函数的某些中间变量本身又是复合函数的自变量. 例如,设 $z = f(u, x, y)$ 具有连续偏导数,而 $u = \phi(x, y)$ 具有偏导数,则复合函数 $z = f[\phi(x, y), x, y]$,

可看作情形 2 中当 $v = x$, $w = y$ 的特殊情形,因此

$$\frac{\partial v}{\partial x} = 1, \quad \frac{\partial w}{\partial x} = 0.$$

$$\frac{\partial v}{\partial y} = 0, \quad \frac{\partial w}{\partial y} = 1,$$

从而复合函数 $z = f[\phi(x, y), x, y]$,具有对自变量 x 及 y 的偏导数,且由式 (5) 及式 (6) 得

$$\frac{\partial z}{\partial x} = \frac{\partial f}{\partial u} \frac{\partial u}{\partial x} + \frac{\partial f}{\partial x},$$

$$\frac{\partial z}{\partial y} = \frac{\partial f}{\partial u} \frac{\partial u}{\partial y} + \frac{\partial f}{\partial y}.$$

注意 (1) 这里 $\frac{\partial z}{\partial x}$ 与 $\frac{\partial f}{\partial x}$ 是不同的,$\frac{\partial z}{\partial x}$ 是把复合函数 $z = f(u, x, y)$ 中的 y 看作不变而对 x 的偏导数,$\frac{\partial f}{\partial x}$ 是把 $f(u, x, y)$ 中的 u 及 y 看作不变而对 x 的偏导数. $\frac{\partial z}{\partial y}$ 与 $\frac{\partial f}{\partial y}$ 也有类似的区别.

(2) 为表达简便起见,引入以下记号:

$$f_1' = \frac{\partial f(u, v)}{\partial u}, \quad f_{12}'' = \frac{\partial^2 f(u, v)}{\partial u \partial v}.$$

这里下标 1 表示对第一个中间变量 u 求偏导数,下标 2 表示对第二个中间变量 v 求偏导数,同理有 f_2', f_{11}'', f_{22}'', 等等.

例 8 设函数 $z = f(u, y)$ 关于 u, y 的偏导数连续,$u = x^2 + 3y^2$,求 $\frac{\partial z}{\partial x}$ 和

$\dfrac{\partial z}{\partial y}$.

解 在这个复合函数中，y 既是中间变量又是自变量，在上述记号下，

f_1'——表示复合函数 $f(u, y)$ 对第一个中间变量 u 求偏导；

f_2'——表示复合函数 $f(u, y)$ 对第二个中间变量 y 求偏导，

则由复合函数结构图及链式法则有

$$\frac{\partial z}{\partial x} = f_1' \cdot \frac{\partial u}{\partial x} = 2x f_1',$$

$$\frac{\partial z}{\partial y} = f_1' \cdot \frac{\partial u}{\partial y} + f_2' \cdot \frac{\mathrm{d}y}{\mathrm{d}y} = 6y f_1' + f_2'.$$

复合函数高阶偏导数的计算，只要重复运用前面的运算法则即可. 下面举例说明.

例 9 设 $z = f(x^2 y, xy^2)$，f 具有二阶连续偏导数，求 $\dfrac{\partial z}{\partial x}$ 及 $\dfrac{\partial^2 z}{\partial x^2}$.

解 令 $u = x^2 y$，$v = xy^2$，则 $z = f(u, v)$.

因所给函数由 $z = f(u, v)$ 及 $u = x^2 y$，$v = xy^2$ 复合而成，根据复合函数求导法则，有

$$\frac{\partial z}{\partial x} = \frac{\partial f}{\partial u} \cdot \frac{\partial u}{\partial x} + \frac{\partial f}{\partial v} \cdot \frac{\partial v}{\partial x} = f_1' \cdot 2xy + f_2' \cdot y^2 = 2xy f_1' + y^2 f_2',$$

$$\frac{\partial^2 z}{\partial x^2} = \frac{\partial}{\partial x}(2xy f_1' + y^2 f_2') = 2y f_1' + 2xy \frac{\partial f_1'}{\partial x} + y^2 \frac{\partial f_2'}{\partial x}.$$

求 $\dfrac{\partial f_1'}{\partial x}$ 及 $\dfrac{\partial f_2'}{\partial x}$ 时，应注意 f_1' 及 f_2' 仍是以 u，v 为中间变量的复合函数，根据复合函数链式法则，有

$$\frac{\partial f_1'}{\partial x} = \frac{\partial f_1'}{\partial u} \frac{\partial u}{\partial x} + \frac{\partial f_1'}{\partial v} \frac{\partial v}{\partial x} = f_{11}'' \cdot 2xy + f_{12}'' \cdot y^2 = 2xy f_{11}'' + y^2 f_{12}'',$$

$$\frac{\partial f_2'}{\partial x} = \frac{\partial f_2'}{\partial u} \frac{\partial u}{\partial x} + \frac{\partial f_2'}{\partial v} \frac{\partial v}{\partial x} = f_{21}'' \cdot 2xy + f_{22}'' \cdot y^2 = 2xy f_{21}'' + y^2 f_{22}''.$$

于是

$$\begin{aligned}
\frac{\partial^2 z}{\partial x^2} &= 2y f_1' + 2xy \frac{\partial f_1'}{\partial x} + y^2 \frac{\partial f_2'}{\partial x} \\
&= 2y f_1' + 2xy \cdot (2xy f_{11}'' + y^2 f_{12}'') + y^2 \cdot (2xy f_{21}'' + y^2 f_{22}'') \\
&= 2y f_1' + 4x^2 y^2 f_{11}'' + 2xy^3 f_{12}'' + 2xy^3 f_{21}'' + y^4 f_{22}''.
\end{aligned}$$

又 f 具有二阶连续偏导数,故 $f''_{12} = f''_{21}$,于是

$$\frac{\partial^2 z}{\partial x^2} = 2\, y\, f'_1 + 4x^2 y^2\, f''_{11} + 4xy^3\, f''_{12} + y^4\, f''_{22}.$$

二、全微分形式不变性

一元函数的微分的一个重要性质是一阶微分形式不变性,也就是,设 $y = f(u)$,不论 u 是自变量还是中间变量都有 $\mathrm{d}y = f'(u)\mathrm{d}u$. 对于多元函数也有类似的性质.

设函数 $z = f(u, v)$ 具有连续偏导数,则有全微分

$$\mathrm{d}z = \frac{\partial z}{\partial u}\,\mathrm{d}u + \frac{\partial z}{\partial v}\,\mathrm{d}v. \tag{9}$$

如果 u,v 又是中间变量,即 $u = \varphi(x, y)$,$v = \psi(x, y)$,且这两个函数也具有连续偏导数,则复合函数

$$z = f[\phi(x, y), \psi(x, y)]$$

的全微分为

$$\mathrm{d}z = \frac{\partial z}{\partial x}\,\mathrm{d}x + \frac{\partial z}{\partial y}\,\mathrm{d}y.$$

其中 $\dfrac{\partial z}{\partial x}$ 及 $\dfrac{\partial z}{\partial y}$ 分别由公式(1)和公式(2)给出,将公式(1)及公式(2)中的 $\dfrac{\partial z}{\partial x}$ 及 $\dfrac{\partial z}{\partial y}$ 代入上式,得

$$\begin{aligned}
\mathrm{d}z &= \left(\frac{\partial z}{\partial u}\frac{\partial u}{\partial x} + \frac{\partial z}{\partial v}\frac{\partial v}{\partial x}\right)\mathrm{d}x + \left(\frac{\partial z}{\partial u}\frac{\partial u}{\partial y} + \frac{\partial z}{\partial v}\frac{\partial v}{\partial y}\right)\mathrm{d}y \\
&= \frac{\partial z}{\partial u}\left(\frac{\partial u}{\partial x}\mathrm{d}x + \frac{\partial u}{\partial y}\mathrm{d}y\right) + \frac{\partial z}{\partial v}\left(\frac{\partial v}{\partial x}\mathrm{d}x + \frac{\partial v}{\partial y}\mathrm{d}y\right) \\
&= \frac{\partial z}{\partial u}\,\mathrm{d}u + \frac{\partial z}{\partial v}\,\mathrm{d}v.
\end{aligned}$$

由此可见,无论 u,v 是自变量还是中间变量,函数 $z = f(u, v)$ 的全微分形式是一样的. 这个性质叫做**全微分形式不变性**.

例 10　求 $z = \ln(x^2 + y^2)$ 的全微分和偏导数.

解　令 $u = x^2 + y^2$,则 $z = \ln u$,将 u 视为自变量,可得

$$dz = d\ln u = \frac{1}{u}du = \frac{1}{x^2+y^2}d(x^2+y^2)$$

$$= \frac{1}{x^2+y^2}(2x\,dx + 2y\,dy)$$

$$= \frac{2x}{(x^2+y^2)}dx + \frac{2y}{(x^2+y^2)}dy.$$

将 u 视为中间变量,则有

$$dz = \frac{\partial z}{\partial x}dx + \frac{\partial z}{\partial y}dy,$$

由全微分形式不变性,可知

$$\frac{\partial z}{\partial x}dx + \frac{\partial z}{\partial y}dy = \frac{2x}{(x^2+y^2)}dx + \frac{2y}{(x^2+y^2)}dy,$$

比较等式左右两边系数,可得

$$\frac{\partial z}{\partial x} = \frac{2x}{x^2+y^2}, \quad \frac{\partial z}{\partial y} = \frac{2y}{x^2+y^2}.$$

习题 7-5

1. 设 $z = u^2 v - uw^2$,而 $u = x\cos y$, $v = x\sin y$,求 $\dfrac{\partial z}{\partial x}$ 和 $\dfrac{\partial z}{\partial y}$.

2. 设 $z = (1 + x^2 + y^2)^{xy}$,求 $\dfrac{\partial z}{\partial x}$ 和 $\dfrac{\partial z}{\partial y}$.

3. 设 $y = u^v$,而 $u = \cos x$, $v = \sin^2 x$,求 $\dfrac{dy}{dx}$.

4. 设 $z = \arcsin(x - y)$,而 $x = 3t$, $y = 4t^3$,求 $\dfrac{dz}{dt}$.

5. 设 $z = \arctan(xy)$,而 $y = e^x$,求 $\dfrac{dz}{dx}$.

6. 求下列函数的一阶偏导数(其中 f 具有一阶连续偏导数).

(1) $z = f(x^2 y, x - \cos y)$;

(2) $z = f\left(x, \dfrac{y}{x}\right)$;

(3) $z = e^{xy} + f(x^2 - \ln y)$;

(4) $u = f(xy, x^2 + y^2, xyz)$.

7. 设 $z = f\left(x, \dfrac{x}{y}\right)$, f 具有二阶连续偏导数,求 $\dfrac{\partial^2 z}{\partial x^2}$, $\dfrac{\partial^2 z}{\partial x \partial y}$, $\dfrac{\partial^2 z}{\partial y^2}$.

8. 设 $z = \varphi(x^2 + y^2)$，验证：$y \dfrac{\partial z}{\partial x} - x \dfrac{\partial z}{\partial y} = 0$.

9. 设 $z = \dfrac{y^2}{3x} + \varphi(xy)$，验证：$x^2 \dfrac{\partial z}{\partial x} - xy \dfrac{\partial z}{\partial y} + y^2 = 0$.

§7.6　隐函数的求导公式

一、一元隐函数的求导

一元函数微分学中已经提出了隐函数的概念，并且指出了不经过显化方程 $F(x, y) = 0$ 求它所确定的隐函数的方法. 现在介绍隐函数存在定理，并根据多元复合函数的求导法来导出隐函数的导数公式.

隐函数存在定理 1　设函数 $F(x, y)$ 在点 $P(x_0, y_0)$ 的某一邻域内具有连续偏导数，且 $F(x_0, y_0) = 0$，$F_y(x_0, y_0) \neq 0$，则方程 $F(x, y) = 0$ 在点 (x_0, y_0) 的某一邻域内恒能唯一确定一个连续且具有连续导数的函数 $y = f(x)$，它满足条件 $y_0 = f(x_0)$，并有

$$\frac{\mathrm{d}y}{\mathrm{d}x} = -\frac{F_x}{F_y}. \tag{1}$$

公式(1)就是由方程 $F(x, y) = 0$ 所确定的**一元隐函数 $y = f(x)$ 的求导公式**.

这个定理我们不证. 现仅就公式(1)作如下推导.

设方程

$$F(x, y) = 0 \tag{2}$$

确定了一个可导的隐函数 $y = f(x)$，函数 $F(x, y)$ 在点 (x, y) 的某个邻域内具有连续偏导函数 F_x 及 F_y，且 $F_y(x, y) \neq 0$. 将 $y = f(x)$ 代入式(2)，得

$$F(x, f(x)) \equiv 0.$$

将上式左端看作 x 的一个复合函数，求其全导数，由于恒等式两端求导后仍然恒等，即得

$$\frac{\partial F}{\partial x} + \frac{\partial F}{\partial y} \frac{\mathrm{d}y}{\mathrm{d}x} = 0,$$

因为 F_y 连续且 $F_y(x_0, y_0) \neq 0$，所以存在点 (x_0, y_0) 的一个邻域，在这个邻域内

$F_y \neq 0$，于是得

$$\frac{\mathrm{d}y}{\mathrm{d}x} = -\frac{F_x}{F_y}.$$

如果 $F(x, y)$ 的二阶偏导数也都连续，可以把等式(1)的两端看作 x 的复合函数而再一次求导，即得

$$\frac{\mathrm{d}^2 y}{\mathrm{d}x^2} = \frac{\partial}{\partial x}\left(-\frac{F_x}{F_y}\right) + \frac{\partial}{\partial y}\left(-\frac{F_x}{F_y}\right)\frac{\mathrm{d}y}{\mathrm{d}x}$$

$$= -\frac{F_{xx}F_y - F_{yx}F_x}{F_y^2} - \frac{F_{xy}F_y - F_{yy}F_x}{F_y^2}\left(-\frac{F_x}{F_y}\right)$$

$$= -\frac{F_{xx}F_y^2 - 2F_{xy}F_xF_y + F_{yy}F_x^2}{F_y^3}.$$

例 1 求由方程 $(x^2 + y^2)^3 - 3(x^2 + y^2) + 1 = 0$ 所确定的隐函数 $y = f(x)$ 的一阶导数 $\dfrac{\mathrm{d}y}{\mathrm{d}x}$ 和二阶导数 $\dfrac{\mathrm{d}^2 y}{\mathrm{d}x^2}$.

解 令 $F(x, y) = (x^2 + y^2)^3 - 3(x^2 + y^2) + 1$，

则　　　　$F_x = 3(x^2 + y^2)^2 \cdot 2x - 3 \cdot 2x = 6x[(x^2 + y^2)^2 - 1]$，

　　　　　$F_y = 3(x^2 + y^2)^2 \cdot 2y - 3 \cdot 2y = 6y[(x^2 + y^2)^2 - 1]$.

由公式(2)，得　　　　$\dfrac{\mathrm{d}y}{\mathrm{d}x} = -\dfrac{F_x}{F_y} = -\dfrac{x}{y}$，

再次对 x 求导，应注意 y 是 x 的函数，得

$$\frac{\mathrm{d}^2 y}{\mathrm{d}x^2} = \frac{\mathrm{d}}{\mathrm{d}x}\left(-\frac{x}{y}\right) = -\frac{y - xy'}{y^2} = -\frac{y - x\left(-\dfrac{x}{y}\right)}{y^2} = -\frac{y^2 + x^2}{y^3}.$$

上面研究的是由一个方程所确定的一元隐函数导数的求解方法. 有时还会遇到由一个方程组所确定的多个一元隐函数，下面举例简要说明其导数的求解方法.

例 2 设 $\begin{cases} xyz = a^2, \\ x^2 + y^2 - 2az = 0, \end{cases}$ 　求 $\dfrac{\mathrm{d}y}{\mathrm{d}x}, \dfrac{\mathrm{d}z}{\mathrm{d}x}$.

解 由题目要求可知，y, z 分别是 x 的一元函数.

所以，方程组两边对 x 求导数得

$$\begin{cases} yz + xz \dfrac{\mathrm{d}y}{\mathrm{d}x} + xy \dfrac{\mathrm{d}z}{\mathrm{d}x} = 0, \\[3mm] 2x + 2y \dfrac{\mathrm{d}y}{\mathrm{d}x} - 2a \dfrac{\mathrm{d}z}{\mathrm{d}x} = 0, \end{cases}$$

解得

$$\frac{\mathrm{d}y}{\mathrm{d}x} = -\frac{y(az + x^2)}{x(az + y^2)},$$

$$\frac{\mathrm{d}z}{\mathrm{d}x} = -\frac{z(x^2 - y^2)}{x(az + y^2)} \quad (x(az + y^2) \neq 0).$$

二、二元隐函数的求偏导

类似一元隐函数存在定理 1，如果三元方程

$$F(x, y, z) = 0 \tag{3}$$

能满足下面的定理，则它就能确定一个连续且具有连续偏导数的二元隐函数 $z = f(x, y)$.

隐函数存在定理 2　设函数 $F(x, y, z)$ 在点 $P(x_0, y_0, z_0)$ 的某一邻域内具有连续偏导数，且 $F(x_0, y_0, z_0) = 0$，$F_z(x_0, y_0, z_0) \neq 0$，则方程 $F(x, y, z) = 0$ 在点 (x_0, y_0, z_0) 的某一邻域内恒能唯一确定一个连续且具有连续偏导数的函数 $z = f(x, y)$，它满足条件 $z_0 = f(x_0, y_0)$，并有

$$\frac{\partial z}{\partial x} = -\frac{F_x}{F_z}, \quad \frac{\partial z}{\partial y} = -\frac{F_y}{F_z}. \tag{4}$$

这个定理我们不证. 与定理 1 类似，仅就公式(4)作如下推导：

由于

$$F(x, y, f(x, y)) \equiv 0,$$

将上式两端分别对 x 和 y 求偏导，应用复合函数的链式法则，得

$$\frac{\partial F}{\partial x} = F_x + F_z \cdot \frac{\partial z}{\partial x} = 0,$$

$$\frac{\partial F}{\partial y} = F_y + F_z \cdot \frac{\partial z}{\partial y} = 0,$$

即

$$F_x + F_z \cdot \frac{\partial z}{\partial x} = 0, \quad F_y + F_z \cdot \frac{\partial z}{\partial y} = 0.$$

因为 F_z 连续，且 $F_z(x_0, y_0, z_0) \neq 0$，所以存在点 (x_0, y_0, z_0) 的一个邻域，在这个邻域内 $F_z \neq 0$，于是得

$$\frac{\partial z}{\partial x} = -\frac{F_x}{F_z}, \quad \frac{\partial z}{\partial y} = -\frac{F_y}{F_z}.$$

公式 (4) 就是由方程 $F(x, y, z) = 0$ 确定的**二元隐函数** $z = f(x, y)$ **的求偏导数公式**.

例 3　设 $z^3 - 3xyz = a^3$（a 为常数），求 $\dfrac{\partial z}{\partial x}, \dfrac{\partial z}{\partial y}$ 及 $\dfrac{\partial^2 z}{\partial x \partial y}$.

解　令 $F(x, y, z) = z^3 - 3xyz - a^3$，则

$$F_x = -3yz, \quad F_y = -3xz, \quad F_z = 3z^2 - 3xy.$$

由公式 (4)，得

$$\frac{\partial z}{\partial x} = -\frac{F_x}{F_z} = \frac{yz}{z^2 - xy},$$

$$\frac{\partial z}{\partial y} = -\frac{F_y}{F_z} = \frac{xz}{z^2 - xy}.$$

所以

$$\frac{\partial^2 z}{\partial x \partial y} = \frac{\partial}{\partial y}\left(\frac{\partial z}{\partial x}\right) = \frac{\partial}{\partial y}\left(\frac{yz}{z^2 - xy}\right) = \frac{\left(z + y\dfrac{\partial z}{\partial y}\right) \cdot (z^2 - xy) - yz\left(2z\dfrac{\partial z}{\partial y} - x\right)}{(z^2 - xy)^2},$$

代入 $\dfrac{\partial z}{\partial y} = \dfrac{xz}{z^2 - xy}$，得

$$\frac{\partial^2 z}{\partial x \partial y} = \frac{z(z^4 - 2xyz^2 - x^2 y^2)}{(z^2 - xy)^3}.$$

下面举例简单说明由方程组确定的二元隐函数的偏导数的求解.

例 4　设 $u^2 + v^2 \neq 0$，x, y 是自变量，函数 $u(x, y)$，$v(x, y)$ 由方程组
$$\begin{cases} x^2 + y^2 - uv = 0, \\ xy - u^2 + v^2 = 0 \end{cases}$$ 确定，求 $\dfrac{\partial u}{\partial x}, \dfrac{\partial v}{\partial x}$.

解　将所给两个方程两边对 x 求偏导数得

$$\begin{cases} 2x + (-u_x v - uv_x) = 0, \\ y - 2uu_x + 2vv_x = 0, \end{cases}$$

解得

$$u_x = \frac{4xv + uy}{2(u^2 + v^2)}, \quad v_x = \frac{4xu - yv}{2(u^2 + v^2)}.$$

习题 7-6

1. 求下列方程或方程组所确定的一元隐函数的导数.

(1) $\sin y + e^x - xy^2 = 0$, 求 $\dfrac{dy}{dx}$;

(2) $xy - \ln y = 2$, 求 $\dfrac{dy}{dx}$;

(3) $\ln \sqrt{x^2 + y^2} - \arctan \dfrac{y}{x} = 0$, 求 $\dfrac{dy}{dx}$;

(4) $\begin{cases} x + y + z = 0, \\ x^2 + y^2 + z^2 = 1, \end{cases}$ 求 $\dfrac{dx}{dz}, \dfrac{dy}{dz}$.

2. 求下列方程或方程组所确定的二元隐函数的偏导数.

(1) $z^2 y - x^2 z^3 - 1 = 0$, 求 $\dfrac{\partial z}{\partial x}, \dfrac{\partial z}{\partial y}$;   (2) $x + y^2 - e^z = z$, 求 $\dfrac{\partial z}{\partial x}, \dfrac{\partial z}{\partial y}$;

(3) $\dfrac{x}{z} = \ln \dfrac{z}{y}$, 求 $\dfrac{\partial z}{\partial x}, \dfrac{\partial z}{\partial y}$;   (4) $\begin{cases} xu - yv = 0, \\ yu + xv = 1, \end{cases}$ 求 $\dfrac{\partial u}{\partial x}, \dfrac{\partial v}{\partial x}$.

3. 设 $2\sin(x + 2y - 3z) = x + 2y - 3z$, 证明: $\dfrac{\partial z}{\partial x} + \dfrac{\partial z}{\partial y} = 1$.

4. 设 $x^2 + y^2 + z^2 = 4z$, 求 $\dfrac{\partial^2 z}{\partial x^2}$.

5. 设 $x = x(y, z), y = y(x, z), z = z(x, y)$ 都是由方程 $F(x, y, z) = 0$ 所确定的具有连续偏导数的函数,证明:

$$\frac{\partial x}{\partial y} \cdot \frac{\partial y}{\partial z} \cdot \frac{\partial z}{\partial x} = -1.$$

§7.7 多元函数的极值及其求法

一、多元函数的极值及最大值、最小值

在实际问题中,往往会遇到多元函数的最大值、最小值问题. 与一元函数类似,多元函数的最大值、最小值与极大值、极小值有密切的关系,因此,以二元函数为例,先来讨论多元函数的极值问题.

定义 设函数 $z = f(x, y)$ 的定义域为 D，$P_0(x_0, y_0)$ 为 D 的内点. 如果存在 $P_0(x_0, y_0)$ 的某个领域，使得对于该邻域内异于 $P_0(x_0, y_0)$ 的任一点 (x, y)，都有

$$f(x, y) < f(x_0, y_0) \quad (\text{或 } f(x, y) > f(x_0, y_0))$$

成立，则称函数 $f(x, y)$ 在点 (x_0, y_0) 必有**极大值**（或**极小值**）$f(x_0, y_0)$，点 (x_0, y_0) 称为函数 $f(x, y)$ 的**极大值点**（或**极小值点**）. 函数的极大值与极小值统称为**极值**，极大值点与极小值点统称为**极值点**.

例如，函数 $z = \sqrt{4 - x^2 - y^2}$ 在原点 $(0, 0)$ 处取得极大值 2，因为对于点 $(0, 0)$ 的邻域内异于 $(0, 0)$ 的任何点 (x, y)，其函数值都小于 2. 事实上，点 $(0, 0, 2)$ 是上半球面 $z = \sqrt{4 - x^2 - y^2}$ 的顶点.

对于可导一元函数的极值，可以用一阶、二阶导数来确定. 对于偏导数存在的二元函数的极值，也可以用偏导数来确定. 下面两个定理是关于二元函数极值问题的结论.

定理 1（极值存在的必要条件） 设函数 $z = f(x, y)$ 在点 (x_0, y_0) 的两个偏导数都存在，且在该点处取得极值，则必有

$$f_x(x_0, y_0) = 0, \quad f_y(x_0, y_0) = 0.$$

证明 由于函数 $f(x, y)$ 在点 (x_0, y_0) 处取得极值，若将变量 y 固定在 y_0，则一元函数 $z = f(x, y_0)$ 在点 x_0 处也必取得极值，根据一元可微函数极值存在的必要条件，得

$$f_x(x_0, y_0) = 0.$$

同理

$$f_y(x_0, y_0) = 0.$$

使 $f_x(x, y) = 0$ 与 $f_y(x, y) = 0$ 同时成立的点 (x, y) 称为函数 $f(x, y)$ 的**驻点**.

由以上定理知，对于偏导数存在的函数，它的极值点一定是驻点. 但是驻点却未必是极值点. 如函数 $z = xy$，在点 $(0, 0)$ 处的两个偏导数同时为零，即 $z_x(0, 0) = 0$，$z_y(0, 0) = 0$，但是容易看出驻点 $(0, 0)$ 不是函数的极值点. 因为在点 $(0, 0)$ 的任何一个邻域内，总有些点的函数值比零大，而另一些点的函数值比零小，所以驻点 $(0, 0)$ 不是函数 $z = xy$ 的极值点. 那么，在什么条件下，驻点是极值点呢？

定理 2（极值存在的充分条件） 设函数 $z = f(x, y)$ 在点 (x_0, y_0) 的某个邻域内有连续的一阶及二阶偏导数，且 (x_0, y_0) 是函数的驻点，即 $f_x(x_0, y_0) = 0$，

$f_y(x_0, y_0) = 0$. 记 $A = f_{xx}(x_0, y_0)$，$B = f_{xy}(x_0, y_0)$，$C = f_{yy}(x_0, y_0)$.

则 $z = f(x, y)$ 在点 (x_0, y_0) 处是否取得极值的条件如下：

(1) 当 $B^2 - AC < 0$ 时，函数在 (x_0, y_0) 处取得极值 $f(x_0, y_0)$，且当 $A < 0$，$f(x_0, y_0)$ 是极大值，当 $A > 0$，$f(x_0, y_0)$ 是极小值；

(2) 当 $B^2 - AC > 0$ 时，函数在 (x_0, y_0) 处没有极值；

(3) 当 $B^2 - AC = 0$ 时，函数在 (x_0, y_0) 处可能有极值，也可能没有极值，需另作讨论.（证明略.）

综合定理 1 和定理 2，把具有二阶连续偏导数的函数 $z = f(x, y)$ 的极值求法概括如下：

(1) 求方程组 $\begin{cases} f_x(x, y) = 0, \\ f_y(x, y) = 0 \end{cases}$ 的一切实数解，得所有驻点；

(2) 求出二阶偏导数 $f_{xx}(x, y)$，$f_{xy}(x, y)$，$f_{yy}(x, y)$，并对每一驻点分别求出二阶偏导数的值 A，B，C；

(3) 对每一驻点 (x_0, y_0)，判断 $B^2 - AC$ 的符号，当 $B^2 - AC \neq 0$ 时，可按定理 2 的结论判定 $f(x_0, y_0)$ 是否为极值，是极大值还是极小值，当 $B^2 - AC = 0$ 时，此法失效；

(4) 计算存在的极值.

例 1　求函数 $f(x, y) = x^3 + 8y^3 - 6xy + 5$ 的极值.

解　求方程组 $\begin{cases} f_x(x, y) = 3x^2 - 6y = 0, \\ f_y(x, y) = 24y^2 - 6x = 0 \end{cases}$ 的一切实数解，求得驻点为 $(0, 0)$ 及 $\left(1, \dfrac{1}{2}\right)$.

求函数 $f(x, y)$ 的二阶偏导数：$f_{xx}(x, y) = 6x$，$f_{xy}(x, y) = -6$，$f_{yy}(x, y) = 48y$.

在点 $(0, 0)$ 处，有 $A = 0$，$B = -6$，$C = 0$，$B^2 - AC = 36 > 0$，由极值的充分条件，知 $f(x, y)$ 在 $(0, 0)$ 处没有极值.

在点 $\left(1, \dfrac{1}{2}\right)$ 处，有 $A = 6$，$B = -6$，$C = 24$，$B^2 - AC = -108 < 0$，而 $A = 6 > 0$，由极值的充分条件知 $f\left(1, \dfrac{1}{2}\right) = 4$ 是函数的极小值.

求函数的最大值和最小值，是在实践中常常遇到的问题. 我们已经知道，在有界闭区域上连续的函数，在该区域上一定有最大值或最小值. 而取得最大值或最小值的点既可能是区域内部的点也可能是区域边界上的点. 对于有界闭区域上连续，在该区域内可微的函数，如果函数在区域内部取得最大值或最小值，则这个最大值或最小值必定是函数的极值. 由此可得到求函数最大值和最小值的一般方法: 先求出函数在有界闭区域内的所有驻点处的函数值及函数在该区域边界上的最大值和最小值, 然后比较这些函数值的大小, 其中最大者就是最大值, 最小者就是最小值.

在通常遇到的实际问题中, 根据问题的性质, 往往可以判定函数的最大值或最小值一定在区域内部取得. 此时, 如果函数在区域内有唯一的驻点, 那么就可以断定该驻点处的函数值, 就是函数在该区域上的最大值或最小值.

例 2 要做一个容积为 $8\ \mathrm{m}^3$ 的有盖长方体箱子, 问箱子各边的尺寸多大时, 所用材料最省?

解 设箱子长、宽、高分别为 x, y, z（单位：m）, 则高 $z = \dfrac{8}{xy}$. 箱子所用材料的表面积为

$$S = 2\left(xy + y \cdot \frac{8}{xy} + x \cdot \frac{8}{xy}\right) = 2\left(xy + \frac{8}{x} + \frac{8}{y}\right) \quad (x > 0,\ y > 0).$$

当面积 S 最小时, 所用材料最省. 为此求函数 $S(x, y)$ 的驻点,

$$\begin{cases} \dfrac{\partial S}{\partial x} = 2\left(y - \dfrac{8}{x^2}\right) = 0, \\ \dfrac{\partial S}{\partial y} = 2\left(x - \dfrac{8}{y^2}\right) = 0, \end{cases}$$

解这个方程组, 得唯一驻点 $(2, 2)$.

根据实际问题可以断定, S 一定存在最小值且在区域 $D = \{(x, y) \mid x > 0, y > 0\}$ 内取得. 而在区域 D 内只有唯一驻点 $(2, 2)$, 则该点就是其最小值点, 即当长 $x = 2\ \mathrm{m}$, 宽 $y = 2\ \mathrm{m}$, 高为 $z = \dfrac{8}{xy} = 2\ \mathrm{m}$ 时, 所用的材料最省.

从这个例子还可看出, 在体积一定的长方体中, 以立方体的表面积为最小.

例 3 设某工厂生产两种产品 A, B. D_1, D_2 分别为产品 A, B 的需求量, 而它们的需求函数为 $D_1 = 8 - P_1 + 2P_2$, $D_2 = 10 + 2P_1 - 5P_2$, 总成本函数为 $C = 3D_1 + 2D_2$, 其中 P_1, P_2 分别是产品 A, B 的价格（单位：万元）. 问价格 P_1, P_2 分别取何值时可使利润最大? 最大利润为多少?

解 总收益为 $R = P_1 D_1 + P_2 D_2 = P_1(8 - P_1 + 2P_2) + P_2(10 + 2P_1 - 5P_2)$,
总利润为 $L = R - C = (P_1 - 3)(8 - P_1 + 2P_2) + (P_2 - 2)(10 + 2P_1 - 5P_2)$,
利润 L 是价格 P_1, P_2 的二元函数. 解方程组

$$\begin{cases} \dfrac{\partial L}{\partial P_1} = 7 - 2P_1 + 4P_2 = 0, \\ \dfrac{\partial L}{\partial P_2} = 14 + 4P_1 - 10P_2 = 0, \end{cases}$$

得 $P_1 = \dfrac{63}{2}$，$P_2 = 14$，即得唯一驻点 $\left(\dfrac{63}{2}, 14\right)$.

由题意知最大利润存在，且驻点唯一，所以利润 L 在唯一驻点 $\left(\dfrac{63}{2}, 14\right)$ 处取得最大值，即当产品 A，B 价格分别为 $\dfrac{63}{2}$（万元）与 14（万元）时可获得最大利润，最大利润值为

$$L = R - C = \left(\dfrac{63}{2} - 3\right)\left(8 - \dfrac{63}{2} + 2 \times 14\right) + (14 - 2)\left(10 + 2 \times \dfrac{63}{2} - 5 \times 14\right)$$
$$= 164.25 \, (万元).$$

二、条件极值

前面讨论的函数极值问题，除了对自变量限制在其定义域内并没有其他的限制条件，所以也称为**无条件极值**. 但在有些实际问题中，常常会遇到对函数的自变量还有约束条件的极值问题. 例如例 2（有盖长方体箱问题），就是求函数

$$f(x, y, z) = 2(xy + yz + xz).$$

在定义域 $D = \{(x, y, z) | x > 0, y > 0, z > 0\}$ 中满足约束条件 $xyz = 8$ 的极值问题. 像这种对自变量有约束条件的极值问题称为**条件极值**.

有些条件极值可以化为无条件极值问题来处理. 例如例 2 中，从 $xyz = 8$ 解出 $z = \dfrac{8}{xy}$，代入 $f(x, y, z) = 2(xy + yz + xz)$ 中，于是问题转化为求 $S = 2\left(xy + y \cdot \dfrac{8}{xy} + x \cdot \dfrac{8}{xy}\right)$ 的无条件极值.

但是，在很多情形下，将条件极值转化为无条件极值往往是不可能的，或者很困难. 为此下面介绍直接求条件极值的方法，该方法称为**拉格郎日乘数法**.

拉格朗日乘数法 求函数 $u = f(x, y)$ 在约束条件 $\varphi(x, y) = 0$ 下的可能极值点，按以下方法进行：

（1）构造辅助函数 $F(x, y, \lambda) = f(x, y) + \lambda\varphi(x, y)$，称为**拉格朗日函数**，参数 λ 称为**拉格朗日乘子**.

（2）求 $F(x, y, \lambda)$ 对 x, y, λ 的偏导数，建立以下方程组：

$$
\begin{cases}
F_x(x, y, \lambda) = f_x(x, y) + \lambda \varphi_x(x, y) = 0, \\
F_y(x, y, \lambda) = f_y(x, y) + \lambda \varphi_y(x, y) = 0, \\
F_\lambda(x, y, \lambda) = \varphi(x, y) = 0.
\end{cases}
$$

解上面方程组求得 x, y 及 λ，则 (x, y) 就是可能的极值点.

（3）确定第（2）步求出的驻点是否是极值点，对于实际问题，通常可以根据问题本身的性质来确定.

这个方法的证明从略.

此外，拉格朗日乘数法，对于多于两个自变量的函数，或约束条件多于一个的情形也有类似的结果. 例如，求函数 $u = f(x, y, z)$，在条件 $\varphi(x, y, z) = 0$，$\psi(x, y, z) = 0$ 下的极值.

构造辅助函数

$$
F(x, y, z, \lambda_1, \lambda_2) = f(x, y, z) + \lambda_1 \varphi(x, y, z) + \lambda_2 \psi(x, y, z),
$$

求函数 $F(x, y, z, \lambda_1, \lambda_2)$ 的一阶偏导数，并令其为零，得联立方程组，求解方程组得出的点 (x, y, z) 就是可能的极值点.

例 4 求表面积为 $2a$，体积最大的长方体的体积.

解 设长方体的长、宽、高分别为 x, y, z，体积为 V. 依题意，有 $2xy + 2yz + 2xz = 2a$，即 $xy + yz + xz - a = 0$.

从而问题就是在约束条件 $\varphi(x, y, z) = xy + yz + xz - a = 0$ 下，求函数 $V = xyz$ （$x > 0, y > 0, z > 0$）的最大值.

作拉格朗日函数 $F(x, y, z, \lambda) = xyz + \lambda(xy + yz + xz - a)$，求其对 x, y, z, λ 的偏导数，并使之为零，得到

$$
\begin{cases}
F_x = yz + \lambda(y + z) = 0, \\
F_y = xz + \lambda(x + z) = 0, \\
F_z = xy + \lambda(x + y) = 0, \\
F_\lambda = xy + yz + xz - a = 0.
\end{cases}
$$

由上式可得

$$
\frac{yz}{y + z} = \frac{xz}{x + z} = \frac{xy}{x + y} = -\lambda, \quad xy + yz + xz = a,
$$

从而

$$
x = y = z, \quad 3x^2 = a.
$$

解得

$$x = y = z = \frac{\sqrt{3}}{3}\sqrt{a}.$$

这是唯一可能的极值点. 又由问题本身可知最大值一定存在, 所以该极值点为最大值点, 且最大值为

$$V = \left(\frac{\sqrt{3}}{3}\sqrt{a}\right)^3 = \frac{a}{9}\sqrt{3a}.$$

习题 7-7

1. 求函数 $f(x, y) = xy(2 - x - y)$ 的极值.

2. 求函数 $f(x, y) = e^{2x}(x + 2y + y^2)$ 的极值.

3. 求函数 $f(x, y) = x^3 + y^3 - 3x^2 - 3y^2$ 的极值.

4. 求函数 $z = xy$ 在约束条件 $x + y = 1$ 下的极大值.

5. 在 Oxy 面上求一点 $P(x, y)$, 使得它到三个点 $P_1(0, 0)$, $P_2(1, 0)$, $P_3(0, 1)$ 距离的平方和最小, 并求最小值.

6. 求内接于半径为 a 的球且有最大体积的长方体.

7. 求抛物线 $y = x^2$ 与直线 $x + y + 2 = 0$ 之间的最短距离.

8. 假设某企业在两个相互分割的市场上出售同一种产品, 两个市场的需求函数分别是

$$D_1 = 9 - \frac{1}{2}P_1, \quad D_2 = 12 - P_2.$$

式中, P_1, P_2 分别表示该产品在两个市场的价格 (单位: 万元/t), D_1, D_2 分别表示该产品在两个市场的销售量 (即需求量, 单位: t), 并且该企业生产这种产品的总成本函数是

$$C = 2Q + 5.$$

式中, Q 表示该产品在两个市场的销售总量, 即 $Q = D_1 + D_2$.

(1) 如果该企业实行价格差别策略, 试确定两个市场上该产品的销售量和价格, 使该企业获得最大利润;

(2) 如果该企业实行价格无差别策略, 试确定两个市场上该产品销售量及其统一的价格, 使该企业的总利润最大化, 并比较两种价格策略下的总利润大小.

§7.8　二　重　积　分

定积分有很多重要的应用, 如求平面图形的面积、旋转体的体积等问题. 由于定积分的被积函数是一元函数, 积分区间是直线上的区间, 这就限制了定积分在更

大范围内的应用. 而大量的实际应用问题涉及多元函数, 因此有必要研究多元函数的积分学. 将定积分中的被积函数推广成二元函数, 积分区间推广到平面区域, 相应的就有了二重积分. 本节将介绍二重积分的概念、性质及计算方法.

一、二重积分的概念与性质

和定积分一样, 重积分的概念也是从实际应用问题中抽象出来的, 其思想方法可以说和定积分完全一致, 下面由两个实际例子抽象出二重积分的概念.

1. 两个引例

引例 1(曲顶柱体的体积) 设 $z = f(x, y)$ 是定义在有界闭区域 D 的非负连续函数. 以 D 为底, 空间曲面 $z = f(x, y)$ 为顶, 以 D 的边界曲线为准线而母线平行于 z 轴的柱面为侧面所围成的几何体称为**曲顶柱体**(图 7-18). 下面来求该曲顶柱体的体积 V.

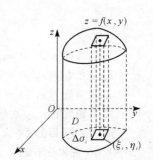

图 7-18

由几何学知, 平顶柱体的体积公式为

$$体积 = 底面积 \times 高$$

而对于曲顶柱体而言, 高 $f(x, y)$ 是变化的, 它的体积不能直接用上面平顶柱体的体积公式计算. 但可以仿照曲边梯形的面积采用的"分割"、"近似"、"求和"、"取极限"的方法来求解, 步骤如下:

(1) **分割** 将区域 D 任意分割成 n 个小闭区域 $\Delta\sigma_1, \Delta\sigma_2, \cdots, \Delta\sigma_n$, 相应地把整个曲顶柱体分割成了 n 个以 $\Delta\sigma_i$ 为底面, 母线平行于 z 轴的小曲顶柱体, 其体积记为 $\Delta V_1, \Delta V_2, \cdots, \Delta V_n$. 为方便起见, 仍然用 $\Delta\sigma_i$ 表示小区域 $\Delta\sigma_i$ 的面积.

(2) **近似** 在每个小区域 $\Delta\sigma_i (i = 1, 2, \cdots, n)$ 上任取一点 $(\xi_i, \eta_i) \in \Delta\sigma_i$, 可得高为 $f(\xi_i, \eta_i)$, 底为 $\Delta\sigma_i$ 的小平顶柱体, 其体积为 $f(\xi_i, \eta_i)\Delta\sigma_i$. 由于 $f(x, y)$ 是连续的, 在分割相当细, $\Delta\sigma_i$ 充分小时, 各点高度变化不大, 对应小曲顶柱体近似可以看作是平顶柱体, 于是小曲顶柱体 ΔV_i 的近似值为小平顶柱体的体积, 即

$$\Delta V_i \approx f(\xi_i, \eta_i)\Delta\sigma_i \quad (i = 1, 2, \cdots, n).$$

(3) **求和** 把这些小曲顶柱体体积的近似值 $f(\xi_i, \eta_i)\Delta\sigma_i$ 加起来, 即得曲顶柱体体积 V 的近似值

$$V \approx \sum_{i=1}^{n} f(\xi_i, \eta_i)\Delta\sigma_i. \tag{1}$$

分割越细, $\sum_{i=1}^{n} f(\xi_i, \eta_i)\Delta\sigma_i$ 就越接近于 V 的值, 要得到 V 的精确值, 就需要取

极限.

（4）**取极限**　设 λ_i 表示小区域 $\Delta\sigma_i(i=1,2,\cdots,n)$ 的直径（指区域上任意两点间距离最大者），记 $\lambda=\max\{\lambda_1,\lambda_2,\cdots,\lambda_n\}$，令 $\lambda\to0$，对和式（1）取极限，于是所求几何体的体积 V 为

$$V=\lim_{\lambda\to0}\sum_{i=1}^{n}f(\xi_i,\eta_i)\Delta\sigma_i. \tag{2}$$

引例 2（平面薄片的质量）　一非均匀分布的平面薄片所占的平面区域为 D，已知它在任意一点 $(x,y)\in D$ 的面密度为 $\rho(x,y)$（面密度指单位面积上的质量），求该物质薄板的质量 M. 其中 $\rho(x,y)>0$ 且在 D 上连续.

由物理学知，均匀分布的薄片的质量为

质量 ＝ 面密度×薄片面积

而对于非均匀分布的平面薄片而言，面密度 $\rho(x,y)$ 是变化的，它的质量不能直接用上面公式计算. 类似于求曲顶柱体的体积，也分可分四个步骤进行.

（1）**分割**　将薄片所占区域 D 任意分割成 n 个小闭区域（或薄片）$\Delta\sigma_1,\Delta\sigma_2,\cdots,\Delta\sigma_n$，并且仍然用 $\Delta\sigma_i$ 表示小闭区域 $\Delta\sigma_i(i=1,2,\cdots,n)$ 的面积.

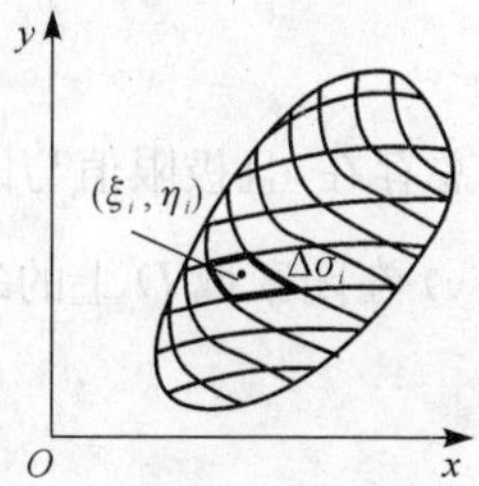

（2）**近似**　如图 7-19 所示，在每个小区域 $\Delta\sigma_i(i=1,2,\cdots,n)$ 上任取一点 $(\xi_i,\eta_i)\in\Delta\sigma_i$，由于 $\rho(x,y)$ 是连续的，在分割相当细，$\Delta\sigma_i$ 充分小时，各点的密度变化不大，对应小薄片近似可以看作均匀分布的，其密度为 $\rho(\xi_i,\eta_i)$. 于是小薄片 $\Delta\sigma_i$ 的质量 ΔM_i 的近似值为

$$\Delta M_i\approx\rho(\xi_i,\eta_i)\Delta\sigma_i\quad(i=1,2,\cdots,n).$$

图 7-19

（3）**求和**　把这些小薄片质量的近似值 $\rho(\xi_i,\eta_i)\Delta\sigma_i$ 加起来，即得薄片的质量 M 的近似值

$$M\approx\sum_{i=1}^{n}\rho(\xi_i,\eta_i)\Delta\sigma_i. \tag{3}$$

分割越细，$\sum_{i=1}^{n}\rho(\xi_i,\eta_i)\Delta\sigma_i$ 的值就越接近于 M 的值，要得到 M 的精确值，就需要取极限.

（4）**取极限**　令 λ 为 n 个小闭区域的直径的最大值，则当 $\lambda\to0$ 时，和式（3）的极限就是所求薄片的质量 M，即

$$M = \lim_{\lambda \to 0} \sum_{i=1}^{n} \rho(\xi_i, \eta_i) \Delta\sigma_i. \tag{4}$$

2. 二重积分的定义

上面两个例子的实际意义虽然不同,但都是通过"分割"、"近似"、"求和"、"取极限"的方法,将所求量归结为一个具有相同结构形式的和式的极限. 在实际应用中还有许多类似的例子. 现在抛开这些问题的具体意义,抓住它们在数量关系上共同的本质特征,就可以抽象出下述的二重积分积分的定义.

定义 设 $f(x, y)$ 在有界闭区域 D 上有界、连续,将闭区域 D 任意分割成 n 个小闭区域 $\Delta\sigma_1, \Delta\sigma_2, \cdots, \Delta\sigma_n$. 为方便起见,仍然用 $\Delta\sigma_i$ 表示小区域 $\Delta\sigma_i$ 的面积. 在每个小区域 $\Delta\sigma_i$ 上任取一点 $(\xi_i, \eta_i) \in \Delta\sigma_i$,作乘积 $f(\xi_i, \eta_i)\Delta\sigma_i$,将这些积加起来,得和式

$$\sum_{i=1}^{n} f(\xi_i, \eta_i) \Delta\sigma_i.$$

如果当各小闭区域的直径中的最大值 λ 趋于零时,极限

$$\lim_{\lambda \to 0} \sum_{i=1}^{n} f(\xi_i, \eta_i) \Delta\sigma_i$$

总存在,且极限值与区域的分法和点 (ξ_i, η_i) 的选取无关,则称此极限为函数 $f(x, y)$ 在闭区域 D 上的**二重积分**,记作 $\iint\limits_{D} f(x, y)\mathrm{d}\sigma$,即

$$\iint\limits_{D} f(x, y)\mathrm{d}\sigma = \lim_{\lambda \to 0} \sum_{i=1}^{n} f(\xi_i, \eta_i) \Delta\sigma_i. \tag{5}$$

其中,D 称为**积分区域**,$f(x, y)$ 称为**被积函数**,$\mathrm{d}\sigma$ 称为**面积元素**,x 和 y 称为**积分变量**,$f(x, y)\,\mathrm{d}\sigma$ 称为**被积表达式**,$\sum\limits_{i=1}^{n} f(\xi_i, \eta_i)\Delta\sigma_i$ 称为**积分和**.

在二重积分的定义中,对闭区域 D 的分割是任意的,如果在直角坐标下中用平行于坐标轴的直线网来分割 D,那么除了包含边界点的一些小闭区域(可以证明在求和的极限时,这些小区域对应的项的和的极限为零,因此这些小区域可以略去不记)外,其余的小闭区域都是矩形区域. 设矩形闭区域 $\Delta\sigma_i$ 的边长为 Δx_j 和 Δy_k,则 $\Delta\sigma_i = \Delta x_j \cdot \Delta y_k$. 因此在直角坐标系中,有时又把面积元素 $\mathrm{d}\sigma$ 记作 $\mathrm{d}x\mathrm{d}y$,而把二重积分记作

$$\iint\limits_{D} f(x, y)\mathrm{d}x\mathrm{d}y.$$

可以证明,如果函数 $f(x, y)$ 有界闭区域 D 上连续,则二重积分必定存在. 本书均假定函数 $f(x, y)$ 有界闭区域 D 上连续,从而 $f(x, y)$ 在 D 上的二重积分都存在.

由二重积分的定义可知,引例 1 中曲顶住体的体积是函数 $f(x, y)$ 在底 D 上的二重积分

$$V = \iint\limits_{D} f(x, y) \mathrm{d}\sigma.$$

引例 2 中平面薄片的质量是它的面密度 $\rho(x, y)$ 在薄片所占区域 D 上的二重积分

$$M = \iint\limits_{D} \rho(x, y) \mathrm{d}\sigma.$$

3. 二重积分的几何意义

如果在区域 D 上 $f(x, y) \geqslant 0$,二重积分 $\iint\limits_{D} f(x, y) \mathrm{d}\sigma$ 的几何意义是以曲面 $z = f(x, y)$ 为顶,区域 D 为底的曲顶柱体体积;如果区域 D 上 $f(x, y) \leqslant 0$,相应的曲顶柱体在 xOy 面的下方,二重积分 $\iint\limits_{D} f(x, y) \mathrm{d}\sigma$ 表示该曲顶柱体体积的负值;如果在区域 D 上 $f(x, y)$ 有正有负,则二重积分 $\iint\limits_{D} f(x, y) \mathrm{d}\sigma$ 的值就等于 xOy 面上方的曲顶柱体的体积值与 xOy 面下方的曲顶柱体的体积值的相反数的代数和.

4. 二重积分的性质

比较二重积分与定积分的定义,不难得出二重积分类似的性质,下面不加证明地直接予以叙述.

性质 1 被积函数的常数因子可以提到二重积分号的外面,即

$$\iint\limits_{D} kf(x, y)\mathrm{d}\sigma = k \iint\limits_{D} f(x, y)\mathrm{d}\sigma \quad (k \text{ 为常数}).$$

性质 2 函数的和(差)的二重积分等于各函数的二重积分的和(差),即

$$\iint\limits_{D} [f(x, y) \pm g(x, y)]\mathrm{d}\sigma = \iint\limits_{D} f(x, y)\mathrm{d}\sigma \pm \iint\limits_{D} g(x, y)\mathrm{d}\sigma.$$

性质 3 若闭区域 D 被有限条曲线分为有限个闭区域,则 $f(x, y)$ 在区域 D 上的二重积分等于各部分闭区域上的二重积分的和. 例如,D 分为两个闭区域 D_1

与 D_2, 那么

$$\iint\limits_{D} f(x, y)\mathrm{d}\sigma = \iint\limits_{D_1} f(x, y)\mathrm{d}\sigma + \iint\limits_{D_2} f(x, y)\mathrm{d}\sigma.$$

这个性质表明二重积分对积分区域具有**可加性**.

性质 4 若在区域 D 上, $f(x, y) = 1$, σ 为 D 的面积,则

$$\iint\limits_{D} f(x, y)\mathrm{d}\sigma = \iint\limits_{D} 1 \cdot \mathrm{d}\sigma = \sigma.$$

性质 4 的几何意义是:高为 1 的平顶柱体的体积在数值上等于柱体的底面积 σ.

性质 5 若在区域 D 上, $f(x, y) \leqslant g(x, y)$, 则有

$$\iint\limits_{D} f(x, y)\mathrm{d}\sigma \leqslant \iint\limits_{D} g(x, y)\mathrm{d}\sigma.$$

推论 1 若在区域 D 上, $f(x, y) \geqslant 0$, 则

$$\iint\limits_{D} f(x, y)\mathrm{d}\sigma \geqslant 0.$$

推论 2 $$\left| \iint\limits_{D} f(x, y)\mathrm{d}\sigma \right| \leqslant \iint\limits_{D} |f(x, y)|\mathrm{d}\sigma.$$

性质 6（估值不等式） 设 M, m 分别是 $f(x, y)$ 在闭区域 D 上的最大值和最小值, σ 为 D 的面积,则有

$$m\sigma \leqslant \iint\limits_{D} f(x, y)\mathrm{d}\sigma \leqslant M\sigma.$$

性质 7（二重积分的中值定理） 若 $f(x, y)$ 在闭区域 D 上连续,则至少存在一点 $(\xi, \eta) \in D$, 使得

$$\iint\limits_{D} f(x, y)\mathrm{d}\sigma = f(\xi, \eta)\sigma \quad (\sigma \text{ 为 } D \text{ 的面积}).$$

二重积分的中值定理的几何意义是:对曲顶为连续曲面 $z = f(x, y)((x, y) \in D)$ 的曲顶柱体 Ω, 其体积必与一个同底的平顶柱体的体积相等,该平顶柱体的高为

$$f(\xi, \eta) = \frac{1}{\sigma}\iint\limits_{D} f(x, y)\mathrm{d}\sigma \quad ((\xi, \eta) \in D),$$

称为曲顶柱体 Ω 的平均高度或 $z = f(x, y)$ 在有界闭区域 D 上的**平均值**.

例 1　比较 $\iint\limits_{D}\ln(x+y)\mathrm{d}\sigma$ 与 $\iint\limits_{D}[\ln(x+y)]^2\mathrm{d}\sigma$ 的大小. 其中积分区域 D 是由直线 $x=1$，$x+y=2$ 与 x 轴所围成.

解　积分区域 D 如图 7-20 阴影部分所示.

因为在区域 D 中，$x+y\leqslant 2$，
又由 $x\geqslant 1$，且 $y\geqslant 0$，知 $x+y\geqslant 1$，
所以　$1\leqslant x+y\leqslant 2$，
从而　$0\leqslant\ln(x+y)\leqslant\ln 2<1$，
故在区域 D 上，有

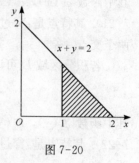

图 7-20

$$[\ln(x+y)]^2\leqslant\ln(x+y),$$

由性质 5，知

$$\iint\limits_{D}\ln(x+y)\mathrm{d}\sigma\geqslant\iint\limits_{D}[\ln(x+y)]^2\mathrm{d}\sigma.$$

例 2　试估计二重积分 $I=\iint\limits_{D}\sqrt[3]{1+x^2+y^2}\,\mathrm{d}\sigma$ 的值. 其中，积分区域 D 是由圆周 $x^2+y^2\leqslant 26$ 所围成.

解　因为在区域 D 上任一点 (x,y) 处，有

$$1\leqslant\sqrt[3]{1+x^2+y^2}\leqslant 3,$$

且区域 D 的面积为 26π，所以由性质 6，得

$$26\pi\leqslant\iint\limits_{D}\sqrt[3]{1+x^2+y^2}\,\mathrm{d}\sigma\leqslant 78\pi,$$

即

$$26\pi\leqslant I\leqslant 78\pi.$$

二、二重积分的计算

直接利用二重积分的定义计算二重积分通常是非常困难的，有时甚至是不可能的. 因此必须找到切实可行的计算方法. 由于一元函数积分学中定积分的计算我们已经比较熟悉，所以计算二重积分的基本思想是将其转化为**两次定积分**（即累次积分或二次积分），然后按照定积分的计算方法来进行.

1. 利用直角坐标计算二重积分

为了便于计算，将平面区域进行适当的分类，分别称为 X - 型区域和 Y - 型区域.

若积分区域 D 可以表示为

$$a \leqslant x \leqslant b, \quad \varphi_1(x) \leqslant y \leqslant \varphi_2(x),$$

其中函数 $\varphi_1(x)$, $\varphi_2(x)$ 在区间 $[a, b]$ 上连续,这种区域称为 X - 型区域(图 7-21). 其特点是:穿过区域内部且平行于 y 轴的直线与该区域的边界相交不多于两个交点.

若积分区域 D 可以表示为

$$c \leqslant y \leqslant d, \quad \psi_1(y) \leqslant x \leqslant \psi_2(y),$$

其中函数 $\psi_1(y)$, $\psi_2(y)$ 在区间 $[c, d]$ 上连续,这种区域称为 Y - 型区域(图 7-22). 其特点是:穿过区域内部且平行于 x 轴的直线与该区域的边界相交不多于两个交点.

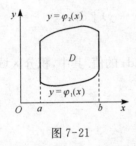

图 7-21

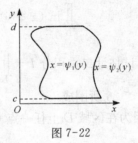

图 7-22

定理 设函数 $f(x, y)$ 在有界闭区域 D 上连续.

(1) 若 D 为 X - 型区域,即

$$D: a \leqslant x \leqslant b, \quad \varphi_1(x) \leqslant y \leqslant \varphi_2(x),$$

其中 $\varphi_1(x)$, $\varphi_2(x)$ 在区间 $[a, b]$ 上连续,则

$$\iint\limits_{D} f(x, y)\mathrm{d}x\mathrm{d}y = \int_a^b \left[\int_{\varphi_1(x)}^{\varphi_2(x)} f(x, y)\,\mathrm{d}y \right] \mathrm{d}x = \int_a^b \mathrm{d}x \int_{\varphi_1(x)}^{\varphi_2(x)} f(x, y)\mathrm{d}y. \quad (1)$$

(2) 若 D 为 Y - 型区域,即

$$D: c \leqslant y \leqslant d, \quad \psi_1(y) \leqslant x \leqslant \psi_2(y),$$

其中 $\psi_1(y)$, $\psi_2(y)$ 在区间 $[c, d]$ 上连续,则

$$\iint\limits_{D} f(x, y)\mathrm{d}x\mathrm{d}y = \int_c^d \left[\int_{\psi_1(y)}^{\psi_2(y)} f(x, y)\,\mathrm{d}x \right] \mathrm{d}y = \int_c^d \mathrm{d}y \int_{\psi_1(y)}^{\psi_2(y)} f(x, y)\,\mathrm{d}x. \quad (2)$$

证明 下证定理(1)中的式(1).设函数 $f(x, y) \geqslant 0$.

一方面,由二重积分的几何意义,二重积分 $\iint\limits_{D} f(x,y)\mathrm{d}x\mathrm{d}y$ 的值等于以 D 为底,曲面 $z=f(x,y)$ 为顶的曲顶柱体的体积 V,即

$$\iint\limits_{D} f(x,y)\mathrm{d}x\mathrm{d}y = V. \tag{3}$$

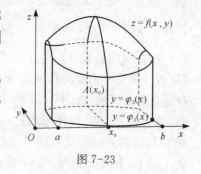

另一方面,按照用定积分求体积的思路求解曲顶柱体的体积 V. 先求截面面积. 在区间 $[a,b]$ 任取一点 x_0,过点 x_0 作垂直于 x 轴的平面 $x=x_0$. 该平面截曲顶柱体所得的截面是一个曲边梯形(图 7-23),由定积分的几何意义知,这曲边梯形的面积为

图 7-23

$$A(x_0) = \int_{\varphi_1(x_0)}^{\varphi_2(x_0)} f(x_0,y)\,\mathrm{d}y.$$

一般地,过区间 $[a,b]$ 上任一点 x 且垂直于 x 轴的平面截曲顶柱体所得截面面积为

$$A(x) = \int_{\varphi_1(x)}^{\varphi_2(x)} f(x,y)\,\mathrm{d}y.$$

于是,应用计算平行截面面积已知的立体的体积的方法,得曲顶柱体的体积为

$$V = \int_a^b A(x)\,\mathrm{d}x = \int_a^b \left[\int_{\varphi_1(x)}^{\varphi_2(x)} f(x,y)\,\mathrm{d}y \right] \mathrm{d}x. \tag{4}$$

由式(3)和式(4)可得

$$\iint\limits_{D} f(x,y)\mathrm{d}x\mathrm{d}y = \int_a^b \left[\int_{\varphi_1(x)}^{\varphi_2(x)} f(x,y)\,\mathrm{d}y \right] \mathrm{d}x.$$

上式也可简记为

$$\iint\limits_{D} f(x,y)\mathrm{d}x\mathrm{d}y = \int_a^b \mathrm{d}x \int_{\varphi_1(x)}^{\varphi_2(x)} f(x,y)\mathrm{d}y.$$

即证定理(1)中的式(1). 类似可以证明定理(2)中的式(2).

在上面的讨论中,假设了 $f(x,y) \geqslant 0$. 实际上,公式(1)和公式(2)的成立并不受此影响.

公式(1)和公式(2)的积分方法称为化二重积分为**二次积分法**(又称**累次积**分).公式(1)为**先对 y 后对 x 积分**的积分次序,公式(2)为**先对 x 后对 y 积分**的积

分次序.

累次积分 $\int_a^b \mathrm{d}x \int_{\varphi_1(x)}^{\varphi_2(x)} f(x, y)\,\mathrm{d}y$ 的实际计算,其实就是连续计算两个定积分,第一次求定积分 $\int_{\varphi_1(x)}^{\varphi_2(x)} f(x, y)\,\mathrm{d}y$ 时,积分变量是 y,这时的 x 是作为常量对待的,积分结果是关于 x 的函数,然后再求这个函数在 $[a, b]$ 上的定积分.另一个累次积分 $\int_c^d \mathrm{d}y \int_{\psi_1(y)}^{\psi_2(y)} f(x, y)\,\mathrm{d}x$ 类似.

具体应用公式(1)或公式(2)计算二重积分的一个关键是确定积分的上、下限.积分限是根据积分区域 D 来确定的.先画出积分区域 D 的图形.假如积分区域 D 是 X-型区域,如图 7-24 所示.将区域 D 投影到 x 轴上,得到 x 的变化区间 $[a, b]$,在区间 $[a, b]$ 内任意取定一个 x,过 x 画一条与 x 轴垂直的直线,该直线与区域 D 的边界曲线的交点的纵坐标自下而上为 $y = \varphi_1(x)$, $y = \varphi_2(x)$,那么积分变量 x 的下、上限分别为 a, b;积分变量 y 的下、上限分别为 $\varphi_1(x)$, $\varphi_2(x)$(图 7-24).假如积分区域 D 是 Y-型区域,在用公式(2)计算时,可类似定出积分变量的上下限(图 7-25).

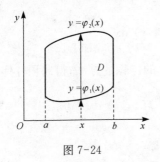

图 7-24 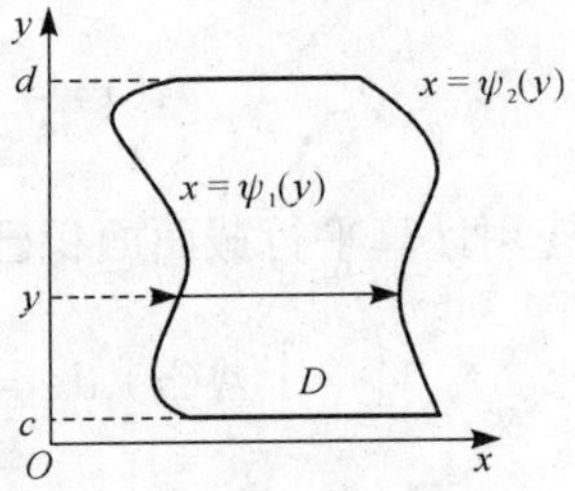   图 7-25

如果积分区域既不是 X-型区域也不是 Y-型区域,对于这种情形,应将积分区域分为若干个部分区域,使每个部分区域是 X-型区域或 Y-型区域,再利用二重积分的性质和公式(1)或公式(2)进行计算.例如,若积分区域是图 7-26 所示的区域 D,可用平行于 y 轴的直线将 D 分成 D_1, D_2, D_3 三个部分,利用二重积分对积分区域的可加性,有

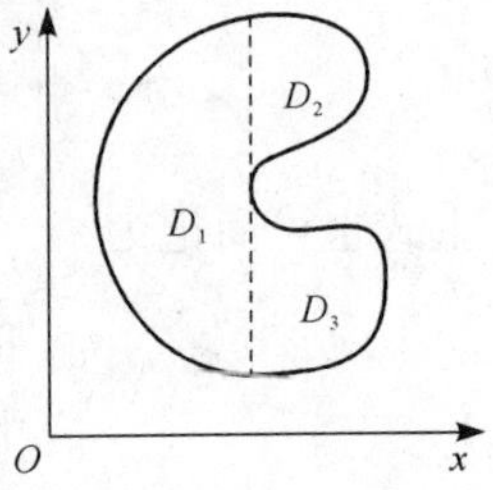

图 7-26

$$\iint_D f(x, y)\,\mathrm{d}x\mathrm{d}y = \iint_{D_1} f(x, y)\,\mathrm{d}x\mathrm{d}y + \iint_{D_2} f(x, y)\,\mathrm{d}x\mathrm{d}y + \iint_{D_3} f(x, y)\,\mathrm{d}x\mathrm{d}y.$$

然后再利用公式(1)或公式(2)便可完成积分的计算.

如果积分区域既是 X - 型区域又是 Y - 型区域,应用公式(1)和公式(2),有

$$\iint\limits_{D} f(x,y)\mathrm{d}x\mathrm{d}y = \int_{a}^{b}\mathrm{d}x\int_{\varphi_1(x)}^{\varphi_2(x)} f(x,y)\mathrm{d}y = \int_{c}^{d}\mathrm{d}y\int_{\psi_1(y)}^{\psi_2(y)} f(x,y)\,\mathrm{d}x.$$

它表明累次积分可以交换积分次序,但在交换次序时,须先画出积分区域,然后重新确定积分上下限. 在这种情况下,可以先 y 后 x 积分,也可以先 x 后 y 积分. 这就有一个积分次序的选择问题. 合理选择积分次序,在有的情况下也是非常重要的. 后面会通过具体例题来加以说明.

例 3 计算二重积分 $\iint\limits_{D}(x+y)\mathrm{d}\sigma$,其中 D 是由直线 $y=x$ 与抛物线 $y=x^2$ 所围成的闭区域.

方法 1 首先画出积分区域 D (图 7-27). D 是 X - 型区域. D 上点的横坐标的变动区间是 $[0,1]$,在 $[0,1]$ 上任意取定一个值 x,过 x 画一条与 x 轴垂直的直线,该直线与 D 的边界的交点的纵坐标自下而上由 $y=x^2$ 变到 $y=x$,从而积分变量 y 的下、上限分别为 x^2 和 x,则 D 可以表示为

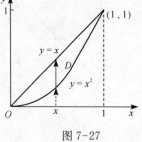

图 7-27

$$D: 0 \leqslant x \leqslant 1,\ x^2 \leqslant y \leqslant x.$$

所以由公式(1)得

$$\iint\limits_{D}(x+y)\mathrm{d}\sigma = \int_{0}^{1}\mathrm{d}x\int_{x^2}^{x}(x+y)\mathrm{d}y = \int_{0}^{1}\left[xy+\frac{1}{2}y^2\right]_{x^2}^{x}\mathrm{d}x$$

$$= \int_{0}^{1}\left(\frac{3}{2}x^2-x^3-\frac{1}{2}x^4\right)\mathrm{d}x = \left[\frac{1}{2}x^3-\frac{1}{4}x^4-\frac{1}{10}x^5\right]_{0}^{1}$$

$$= \frac{3}{20}.$$

方法 2 如图 7-28 所示,D 是 Y - 型区域. D 上点的纵坐标的变动区间是 $[0,1]$,在 $[0,1]$ 上任意取定一个值 y,过 y 画一条与 y 轴垂直的直线,该直线与 D 的边界的交点的横坐标从左到右由 $x=y$ 变到 $x=\sqrt{y}$,从而积分变量 x 的下、上限分别为 y 和 $\sqrt{y}$,则 D 可以表示为

$$D: 0 \leqslant y \leqslant 1,\ y \leqslant x \leqslant \sqrt{y}.$$

所以由公式(2)得

$$\iint\limits_{D}(x+y)\mathrm{d}x\mathrm{d}y = \int_0^1 \mathrm{d}y \int_y^{\sqrt{y}}(x+y)\mathrm{d}x = \int_0^1 \left[\frac{1}{2}x^2 + yx\right]_y^{\sqrt{y}}\mathrm{d}y$$

$$= \int_0^1 \left(\frac{1}{2}y + y^{\frac{3}{2}} - \frac{3}{2}y^2\right)\mathrm{d}y = \left[\frac{1}{4}y^2 + \frac{2}{5}y^{\frac{5}{2}} - \frac{1}{2}y^3\right]_0^1$$

$$= \frac{3}{20}.$$

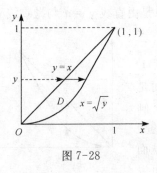

图 7-28

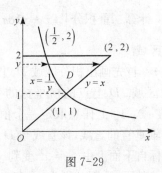

图 7-29

例 4 计算二重积分 $\displaystyle\iint\limits_{D}\frac{y^2}{x^2}\mathrm{d}x\mathrm{d}y$. 其中 D 是由直线 $y=x$, $y=2$ 以及曲线 $y=\dfrac{1}{x}$ 所围成的闭区域.

解 画出积分区域 D 如图 7-29 所示. 将 D 看成 Y-型区域, 则 D 可以表示为

$$D: 1 \leqslant y \leqslant 2, \ \frac{1}{y} \leqslant x \leqslant y.$$

利用公式(2),得

$$\iint\limits_{D}\frac{y^2}{x^2}\mathrm{d}x\mathrm{d}y = \int_1^2 \mathrm{d}y \int_{\frac{1}{y}}^{y}\frac{y^2}{x^2}\mathrm{d}x = \int_1^2 \left[-\frac{y^2}{x}\right]_{\frac{1}{y}}^{y}\mathrm{d}y$$

$$= \int_1^2 (y^3 - y)\mathrm{d}y = \left[\frac{1}{4}y^4 - \frac{1}{2}y^2\right]_1^2$$

$$= \frac{9}{4}.$$

如果要按照 X-型区域进行计算,则由于在区间 $\left[\dfrac{1}{2}, 1\right]$ 及 $[1, 2]$ 上表示

$\varphi_1(x)$ 的式子不同,所以要用经过点 $(1,1)$ 且平行于 y 轴的直线 $x=1$ 把区域 D 分成 D_1 和 D_2 两部分(图 7-30),其中

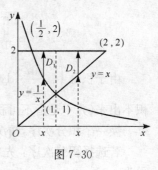

图 7-30

$$D_1: \frac{1}{2} \leqslant x \leqslant 1,\ \frac{1}{x} \leqslant y \leqslant 2;$$

$$D_2: 1 \leqslant x \leqslant 2,\ x \leqslant y \leqslant 2.$$

所以,由二重积分对积分区域的可加性及公式 (1),得

$$\iint_D \frac{y^2}{x^2}\mathrm{d}x\mathrm{d}y = \iint_{D_1} \frac{y^2}{x^2}\mathrm{d}x\mathrm{d}y + \iint_{D_2} \frac{y^2}{x^2}\mathrm{d}x\mathrm{d}y$$

$$= \int_{\frac{1}{2}}^1 \mathrm{d}x \int_{\frac{1}{x}}^2 \frac{y^2}{x^2}\mathrm{d}y + \int_1^2 \mathrm{d}x \int_x^2 \frac{y^2}{x^2}\mathrm{d}y$$

$$= \int_{\frac{1}{2}}^1 \left[\frac{1}{3}\frac{y^3}{x^2}\right]_{\frac{1}{x}}^2 \mathrm{d}x + \int_1^2 \left[\frac{1}{3}\frac{y^3}{x^2}\right]_x^2 \mathrm{d}x$$

$$= \int_{\frac{1}{2}}^1 \left(\frac{8}{3}\frac{1}{x^2} - \frac{1}{3}\frac{1}{x^5}\right)\mathrm{d}x + \int_1^2 \left(\frac{8}{3}\frac{1}{x^2} - \frac{x}{3}\right)\mathrm{d}x$$

$$= \left[-\frac{8}{3}\frac{1}{x} + \frac{1}{12}\frac{1}{x^4}\right]_{\frac{1}{2}}^1 + \left[-\frac{8}{3}\frac{1}{x} - \frac{x^2}{6}\right]_1^2$$

$$= \frac{17}{12} + \frac{5}{6} = \frac{9}{4}.$$

由此可见,这里应用公式(1)来计算比较麻烦.

例 5　计算二重积分 $\displaystyle\iint_D \frac{\sin y}{y}\mathrm{d}\sigma$. 其中 D 是由曲线 $y=x$ 以及 $x=y^2$ 所围成的闭区域.

解　画出积分区域 D 如图 7-31 所示. D 既是 X-型的,又是 Y-型的,从理论上来说,两种积分次序都可以选择.

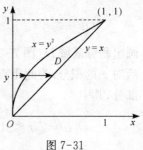

图 7-31

若选择积分次序:先对 y 后对 x 积分,在 X-型区域下进行计算,则 D 可以表示为

$$D: 0 \leqslant x \leqslant 1,\ x \leqslant y \leqslant \sqrt{x}.$$

利用公式(1),有

$$\iint\limits_{D}\frac{\sin y}{y}\mathrm{d}x\mathrm{d}y = \int_0^1 \mathrm{d}x \int_x^{\sqrt{x}}\frac{\sin y}{y}\mathrm{d}y.$$

由于积分 $\int_x^{\sqrt{x}}\dfrac{\sin y}{y}\mathrm{d}y$ 无法用初等方法求得,这个二重积分就非常困难,甚至积不出来(并不是指不可积).

换一个积分次序,情况会怎样呢?

若选择积分次序:先对 x 后对 y 积分,在 Y - 型区域下进行计算,则 D 可以表示为

$$D: 0 \leqslant y \leqslant 1, \ y^2 \leqslant x \leqslant y.$$

利用公式(2),有

$$\iint\limits_{D}\frac{\sin y}{y}\mathrm{d}\sigma = \int_0^1 \mathrm{d}y \int_{y^2}^{y}\frac{\sin y}{y}\mathrm{d}x = \int_0^1 \left[\frac{\sin y}{y}x\right]_{y^2}^{y}\mathrm{d}y$$

$$= \int_0^1 (\sin y - y\sin y) \, \mathrm{d}y = 1 - \sin 1.$$

上述几个例子说明,在化二重积分为二次积分时,为了计算简便,需要选择恰当的二次积分次序.选择时既要考虑积分区域 D 的形状,又要考虑被积函数 $f(x, y)$ 的特性.

例6 改变二次积分 $\int_0^1 \mathrm{d}y \int_{y^2}^{1+\sqrt{1-y^2}} f(x, y) \, \mathrm{d}x$ 的积分次序.

解 由二次积分可知,与其对应的二重积分

$$\iint\limits_{D} f(x, y)\mathrm{d}x\mathrm{d}y$$

的积分区域为

$$D: 0 \leqslant y \leqslant 1, \ y^2 \leqslant x \leqslant 1+\sqrt{1-y^2}.$$

画出积分区域 D(图7-32).现将积分次序改变为先对 y 后对 x 的积分,为此用直线 $x=1$ 将 D 分为 D_1 和 D_2 两部分,其中

$$D_1: 0 \leqslant x \leqslant 1, \ 0 \leqslant y \leqslant \sqrt{x};$$

$$D_2: 1 \leqslant x \leqslant 2, \ 0 \leqslant y \leqslant \sqrt{2x - x^2}.$$

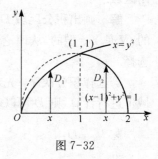

图 7-32

所以

$$\int_0^1 \mathrm{d}y \int_{y^2}^{1+\sqrt{1-y^2}} f(x,\ y)\ \mathrm{d}x = \iint\limits_{D} f(x,\ y)\mathrm{d}x\mathrm{d}y$$

$$= \iint\limits_{D_1} f(x,\ y)\mathrm{d}x\mathrm{d}y + \iint\limits_{D_2} f(x,\ y)\mathrm{d}x\mathrm{d}y$$

$$= \int_0^1 \mathrm{d}x \int_0^{\sqrt{x}} f(x,\ y)\ \mathrm{d}y + \int_1^2 \mathrm{d}x \int_0^{\sqrt{2x-x^2}} f(x,\ y)\ \mathrm{d}y.$$

例 7　证明：$\displaystyle\int_0^2 \mathrm{d}y \int_0^y f(x)\ \mathrm{d}x = \int_0^2 (2-x)f(x)\ \mathrm{d}x.$

证明　由二次积分 $\displaystyle\int_0^2 \mathrm{d}y \int_0^y f(x)\ \mathrm{d}x$ 可得积分区域(图 7-33)为

$$D：0 \leqslant y \leqslant 2,\ 0 \leqslant x \leqslant y.$$

现将积分次序改变为先 y 后 x 积分,积分区域 D 可以表示为

$$D：0 \leqslant x \leqslant 2,\ x \leqslant y \leqslant 2.$$

所以

$$\int_0^2 \mathrm{d}y \int_0^y f(x)\ \mathrm{d}x = \int_0^2 \mathrm{d}x \int_x^2 f(x)\ \mathrm{d}y$$

$$= \int_0^2 (2-x)f(x)\ \mathrm{d}x.$$

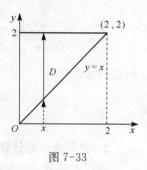

图 7-33

证毕.

例 8　求两个底圆半径均为 R 的直交圆柱面所围几何体的体积.

解　设两圆柱面方程分别为

$$x^2 + y^2 = R^2 \quad 及 \quad x^2 + z^2 = R^2.$$

由几何体关于三坐标面的对称性可知,所求几何体的体积等于第一卦限部分(图 7-34)的体积的 8 倍.设第一卦限部分的体积为 V_1,那么,V_1 是以 1/4 圆 D_1 为底,以圆柱面 $z = \sqrt{R^2 - x^2}$ 为顶的曲顶柱体的体积.其中

$$D_1 = \{(x,\ y) \mid x^2 + y^2 \leqslant a^2,\ x \geqslant 0,\ y \geqslant 0\}.$$

故有

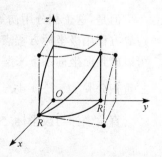

图 7-34

$$V_1 = \iint\limits_{D_1} \sqrt{R^2 - x^2}\, \mathrm{d}x\mathrm{d}y.$$

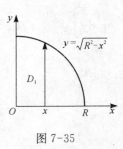

图 7-35

考虑到被积函数 $\sqrt{R^2 - x^2}$ 的特点（不含变量 y，对变量 y 积分较为简单），选择先对 y 后对 x 的积分次序，则 D_1（图 7-35）可以表示为

$$D_1: 0 \leqslant x \leqslant R,\ 0 \leqslant y \leqslant \sqrt{R^2 - x^2},$$

从而

$$V_1 = \iint\limits_{D_1} \sqrt{R^2 - x^2}\, \mathrm{d}x\mathrm{d}y = \int_0^R \mathrm{d}x \int_0^{\sqrt{R^2 - x^2}} \sqrt{R^2 - x^2}\, \mathrm{d}y$$

$$= \int_0^R \sqrt{R^2 - x^2}\, \Big[y \Big]_0^{\sqrt{R^2 - x^2}}\, \mathrm{d}x = \int_0^R (R^2 - x^2)\, \mathrm{d}x = \frac{2}{3}R^3.$$

所以所求体积

$$V = 8V_1 = \frac{16}{3}R^3.$$

2. 利用极坐标计算二重积分

在二重积分的问题中常常会遇到直角坐标系下很难解决的问题.

比如：计算二重积分 $\iint\limits_{D} \mathrm{e}^{-x^2 - y^2}\, \mathrm{d}\sigma$，其中 D 是由圆周 $x^2 + y^2 \leqslant 1$ 所围成的闭区域.

尽管在直角坐标系下该二重积分可表示为

$$\iint\limits_{D} \mathrm{e}^{-x^2 - y^2}\, \mathrm{d}x\mathrm{d}y = \int_{-1}^{1} \mathrm{d}x \int_{-\sqrt{1 - x^2}}^{\sqrt{1 - x^2}} \mathrm{e}^{-x^2} \mathrm{e}^{-y^2}\, \mathrm{d}y.$$

但是，这个积分用初等方法是积不出来的. 注意到这个积分区域的特殊性，其边界方程用极坐标方程表示的话，形式很简单，它就是 $r = 1$. 既然这样，问题是否可以放到极坐标系下来解决呢？ 要回答这个问题，首先要解决如何利用极坐标求二重积分 $\iint\limits_{D} f(x,\ y)\, \mathrm{d}\sigma$.

直角坐标与极坐标之间的变换公式为

$$\begin{cases} x = r\cos\theta, \\ y = r\sin\theta. \end{cases}$$

由此被积函数可转化为

$$f(x,\ y)=f(r\cos\theta,\ r\sin\theta).$$

下面求极坐标下的面积元素 $d\sigma$. 在极坐标系下，对区域 D 的分割可采用如图 7-36 方式：过极点引射线，然后再以极点为圆心画同心圆，这样将区域 D 分割成许多个小区域，当分割非常精细时，其中一个典型的小区域的面积为

$$\begin{aligned}\Delta\sigma&=\frac{1}{2}(r+\Delta r)^2\Delta\theta-\frac{1}{2}r^2\Delta\theta\\&=r\Delta r\Delta\theta+\frac{1}{2}\Delta r^2\Delta\theta\approx r\Delta r\Delta\theta.\end{aligned}$$

图 7-36

于是，极坐标下的面积元素 $d\sigma=r\,dr\,d\theta$.

所以二重积分 $\iint\limits_D f(x,\ y)\,d\sigma$ 在极坐标系下可表示为

$$\iint\limits_D f(x,\ y)\,d\sigma=\iint\limits_D f(r\cos\theta,\ r\sin\theta)\,r\,dr\,d\theta.$$

在极坐标系下，二重积分一样可以化为二次积分来计算. 习惯上一般选择先对 r 后对 θ 积分的积分次序. 下面分三种情况讨论.

(1) 极点在区域 D 的内部

设区域 D(图 7-37)的边界方程为 $r=r(\theta)$ $(0\leqslant\theta\leqslant 2\pi)$，则 D 可以表示为

$$D:\ 0\leqslant\theta\leqslant 2\pi,\ 0\leqslant r\leqslant r(\theta).$$

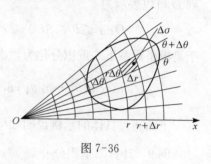

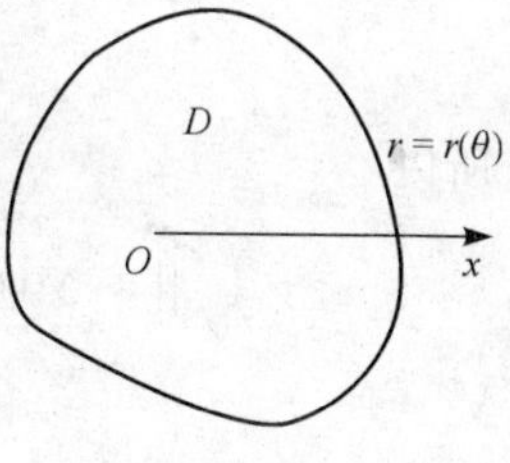

图 7-37

于是极坐标系下二重积分化为二次积分的形式为

$$\iint\limits_D f(r\cos\theta,\ r\sin\theta)\,r\,dr\,d\theta=\int_0^{2\pi}d\theta\int_0^{r(\theta)}f(r\cos\theta,\ r\sin\theta)\,r\,dr.$$

(2) 极点在区域 D 的外部

设区域 D(图 7-38)的边界方程为

$$\theta=\alpha,\ \theta=\beta,\ r=r_1(\theta)\text{ 和 }r=r_2(\theta)\ (\alpha\leqslant\theta\leqslant\beta),$$

则 D 可以表示为

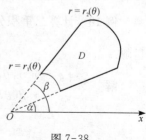

$$D:\ \alpha\leqslant\theta\leqslant\beta,\ r_1(\theta)\leqslant r\leqslant r_2(\theta).$$

图 7-38

于是极坐标系下二重积分化为二次积分的形式为

$$\iint_D f(r\cos\theta,\ r\sin\theta)\ r\mathrm{d}r\mathrm{d}\theta = \int_\alpha^\beta \mathrm{d}\theta \int_{r_1(\theta)}^{r_2(\theta)} f(r\cos\theta,\ r\sin\theta)\ r\mathrm{d}r.$$

（3）极点在区域 D 的边界上

设区域 D（图 7-39）的边界方程为

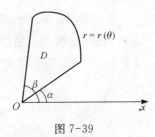

$$\theta = \alpha, \quad \theta = \beta \quad \text{和} \quad r = r_1(\theta) \quad (\alpha \leqslant \theta \leqslant \beta),$$

则 D 可以表示为

$$D: \alpha \leqslant \theta \leqslant \beta, 0 \leqslant r \leqslant r(\theta).$$

于是极坐标系下二重积分化为累次积分的形式是

图 7-39

$$\iint_D f(r\cos\theta,\ r\sin\theta)\ r\mathrm{d}r\mathrm{d}\theta = \int_\alpha^\beta \mathrm{d}\theta \int_0^{r(\theta)} f(r\cos\theta,\ r\sin\theta)\ r\mathrm{d}r.$$

下面通过具体的示例说明如何在极坐标系下进行二重积分的计算.

例 9　计算二重积分 $\iint_D x^2 y\mathrm{d}x\mathrm{d}y$，其中 D 是由圆周 $x^2 + y^2 = 1$，$x^2 + y^2 = 4$ 及直线 $y = x$，$y = 0$ 所围成的闭区域在第一象限的部分.

解　令 $\begin{cases} x = r\cos\theta, \\ y = r\sin\theta. \end{cases}$ 在极坐标系下，D 可以表示为

$$D: 0 \leqslant \theta \leqslant \frac{\pi}{4}, 1 \leqslant r \leqslant 2,$$

所以

$$\iint_D x^2 y\mathrm{d}x\mathrm{d}y = \iint_D r^2 \cos^2\theta\, r\, \sin\theta\, r\mathrm{d}r\mathrm{d}\theta$$

$$= \int_0^{\frac{\pi}{4}} \cos^2\theta\, \sin\theta\, \mathrm{d}\theta \int_1^2 r^4 \mathrm{d}r = \frac{31}{60}(4 - \sqrt{2}).$$

下面计算本段开始提到的二重积分,把积分区域的半径换成一般的正数 a,即是

例 10　计算二重积分 $\iint_D \mathrm{e}^{-x^2-y^2}\mathrm{d}\sigma$，其中 D 是由圆周 $x^2 + y^2 = a^2$ 所围成的闭区域.

解　令 $\begin{cases} x = r\cos\theta, \\ y = r\sin\theta, \end{cases}$ 在极坐标系下，D 可以表示为

$$D: 0 \leqslant \theta \leqslant 2\pi, 0 \leqslant r \leqslant a,$$

所以

$$\iint\limits_{D} e^{-x^2-y^2} d\sigma = \iint\limits_{D} e^{-r^2} r dr d\theta = \int_0^{2\pi} d\theta \int_0^a e^{-r^2} r dr = \pi(1 - e^{-a^2}).$$

从上述几个例子可以发现,当被积函数或积分区域的表达式用极坐标表示比较简单时,可以考虑利用极坐标计算二重积分.

在一元函数积分中,工程中常用的反常积分 $\int_0^{+\infty} e^{-x^2}$ 是"不可积出"的,但可以利用二重积分进行处理.

例 11 计算 $I = \int_0^{+\infty} e^{-x^2} dx$.

分析 由于积分 $\int e^{-x^2} dx$ 不能用初等函数表示,所以直接算算不出来. 因 $\int_0^{+\infty} e^{-x^2} dx = \lim_{R \to +\infty} \int_0^R e^{-x^2} dx$,所以可以用上例的结果及夹逼准则来计算.

解 设

$$D_1 = \{(x, y) \,|\, x^2 + y^2 \leqslant R^2, \, x \geqslant 0, \, y \geqslant 0\},$$
$$D_2 = \{(x, y) \,|\, x^2 + y^2 \leqslant 2R^2, \, x \geqslant 0, \, y \geqslant 0\},$$
$$S = \{(x, y) \,|\, 0 \leqslant x \leqslant R, \, 0 \leqslant y \leqslant R\}.$$

显然 $D_1 \subset S \subset D_2$. 由于 $e^{-x^2-y^2} > 0$,从而在这些闭区域上的二重积分之间有不等式

$$\iint\limits_{D_1} e^{-x^2-y^2} dx dy < \iint\limits_{S} e^{-x^2-y^2} dx dy < \iint\limits_{D_2} e^{-x^2-y^2} dx dy.$$

因为 $\iint\limits_{S} e^{-x^2-y^2} dx dy = \int_0^R e^{-x^2} dx \cdot \int_0^R e^{-y^2} dy = \left(\int_0^R e^{-x^2} dx\right)^2$,

又应用例 10 的结果有

$$\iint\limits_{D_1} e^{-x^2-y^2} dx dy = \frac{\pi}{4}(1 - e^{-R^2}),$$

$$\iint\limits_{D_2} e^{-x^2-y^2} dx dy = \frac{\pi}{4}(1 - e^{-2R^2}),$$

于是上面的不等式可写成

$$\frac{\pi}{4}(1 - e^{-R^2}) < \left(\int_0^R e^{-x^2} dx\right)^2 < \frac{\pi}{4}(1 - e^{-2R^2}).$$

令 $R \to +\infty$,上式两端趋于同一极限 $\frac{\pi}{4}$,从而

$$\int_0^{+\infty} \mathrm{e}^{-x^2}\,\mathrm{d}x = \frac{\sqrt{\pi}}{2}.$$

习题 7-8

1. 填空题.

(1) 一母线平行于 z 轴的曲顶柱体的曲顶为 $z = x^2 + y^2$，底为圆域：$x^2 + y^2 \leqslant 4$，则该曲顶柱体的体积可用二重积分表示为 _____；

(2) 设有一平面薄片，占有 xOy 面上的闭区域 D. 如果该薄片上分布有面密度为 $\mu(x, y)$ 的电荷，且 $\mu(x, y)$ 在 D 上连续，则该薄片上的全部电荷 Q 用二重积分可表示为 _____；

(3) 由二重积分的几何意义，$\iint\limits_D \mathrm{d}\sigma = $ _____，其中积分区域由圆周 $x^2 + y^2 \leqslant R^2$ 所围成；

(4) 由二重积分的几何意义，$\iint\limits_D \sqrt{16 - x^2 - y^2}\,\mathrm{d}\sigma$ _____，其中积分区域由圆周 $x^2 + y^2 \leqslant 16$ 所围成；

(5) 根据二重积分的性质，比较大小 $\iint\limits_D (x+y)^2\,\mathrm{d}\sigma$ _____ $\iint\limits_D (x+y)^3\,\mathrm{d}\sigma$，其中积分区域 D 是由三条直线 $x = 1$，$y = 1$ 与 $x + y = 1$ 所围成.

2. 根据二重积分的性质，估计下列二重积分的值.

(1) $I = \iint\limits_D (1 + 2xy)\,\mathrm{d}\sigma$，其中 $D = \{(x, y) \mid 0 \leqslant x \leqslant 2,\ 0 \leqslant y \leqslant 1\}$；

(2) $I = \iint\limits_D \dfrac{1}{100 + \cos^2 x + \cos^2 y}\,\mathrm{d}\sigma$，其中 D 由直线 $x + y = \pm 10$，$x - y = \pm 10$ 所围成；

(3) $I = \iint\limits_D (x^2 + 4y^2 + 9)\,\mathrm{d}\sigma$，其中 $D = \{(x, y) \mid x^2 + y^2 \leqslant 4\}$；

(4) $\iint\limits_D (x + y + 10)\,\mathrm{d}\sigma$，其中 D 是圆周 $x^2 + y^2 \leqslant 4$ 所围成.

3. 将二重积分 $\iint\limits_D f(x, y)\,\mathrm{d}\sigma$ 化为直角坐标下的二次积分（用两种不同的次序），其中积分区域 D 为

(1) 由抛物线 $y = x^2$ 与直线 $y = x$ 所围成的闭区域；

(2) $D = \{(x, y) \mid x^2 + y^2 \leqslant 1,\ y \geqslant 0\}$；

(3) 由直线 $y = x$，$y = 2 - x$ 及 x 轴所围成的闭区域.

4. 改变下列二次积分的积分次序.

(1) $\displaystyle\int_0^1 \mathrm{d}x \int_x^1 f(x, y)\,\mathrm{d}y$；

(2) $\displaystyle\int_0^1 \mathrm{d}x \int_0^{x^2} f(x, y)\,\mathrm{d}y + \int_1^2 \mathrm{d}x \int_0^{\sqrt{1-(x-1)^2}} f(x, y)\,\mathrm{d}y$；

(3) $\int_0^1 \mathrm{d}y \int_y^{1+\sqrt{1-y^2}} f(x, y)\mathrm{d}x.$

5. 计算二重积分.

(1) $\iint\limits_D (3x^2 y + 4xy^2)\,\mathrm{d}\sigma$, 其中 $D = \{(x, y)\mid 0 \leqslant x \leqslant 2, 1 \leqslant y \leqslant 4\}$;

(2) $\iint\limits_D xy\mathrm{d}\sigma$, 其中 D 是由直线 $y=1$, $x=2$, $y=x$ 所围区域;

(3) $\iint\limits_D xy\mathrm{d}\sigma$, 其中 D 是由 $y=x^2$, $y=\sqrt{2x-x^2}$ $(0 \leqslant x \leqslant 1)$ 所围闭区域;

(4) 求 $\iint\limits_D \dfrac{\sin y}{y}\mathrm{d}\sigma$, D 由抛物线 $y=\sqrt{x}$ 及直线 $y=\dfrac{x}{\pi}$ 围成;

(5) 求 $\iint\limits_D x^2 \mathrm{e}^{-y^2}\mathrm{d}\sigma$, 其中 D 由直线 $y=x$, $y=1$ 及 y 轴所围;

(6) 计算二重积分 $\iint\limits_D |y-x^2|\mathrm{d}\sigma$, 其中 D 为矩形区域: $-1 \leqslant x \leqslant 1$, $0 \leqslant y \leqslant 1$.

6. 利用极坐标计算下列二重积分.

(1) 计算 $\iint\limits_D \dfrac{x}{y}\mathrm{d}x\mathrm{d}y$, 其中 D 是由曲线 $x^2+y^2=2ay$ $(x \geqslant 0, a$ 为正实数) 与 y 轴所围成的闭区域;

(2) 计算 $\iint\limits_D \dfrac{\sin(\pi\sqrt{x^2+y^2})}{\sqrt{x^2+y^2}}\mathrm{d}x\mathrm{d}y$, 其中 $D = \{(x, y)\mid 1 \leqslant x^2+y^2 \leqslant 4\}$;

(3) 计算 $\iint\limits_D (x+y)\mathrm{d}x\mathrm{d}y$, 其中 $D = \{(x, y)\mid x+y \geqslant 1, x^2+y^2 \leqslant 1\}$.

7. 设 $I = \int_0^{\frac{R}{\sqrt{2}}} \mathrm{d}x \int_0^x \dfrac{y^2}{x^2}\mathrm{d}y + \int_{\frac{R}{\sqrt{2}}}^R \mathrm{d}x \int_0^{\sqrt{R^2-x^2}} \dfrac{y^2}{x^2}\mathrm{d}y.$

(1) 交换积分次序;(2) 将 I 化成极坐标形式, 并计算 I.

8. 设 $f(x)$ 在 $[a, b]$ 上连续, $g(x)$ 在 $[c, d]$ 上连续, 又
$D = \{(x, y)\mid a \leqslant x \leqslant b, c \leqslant y \leqslant d\}$, 证明:

$$\iint\limits_D f(x)g(y)\mathrm{d}x\mathrm{d}y = \int_a^b f(x)\,\mathrm{d}x \cdot \int_c^d g(x)\,\mathrm{d}x.$$

9. 求抛物线 $y^2=2x$ 与直线 $y=x-4$ 所围成封闭图形的面积.

10. 求半球体 $0 \leqslant z \leqslant \sqrt{4a^2-x^2-y^2}$ 被圆柱面 $x^2+y^2=2ax$ $(a>0)$ D 所截且包含在圆柱面内部的那部分的体积.

11. 求由平面 $x=0$, $y=0$, $x+y=1$ 所围成的柱体被平面 $z=0$ 及旋转抛物面 $x^2+y^2=6-z$ 截得的立体的体积.

第8章 无穷级数

无穷级数是研究函数的重要工具,已广泛地应用于工程技术、数理统计、数值计算及其他领域. 它既可以作为一个函数或一个数的表达式,用来表示函数、研究函数的性质,又可用它求得一些函数的近似公式,进行数值计算. 本章主要介绍无穷级数的概念、性质、收敛与发散的判别法、幂级数以及一些简单函数的幂级数展开式.

§8.1 常数项级数的概念与性质

一、常数项级数的概念

如果给定一个无穷数列 u_1,u_2,u_3,$\cdots$,u_n,$\cdots$,则由这数列的项相加构成的表达式

$$u_1+u_2+u_3+\cdots+u_n+\cdots$$

叫做(常数项)无穷级数,简称(常数项)级数,记为 $\sum\limits_{n=1}^{\infty} u_n$,即

$$\sum_{n-1}^{\infty} u_n = u_1+u_2+u_3+\cdots+u_n+\cdots.$$

其中,第 n 项 u_n 称为级数的一般项或通项.

注意 无穷级数仅仅是一种形式上的相加,可看作"无限项之和",式子末尾"$+\cdots$"不要漏掉,漏掉就变成有限项之和,就不是级数了. 这种"无限项之和"的式子与有限项之和的式子的一些性质是不相同的. 为此,我们引入级数的前 n 项和的概念.

级数 $\sum\limits_{n=1}^{\infty} u_n$ 的前 n 项和,称为级数 $\sum\limits_{n=1}^{\infty} u_n$ 的部分和,记为 s_n,即

$$s_n = \sum_{i=1}^{n} u_i = u_1 + u_2 + u_3 + \cdots + u_n,$$

并且 $\{s_n\}$ 构成一个数列,称为**部分和数列**.

如果级数 $\sum_{n=1}^{\infty} u_n$ 的部分和数列 $\{s_n\}$ 有极限 s,即 $\lim_{n\to\infty} s_n = s$,则称无穷级数 $\sum_{n=1}^{\infty} u_n$ **收敛**,此时极限 s 叫做这级数的**和**,并写成 $s = \sum_{n=1}^{\infty} u_n = u_1 + u_2 + u_3 + \cdots + u_n + \cdots$;反之,如果 $\{s_n\}$ 没有极限,则称无穷级数 $\sum_{n=1}^{\infty} u_n$ **发散**.

当级数 $\sum_{n=1}^{\infty} u_n$ 收敛时,级数的和与部分和的差,它们之间的差值

$$r_n = s - s_n = u_{n+1} + u_{n+2} + \cdots$$

称为级数 $\sum_{n=1}^{\infty} u_n$ 的**余项**.

注意 级数只有收敛时才有和与余项. s_n 是级数 $\sum_{n=1}^{\infty} u_n$ 的和 s 的近似值,而余项的绝对值是他们的误差.

例 1 讨论无穷级数 $\sum_{n=0}^{\infty} aq^n = a + aq + aq^2 + \cdots + aq^n + \cdots$(称为等比级数或几何级数)的敛散性,其中 $a \neq 0$,q 叫做级数的公比.

解 若 $q \neq 1$,则部分和

$$s_n = a + aq + aq^2 + \cdots + aq^{n-1} = \frac{a - aq^n}{1-q} = \frac{a(1-q^n)}{1-q}.$$

当 $|q| < 1$ 时,$\lim_{n\to\infty} s_n = \dfrac{a}{1-q}$,故原级数收敛;

当 $|q| > 1$ 时,$\lim_{n\to\infty} s_n = \infty$,故原级数发散;

若 $|q| = 1$,则当 $q = 1$ 时,$s_n = na$,$\lim_{n\to\infty} s_n$ 不存在,故原级数发散;当 $q = -1$ 时,$s_n = \dfrac{1}{2}[1 + (-1)^n]a$,$\lim_{n\to\infty} s_n$ 不存在,故原级数发散.

综上所述,几何级数 $\sum_{n=0}^{\infty} aq^n$ 当且仅当 $|q| < 1$ 时收敛,且和为 $\dfrac{a}{1-q}$(注意 n 从 0 开始);当 $|q| \geqslant 1$ 时发散.

例 2 判别无穷级数

$$\frac{1}{1 \times 6} + \frac{1}{6 \times 11} + \frac{1}{11 \times 16} + \cdots + \frac{1}{(5n-4)(5n+1)} + \cdots$$

的收敛性.

解 由于

$$u_n = \frac{1}{(5n-4)(5n+1)} = \frac{1}{5}\left(\frac{1}{5n-4} - \frac{1}{5n+1}\right),$$

因此

$$\begin{aligned}
s_n &= \frac{1}{1 \times 6} + \frac{1}{6 \times 11} + \frac{1}{11 \times 16} + \cdots + \frac{1}{(5n-4)(5n+1)} \\
&= \frac{1}{5}\left(1 - \frac{1}{6}\right) + \frac{1}{5}\left(\frac{1}{6} - \frac{1}{11}\right) + \cdots + \frac{1}{5}\left(\frac{1}{5n-4} - \frac{1}{5n+1}\right) \\
&= \frac{1}{5}\left(1 - \frac{1}{5n+1}\right),
\end{aligned}$$

从而

$$\lim_{n \to \infty} s_n = \lim_{n \to \infty} \frac{1}{5}\left(1 - \frac{1}{5n+1}\right) = \frac{1}{5}.$$

所以级数收敛,它的和是 $\frac{1}{5}$.

例3 讨论级数 $\sum\limits_{n=1}^{\infty} \frac{n}{2^n}$ 的敛散性.

解 设

$$s_n = \sum_{k=1}^{n} \frac{k}{2^k} = \frac{1}{2} + \frac{2}{2^2} + \frac{3}{2^3} + \cdots + \frac{n-1}{2^{n-1}} + \frac{n}{2^n},$$

$$\frac{1}{2} s_n = \frac{1}{2^2} + \frac{2}{2^3} + \frac{3}{2^4} + \cdots + \frac{n-1}{2^n} + \frac{n}{2^{n+1}},$$

两式相减,得

$$\begin{aligned}
\frac{1}{2} s_n &= s_n - \frac{1}{2} s_n = \frac{1}{2} + \frac{1}{2^2} + \frac{1}{2^3} + \cdots + \frac{1}{2^n} - \frac{n}{2^{n+1}} \\
&= \frac{\frac{1}{2}\left(1 - \frac{1}{2^n}\right)}{1 - \frac{1}{2}} - \frac{n}{2^{n+1}} \to 1 \quad (n \to \infty).
\end{aligned}$$

故 $\lim\limits_{n \to \infty} s_n = 2$,原级数收敛,且其和为 2.

二、收敛级数的基本性质

性质 1　设级数 $\sum\limits_{n=1}^{\infty} u_n$ 收敛，k 是常数，则级数 $\sum\limits_{n=1}^{\infty} ku_n$ 收敛，且有 $\sum\limits_{n=1}^{\infty} ku_n = k\sum\limits_{n=1}^{\infty} u_n$.

证明　设 $\sum\limits_{i=1}^{n} u_i = s_n$，$\sum\limits_{i=1}^{n} ku_i = \sigma_n$，则

$$\sum_{n=1}^{\infty} ku_n = \lim_{n\to\infty} \sigma_n = \lim_{n\to\infty}(ku_1 + ku_2 + \cdots + ku_n)$$

$$= k\lim_{n\to\infty}(u_1 + u_2 + \cdots + u_n) = k\lim_{n\to\infty} s_n = k\sum_{n=1}^{\infty} u_n.$$

性质 2　级数 $\sum\limits_{n=1}^{\infty} u_n$ 和 $\sum\limits_{n=1}^{\infty} v_n$ 收敛，则级数 $\sum\limits_{n=1}^{\infty}(u_n \pm v_n)$ 收敛，且有

$$\sum_{n=1}^{\infty}(u_n \pm v_n) = \sum_{n=1}^{\infty} u_n \pm \sum_{n=1}^{\infty} v_n.$$

证明　设 $\sum\limits_{i=1}^{n} u_i = s_n$，$\sum\limits_{i=1}^{n} v_i = \sigma_n$，$\sum\limits_{i=1}^{n}(u_i \pm v_i) = w_n$，则

$$\lim_{n\to\infty} w_n = \lim_{n\to\infty}\left[(u_1 \pm v_1) + (u_2 \pm v_2) + \cdots + (u_n \pm v_n)\right]$$

$$= \lim_{n\to\infty}\left[(u_1 + u_2 + \cdots + u_n) \pm (v_1 + v_2 + \cdots + v_n)\right]$$

$$= \lim_{n\to\infty}(s_n \pm \sigma_n) = \lim_{n\to\infty} s_n \pm \lim_{n\to\infty} \sigma_n.$$

即

$$\sum_{n=1}^{\infty}(u_n \pm v_n) = \sum_{n=1}^{\infty} u_n \pm \sum_{n=1}^{\infty} v_n.$$

性质 3　在级数中去掉、加上或改变有限项，不会改变级数的收敛性.

比如，级数 $1 + \dfrac{1}{2} + \dfrac{1}{2^2} + \cdots + \dfrac{1}{2^n} + \cdots$ 是收敛的；

级数 $100 + 1 + \dfrac{1}{2} + \dfrac{1}{2^2} + \cdots + \dfrac{1}{2^n} + \cdots$ 也是收敛的；

级数 $\dfrac{1}{2} + \dfrac{1}{2^2} + \cdots + \dfrac{1}{2^n} + \cdots$ 也是收敛的.

性质 4　如果级数 $\sum\limits_{n=1}^{\infty} u_n$ 收敛，则对这级数的项任意加括号后所成的级数仍

收敛,且其和不变.

值得注意的是,如果加括号后所成的级数收敛,去括号后的级数不一定也收敛.例如,级数 $(1-1)+(1-1)+\cdots$ 收敛于零,但级数 $1-1+1-1+\cdots$ 却是发散的.

推论 若加括号后所成的级数发散,则原级数也发散.

性质5（级数收敛的必要条件） 如果 $\displaystyle\sum_{n=1}^{\infty} u_n$ 收敛,则 $\displaystyle\lim_{n\to\infty} u_n = 0$.

证明 设 $\displaystyle\sum_{i=1}^{n} u_i = s_n$,且 $\displaystyle\lim_{n\to\infty} s_n = s$,则

$$\lim_{n\to\infty} u_n = \lim_{n\to\infty}(s_n - s_{n-1}) = \lim_{n\to\infty} s_n - \lim_{n\to\infty} s_{n-1} = s - s = 0.$$

例 4 证明调和级数 $\displaystyle\sum_{n=1}^{\infty} \frac{1}{n} = 1 + \frac{1}{2} + \frac{1}{3} + \cdots + \frac{1}{n} + \cdots$ 是发散的.

证明 假设级数 $\displaystyle\sum_{n=1}^{\infty} \frac{1}{n}$ 收敛不妨令 $\displaystyle\sum_{n=1}^{\infty} \frac{1}{n} = s$,$\displaystyle\sum_{i=1}^{n} \frac{1}{i} = s_n$.

显然有 $\displaystyle\lim_{n\to\infty} s_n = s$ 及 $\displaystyle\lim_{n\to\infty} s_{2n} = s$. 于是 $\displaystyle\lim_{n\to\infty}(s_{2n} - s_n) = 0$.

但是又有

$$s_{2n} - s_n = \frac{1}{n+1} + \frac{1}{n+2} + \cdots + \frac{1}{2n} > \frac{1}{2n} + \frac{1}{2n} + \cdots + \frac{1}{2n} = \frac{1}{2},$$

故 $\displaystyle\lim_{n\to\infty}(s_{2n} - s_n) \neq 0$,矛盾. 这说明级数 $\displaystyle\sum_{n=1}^{\infty} \frac{1}{n}$ 必定发散.

习题 8-1

1. 是非题.

(1) 若级数 $\displaystyle\sum_{n=1}^{\infty} u_n$ 收敛,$\displaystyle\sum_{n=1}^{\infty} v_n$ 发散,则 $\displaystyle\sum_{n=1}^{\infty} (u_n \pm v_n)$ 必发散. （   ）

(2) 若级数 $\displaystyle\sum_{n=1}^{\infty} u_n$,$\displaystyle\sum_{n=1}^{\infty} v_n$ 发散,则 $\displaystyle\sum_{n=1}^{\infty} (u_n \pm v_n)$ 必发散. （   ）

(3) 若级数 $\displaystyle\sum_{n=1}^{\infty} (u_n \pm v_n)$ 收敛,则 $\displaystyle\sum_{n=1}^{\infty} u_n$ 与 $\displaystyle\sum_{n=1}^{\infty} v_n$ 均收敛. （   ）

(4) 若 $\displaystyle\lim_{n\to\infty} u_n \neq 0$,则级数 $\displaystyle\sum_{n=1}^{\infty} u_n$ 必发散. （   ）

(5) 若级数 $\displaystyle\sum_{n=1}^{\infty} u_n$ 收敛,则 $\displaystyle\sum_{n=1}^{\infty} (u_{2n-1} + u_{2n})$ 必收敛. （   ）

(6) 若级数 $\displaystyle\sum_{n=1}^{\infty} (u_{2n-1} + u_{2n})$ 收敛,则 $\displaystyle\sum_{n=1}^{\infty} u_n$ 必收敛. （   ）

2. 判断下列级数是否收敛,若收敛,求其和.

(1) $\displaystyle\sum_{n=1}^{\infty} \frac{1}{(2n-1)(2n+1)}$;

(2) $\displaystyle\sum_{n=1}^{\infty} \sin \frac{n\pi}{6}$;

(3) $\displaystyle\sum_{n=1}^{\infty} \left(\frac{1}{2^n} + \frac{1}{3^n}\right)$;

(4) $\displaystyle\sum_{n=1}^{\infty} \left(\frac{1}{4^n} + \frac{4}{n}\right)$;

(5) $\displaystyle\sum_{n=1}^{\infty} n\ln\left(1 + \frac{1}{n}\right)$;

(6) $\displaystyle\sum_{n=1}^{\infty} (\sqrt{n+2} - 2\sqrt{n+1} + \sqrt{n})$.

3. 设 $\displaystyle\lim_{n\to\infty} na_n$ 存在,且级数 $\displaystyle\sum_{n=1}^{\infty} n(a_n - a_{n-1})$ 收敛,证明:级数 $\displaystyle\sum_{n=1}^{\infty} a_n$ 收敛.

§8.2 常数项级数的审敛法

一、正项级数及其审敛法

若常数项级数 $\displaystyle\sum_{n=1}^{\infty} u_n$ 的每一项 $u_n \geqslant 0$,则称此级数为**正项级数**. 显然,正项级数部分和数列 $\{s_n\}$ 单调递增.

定理 1 正项级数 $\displaystyle\sum_{n=1}^{\infty} u_n$ 收敛的充要条件是它的部分和数列 $\{s_n\}$ 有上界.

定理 2(比较审敛法) 设 $\displaystyle\sum_{n=1}^{\infty} u_n$ 和 $\displaystyle\sum_{n=1}^{\infty} v_n$ 是两个正项级数,且 $\exists N$,$n > N$ 时有 $u_n \leqslant cv_n$(c 是正数),则

(1) 若 $\displaystyle\sum_{n=1}^{\infty} v_n$ 收敛,则 $\displaystyle\sum_{n=1}^{\infty} u_n$ 收敛;

(2) 若 $\displaystyle\sum_{n=1}^{\infty} u_n$ 发散,则 $\displaystyle\sum_{n=1}^{\infty} v_n$ 发散.

证明 设 $s_n = u_1 + u_2 + \cdots + u_n$,$t_n = v_1 + v_2 + \cdots + v_n$,因为 $\exists N$,$n > N$ 时,$u_n \leqslant cv_n$,所以,$n > N$ 时,$s_n \leqslant ct_n + S_N$.

若级数 $\displaystyle\sum_{n=1}^{\infty} v_n$ 收敛,则 t_n 有界,因此 s_n 有界,故级数 $\displaystyle\sum_{n=1}^{\infty} u_n$ 收敛;

若级数 $\displaystyle\sum_{n=1}^{\infty} u_n$ 发散,则 s_n 无界,因此 t_n 无界,故级数 $\displaystyle\sum_{n=1}^{\infty} v_n$ 发散.

例 1 判别级数 $\displaystyle\sum_{n=1}^{\infty} \frac{1}{n2^n}$ 的收敛性.

解 因为 $u_n = \dfrac{1}{n2^n} \leqslant \dfrac{1}{2^n}$($n = 1, 2\cdots$),而级数 $\displaystyle\sum_{n=1}^{\infty} \frac{1}{2^n}$ 收敛,根据比较审敛法,

级数 $\sum\limits_{n=1}^{\infty} \dfrac{1}{n2^n}$ 收敛.

例2 讨论 p-级数 $\sum\limits_{n=1}^{\infty} \dfrac{1}{n^p} = 1 + \dfrac{1}{2^p} + \dfrac{1}{3^p} + \dfrac{1}{4^p} + \cdots + \dfrac{1}{n^p} + \cdots (p > 0)$ 的收敛性.

解 设 $p \leqslant 1$, 这时 $\dfrac{1}{n^p} \geqslant \dfrac{1}{n}$, 即级数的各项不小于调和级数的对应项, 而调和级数发散, 因此, 由比较审敛法知: 当 $p \leqslant 1$ 时, $\sum\limits_{n=1}^{\infty} \dfrac{1}{n^p}$ 发散.

设 $p > 1$, 因为当 $k - 1 \leqslant x \leqslant k$ 时, 有 $\dfrac{1}{k^p} \leqslant \dfrac{1}{x^p}$, 所以

$$\frac{1}{k^p} = \int_{k-1}^{k} \frac{1}{k^p} \mathrm{d}x \leqslant \int_{k-1}^{k} \frac{1}{x^p} \mathrm{d}x \quad (k = 2, 3, \cdots).$$

从而级数的部分和

$$s_n = 1 + \sum_{k=2}^{n} \frac{1}{k^p} \leqslant 1 + \sum_{k=2}^{n} \int_{k-1}^{k} \frac{1}{x^p} \mathrm{d}x = 1 + \int_{1}^{n} \frac{1}{x^p} \mathrm{d}x$$

$$= 1 + \frac{1}{p-1}\left(1 - \frac{1}{n^{p-1}}\right) < 1 + \frac{1}{p-1} \quad (n = 2, 3, \cdots).$$

即 $\{s_n\}$ 有界, 因此级数 $\sum\limits_{n=1}^{\infty} \dfrac{1}{n^p}$ 当 $p > 1$ 时收敛.

综合以上, 得到: p-级数 $\sum\limits_{n=1}^{\infty} \dfrac{1}{n^p}$ 当 $p > 1$ 时收敛, 当 $p \leqslant 1$ 时发散.

例3 判定级数 $\sum\limits_{n=1}^{\infty} \dfrac{1}{n^2 - n + 1}$ 的敛散性.

解 由于 $n^2 - n + 1 > \dfrac{n^2}{2} \Rightarrow \dfrac{1}{n^2 - n + 1} < \dfrac{2}{n^2}$, 而 $\sum\limits_{n=1}^{\infty} \dfrac{2}{n^2} = 2 \sum\limits_{n=1}^{\infty} \dfrac{1}{n^2}$ 是 $p = 2 > 1$ 的 p-级数, 收敛, 故原级数收敛.

定理3（比较审敛法的极限形式） 设 $\sum\limits_{n=1}^{\infty} u_n$ 和 $\sum\limits_{n=1}^{\infty} v_n$ 是两个正项级数, 且 $\lim\limits_{n \to \infty} \dfrac{u_n}{v_n} = l$, 则

(1) $0 < l < +\infty$ 时, $\sum\limits_{n=1}^{\infty} u_n$ 和 $\sum\limits_{n=1}^{\infty} v_n$ 有相同的敛散性;

（2）$l=0$ 时，$\sum\limits_{n=1}^{\infty} v_n$ 收敛 $\Rightarrow \sum\limits_{n=1}^{\infty} u_n$ 收敛；

（3）$l=+\infty$ 时，$\sum\limits_{n=1}^{\infty} v_n$ 发散 $\Rightarrow \sum\limits_{n=1}^{\infty} u_n$ 发散.

例 4　判别级数 $\sum\limits_{n=1}^{\infty} \sin^p \dfrac{\pi}{n}(p>0)$ 的敛散性.

解　因为 $\lim\limits_{n\to\infty} \dfrac{\sin^p \dfrac{\pi}{n}}{\left(\dfrac{\pi}{n}\right)^p}=1$，而当 $0<p\leqslant 1$ 时，级数 $\sum\limits_{n=1}^{\infty}\left(\dfrac{\pi}{n}\right)^p=\pi^p \sum\limits_{n=1}^{\infty} \dfrac{1}{n^p}$ 发散，

根据比较审敛法的极限形式，级数 $\sum\limits_{n=1}^{\infty} \sin^p \dfrac{\pi}{n}(p>0)$ 发散；当 $p>1$ 时，级数

$\sum\limits_{n=1}^{\infty}\left(\dfrac{\pi}{n}\right)^p=\pi^p \sum\limits_{n=1}^{\infty} \dfrac{1}{n^p}$ 收敛，根据比较审敛法的极限形式，级数 $\sum\limits_{n=1}^{\infty} \sin^p \dfrac{\pi}{n}(p>0)$

收敛.

例 5　判别级数 $\sum\limits_{n=1}^{\infty} \ln\left(1+\dfrac{1}{n^2}\right)$ 的敛散性.

解　因为 $\lim\limits_{n\to\infty} \dfrac{\ln\left(1+\dfrac{1}{n^2}\right)}{\dfrac{1}{n^2}}=1$，而级数 $\sum\limits_{n=1}^{\infty} \dfrac{1}{n^2}$ 收敛，根据比较审敛法的极限形

式，级数 $\sum\limits_{n=1}^{\infty} \ln\left(1+\dfrac{1}{n^2}\right)$ 收敛.

定理 4（比值审敛法，达朗贝尔（D′Alembert）判别法）　设 $\sum\limits_{n=1}^{\infty} u_n$ 为正项级数，

如果 $\lim\limits_{n\to\infty} \dfrac{u_{n+1}}{u_n}=l$（$l$ 有限或 ∞），则

（1）若 $l<1$，则级数收敛；

（2）若 $l>1$，则级数发散；

（3）若 $l=1$，则级数可能收敛也可能发散.

达朗贝尔判别法适用于 u_n 和 u_{n+1} 有相同因子或连乘项的级数，特别是 u_n 中含

有因子 $n!$ 者.

例 6　判别级数 $\dfrac{1}{2}+\dfrac{3}{2^2}+\dfrac{5}{2^3}+\cdots+\dfrac{2n-1}{2^n}+\cdots$ 的收敛性.

解 因为 $\lim\limits_{n\to\infty}\dfrac{u_{n+1}}{u_n}=\lim\limits_{n\to\infty}\dfrac{2n+1}{2n-1}\cdot\dfrac{2^n}{2^{n+1}}=\dfrac{1}{2}<1$，根据比值审敛法可知所给级数收敛.

定理 5（根值审敛法，柯西（Cauchy）判别法） 设 $\sum\limits_{n=1}^{\infty}u_n$ 为正项级数，且 $\lim\limits_{n\to\infty}\sqrt[n]{u_n}=l$，则

(1) $l<1$ 时，原级数收敛；

(2) $l>1$ 时，原级数发散；

(3) $l=1$ 时，级数可能收敛也可能发散.

柯西判别法适用于通项中含有以 n 作为指数的式子.

例 7 判别级数 $\sum\dfrac{3+(-1)^n}{2^n}$ 的敛散性.

解 $\lim\limits_{n\to\infty}\sqrt[n]{u_n}=\lim\limits_{n\to\infty}\dfrac{\sqrt[n]{3+(-1)^n}}{2}=\dfrac{1}{2}<1$，根据根值审敛法可知原级数收敛.

例 8 判定级数 $\sum\limits_{n=1}^{\infty}\left(\dfrac{n}{2n+1}\right)^n$ 的敛散性.

解 因为

$$\lim\limits_{n\to\infty}\sqrt[n]{u_n}=\lim\limits_{n\to\infty}\dfrac{n}{2n+1}=\dfrac{1}{2}<1,$$

所以，根据根值审敛法知所给级数收敛.

例 9 判定级数 $\sum\limits_{n=1}^{\infty}\dfrac{n+3}{n(n+1)(n+2)}$ 的敛散性.

解 因为 $\lim\limits_{n\to\infty}\dfrac{u_{n+1}}{u_n}=\lim\limits_{n\to\infty}\dfrac{n(n+4)}{(n+3)^2}=1$，比值法失效，同理，根值法也失效. 又

$\dfrac{n+3}{n(n+1)(n+2)}\sim\dfrac{1}{n^2}(n\to\infty)$，故

$$\lim\limits_{n\to\infty}\dfrac{\dfrac{n+3}{n(n+1)(n+2)}}{\dfrac{1}{n^2}}=\lim\limits_{n\to\infty}\dfrac{n^2(n+3)}{n(n+1)(n+2)}=1,$$

而级数 $\sum\limits_{n=1}^{\infty}\dfrac{1}{n^2}$ 收敛，故原级数收敛.

注意 运用比较审敛法时,常常选取 p-级数来作比较.

二、交错级数及其审敛法

若 $u_n > 0$,则称级数

$$\sum_{n=1}^{\infty} (-1)^{n-1} u_n = u_1 - u_2 + u_3 - u_4 + \cdots$$

或

$$\sum_{n=1}^{\infty} (-1)^n u_n = -u_1 + u_2 - u_3 + u_4 - \cdots$$

为**交错级数**. 即交错级数的各项是正负交错的.

定理 6(莱布尼茨(Leibniz)定理) 如果交错级数 $\displaystyle\sum_{n=1}^{\infty} (-1)^{n-1} u_n$ 满足下列条件:

(1) $u_n \geqslant u_{n+1}$ ($n=1,\ 2,\ 3,\ \cdots$);

(2) $\displaystyle\lim_{n \to \infty} u_n = 0$,

则级数收敛,且其和 $s \leqslant u_1$,其余项 r_n 的绝对值 $|r_n| \leqslant u_{n+1}$.

证明
$$s_{2(n+1)} = (u_1 - u_2) + (u_3 - u_4) + \cdots + (u_{2n-1} - u_{2n}) + (u_{2n+1} - u_{2n+2})$$
$$\geqslant (u_1 - u_2) + (u_3 - u_4) + \cdots + (u_{2n-1} - u_{2n}) = s_{2n},$$

故 $\{s_{2n}\}$ 单调递增;

又
$$s_{2n} = u_1 - (u_2 - u_3) - \cdots - (u_{2n-2} - u_{2n-1}) - u_{2n} \leqslant u_1,$$

即数列 $\{s_{2n}\}$ 有界.

由单调有界原理,数列 $\{s_{2n}\}$ 收敛. 设 $\{s_{2n}\}$ 收敛于 s,又

$$s_{2n+1} = s_{2n} + u_{2n+1}, \qquad \lim_{n \to \infty} s_{2n+1} = \lim_{n \to \infty} s_{2n} + \lim_{n \to \infty} u_{2n+1} = s + 0 = s,$$

故 $\{s_{2n+1}\}$ 收敛于 s,所以 $\displaystyle\lim_{n \to \infty} s_n = s$.

由数列 $\{s_{2n}\}$ 有界性的证明可知,$0 \leqslant s = \displaystyle\sum_{n=1}^{\infty} (-1)^{n-1} u_n \leqslant u_1$,且余项 $\displaystyle\sum_{m=n}^{\infty} (-1)^m u_{m+1}$ 也为交错级数,故 $|r_n| \leqslant u_{n+1}$.

例 10 判别级数 $\displaystyle\sum_{n=1}^{\infty} (-1)^{n-1} \frac{1}{\sqrt{n}}$ 的敛散性.

解 这是一个交错级数. 因为级数满足

(1) $u_n = \dfrac{1}{\sqrt{n}} > \dfrac{1}{\sqrt{n+1}} = u_{n+1}$ ($n=1,\ 2,\ \cdots$);

（2）$\lim\limits_{n\to\infty} u_n = \lim\limits_{n\to\infty} \dfrac{1}{\sqrt{n}} = 0$，

由莱布尼茨定理，可知此级数收敛.

三、绝对收敛与条件收敛

若级数 $\sum\limits_{n=1}^{\infty} |u_n|$ 收敛，则称级数 $\sum\limits_{n=1}^{\infty} u_n$ **绝对收敛**；若级数 $\sum\limits_{n=1}^{\infty} u_n$ 收敛，而级数

$\sum\limits_{n=1}^{\infty} |u_n|$ 发散，则称级数 $\sum\limits_{n=1}^{\infty} u_n$ **条件收敛**.

定理 7　如果级数 $\sum\limits_{n=1}^{\infty} u_n$ 绝对收敛，则级数 $\sum\limits_{n=1}^{\infty} u_n$ 必定收敛.

注意　如果级数 $\sum\limits_{n=1}^{\infty} |u_n|$ 发散，则不能断定级数 $\sum\limits_{n=1}^{\infty} u_n$ 也发散. 但是，如果我们

用比值法或根值法判定级数 $\sum\limits_{n=1}^{\infty} |u_n|$ 发散，则我们可以断定级数 $\sum\limits_{n=1}^{\infty} u_n$ 必定发散.

这是因为，此时 $|u_n|$ 不趋向于零，从而 u_n 也不趋向于零，因此级数 $\sum\limits_{n=1}^{\infty} u_n$ 也是发散的.

例 11　判别级数 $\sum\limits_{n=1}^{\infty} (-1)^n \dfrac{b^n}{n}\ (b>0)$ 的敛散性.

解　$\lim\limits_{n\to\infty} \left| \dfrac{u_{n+1}}{u_n} \right| = \lim\limits_{n\to\infty} \left| \dfrac{b^{n+1}}{n+1} \cdot \dfrac{n}{b^n} \right| = b \lim\limits_{n\to\infty} \dfrac{n}{n+1} = b.$

当 $0<b<1$ 时，根据比值判别法，原级数绝对收敛；$b>1$ 时，原级数发散；当 $b=1$ 时，原级数为 $\sum\limits_{n=1}^{\infty} (-1)^n \dfrac{1}{n}$，收敛，而 $\sum\limits_{n=1}^{\infty} |u_n| = \sum\limits_{n=1}^{\infty} \dfrac{1}{n}$，发散，故 $b=1$ 时，原级数条件收敛.

例 12　判别级数 $\sum\limits_{n=1}^{\infty} (-1)^{n-1} \dfrac{\sin n}{n^2}$ 的敛散性.

解　由 $|u_n| = \dfrac{|\sin n|}{n^2} \leqslant \dfrac{1}{n^2}$，而 $\sum\limits_{n=1}^{\infty} \dfrac{1}{n^2}$ 收敛，由比较审敛法，可知原级数绝对收敛.

习题 8-2

1. 是非题.

（1）$\lim\limits_{n\to\infty} \dfrac{a_{n+1}}{a_n} = \rho < 1$ 只是正项级数 $\sum\limits_{n=1}^{\infty} a_n$ 收敛的充分条件，而非必要条件.　　　　（　　）

(2) 若正项级数 $\sum\limits_{n=1}^{\infty} a_n$ 收敛,则必有 $\rho = \lim\limits_{n \to \infty} \sqrt[n]{a_n} < 1$.   (   )

(3) 正项级数 $\sum\limits_{n=1}^{\infty} a_n$ 发散,则必有 $a_{n+1} \geqslant a_n$.   (   )

(4) 若 $\sum\limits_{n=1}^{\infty} |a_n|$ 收敛,则 $\sum\limits_{n=1}^{\infty} a_n$ 一定收敛.   (   )

(5) 若级数 $\sum\limits_{n=1}^{\infty} a_n$ 收敛,则 $\sum\limits_{n=1}^{\infty} |a_n|$ 一定收敛.   (   )

(6) 若 $\sum\limits_{n=1}^{\infty} |a_n|$ 发散,则 $\sum\limits_{n=1}^{\infty} a_n$ 一定发散.   (   )

(7) 对一般项级数 $\sum\limits_{n=1}^{\infty} a_n$,若 $\lim\limits_{n \to \infty} \left| \dfrac{a_{n+1}}{a_n} \right| = \rho > 1$ 或 $\lim\limits_{n \to \infty} \sqrt[n]{|a_n|} = \rho > 1$,则 $\sum\limits_{n=1}^{\infty} a_n$ 必发散.

                            (   )

2. 利用比较审敛法或极限形式的比较审敛法判别下列级数的收敛性.

(1) $\sum\limits_{n=1}^{\infty} \dfrac{1}{2n+1}$;   (2) $\sum\limits_{n=1}^{\infty} \dfrac{1}{(n+1)(n+4)}$;

(3) $\sum\limits_{n=1}^{\infty} \dfrac{6^n}{7^n - 5^n}$;   (4) $\sum\limits_{n=1}^{\infty} \dfrac{1}{1+a^n} (a > 0)$.

3. 利用比值审敛法判别下列级数的收敛性.

(1) $\sum\limits_{n=1}^{\infty} \dfrac{3^n}{n 2^n}$;   (2) $\sum\limits_{n=1}^{\infty} \dfrac{n^2}{3^n}$;

(3) $\sum\limits_{n=1}^{\infty} \dfrac{n!}{n^n} a^n$;   (4) $\sum\limits_{n=1}^{\infty} n \tan \dfrac{\pi}{2^{n+1}}$.

4. 用根值审敛法判别下列级数的收敛性.

(1) $\sum\limits_{n=1}^{\infty} \left(\dfrac{2n}{n+1} \right)^n$;   (2) $\sum\limits_{n=1}^{\infty} \dfrac{1}{[\ln(1+n)]^n}$;

(3) $\sum\limits_{n=1}^{\infty} \dfrac{\left(1+\dfrac{1}{n}\right)^{n^2}}{3^n}$;   (4) $\sum\limits_{n=1}^{\infty} \left(\dfrac{b}{a_n} \right)^n$, 其中 $\lim\limits_{n \to \infty} a_n = a, a_n, a, b$ 均为正数.

5. 判别下列级数的敛散性,若收敛,指明是绝对收敛还是条件收敛.

(1) $\sum\limits_{n=1}^{\infty} (-1)^n \dfrac{1}{\ln(1+n)}$;   (2) $\sum\limits_{n=1}^{\infty} (-1)^{n-1} (\sqrt{n+1} - \sqrt{n})$;

(3) $\sum\limits_{n=1}^{\infty} (-1)^{n+1} \dfrac{2^{n^2}}{n!}$;   (4) $\sum\limits_{n=1}^{\infty} (-1)^n \sin \dfrac{a}{n} (a > 0)$.

6. 利用级数收敛的必要性,求证 $\lim\limits_{n \to \infty} \dfrac{n!}{n^n} = 0$.

7. 求证:若级数 $\sum\limits_{n=1}^{\infty} a_n^2$ 和 $\sum\limits_{n=1}^{\infty} b_n^2$ 都收敛,则级数 $\sum\limits_{n=1}^{\infty} |a_n b_n|$, $\sum\limits_{n=1}^{\infty} (a_n + b_n)^2$ 及 $\sum\limits_{n=1}^{\infty} \dfrac{|a_n|}{n}$ 均收敛.

§8.3 幂 级 数

一、函数项级数的概念

设 $\{u_n(x)\}$ 为定义在区间 I 上的函数列,由这函数列构成的表达式

$$u_1(x)+u_2(x)+u_3(x)+\cdots+u_n(x)+\cdots$$

称为定义在区间 I 上的**函数项级数**,记为 $\sum\limits_{n=1}^{\infty} u_n(x)$. 以后用 $\sum u_n(x)$ 作为 $\sum\limits_{n=1}^{\infty} u_n(x)$ 的简便记法.

对于 $x_0 \in I$,若常数项级数 $\sum\limits_{n=1}^{\infty} u_n(x_0)$ 收敛,则称点 x_0 是级数 $\sum\limits_{n=1}^{\infty} u_n(x)$ 的**收敛点**. 若常数项级数 $\sum\limits_{n=1}^{\infty} u_n(x_0)$ 发散,则称点 x_0 是级数 $\sum\limits_{n=1}^{\infty} u_n(x)$ 的**发散点**. 所有收敛点的全体称为它的**收敛域**,所有发散点的全体称为它的**发散域**. 在收敛域上,函数项级数 $\sum\limits_{n=1}^{\infty} u_n(x)$ 的和是 x 的函数 $s(x)$, $s(x)$ 称为函数项级数 $\sum\limits_{n=1}^{\infty} u_n(x)$ 的**和函数**,并写成 $s(x) = \sum\limits_{n=1}^{\infty} u_n(x)$.

函数项级数 $\sum u_n(x)$ 的前 n 项的**部分和**记作 $s_n(x)$,即

$$s_n(x) = u_1(x)+u_2(x)+u_3(x)+\cdots+u_n(x).$$

在收敛域上有 $\lim\limits_{n\to\infty} s_n(x) = s(x)$ 或 $s_n(x) \to s(x)(n\to\infty)$.

函数项级数 $\sum\limits_{n=1}^{\infty} u_n(x)$ 的和函数 $s(x)$ 与部分和 $s_n(x)$ 的差 $r_n(x) = s(x) - s_n(x)$ 叫做函数项级数 $\sum\limits_{n=1}^{\infty} u_n(x)$ 的**余项**. 在收敛域上有 $\lim\limits_{n\to\infty} r_n(x) = 0$.

二、幂级数及其收敛性

形如 $\sum\limits_{n=0}^{\infty} a_n x^n = a_0 + a_1 x + a_2 x^2 + \cdots + a_n x^n + \cdots$ 的函数项级数称为 x 的**幂级数**;形如 $\sum\limits_{n=0}^{\infty} a_n (x-x_0)^n$ 的函数项级数称为 $(x-x_0)$ 的**幂级数**,其中常数 a_0,

a_1，a_2，$\cdots$，a_n，$\cdots$叫做幂级数的**系数**. 幂级数是函数项级数中简单而常见的类型.
例如，

$$1 + x + x^2 + x^3 + \cdots + x^n + \cdots,$$

$$1 + x + \frac{1}{2!}x^2 + \cdots + \frac{1}{n!}x^n + \cdots.$$

定理 1（阿贝尔（**Abel**）**定理**）　（1）若幂级数 $\sum\limits_{n=0}^{\infty} a_n x^n$ 在点 $x = x_0$（$x_0 \neq 0$）处

收敛，则对于满足不等式 $|x| < |x_0|$ 的一切 x，幂级数 $\sum\limits_{n=0}^{\infty} a_n x^n$ 收敛而且绝对收敛；

（2）若幂级数 $\sum\limits_{n=0}^{\infty} a_n x^n$ 在点 $x = x_0$ 处发散，则对于满足不等式 $|x| > |x_0|$ 的

一切 x，幂级数 $\sum\limits_{n=0}^{\infty} a_n x^n$ 发散.

证明　（1）因 $\sum\limits_{n=0}^{\infty} a_n x_0^n$ 收敛，所以 $\lim\limits_{n \to \infty} a_n x_0^n = 0$，故 $|a_n x_0^n| < k$（收敛数列必有
界）. 而

$$\left| a_n x^n \right| = \left| a_n x_0^n \right| \left| \frac{x}{x_0} \right|^n < k \left| \frac{x}{x_0} \right|^n,$$

$\sum\limits_{n=0}^{\infty} k \left(\dfrac{x}{x_0} \right)^n$ 为几何级数，当 $\left| \dfrac{x}{x_0} \right| < 1$ 即 $|x| < |x_0|$ 时，收敛，故级数

$\sum |a_n x^n|$ 收敛，则原级数绝对收敛.

（2）用反证法. 若存在一点 x_2（$|x_2| > |x_1|$），使 $\sum\limits_{n=0}^{\infty} a_n x_2^n$ 收敛，则由（1）知，级

数 $\sum\limits_{n=0}^{\infty} a_n x_1^n$ 收敛，与题设矛盾.

由以上证明可知，幂级数的收敛域是数轴上以原点为中心的对称区间，因此存
在非负数 R，使 $|x| < R$ 时级数收敛，$|x| > R$ 时级数发散，称 R 为幂级数的**收敛半
径**. 开区间 $(-R, R)$ 称为幂级数的**收敛区间**. 再由幂级数在 $x = \pm R$ 处的收敛性就可
以决定它的收敛域 $(-R, R)$，$[-R, R)$，$(-R, R]$ 或 $[-R, R]$ 这四个区间之一.

推论　如果级数 $\sum\limits_{n=0}^{\infty} a_n x^n$ 不是仅在点 $x = 0$ 一点收敛，也不是在整个数轴上都
收敛，则必有一个完全确定的正数 R 存在，使得

当 $|x| < R$ 时，幂级数绝对收敛；

当 $|x| > R$ 时,幂级数发散;

当 $x = R$ 与 $x = -R$ 时,幂级数可能收敛也可能发散.

规定:若幂级数 $\sum\limits_{n=0}^{\infty} a_n x^n$ 只在 $x = 0$ 处收敛,则规定收敛半径 $R = 0$,若幂级数

$\sum\limits_{n=0}^{\infty} a_n x^n$ 对一切 x 都收敛,则规定收敛半径 $R = +\infty$,这时收敛域为 $(-\infty, +\infty)$.

下面给出幂级数收敛半径的求法.

定理 2 若幂级数 $\sum\limits_{n=0}^{\infty} a_n x^n$ 的系数满足 $\lim\limits_{n \to \infty} \left| \dfrac{a_{n+1}}{a_n} \right| = \rho$(或 $\lim\limits_{n \to \infty} \sqrt[n]{|a_n|} = \rho$),则

(1) $0 < \rho < +\infty$ 时,收敛半径 $R = \dfrac{1}{\rho}$;

(2) $\rho = 0$ 时,收敛半径 $R = +\infty$;

(3) $\rho = +\infty$ 时,收敛半径 $R = 0$.

当 $x = \pm R$ 时,幂级数 $\sum\limits_{n=0}^{\infty} a_n x^n$ 的敛散性不能确定,要讨论常数项级数

$\sum\limits_{n=0}^{\infty} a_n (\pm R)^n$ 的敛散性.

证明 $\lim\limits_{n \to \infty} \left| \dfrac{a_{n+1} x^{n+1}}{a_n x^n} \right| = \lim\limits_{n \to \infty} \left| \dfrac{a_{n+1}}{a_n} \cdot |x| \right| = \rho |x|.$

(1) 如果 $0 < \rho < +\infty$,则只当 $\rho |x| < 1$ 时幂级数收敛,故 $R = \dfrac{1}{\rho}$.

(2) 如果 $\rho = 0$,则幂级数总是收敛的,故 $R = +\infty$.

(3) 如果 $\rho = +\infty$,则只当 $x = 0$ 时幂级数收敛,故 $R = 0$.

例 1 求幂级数

$$\sum\limits_{n=0}^{\infty} x^n = 1 + x + x^2 + x^3 + \cdots + x^n + \cdots$$

的收敛半径与收敛域.

解 因为 $\rho = \lim\limits_{n \to \infty} \left| \dfrac{a_{n+1}}{a_n} \right| = 1$,所以收敛半径为 $R = \dfrac{1}{\rho} = 1$.

当 $x = 1$ 时,幂级数成为 $\sum\limits_{n=1}^{\infty} 1^n = \infty$,发散;当 $x = -1$ 时,幂级数成为

$\sum\limits_{n=1}^{\infty} (-1)^n$,也发散. 因此,收敛域为 $(-1, 1)$.

例 2 求幂级数 $\sum\limits_{n=0}^{\infty} \dfrac{1}{n!} x^n = 1 + x + \dfrac{1}{2!} x^2 + \dfrac{1}{3!} x^3 + \cdots + \dfrac{1}{n!} x^n + \cdots$ 的收敛域.

解 因为 $\rho = \lim\limits_{n \to \infty} \left| \dfrac{a_{n+1}}{a_n} \right| = \lim\limits_{n \to \infty} \dfrac{\dfrac{1}{(n+1)!}}{\dfrac{1}{n!}} = \lim\limits_{n \to \infty} \dfrac{n!}{(n+1)!} = 0,$

所以收敛半径为 $R = +\infty$，从而收敛域为 $(-\infty, +\infty)$.

例3 求幂级数 $\sum\limits_{n=0}^{\infty} \dfrac{nx^{2n+1}}{(-3)^n + 2^n}$ 的收敛半径.

解 级数缺少偶次幂的项，定理2不能应用. 可根据比值审敛法来求收敛半径:

$$\lim_{n \to \infty} \left| \frac{u_{n+1}}{u_n} \right| = \lim_{n \to \infty} \left| \frac{a_{n+1} x^{n+1}}{a_n x^n} \right| = |x|^2 \lim_{n \to \infty} \left| \frac{(n+1)}{(-3)^{n+1} + 2^{n+1}} \cdot \frac{(-3)^n + 2^n}{n} \right|$$

$$= |x|^2 \lim_{n \to \infty} \left| \frac{n+1}{n} \cdot \frac{(-3)^n + 2^n}{-3(-3)^n + 2 \cdot 2^n} \right|$$

$$= |x|^2 \lim_{n \to \infty} \left| \frac{1 + \left(-\dfrac{2}{3}\right)^n}{-3 + 2\left(-\dfrac{2}{3}\right)^n} \right| = \frac{1}{3} |x|^2.$$

令 $\dfrac{1}{3} |x|^2 < 1$，则 $|x| < \sqrt{3}$，故收敛半径 $R = \sqrt{3}$.

当 $x = \sqrt{3}$ 时，原级数为 $\sum\limits_{n=1}^{\infty} \dfrac{n \cdot 3^n}{(-3)^n + 2^n} \sqrt{3}$，则

$$\lim_{n \to \infty} u_n = \sqrt{3} \lim_{n \to \infty} \frac{n \cdot 3^n}{(-3)^n + 2^n} = \sqrt{3} \lim_{n \to \infty} \frac{n}{(-1)^n + \left(\dfrac{2}{3}\right)^n} \neq 0.$$

故此时原级数发散；同理，$x = -\sqrt{3}$ 时，原级数也发散. 故原级数的收敛域为 $(-\sqrt{3}, \sqrt{3})$.

例4 求幂级数 $\sum\limits_{n=1}^{\infty} \dfrac{(x-3)^n}{3^n n}$ 的收敛域.

解 比值判别法. $\lim\limits_{n \to \infty} \left| \dfrac{u_{n+1}}{u_n} \right| = \lim\limits_{n \to \infty} \left| \dfrac{\dfrac{(x-3)^{n+1}}{3^{n+1}(n+1)}}{\dfrac{(x-3)^n}{3^n n}} \right|$

$$= |x-3| \lim_{n \to \infty} \frac{n}{3(n+1)} = \frac{|x-3|}{3}.$$

令 $\dfrac{|x-3|}{3}<1$，则 $0<x<6$，故收敛半径 $R=\dfrac{6-0}{2}=3$.

当 $x=0$ 时，原级数为 $\displaystyle\sum_{n=1}^{\infty}\dfrac{(-3)^n}{3^n n}=\sum_{n=1}^{\infty}\dfrac{(-1)^n}{n}$，是交错级数，满足莱布尼茨定理条件，收敛；

当 $x=6$ 时，原级数为 $\displaystyle\sum_{n=1}^{\infty}\dfrac{(6-3)^n}{3^n n}=\sum_{n=1}^{\infty}\dfrac{1}{n}$，调和级数，发散.

因此原级数收敛域为 $[0,6)$.

三、幂级数的运算

设幂级数 $\displaystyle\sum_{n=0}^{\infty}a_n x^n$ 和 $\displaystyle\sum_{n=0}^{\infty}b_n x^n$ 在点 $x=0$ 的某邻域内**相等**是指：它们在该邻域内收敛且有相同的和函数.

幂级数运算性质：

设幂级数 $\displaystyle\sum_{n=0}^{\infty}a_n x^n$ 和 $\displaystyle\sum_{n=0}^{\infty}b_n x^n$ 的收敛半径分别为 R_a 和 R_b，令 $R=\min\{R_a,R_b\}$，则在 $(-R,R)$ 内

(1) $\displaystyle\sum_{n=0}^{\infty}\lambda a_n x^n=\lambda\sum_{n=0}^{\infty}a_n x^n$，$|x|<R_a$，$\lambda$ 为常数，$\lambda\neq 0$；

(2) $\displaystyle\sum_{n=0}^{\infty}a_n x^n\pm\sum_{n=0}^{\infty}b_n x^n=\sum_{n=0}^{\infty}(a_n\pm b_n)x^n$，$|x|<R$；

(3) $\left(\displaystyle\sum_{n=0}^{\infty}a_n x^n\right)\left(\sum_{n=0}^{\infty}b_n x^n\right)=\sum_{n=0}^{\infty}c_n x^n$，其中 $c_n=\displaystyle\sum_{k=0}^{n}a_k b_{n-k}$，$|x|<R$.

和函数性质：

性质 1 幂级数 $\displaystyle\sum_{n=0}^{\infty}a_n x^n$ 的和函数 $s(x)$ 在其收敛域 I 上连续.

如果幂级数在 $x=R$（或 $x=-R$）也收敛，则和函数 $s(x)$ 在 $(-R,R]$（或 $[-R,R)$）上连续.

性质 2（逐项积分） 幂级数 $\displaystyle\sum_{n=0}^{\infty}a_n x^n$ 的和函数 $s(x)$ 在其收敛域 I 上可积，并且有逐项积分公式

$$\int_0^x s(x)\mathrm{d}x=\int_0^x\left(\sum_{n=0}^{\infty}a_n x^n\right)\mathrm{d}x=\sum_{n=0}^{\infty}\int_0^x a_n x^n\mathrm{d}x=\sum_{n=0}^{\infty}\dfrac{a_n}{n+1}x^{n+1}\quad(x\in I).$$

性质 3（逐项微分） 幂级数 $\displaystyle\sum_{n=0}^{\infty}a_n x^n$ 的和函数 $s(x)$ 在其收敛区间 $(-R,R)$ 内

可导,并且有逐项求导公式

$$s'(x) = \Big(\sum_{n=0}^{\infty} a_n x^n\Big)' = \sum_{n=0}^{\infty} (a_n x^n)' = \sum_{n=1}^{\infty} n a_n x^{n-1} \quad (|x| < R),$$

逐项积分或逐项求导后所得到的幂级数和原级数有相同的收敛半径.

例 5 求幂级数 $\sum_{n=1}^{\infty} 2n x^{2n-1}$ 的和函数.

解 首先求得幂级数的收敛域为 $(-1, 1)$.

设和函数为 $s(x)$,即 $s(x) = \sum_{n=1}^{\infty} 2n x^{2n-1}$, $x \in (-1, 1)$. 所以

$$s(x) = \sum_{n=1}^{\infty} 2n x^{2n-1} = \sum_{n=1}^{\infty} (x^{2n})' = \Big(\sum_{n=1}^{\infty} x^{2n}\Big)' = \Big[\sum_{n=1}^{\infty} (x^2)^n\Big]'$$

$$= \Big[\sum_{n=0}^{\infty} (x^2)^n - 1\Big]' = \Big[\frac{1}{1-x^2} - 1\Big]' = \Big(\frac{x^2}{1-x^2}\Big)'$$

$$= \frac{2x}{(1-x^2)^2}, \quad x \in (-1, 1).$$

因此原级数的和函数为 $s(x) = \dfrac{2x}{(1-x^2)^2}$, $x \in (-1, 1)$.

例 6 求幂级数 $\sum_{n=0}^{\infty} \dfrac{x^n}{n+1}$ 的和函数.

解 先求收敛域. 由

$$\lim_{n \to \infty} \left| \frac{a_{n+1}}{a_n} \right| = \lim_{n \to \infty} \frac{n+1}{n+2} = 1$$

知,收敛半径 $R = 1$.

在端点 $x = -1$ 处,幂级数为 $\sum_{n=0}^{\infty} \dfrac{(-1)^n}{n+1}$,是交错级数,由莱布尼茨审敛法知其

收敛;在端点 $x = 1$ 处,幂级数为 $\sum_{n=0}^{\infty} \dfrac{1}{n+1}$,是发散的. 因此收敛域为 $[-1, 1)$.

设和函数为 $s(x)$,即

$$s(x) = \sum_{n=0}^{\infty} \frac{x^n}{n+1}, \quad x \in [-1, 1),$$

于是

$$x s(x) = \sum_{n=0}^{\infty} \frac{x^{n+1}}{n+1}.$$

逐项求导,并由

$$\frac{1}{1-x} = 1 + x + x^2 + \cdots + x^n + \cdots \quad (-1 < x < 1),$$

得
$$[xs(x)]' = \sum_{n=0}^{\infty} \left(\frac{x^{n+1}}{n+1}\right)' = \sum_{n=0}^{\infty} x^n = \frac{1}{1-x} \quad (-1 < x < 1).$$

对上式从 0 到 x 积分,得

$$xs(x) = \int_0^x \frac{1}{1-x} dx = -\ln(1-x) \quad (-1 \leqslant x < 1).$$

于是,当 $x \neq 0$ 时,有 $s(x) = -\frac{1}{x}\ln(1-x)$. 而 $s(0) = a_0 = 1$, 故

$$s(x) = \begin{cases} -\dfrac{1}{x}\ln(1-x), & x \in [-1, 0) \bigcup (0, 1), \\ 1, & x = 0. \end{cases}$$

习题 8-3

1. 填空题.

(1) $\displaystyle\sum_{n=1}^{\infty} \frac{x^n}{n}$ 的收敛半径 $R =$ _____,收敛域为 _____.

(2) $\displaystyle\sum_{n=0}^{\infty} a_n x^n$ 的收敛域为 $[-2, 2)$,则 $\displaystyle\sum_{n=0}^{\infty} a_n x^{2n}$ 的收敛域为 _____.

(3) $\displaystyle\sum_{n=0}^{\infty} a_n x^n$ 的收敛域为 $(-1, 1]$,则 $\displaystyle\sum_{n=0}^{\infty} a_n (x+1)^n$ 的收敛域为 _____.

(4) 幂级数 $\displaystyle\sum_{n=0}^{\infty} a_n (x-1)^{2n}$ 在 $x = 2$ 处条件收敛,则其收敛域为 _____.

2. 求下列幂级数的收敛半径和收敛域.

(1) $\displaystyle\sum_{n=1}^{\infty} nx^n$;

(2) $\displaystyle\sum_{n=1}^{\infty} \frac{x^n}{n3^n}$;

(3) $\displaystyle\sum_{n=1}^{\infty} (-1)^n \frac{x^{2n+1}}{2n+1}$;

(4) $\displaystyle\sum_{n=1}^{\infty} \frac{(x-5)^n}{\sqrt{n}}$.

3. 求下列幂级数的收敛域及其内的和函数.

(1) $\displaystyle\sum_{n=1}^{\infty} \frac{x^{4n+1}}{4n+1}$;

(2) $\displaystyle\sum_{n=1}^{\infty} nx^n$;

(3) $\displaystyle\sum_{n=1}^{\infty} n^2 x^{n-1}$,并求 $\displaystyle\sum_{n=1}^{\infty} (-1)^{n+1} \frac{n^2}{2^{n+1}}$ 的和.

§8.4 函数展开成幂级数

一、泰勒级数

上节我们讨论了幂级数的和函数的求法,反过来,给定函数 $f(x)$,我们能否找到一个幂级数,使它在某区间内收敛,且其和恰好就是给定的函数 $f(x)$. 如果能找到这样的幂级数,我们就说,函数 $f(x)$ 在该区间内能展开成幂级数,或简单地**说函数 $f(x)$ 能展开成幂级数**,而这个幂级数在该区间内就表达了函数 $f(x)$.

在讲导数应用时我们已经知道,若函数 $f(x)$ 在点 x_0 的某一邻域内具有直到 $(n+1)$ 阶的导数,则在该邻域内 $f(x)$ 的 n 阶泰勒公式

$$f(x) = f(x_0) + f'(x_0)(x - x_0) + \frac{f''(x_0)}{2!}(x - x_0)^2 + \cdots +$$
$$\frac{f^{(n)}(x_0)}{n!}(x - x_0)^n + R_n(x) \tag{1}$$

成立,其中 $R_n(x)$ 为拉格朗日型余项:

$$R_n(x) = \frac{f^{(n+1)}(\xi)}{(n+1)!}(x - x_0)^{n+1}.$$

ξ 是 x 与 x_0 之间的某个值. 这时,在该邻域内 $f(x)$ 可以用 n 次多项式

$$p_n(x) = f(x_0) + f'(x_0)(x - x_0) + \frac{f''(x_0)}{2!}(x - x_0)^2 + \cdots + \frac{f^{(n)}(x_0)}{n!}(x - x_0)^n \tag{2}$$

来近似表达,并且误差等于余项的绝对值 $|R_n(x)|$. 显然,如果 $|R_n(x)|$ 随着 n 的增大而减少,那么我们就可以用增加多项式(2)的项数的办法来提高精确度.

如果 $f(x)$ 在点 x_0 的某邻域内具有各阶导数 $f'(x), f''(x), \cdots, f^{(n)}(x), \cdots$,这时我们可以设想多项式(2)的项数趋向无穷而成为幂级数

$$f(x_0) + f'(x_0)(x - x_0) + \frac{f''(x_0)}{2!}(x - x_0)^2 + \cdots + \frac{f^{(n)}(x_0)}{n!}(x - x_0)^n + \cdots. \tag{3}$$

幂级数(3)称为函数 $f(x)$ 的**泰勒级数**,式(2)称为**泰勒多项式**. 显然,当 $x = x_0$ 时,$f(x)$ 的泰勒级数收敛于 $f(x_0)$,但除了 $x = x_0$ 外,它是否一定收敛?如果它收

敛,它是否一定收敛于 $f(x)$？关于这些问题,有下述定理.

定理 设函数 $f(x)$ 在点 x_0 的某一邻域 $U(x_0)$ 内具有各阶导数,则 $f(x)$ 在该邻域内能展开成泰勒级数的充分必要条件是 $f(x)$ 的泰勒公式中的余项 $R_n(x)$ 当 $n \to 0$ 时的极限为零,即

$$\lim_{n \to \infty} R_n(x) = 0 \quad (x \in U(x_0)).$$

证明 先证必要性. 设 $f(x)$ 在 $U(x_0)$ 内能展开为泰勒级数,即

$$f(x) = f(x_0) + f'(x_0)(x - x_0) + \frac{f''(x_0)}{2!}(x - x_0)^2 + \cdots + \qquad (4)$$

$$\frac{f^{(n)}(x_0)}{n!}(x - x_0)^n + \cdots$$

对一切 $x \in U(x_0)$ 成立. 我们把 $f(x)$ 的 n 阶泰勒公式(1)写成

$$f(x) = s_{n+1}(x) + R_n(x). \qquad (1')$$

其中 $s_{n+1}(x)$ 是 $f(x)$ 的泰勒级数(3)的前 $(n+1)$ 项之和,因为由式(4)有

$$\lim_{n \to \infty} s_{n+1}(x) = f(x),$$

所以 $\qquad \lim_{n \to \infty} R_n(x) = \lim_{n \to \infty} [f(x) - s_{n+1}(x)] = f(x) - f(x) = 0.$

这就证明了条件是必要的.

再证充分性. 设 $\lim_{n \to \infty} R_n(x) = 0$ 对一切 $x \in U(x_0)$ 成立,由 $f(x)$ 的 n 阶泰勒公式(1')有

$$s_{n+1}(x) = f(x) - R_n(x).$$

令 $n \to \infty$ 取上式的极限,得

$$\lim_{n \to \infty} s_{n+1}(x) = \lim_{n \to \infty} [f(x) - R_n(x)] = f(x),$$

即 $f(x)$ 的泰勒级数(3)在 $U(x_0)$ 内收敛,并且收敛于 $f(x)$,因此条件是充分的. 证毕.

在泰勒级数中取 $x_0 = 0$,得

$$f(0) + f'(0)x + \frac{f''(0)}{2!}x^2 + \cdots + \frac{f^{(n)}(0)}{n!}x^n + \cdots,$$

此级数称为 $f(x)$ 的**麦克劳林级数**.

如果 $f(x)$ 能展开成 x 的幂级数,那么这种展式是唯一的,它一定与 $f(x)$ 的麦

克劳林级数一致. 事实上,如果 $f(x)$ 在点 $x_0=0$ 的某邻域 $(-R,R)$ 内能展开成 x 的幂级数,即

$$f(x)=a_0+a_1x+a_2x^2+\cdots+a_nx^n+\cdots,$$

那么根据幂级数在收敛区间内可以逐项求导,有

$$f'(x)=a_1+2a_2x+3a_3x^2+\cdots+na_nx^{n-1}+\cdots,$$

$$f''(x)=2!a_2+3\cdot2a_3x+\cdots+n\cdot(n-1)a_nx^{n-2}+\cdots,$$

$$f'''(x)=3!a_3+\cdots+n\cdot(n-1)(n-2)a_nx^{n-3}+\cdots,$$

$$\vdots$$

$$f^{(n)}(x)=n!a_n+(n+1)n(n-1)\cdots2a_{n+1}x+\cdots,$$

把 $x=0$ 代入以上各式,得

$$a_0=f(0),\ a_1=f'(0),\ a_2=\frac{f''(0)}{2!},\ \cdots,\ a_n=\frac{f^{(n)}(0)}{n!},\ \cdots.$$

由函数 $f(x)$ 的展开式的唯一性可知,如果 $f(x)$ 能展开成 x 的幂级数,那么这个幂级数就是 $f(x)$ 的麦克劳林级数. 但是,反过来如果 $f(x)$ 的麦克劳林级数在点 $x_0=0$ 的某邻域内收敛,它却不一定收敛于 $f(x)$. 因此,如果 $f(x)$ 在 $x_0=0$ 处具有各阶导数,则 $f(x)$ 的麦克劳林级数(5)虽能作出来,但这个级数是否能在某个区间内收敛,以及是否收敛于 $f(x)$ 却需要进一步考察.

二、函数展开成幂级数

要把函数 $f(x)$ 展开成 x 的幂级数,可以按照下列步骤进行:

(1) 求出 $f(x)$ 的各阶导数 $f'(x),\ f''(x),\ \cdots,\ f^{(n)}(x),\ \cdots$,如果在 $x=0$ 处某阶导数不存在,就停止进行.

(2) 求函数及其各阶导数在 $x=0$ 处的值 $f(0),\ f'(0),\ f''(0),\ \cdots,\ f^{(n)}(0),\ \cdots$.

(3) 写出幂级数

$$f(0)+f'(0)x+\frac{f''(0)}{2!}x^2+\cdots+\frac{f^{(n)}(0)}{n!}x^n+\cdots,$$

并求出收敛半径 R.

(4) 考察当 x 在区间 $(-R,R)$ 内时余项 $R_n(x)$ 的极限

$$\lim_{n\to\infty}R_n(x)=\lim_{n\to\infty}\frac{f^{(n+1)}(\xi)}{(n+1)!}x^{n+1}\quad(\xi\ 在\ 0\ 与\ x\ 之间)$$

是否为零. 如果为零,则函数 $f(x)$ 在区间 $(-R, R)$ 内的幂级数展开式为

$$f(x) = f(0) + f'(0)x + \frac{f''(0)}{2!}x^2 + \cdots + \frac{f^{(n)}(0)}{n!}x^n + \cdots \quad (-R < x < R).$$

例 1 将函数 $f(x) = e^x$ 展开成 x 的幂级数.

解 因 $f^{(n)}(x) = e^x (n = 1, 2, \cdots)$,$f^{(n)}(0) = 1 (n = 0, 1, 2, \cdots)$,这里 $f^{(0)}(0) = f(0)$. 于是得级数

$$1 + x + \frac{x^2}{2!} + \cdots + \frac{x^n}{n!} + \cdots.$$

它的收敛半径 $R = +\infty$.

对于任何有限的数 x,$\xi(\xi$ 在 0 与 x 之间),余项的绝对值为

$$|R_n(x)| = \left| \frac{e^\xi}{(n+1)!}x^{n+1} \right| < e^{|x|} \cdot \frac{|x|^{n+1}}{(n+1)!}.$$

因 $e^{|x|}$ 有限,而 $\dfrac{|x|^{n+1}}{(n+1)!}$ 是收敛级数 $\displaystyle\sum_{n=0}^{\infty} \frac{|x|^{n+1}}{(n+1)!}$ 的一般项,所以当 $n \to \infty$ 时,$e^{|x|} \cdot \dfrac{|x|^{n+1}}{(n+1)!} \to 0$,即当 $n \to \infty$ 时,有 $|R_n(x)| \to 0$. 于是得展开式

$$e^x = 1 + x + \frac{x^2}{2!} + \cdots + \frac{x^n}{n!} + \cdots \quad (-\infty < x < +\infty).$$

例 2 将函数 $f(x) = \sin x$ 展开成 x 的幂级数.

解 因为 $f^{(n)}(x) = \sin\left(x + n \cdot \dfrac{\pi}{2}\right) \quad (n = 1, 2, \cdots)$,

所以 $f^{(n)}(0)$ 顺序循环地取 $0, 1, 0, -1, \cdots (n = 0, 1, 2, 3, \cdots)$,于是得级数

$$x - \frac{x^3}{3!} + \frac{x^5}{5!} - \cdots + (-1)^{n-1} \frac{x^{2n-1}}{(2n-1)!} + \cdots.$$

它的收敛半径为 $R = +\infty$.

对于任何有限的数 x,ξ(ξ 介于 0 与 x 之间),有

$$|R_n(x)| = \left| \frac{\sin\left[\xi + \dfrac{(n+1)\pi}{2}\right]}{(n+1)!}x^{n+1} \right| \leqslant \frac{|x|^{n+1}}{(n+1)!} \to 0 \quad (n \to \infty).$$

因此得展开式

$$\sin x = x - \frac{x^3}{3!} + \frac{x^5}{5!} - \cdots + (-1)^{n-1} \frac{x^{2n-1}}{(2n-1)!} + \cdots \quad (-\infty < x < +\infty).$$

同理有

$$\cos x = 1 - \frac{x^2}{2!} + \frac{x^4}{4!} - \cdots + (-1)^n \frac{x^{2n}}{(2n)!} + \cdots \quad (-\infty < x < +\infty).$$

例 3 将函数 $f(x) = (1+x)^m$ 展开成 x 的幂级数,其中 m 为任意常数.

解 $f(x)$ 的各阶导数为

$$f'(x) = m(1+x)^{m-1},$$
$$f''(x) = m(m-1)(1+x)^{m-2},$$
$$\vdots$$
$$f^{(n)}(x) = m(m-1)(m-2)\cdots(m-n+1)(1+x)^{m-n},$$
$$\vdots$$

所以

$$f(0) = 1, \ f'(0) = m, \ f''(0) = m(m-1), \ \cdots, \ f^{(n)}(0) = m(m-1)(m-2)\cdots(m-n+1), \ \cdots.$$

于是得幂级数

$$1 + mx + \frac{m(m-1)}{2!} x^2 + \cdots + \frac{m(m-1)\cdots(m-n+1)}{n!} x^n + \cdots.$$

可以证明

$$(1+x)^m = 1 + mx + \frac{m(m-1)}{2!} x^2 + \cdots +$$
$$\frac{m(m-1)\cdots(m-n+1)}{n!} x^n + \cdots \quad (-1 < x < 1).$$

这个公式又称为二项展开式.

除了直接利用展开公式,还可以通过幂级数的运算法则、逐项积分、逐项求导等性质采用间接展开法. 例如,前面我们直接利用展开公式求了 $\cos x$ 的展开式,还可以利用间接方法求它. 已知

$$\sin x = x - \frac{x^3}{3!} + \frac{x^5}{5!} - \cdots + (-1)^{n-1} \frac{x^{2n-1}}{(2n-1)!} + \cdots \quad (-\infty < x < +\infty).$$

对上式两边求导得

$$\cos x = 1 - \frac{x^2}{2!} + \frac{x^4}{4!} - \cdots + (-1)^n \frac{x^{2n}}{(2n)!} + \cdots \quad (-\infty < x < +\infty).$$

例 4 将函数 $f(x) = \arctan \dfrac{1+x}{1-x}$ 展开成 x 的幂级数.

解 因为 $\dfrac{1}{1-x} = 1 + x + x^2 + \cdots + x^n + \cdots \quad (-1 < x < 1),$

把 x 换成 $-x^2$,得

$$\frac{1}{1+x^2} = 1 - x^2 + x^4 - \cdots + (-1)^n x^{2n} + \cdots \quad (-1 < x < 1).$$

而 $f'(x) = \dfrac{1}{1+x^2}$,逐项积分,得

$$\int_0^x f'(t)\,\mathrm{d}t = f(x) - f(0) = \int_0^x \sum_{n=0}^{\infty} (-1)^n x^{2n}\,\mathrm{d}x = \sum_{n=0}^{\infty} \frac{(-1)^n}{2n+1} x^{2n+1}.$$

因 $f(0) = \arctan 1 = \dfrac{\pi}{4}$,故

$$f(x) = \arctan \frac{1+x}{1-x} = \frac{\pi}{4} + \sum_{n=0}^{\infty} \frac{(-1)^n}{2n+1} x^{2n+1}, \quad x \in [-1, 1).$$

右端级数在 $x = \pm 1$ 处均收敛,但 $x = 1$ 函数无定义,故收敛区间为 $[-1, 1)$.

例 5 将函数 $f(x) = \dfrac{1}{x^2+4x+3}$ 展开成 $(x-1)$ 的幂级数.

解 因为

$$f(x) = \frac{1}{x^2+4x+3} = \frac{1}{(x+1)(x+3)} = \frac{1}{2(1+x)} - \frac{1}{2(3+x)}$$

$$= \frac{1}{4\left(1 + \dfrac{x-1}{2}\right)} - \frac{1}{8\left(1 + \dfrac{x-1}{4}\right)},$$

而

$$\frac{1}{4\left(1 + \dfrac{x-1}{2}\right)} = \frac{1}{4} \sum_{n=0}^{\infty} \frac{(-1)^n}{2^n} (x-1)^n \quad (-1 < x < 3),$$

$$\frac{1}{8\left(1 + \dfrac{x-1}{4}\right)} = \frac{1}{8} \sum_{n=0}^{\infty} \frac{(-1)^n}{4^n} (x-1)^n \quad (-3 < x < 5),$$

所以

$$f(x) = \frac{1}{x^2 + 4x + 3} = \sum_{n=0}^{\infty} (-1)^n \left(\frac{1}{2^{n+2}} - \frac{1}{2^{2n+3}} \right)(x-1)^n \quad (-1 < x < 3).$$

小结：

$$\frac{1}{1-x} = 1 + x + x^2 + \cdots + x^n + \cdots \quad (-1 < x < 1),$$

$$e^x = 1 + x + \frac{1}{2!}x^2 + \cdots \frac{1}{n!}x^n + \cdots \quad (-\infty < x < +\infty),$$

$$\sin x = x - \frac{x^3}{3!} + \frac{x^5}{5!} - \cdots + (-1)^{n-1}\frac{x^{2n-1}}{(2n-1)!} + \cdots \quad (-\infty < x < +\infty),$$

$$\cos x = 1 - \frac{x^2}{2!} + \frac{x^4}{4!} - \cdots + (-1)^n\frac{x^{2n}}{(2n)!} + \cdots \quad (-\infty < x < +\infty),$$

$$\ln(1+x) = x - \frac{x^2}{2} + \frac{x^3}{3} - \frac{x^4}{4} + \cdots + (-1)^n\frac{x^{n+1}}{n+1} + \cdots \quad (-1 < x \leqslant 1),$$

$$(1+x)^m = 1 + mx + \frac{m(m-1)}{2!}x^2 + \cdots + \frac{m(m-1)\cdots(m-n+1)}{n!}x^n + \cdots$$
$$(-1 < x < 1).$$

习题 8-4

1. 填空题.

(1) $f(x) = e^x$ 展开成麦克劳林级数为_____，其中 x 应满足_____.

(2) $f(x) = \dfrac{1}{1+x}$ 展开成麦克劳林级数为_____，其中 x 应满足_____.

(3) $f(x) = \ln(1+x)$ 展开成麦克劳林级数为_____，其中 x 应满足_____.

(4) $f(x) = \sin x$ 展开成麦克劳林级数为_____，其中 x 应满足_____.

(5) $f(x) = (1+x)^a$ 展开成麦克劳林级数为_____，其中 x 应满足_____.

2. 将下列函数展开成 x 的幂级数，并求展开式成立的区间.

(1) $\ln(a+x) \ (a > 0)$；　　　　　　(2) $a^x \ (a > 0, \ a \neq 1)$；

(3) $\dfrac{x}{\sqrt{1-x^2}}$；　　　　　　　　(4) $\dfrac{x}{1+x-2x^2}$.

3. 将函数 $f(x) = \dfrac{1}{x}$ 展开成 $(x-3)$ 的幂级数.

4. 将函数 $f(x) = \dfrac{x}{x^2 - 5x + 6}$ 展开成 $(x-5)$ 的幂级数.

5. 将函数 $f(x) = \dfrac{1}{x^2}$ 展开成 $(x-1)$ 的幂级数.

§8.5 函数的幂级数展开式的应用

级数是进行函数数值计算的主要工具,随着计算机的广泛使用,其在工程技术和近似计算中的作用日趋明显. 有了函数的幂级数展开式,就可用它来进行近似计算,即在展开式有效的区间上,函数值可以近似地利用这个级数按精确度要求计算出来.

例 1 计算 $\sqrt[9]{522}$ 的近似值(误差不超过 10^{-5}).

解 因为 $\sqrt[9]{522} = \sqrt[9]{2^9 + 10} = 2\left(1 + \dfrac{10}{2^9}\right)^{\frac{1}{9}}$,

所以在二项展开式中取 $m = \dfrac{1}{9}$, $x = \dfrac{10}{2^9}$, 即得

$$\sqrt[9]{522} = 2\left[1 + \frac{1}{9} \times \frac{10}{2^9} + \frac{\frac{1}{9}\left(\frac{1}{9} - 1\right)}{2!} \times \frac{10^2}{2^{18}} + \cdots\right].$$

由于 $\dfrac{1}{9} \times \dfrac{10}{2^9} \approx 0.002\,170$; $\dfrac{\frac{1}{9}\left(\frac{1}{9} - 1\right)}{2!} \times \dfrac{10^2}{2^{18}} \approx -0.000\,019$,

要满足精度要求,只需取 $\quad \sqrt[9]{522} \approx 2\left[1 + \dfrac{1}{9} \times \dfrac{10}{2^9} + \dfrac{\frac{1}{9}\left(\frac{1}{9} - 1\right)}{2!} \times \dfrac{10^2}{2^{18}}\right]$,

于是取近似式为 $\sqrt[9]{522} \approx 2(1 + 0.002\,170 - 0.000\,019) \approx 2.004\,30$.

例 2 计算 $\ln 2$ 的近似值(误差不超过 10^{-4}).

解 在 $\ln(1+x)$ 展开式中,令 $x=1$ 可得

$$\ln 2 = 1 - \frac{1}{2} + \frac{1}{3} - \cdots + (-1)^{n-1}\frac{1}{n} + \cdots.$$

如果取这级数前 n 项和作为 $\ln 2$ 的近似值,其误差为

$$|r_n| \leqslant \frac{1}{n+1}.$$

为了保证误差不超过 10^{-4}，就需要取级数的前 10 000 项进行计算. 这样做计算量太大了，我们必需用收敛较快的级数来代替它.

把展开式

$$\ln(1+x) = x - \frac{x^2}{2} + \frac{x^3}{3} - \frac{x^4}{4} + \cdots + (-1)^n \frac{x^{n+1}}{n+1} + \cdots \quad (-1 < x \leqslant 1)$$

中的 x 换成 $-x$，得

$$\ln(1-x) = -x - \frac{x^2}{2} - \frac{x^3}{3} - \frac{x^4}{4} - \cdots \quad (-1 \leqslant x < 1),$$

两式相减，得到不含有偶次幂的展开式：

$$\ln \frac{1+x}{1-x} = \ln(1+x) - \ln(1-x)$$

$$= 2\left(x + \frac{1}{3}x^3 + \frac{1}{5}x^5 + \cdots\right) \quad (-1 < x < 1).$$

令 $\dfrac{1+x}{1-x} = 2$，解出 $x = \dfrac{1}{3}$. 以 $x = \dfrac{1}{3}$ 代入最后一个展开式，得

$$\ln 2 = 2\left(\frac{1}{3} + \frac{1}{3} \times \frac{1}{3^3} + \frac{1}{5} \times \frac{1}{3^5} + \frac{1}{7} \times \frac{1}{3^7} + \cdots\right).$$

如果取前四项作为 $\ln 2$ 的近似值，则误差为

$$|r_4| = 2\left(\frac{1}{9} \times \frac{1}{3^9} + \frac{1}{11} \times \frac{1}{3^{11}} + \frac{1}{13} \times \frac{1}{3^{13}} + \cdots\right)$$

$$< \frac{2}{3^{11}}\left[1 + \frac{1}{9} + \left(\frac{1}{9}\right)^2 + \cdots\right]$$

$$= \frac{2}{3^{11}} \times \frac{1}{1 - \dfrac{1}{9}} = \frac{1}{4 \times 3^9} < \frac{1}{700\,000}.$$

于是取 $\quad \ln 2 \approx 2\left(\dfrac{1}{3} + \dfrac{1}{3} \times \dfrac{1}{3^3} + \dfrac{1}{5} \times \dfrac{1}{3^5} + \dfrac{1}{7} \times \dfrac{1}{3^7}\right).$

同样地，考虑到舍入误差，计算时应取五位小数：

$$\frac{1}{3} \approx 0.333\,33, \quad \frac{1}{3} \times \frac{1}{3^3} \approx 0.012\,35, \quad \frac{1}{5} \times \frac{1}{3^5} \approx 0.000\,82, \quad \frac{1}{7} \times \frac{1}{3^7} \approx 0.000\,07.$$

因此得 $\ln 2 \approx 0.693\ 1$.

从这个例子中,我们可以看出来,利用幂级数展开式近似计算中,函数的选择是很重要的.

例 3 求 $\cos 2°$ 的近似值,误差不超过 $0.000\ 1$.

解 先把角度化成弧度,

$$2° = \frac{\pi}{180} \times 2\ (弧度) = \frac{\pi}{90}\ (弧度),$$

在 $\cos x$ 的幂级数展开式中令 $x = \frac{\pi}{90}$,从而

$$\cos \frac{\pi}{90} = 1 - \frac{1}{2!}\left(\frac{\pi}{90}\right)^2 + \frac{1}{4!}\left(\frac{\pi}{90}\right)^4 - \cdots (-1)^n \frac{1}{(2n)!}\left(\frac{\pi}{90}\right)^{2n} + \cdots.$$

等式右端是一个收敛的交错级数,且各项的绝对值单调减少. 而

$$\frac{1}{2!}\left(\frac{\pi}{90}\right)^2 \approx 6 \times 10^{-4}, \quad \frac{1}{4!}\left(\frac{\pi}{90}\right)^4 \approx 10^{-8},$$

故取它的前两项之和作为 $\cos \frac{\pi}{90}$ 的近似值,即可满足精度要求.

因此取 $\quad \dfrac{\pi}{20} \approx 0.157\ 080, \quad \left(\dfrac{\pi}{20}\right)^3 \approx 0.003\ 876$.

于是得 $\quad \cos 2° \approx 0.999\ 4$. 这时误差不超过 10^{-4}.

例 4 计算定积分 $\displaystyle\int_0^{\frac{1}{2}} \frac{1}{1+x^4}\mathrm{d}x$ 的近似值,要求误差不超过 $0.000\ 1$.

解 将 $\dfrac{1}{1-x}$ 的幂级数展开式中的 x 换成 $-x^4$,得到被积函数的幂级数展开式

$$\frac{1}{1+x^4} = 1 + (-x^4) + (-x^4)^2 + (-x^4)^3 + \cdots$$

$$= \sum_{n=0}^{\infty} (-1)^n x^{4n} \quad (-1 < x < 1).$$

于是,根据幂级数在收敛区间内逐项可积,得

$$\int_0^{\frac{1}{2}} \frac{1}{1+x^4}\mathrm{d}x = \int_0^{\frac{1}{2}}\left[\sum_{n=0}^{\infty} (-1)^n x^{4n}\right]\mathrm{d}x = \sum_{n=0}^{\infty} (-1)^n \frac{x^{4n+1}}{4n+1}\Bigg|_0^{0.5}$$

$$\approx \frac{1}{2} - \frac{1}{5} \times \frac{1}{2^5} + \frac{1}{9} \times \frac{1}{2^9} - \frac{1}{13} \times \frac{1}{2^{13}} + \cdots.$$

因为 $\dfrac{1}{5} \times \dfrac{1}{2^5} \approx 0.006\ 25$；$\dfrac{1}{9} \times \dfrac{1}{2^9} \approx 0.000\ 28$；$\dfrac{1}{13} \times \dfrac{1}{2^{13}} \approx 0.000\ 009$，故只需取

前 3 项即可满足精度要求.

所以

$$\int_0^{\frac{1}{2}} \frac{1}{1+x^4} \mathrm{d}x \approx \frac{1}{2} - \frac{1}{5} \times \frac{1}{2^5} + \frac{1}{9} \times \frac{1}{2^9} \approx 0.494\ 0.$$

习题 8-5

1. 计算 $\ln 3$（误差不超过 $0.000\ 1$）.

2. 计算 $\displaystyle\int_0^{0.5} \frac{1}{1+x^4} \mathrm{d}x$（误差不超过 $0.000\ 1$）.

3. 利用函数的幂级数展开式求极限 $\displaystyle\lim_{x \to 0} \frac{\cos x - \mathrm{e}^{\frac{x^2}{2}}}{x^2 [x + \ln(1-x)]}$.

参 考 答 案

第 1 章

习题 1-1

1. $x > 3$，$4 \leqslant x < 5$，$3 < x < 4$.

2. 略.

3. (1) $[-4, 4]$；(2) $(-\infty, -3) \bigcup (3, +\infty)$；(3) $[-5, -1]$；
(4) $(-\infty, -5) \bigcup (1, +\infty)$；(5) $(a-\varepsilon, a+\varepsilon)$；(6) $[3, 5)$.

4. (1) 相同；(2) 不同；(3) 不同；(4) 不同.

5. (1) $\left[-\dfrac{1}{3}, +\infty\right)$；(2) $(-\infty, -1] \bigcup [1, +\infty)$；(3) $[0, 2]$；

(4) $(1, +\infty)$；(5) $\left\{ x \,\middle|\, x \neq k\pi + \dfrac{\pi}{2} - 1, k \in \mathbf{Z} \right\}$；(6) $[-1, 0) \bigcup (0, 1]$；

(7) $(-\infty, 0) \bigcup (0, 2]$；(8) $[2, 3) \bigcup (3, 5)$.

6. $f\left(\dfrac{1}{x}\right) = \dfrac{1}{x^2} - \dfrac{3}{x} + 2$，$\quad f(x+1) = x^2 - x$.

7. (1) $(-\infty, 0) \bigcup (0, 3]$；

(2) $f(-1) = -1$，$f\left(\dfrac{1}{2}\right) = \dfrac{1}{4}$，$f(1) = 1$，$f(3) = 4$，$f[f(2)] = 4$.

8. $f[f(x)] = 1$.

9. (1) 偶函数；(2) 奇函数；(3) 非奇非偶；(4) 奇函数.

10. (1) 周期为 2π；(2) 周期为 $\dfrac{\pi}{2}$；(3) 周期为 2；(4) 周期为 π.

11. 略.

12. (1) $y = \dfrac{2(x+1)}{x-1}$；(2) $x = -5 + \log_2 x$；

(3) $y = x^3 + 1$；(4) $y = \dfrac{1}{2} \arcsin \dfrac{x}{3}$.

13. (1) $y = \sqrt{u}$，$u = 2x + 1$；(2) $y = u^3$，$u = 1 + \ln x$；

(3) $y = 2^u$，$u = \sin v$，$v = 3x$；(4) $y = \sqrt{u}$，$u = \ln v$，$v = \sqrt{x}$；

(5) $y = u^3$，$u = \sin v$，$v = 2x^2 + 1$；

(6) $y = u^2$，$u = \arcsin v$，$v = \sqrt{s}$，$s = 1 - x$.

14. (1) $[-\sqrt{2}, -1] \bigcup [1, \sqrt{2}]$；(2) $[0, +\infty)$；

(3) $[2n\pi,(2n+1)\pi](n \in \mathbf{Z})$；

(4) 当 $0 < a \leqslant \dfrac{1}{2}$ 时，$a \leqslant x \leqslant 1-a$；$a > \dfrac{1}{2}$ 时无定义.

15. $A = 2\pi r^2 + \dfrac{2v}{r}$，$r \in (0, +\infty)$.

16. 设 x 为销售量，则总收益 $y = \begin{cases} 130x, & 0 \leqslant x \leqslant 700; \\ 91\,000 + 117(x-700), & 700 < x \leqslant 1\,000. \end{cases}$

习题 1-2

1. (1) 收敛于 0；(2) 收敛于 1；(3) 收敛于 1；(4) 发散；(5) 收敛于 0；(6) 发散.

2. 略.

习题 1-3

1. (1) 0，$y = 0$；(2) 0，$y = 0$；(3) $-\dfrac{\pi}{2}$，$y = \dfrac{\pi}{2}$；(4) 0，$y = 0$.

2. 略.

3. $f(0^-) = f(0^+) = 1$，$\lim\limits_{x \to 0} f(x) = 1$；$g(0^-) = -1$，$g(0^+) = 1$，$x \to 0$ 时 $g(x)$ 不存在极限.

4. $f(0^-) = -1$，$f(0^+) = 1$，极限不存在.

5. (1) -1；(2) -2；(3) 0；(4) $2a$；(5) 3；(6) 1；(7) 0；(8) 6；(9) 2；

(10) 1；(11) 1；(12) $\dfrac{1}{2}$；(13) 3；(14) $\dfrac{3}{2}$；(15) -2；(16) $\dfrac{1}{2}$；(17) -2；

(18) $\left(\dfrac{3}{2}\right)^{20}$.

6. $a = 3$，$b = -6$.

7. 略.

习题 1-4

1. (1) 5；(2) $\dfrac{3}{2}$；(3) 1；(4) $\dfrac{2}{3}$；(5) x；(6) $\dfrac{2}{\pi}$.

2. (1) e^{-2}；(2) e^{-6}；(3) $\dfrac{1}{\mathrm{e}}$；(4) e；(5) e；(6) e^2.

3. $k = \dfrac{1}{2}$.

4. 略.

习题 1-5

1. 略.

2. (1) $+\infty$，$x = 0$；(2) $-\infty$，$x = 0$；(3) $+\infty$，$x = \dfrac{\pi}{2}$.

3. $y = x\cos x$ 在 $(-\infty, +\infty)$ 上无界,当 $x \to \infty$ 时,$y = x\cos x$ 不是无穷大.

4. (1) $0, \cos\dfrac{1}{x^2}$ 有界; (2) $0, \arctan x$ 有界.

5. $x^2 - x^3$ 是比 $x + 2x^2$ 高阶的无穷小.

6. (1) 等价; (2) 同阶不等价.

7. (1) x; (2) $2x$; (3) $\dfrac{1}{3}x^{\frac{4}{3}}$.

8. (1) $\dfrac{1}{3}$; (2) $0(m<n), 1(m=n), \infty(m>n)$; (3) 2; (4) $-\dfrac{1}{4}$; (5) $\dfrac{1}{2}$; (6) 1.

9. 略.

习题 1-6

1. (1) 连续区间 $[0,1] \bigcup (1,2]$; (2) 连续区间 $(-\infty, +\infty)$.

2. (1) $x = 1$ 无穷间断点,$x = 2$,可去间断点;

(2) $x = 0$ 及 $x = k\pi + \dfrac{\pi}{2}(k \in \mathbf{Z})$,可去间断点;

$x = k\pi(k \in \mathbf{Z}^*)$ 无穷间断点;

(3) $x = 0$,可去间断点,$x = k\pi + \dfrac{\pi}{2}(k \in \mathbf{Z})$,无穷间断点;

(4) $x = 0$,振荡间断点;

(5) $x = 0$,跳跃间断点;

(6) $x = 0$,跳跃间断点.

3. $f(x)$ 连续区间 $(0,1) \bigcup (1, +\infty)$,$x = 1$ 为跳跃间断点.

4. (1) $a = \dfrac{3}{4}$; (2) $a = 1$.

5. (1) 0; (2) 0; (3) -2; (4) e^3; (5) $2e$; (6) -1; (7) 2; (8) $-\dfrac{1}{2}$.

6. (1) 正确,$y = |f(x)|$ 看成是由 $y = |u|$,$u = f(x)$ 复合而成,$u = f(x)$ 在 x_0 处连续,

$y = |u|$,对任何 u 连续,故复合后 $y = |f(x)|$ 在 x_0 处连续;

(2) 不正确,设函数 $f(x) = \begin{cases} x, & x<1, \\ -x, & x \geqslant 1. \end{cases}$ 显然 $|f(x)|$ 在 $x = 1$ 处连续,但 $f(x)$ 在

$x = 1$ 处不连续.

7. 根据连续函数四则运算可推出 $f(x) \pm g(x)$,$f(x) \cdot g(x)$ 及 $\dfrac{g(x)}{f(x)}$ 必有间断点;复合函

数可以是 $\mathbf{R}$ 上的连续函数,例如,若 $f(x) = x^2 + 1$,$g(x) = \begin{cases} x, & x<1, \\ -x, & x \geqslant 1, \end{cases}$ 则 $f[g(x)]$

$= x^2 + 1$ 在 $\mathbf{R}$ 上连续,$g[f(x)] = -x$ 也在 $\mathbf{R}$ 上连续.

习题 1–7

1—3. 略.

4. 提示：$f(x)$ 在$[a, b]$上最大值 M，最小值 m，而 $m \leqslant f(x_1) \leqslant M$，$m \leqslant f(x_2) \leqslant M$.

第 2 章

习题 2–1

1. $\dfrac{\mathrm{d}\theta}{\mathrm{d}t}\bigg|_{t=t_0}$.

2. (1) $-0.78\,\mathrm{m/s}$；　(2) $10-gt$；　(3) $\dfrac{10}{g}\,\mathrm{s}$.

3. $3x^2$，0.

4. (1) $4x^3$；　(2) $\dfrac{2}{3}x^{-\frac{1}{3}}$；　(3) $1.6x^{0.6}$；　(4) $-\dfrac{1}{2}x^{-\frac{3}{2}}$；　(5) $-\dfrac{2}{x^3}$；　(6) $\dfrac{16}{5}x^{\frac{11}{5}}$.

5. $x-4y+4=0$，$4x+y-18=0$.

6. 在 $x=0$ 处连续且可导.

7. $f'_+(0)=0$，$f'_-(0)=-1$，$f'(0)$ 不存在.

习题 2–2

1. (1) $4x^3-6x+1$；　(2) $3x^2+\dfrac{3}{x^4}$；　(3) $\dfrac{3}{2}x^{\frac{1}{2}}+\dfrac{1}{3}x^{-\frac{2}{3}}$；　(4) $2x-\sin x+\mathrm{e}^x$；

(5) $\dfrac{\sin x}{2\sqrt{x}}+\sqrt{x}\cos x$；　(6) $\mathrm{e}^x(x+1)$；　(7) $\dfrac{\mathrm{e}^x(x\sin x+x\cos x-\sin x)}{x^2}$；

(8) $\arctan x+\dfrac{x}{1+x^2}$.

2. (1) $\dfrac{2}{(1-x)^2}$；　(2) $20x+65$；　(3) $x\mathrm{e}^x(2+x)$；　(4) $\dfrac{3^x(x^3\ln 3-3x^2+\ln 3)+3x^2}{(x^3+1)^2}$；

(5) $6x^5-15x^4+12x^3-9x^2+2x+3$；　(6) $\dfrac{\sin x-x\ln x\cos x}{x\sin^2 x}$；

(7) $\dfrac{x(1+x^2)\cos x+(1-x^2)\sin x}{(1+x^2)^2}$；　(8) $\mathrm{e}^x(\cos x+x\cos x-x\sin x)$.

习题 2–3

1. (1) $8(2x+5)^3$；　(2) $3\sin(4-3x)$；　(3) $-6x\mathrm{e}^{-3x^2}$；　(4) $\dfrac{2x}{1+x^2}$；　(5) $\sin 2x$；

(6) $-\dfrac{x}{\sqrt{a^2-x^2}}$；　(7) $2x\sec^2(x^2)$；　(8) $\dfrac{\mathrm{e}^x}{1+\mathrm{e}^{2x}}$；　(9) $\dfrac{2\arcsin x}{\sqrt{1-x^2}}$；　(10) $-\tan x$.

2. (1) $\mathrm{e}^{-2x}(1-2x)$；　(2) $-\dfrac{1}{1-2x}$；　(3) $\dfrac{1}{x\ln x}$；　(4) $\sin x^2+2x^2\cos x^2$；

(5) $\mathrm{e}^{\cos x^2}\dfrac{2}{x^3}\sin\dfrac{1}{x^2}$；　(6) $\dfrac{2}{\sqrt{-4x^2+4x+2}}$；　(7) $\dfrac{a^2}{(a^2-x^2)^{\frac{3}{2}}}$；

(8) $\dfrac{1+\dfrac{1}{2\sqrt{x}}}{2\sqrt{x+\sqrt{x}}}$;　(9) $-\mathrm{e}^{-x}(\cos 2x+2\sin 2x)$;　(10) $-\dfrac{2\left(1+\dfrac{1}{2\sqrt{x}}\right)}{(x+\sqrt{x})^3}$.

3. $f'(\sin x)\cos x.$

习题 2-4

1. (1) $\dfrac{y}{y-x}$;　(2) $\dfrac{ay-x^2}{y^2-ax}$;　(3) $\dfrac{\mathrm{e}^{x+y}-y}{x-\mathrm{e}^{x+y}}$;　(4) $-\dfrac{\mathrm{e}^y}{1+x\mathrm{e}^y}$.

2. $x+y-\dfrac{\sqrt{2}}{2}a=0,\ x-y=0.$

3. (1) $y'=(\cos x)^{\sin x}\left(\cos x\ln\cos x-\dfrac{\sin^2 x}{\cos x}\right)$;　(2) $y'=\sqrt{\dfrac{1-x}{1+x}}\cdot\dfrac{1-x-x^2}{1-x^2}$;

(3) $y'=\dfrac{\sqrt{x+2}(3-x)}{(2x+1)^5}\left[\dfrac{1}{2(x+2)}-\dfrac{1}{3-x}-\dfrac{10}{2x+1}\right]$;

(4) $y'=(\sin x)^{\ln x}\left(\dfrac{1}{x}\ln\sin x+\cot x\ln x\right)$.

4. (1) $\dfrac{3t^2+1}{2t}$;　(2) $-2\cot\theta$.

5. $2\sqrt{2}x+y-2=0,\ \sqrt{2}x-4y-1=0.$

习题 2-5

1. (1) $12x+2$;　(2) $-\sin x-4\cos 2x$;　(3) $\mathrm{e}^x(x^2+4x+2)$;　(4) $\mathrm{e}^{-x^2}(4x^2-2)$;

(5) $\dfrac{2}{(1+x^2)^2}$;　(6) $\dfrac{2x^3-6x}{(1+x^2)^3}$.

2. (1) $(n+1)!(x-a)$;　(2) $2^n\mathrm{e}^{2x}$;　(3) $\dfrac{(-1)^n(n-2)!}{x^{n-1}}$　$(n>1)$.

3. (1) $-\dfrac{1}{y^3}$;　(2) $-\dfrac{b^4}{a^2y^3}$;　(3) $-2\csc^2(x+y)\cot^3(x+y)$;　(4) $\dfrac{\mathrm{e}^{2y}(3-y)}{(2-y)^3}$.

4. (1) $\dfrac{1}{3a\cot^4 t\sin t}$;　(2) $\dfrac{1}{a}$.

习题 2-6

1. $\Delta y=0.130\,6,\ \mathrm{d}y=0.13.$

2. (1) $\left(-\dfrac{1}{x^2}+\dfrac{\sqrt{x}}{x}\right)\mathrm{d}x$;　(2) $(\sin 2x+2x\cos 2x)\mathrm{d}x$;　(3) $(x^2+1)^{-\frac{3}{2}}\mathrm{d}x$;

(4) $\dfrac{2\ln(1-x)}{x-1}\mathrm{d}x$;　(5) $2x(1+x)\mathrm{e}^{2x}\mathrm{d}x$;

(6) $\mathrm{e}^{-x}[\sin(3-x)-\cos(3-x)]\mathrm{d}x$;

(7) $\mathrm{d}y = \begin{cases} \dfrac{1}{\sqrt{1-x^2}}\mathrm{d}x, & -1 < x < 0, \\[3mm] -\dfrac{1}{\sqrt{1-x^2}}\mathrm{d}x, & 0 < x < 1. \end{cases}$

(8) $8x\tan(1+2x^2)\sec^2(1+2x^2)\mathrm{d}x$.

3. (1) $2x+C$； (2) $\dfrac{x^2}{2}+C$； (3) $2\arctan x+C$； (4) $\dfrac{(x+2)^2}{2}+C$； (5) $\dfrac{\sin 2x}{2}+C$；

(6) $\dfrac{\mathrm{e}^{2x}}{2}+C$； (7) $\ln|x|+C$； (8) $\arcsin x+C$.

4. $0.790\,4$.

5. $0.125\,7\ \mathrm{cm}^3$.

第 3 章

习题 3-1

1. (1) $\dfrac{5}{2}$； (2) $\dfrac{\sqrt{3}}{3}$； (3) $\sqrt{\dfrac{7}{3}}$； (4) $f(x)$ 在 $(-1,1)$ 内点 $x=0$ 处不可导.

2. 2个根,$\xi_1 \in (0,3)$, $\xi_2 \in (3,5)$.

3. (1) 设 $F(x)=\arctan x-\dfrac{1}{2}\arccos\dfrac{2x}{1+x^2}-\dfrac{\pi}{4}$； (2) 设 $F(x)=\mathrm{e}^x-\mathrm{e}x$；

(3) 设 $F(x)=\ln x$； (4) 设 $F(x)=\arctan x$.

4. 设 $F(x)=xf(x)-f(a)x$,用拉格朗日中值定理.

5. 设 $g(x)=\dfrac{1}{x}$,用柯西中值定理.

6. 设 $F(x)=\dfrac{f(x)}{\mathrm{e}^x}$.

7. 略. 8. 略.

习题 3-2

1. (1) D； (2) B.

2. (1) 2； (2) 1； (3) 0； (4) $\dfrac{1}{6}$； (5) $\dfrac{1}{2}$； (6) $-\dfrac{1}{3}$； (7) 1； (8) e^{-1}.

3. 1. 4. 略.

习题 3-3

1. $f(x)=-56+21(x-4)+37(x-4)^2+11(x-4)^3+(x-4)^4$.

2. $f(x)=x^6-9x^5+30x^4-45x^3+30x^2-9x+1$.

3. $x\mathrm{e}^x=x+x^2+\dfrac{x^3}{2!}+\cdots+\dfrac{x^n}{(n-1)!}+o(x^n)$.

4. $\ln x=\ln 2+\dfrac{1}{2}(x-2)-\dfrac{1}{2^3}(x-2)^2+\dfrac{1}{3\times 2^3}(x-2)^3-\cdots+\dfrac{(-1)^{n-1}}{n\cdot 2^n}(x-2)^n+$

$o\left[(x-2)^n\right].$

5. $\sqrt[3]{30}\approx3.107\,24,\,|\,R_3\,|=1.88\times10^{-5}.$

6. (1) $\dfrac{1}{6}$; (2) $\dfrac{3}{2}$. **7.** 略.

习题 3-4

1. (1) D; (2) B.

2. (1) $(-\infty,\infty)$ 内单调增加;

(2) $\left[\dfrac{k\pi}{2},\dfrac{k\pi}{2}+\dfrac{\pi}{3}\right]$ 内单调增加, $\left[\dfrac{k\pi}{2}+\dfrac{\pi}{3},\dfrac{k\pi}{2}+\dfrac{\pi}{2}\right]$ 内单调减小.

3. 略.

4. $a>\dfrac{1}{e}$, 无根; $0<a<\dfrac{1}{e}$ 有 2 个根; $a=\dfrac{1}{e}$ 只有一个根 $x=e$.

5. 设 $f(x)=x+p+q\cos x.$

6. (1) 极大值 $f\left(\dfrac{3}{4}\right)=\dfrac{5}{4}$; (2) 极大值 $f(e)=e^{\frac{1}{e}}.$

7. 略.

8. $a=-\dfrac{2}{3},\,b=-\dfrac{1}{6},\,f(1)=\dfrac{5}{6}$ 为极小值, $f(2)=\dfrac{4}{3}-\dfrac{2\ln 2}{3}$ 为极大值.

习题 3-5

1. (1) $y(\pm2)=29$ 为最大值, $y(0)=5$ 为最小值;

(2) $y\left(\dfrac{\pi}{6}\right)=\sqrt{3}+\dfrac{\pi}{6}$ 为最大值, $y\left(\dfrac{\pi}{2}\right)=\dfrac{\pi}{2}$ 为最小值.

2. $\varphi=\dfrac{2\sqrt{6}}{3}\pi.$

习题 3-6

1. (1) 拐点 $\left(\dfrac{5}{3},\dfrac{20}{27}\right)$, $\left(-\infty,\dfrac{5}{3}\right]$ 内凸, $\left(\dfrac{5}{3},+\infty\right)$ 内凹;

(2) 拐点 $(2-\sqrt{2},(3-2\sqrt{2})e^{\sqrt{2}-2})$, $(2+\sqrt{2},(3+2\sqrt{2})e^{2-\sqrt{2}})$

$(-\infty,2-\sqrt{2}]$, $[2+\sqrt{2},+\infty)$ 内凹, $(2-\sqrt{2},2+\sqrt{2})$ 内凸.

2. $a=-\dfrac{3}{2},\,b=\dfrac{9}{2}.$

习题 3-7

1. 垂直渐近线: $x=1$ 和 $x=-1$, 斜渐近线: $y=x.$

2. (1) $(-\infty,-1)$, $(3,+\infty)$ 单调增加; $(-1,1)$, $(1,3)$ 单调变小; $f(-1)=-2$ 极大值.

(2) $(-\infty,-1)$ 内为凸, $(1,+\infty)$ 为凹; 无拐点.

(3) 垂直渐近线: $x=1$, 斜渐近线: $y=x+1.$

(4) 略.

3. 略.

习题 3-8

1. 当产量为 140 t 时,有最低平均成本 78 元 /t;此时边际成本也为 78 元 /t.

2. 需求量为 300 时的总收入为 2 100,平均收入为 7,边际收入为 4.

3. (1) 边际利润函数为 $L'(x) = 60 - 0.2x$,$L'(150) = 30$,$L'(400) = -20$;

(2) 需求量为 300 时,利润最大.

4. 2 000.

5. (1) $\eta(P) = 2P\ln 2$;

(2) 当 $P = 10$ 元时,$\eta(10) = 20\ln 2 \approx 13.86$,即当价格为 10 元时,价格再增加 1%,需求将大约减少 13.86%.

6. (1) $P = 4$ 时的边际需求为 -8,其经济意义为,当价格由 4 增加到 5 时,需求量减少 8.

(2) $P = 4$ 时的需求弹性为 0.54,其经济意义为,当价格 $P = 4$ 时,价格上涨 1%,需求减少 0.54%.

(3) 当 $P = 4$ 时,若价格 P 上涨 1%,总收益将增加 0.46%.

(4) 当 $P = 6$ 时,若价格 P 上涨 1%,总收益将减少 0.85%.

7. (1) 当销售量为 2 千袋或 5 千袋时,不赢不亏;

(2) 当销售量为 2 千袋至 5 千袋时,可获得利润;

(3) 当销售量为 3.5 千袋时,可获得最大利润,最大利润为 225 元;

(4) 当产量为 3.16 千袋时,平均成本最少.

8. 当产量小于等于 3 000 时,增加产量可使利润增加.(产量为 3 000 时达到最大利润)

9. $x = 1\,000$,10 000 及 100 000 时的单位平均成本分别为 5.5 元,1 元,0.55 元,当 x 趋近于无穷大时单位平均成本的极限为 0.5 元.

10. 当产量为 2 500 时,可以使利润达到最大.

第 4 章

习题 4-1

1. (1) $\sin x + C$; (2) $-2x^{-\frac{1}{2}} + 3$; (3) $\dfrac{1}{a}F(ax+b) + C$; (4) $\cos x$; (5) B; (6) D;

(7) D.

2. (1) $\dfrac{2}{7}x^3\sqrt{x} - \dfrac{10}{3}x\sqrt{x} + C$; (2) $\dfrac{x^2}{2} - 3x + 3\ln|x| + \dfrac{1}{x} + C$;

(3) $e^x - 3\sin x + C$. (4) $\dfrac{3}{7}x^{\frac{7}{3}} + C$; (5) $\dfrac{7}{4}x^4 - \dfrac{2}{5}x^{\frac{5}{2}} + C$;

(6) $\dfrac{1}{5}x^5 - \dfrac{2}{3}x^3 + x + C$; (7) $2e^x - \cos x + 2\ln|x| + C$;

(8) $\arcsin x + \arctan x + C$; (9) $\dfrac{5^x e^x}{1 + \ln 5} + C$;

(10) $x + \dfrac{\left(\dfrac{2}{3}\right)^x}{\ln 3 - \ln 2} + C$;　(11) $\tan x - \sec x + C$;

(12) $\sin x - \cos x + C$;　(13) $\dfrac{1}{3}x^3 - x + \arctan x + C$;

(14) $x^3 - x + \arctan x + C$.

3. 提示：分别求导验证.

习题 4-2

(1) $2\sqrt{x} - 3\sqrt[3]{x} + 6\sqrt[6]{x} - 6\ln|\sqrt[6]{x} + 1| + C$;

(2) $\ln\left|\dfrac{\sqrt{1+x} - 1}{\sqrt{1+x} + 1}\right| + C$;

(3) $x - 4\sqrt{x+1} + 4\ln|1 + \sqrt{x+1}| + C$;　(4) $\ln\left|\dfrac{\sqrt{1+\mathrm{e}^x} - 1}{\sqrt{1+\mathrm{e}^x} + 1}\right| + C$;

(5) $\sqrt{x^2 - 9} - 3\arccos\dfrac{3}{|x|} + C$;

(6) $\dfrac{9}{2}\arcsin\dfrac{x}{3} - \dfrac{1}{2}x\sqrt{9-x^2} + C$;　(7) $\dfrac{x}{\sqrt{x^2+1}} + C$;

(8) $\arctan\left(\dfrac{2x+1}{\sqrt{3}}\right) + C$;　(9) $\dfrac{1}{2}\ln|2x - 1 + \sqrt{4x^2 - 4x - 1}| + C$;

(10) $-\dfrac{1}{\arcsin x} + C$;　(11) $-\dfrac{10^{2\arccos x}}{2\ln 10} + C$;

(12) $-\ln|\cos\sqrt{1+x^2}| + C$;　(13) $(\arctan\sqrt{x})^2 + C$;

(14) $-\dfrac{1}{x\ln x} + C$;　(15) $\ln|\tan x| + C$;

(16) $\dfrac{1}{2}(\ln\tan x)^2 + C$;　(17) $\sin x - \dfrac{\sin^3 x}{3} + C$;

(18) $\dfrac{t}{2} + \dfrac{1}{4\omega}\sin 2(\omega t + \varphi) + C$;　(19) $\dfrac{1}{2}\cos x - \dfrac{1}{10}\cos 5x + C$;

(20) $\dfrac{1}{3}\sin\dfrac{3x}{2} + \sin\dfrac{x}{2} + C$;　(21) $\dfrac{1}{4}\sin 2x - \dfrac{1}{24}\sin 12x + C$;

(22) $\dfrac{1}{3}\sec^3 x - \sec x + C$;　(23) $\arctan \mathrm{e}^x + C$.

习题 4-3

(1) $\dfrac{1}{3}x^3\ln x - \dfrac{1}{9}x^3 + C$;　(2) $\sqrt{1+x^2}\arctan x - \ln(x + \sqrt{1+x^2}) + C$;

(3) $2x\sin\dfrac{x}{2} + 4\cos\dfrac{x}{2} + C$;

(4) $-\mathrm{e}^{-x}(x+1) + C$;

(5) $\dfrac{1}{3}x^3\arctan x - \dfrac{1}{6}x^2 + \dfrac{1}{6}\ln(1+x^2) + C$;

(6) $\dfrac{x}{2}\left[\cos(\ln x) + \sin(\ln x)\right] + C$;

(7) $\dfrac{e^{-x}}{2}(\sin x - \cos x) + C$;

(8) $2e^{\sqrt{x}}(\sqrt{x}-1) + C$;

(9) $\left(1 - \dfrac{2}{x}\right)e^x + C$.

习题 4-4

(1) $2\ln|x-3| - \ln|x-1| + C$;

(2) $\ln|x| - \dfrac{1}{2}\ln(x^2+1) + C$;

(3) $-\dfrac{1}{2}\ln\dfrac{x^2+1}{x^2+x+1} + \dfrac{\sqrt{3}}{3}\arctan\dfrac{2x+1}{\sqrt{3}} + C$;

(4) $\dfrac{1}{3}x^3 + \dfrac{1}{2}x^2 + x + 8\ln|x| - 4\ln|x+1| - 3\ln|x-1| + C$;

(5) $\dfrac{1}{\sqrt{2}}\arctan\dfrac{\tan\frac{x}{2}}{\sqrt{2}} + C$;

(6) $\dfrac{1}{2\sqrt{3}}\arctan\dfrac{2\tan x}{\sqrt{3}} + C$;

(7) $\dfrac{3}{2}\sqrt[3]{(1+x)^2} - 3\sqrt[3]{x+1} + 3\ln(1+\sqrt[3]{1+x}) + C$;

(8) $\dfrac{1}{2}x^2 - \dfrac{2}{3}\sqrt{x^3} + x - 4\sqrt{x} + 4\ln(\sqrt{x}+1) + C$;

(9) $\ln\left|\dfrac{\sqrt{1-x}-\sqrt{1+x}}{\sqrt{1-x}+\sqrt{1-x}}\right| + 2\arctan\sqrt{\dfrac{1-x}{1+x}} + C$;

(10) $6(\sqrt[6]{x} - \arctan\sqrt[6]{x}) + C$.

第 5 章

习题 5-1

1. (1) $\dfrac{3}{2}$； (2) 1； (3) 0； (4) $\dfrac{\pi}{4}$.

2. $e-1$.

3. $a=0,\ b=1$.

4. (1) $>$； (2) $>$.

5. (1) $6 \leqslant \displaystyle\int_1^4 (x^2+1)\mathrm{d}x \leqslant 51$； (2) $-2e^2 \leqslant \displaystyle\int_2^0 e^{x^2-x}\mathrm{d}x \leqslant -2e^{-\frac{1}{4}}$.

6. 略.

习题 5-2

1. $\cos t$.

2. 当 $x = 0$ 时.

3. (1) $2x\sqrt{1+x^4}$；   (2) $\dfrac{3x^3}{\sqrt{1+x^{12}}} - \dfrac{2x}{\sqrt{1+x^8}}$；   (3) $\displaystyle\int_0^x \sin t\,dt$.

4. (1) $a\left(a^2 - \dfrac{a}{2} + 1\right)$；   (2) $\dfrac{271}{6}$；   (3) $\dfrac{\pi}{4} + 1$；   (4) $\dfrac{\pi}{6}$；   (5) $\dfrac{\pi}{3a}$；   (6) $1 - \dfrac{\pi}{4}$；

(7) 4；   (8) $\dfrac{8}{3}$.

5. (1) 2；   (2) $\dfrac{2}{3}$.   **6.** 略.   **7.** 1.

习题 5-3

1. (1) 0；   (2) $\dfrac{\pi}{2}$；   (3) $f(b+x) - f(a+x)$；   (4) 0.

2. (1) $\dfrac{1}{4}$；   (2) $1 - \dfrac{\pi}{4}$；   (3) $1 - e^{-\frac{1}{2}}$；   (4) $2(\sqrt{3} - 1)$；

(5) $\dfrac{2}{3}$；   (6) $\dfrac{4}{3}$；   (7) $1 - \dfrac{2}{e}$；   (8) $\dfrac{1}{4}(1 + e^2)$；

(9) $\dfrac{\pi}{4} - \dfrac{1}{2}$；   (10) $\dfrac{1}{2}(e\sin 1 - e\cos 1 + 1)$；   (11) $2\left(1 - \dfrac{1}{e}\right)$；

(13) $\begin{cases} \dfrac{1 \cdot 3 \cdot 5 \cdot \cdots \cdot m}{2 \cdot 4 \cdot 6 \cdot \cdots \cdot (m+1)} \cdot \dfrac{\pi}{2}, & m \text{ 为奇数}, \\[3mm] \dfrac{2 \cdot 4 \cdot 6 \cdot \cdots \cdot m}{1 \cdot 3 \cdot 5 \cdot \cdots \cdot (m+1)}, & m \text{ 为偶数}; \end{cases}$

(14) $I_m = \begin{cases} \dfrac{1 \cdot 3 \cdot 5 \cdot \cdots \cdot (m-1)}{2 \cdot 4 \cdot 6 \cdot \cdots \cdot m} \cdot \dfrac{\pi^2}{2}, & m \text{ 为偶数}, \\[3mm] \dfrac{2 \cdot 4 \cdot 6 \cdot \cdots \cdot (m-1)}{1 \cdot 3 \cdot 5 \cdot \cdots \cdot m}, \pi & m \text{ 为大于 1 的奇数}, \end{cases}$ $I_1 = \pi$.

3. $1 + \ln(1 + e^{-1})$.   **4.** 略.   **5.** 略.   **6.** 略.

习题 5-4

1. (1) 错；   (2) 错；   (3) 错.

2. (1) $\dfrac{1}{a}$；   (2) π；   (3) 发散；   (4) $\dfrac{8}{3}$；   (5) $\dfrac{\pi}{2}$.

3. $\dfrac{\sqrt{\pi}}{4}$.

4. 当 $k > 1$ 时，收敛于 $\dfrac{1}{(k-1)(\ln 2)^{k-1}}$；当 $k \leqslant 1$ 时，发散；

当 $k = 1 - \dfrac{1}{\ln\ln 2}$ 时，取得最小值.

习题 5-5

1. (1) $e + \dfrac{1}{e} - 2$； (2) $b - a$.

2. $\dfrac{128}{7}\pi$，$\dfrac{64}{5}\pi$.

3. $\dfrac{4\sqrt{3}}{3}R^3$.

4. $2\sqrt{3} - \dfrac{4}{3}$.

5. $1 + \dfrac{1}{2}\ln\dfrac{3}{2}$.

6. $\dfrac{1}{3}x^3 - 2x^2 + 6x + 2$，$\dfrac{20}{3}$.

7. (1) $C(x) = -\dfrac{1}{2}x^2 + 2x + 100$； (2) $R(x) = 20x - x^2$； (3) $x = 6$ 时利润最大.

8. 3；3.

9. 可求得租金流量总值的现值为 38 756 元. 故购进轿车合算.

10. 7 659.38 元；3 441.88 元.

第 6 章

习题 6-1

1. (1) 自变量为 x、未知函数为 y 的一阶方程或自变量为 x、未知函数为 y 的一阶方程；

(2) 自变量为 y、未知函数为 x 的二阶方程；

(3) 自变量为 t、未知函数为 x 的一阶方程；

(4) 自变量为 x、未知函数为 y 的二阶方程；

(5) 自变量为 t、未知函数为 S 的四阶方程.

2. 略.

3. (1) $y^2 - x^2 = 25$；(2) $y = -\cos x$.

4. (1) $y' = x^2$； (2) $yy' + 2x = 0$.

习题 6-2

1. (1) $y = e^{Cx}$；(2) $y = \dfrac{1}{5}x^3 + \dfrac{1}{2}x^2 + C$； (3) $\arcsin y = \arcsin x + C$；

(4) $\tan x \tan y = C$； (5) $10^x + 10^{-y} = C$； (6) $(e^x + 1)(e^y - 1) = C$；

(7) $\sin x \sin y = C$； (8) $(x - 4)y^4 = Cx$.

2. (1) $2e^y = e^{2x} + 1$；   (2) $\ln y = \csc x - \cot x$；

(3) $e^x + 1 = 2\sqrt{2}\cos y$； (4) $x^2 y = 4$.

3. $R = R_0 e^{-0.000\,433t}$，时间以年为单位.

4. $xy = 6$.

习题 6-3

1. (1) $y+\sqrt{y^2-x^2}=Cx^2$;　　(2) $\ln\dfrac{y}{x}=Cx+1$;

(3) $y^2=x^2(2\ln|x|+C)$;　　(4) $x+2ye^{\frac{x}{y}}=C$.

2. (1) $y^3=y^2-x^2$;　(2) $\arctan\dfrac{y}{x}+\ln(x^2+y^2)=\dfrac{\pi}{4}+\ln 2$.

3. (1) $y+x=\tan(x+C)$;　(2) $(x-y)^2=-2x+C$;　(3) $xy=e^{Cx}$.

习题 6-4

1. (1) $y=e^{-x}(x+C)$;　(2) $\rho=\dfrac{2}{3}+Ce^{-3\theta}$;　(3) $y=(x+C)e^{-\sin x}$;

(4) $y=C\cos x-2\cos^2 x$;　(5) $y=\dfrac{1}{x^2-1}(\sin x+C)$;

(6) $y=2+Ce^{-x^2}$;　(7) $x=\dfrac{1}{2}y^2+Cy^3$;　(8) $2x\ln y=\ln^2 y+C$.

2. (1) $y=x\sec x$;　(2) $y=\dfrac{1}{x}(\pi-1-\cos x)$;

(3) $y\sin x+5e^{\cos x}=1$;　(4) $2y=x^3-x^3e^{\frac{1}{x^2}-1}$.

习题 6-5

1. (1) $y=\dfrac{1}{6}x^3-\sin x+C_1x+C_2$;　(2) $y=(x-3)e^x+C_1x^2+C_2x+C_3$;

(3) $y=x\arctan x-\dfrac{1}{2}\ln(1+x^2)+C_1x+C_2$;

(4) $y=-\ln|\cos(x+C_1)|+C_2$;

(5) $y=C_1e^x-\dfrac{1}{2}x^2-x+C_2$;　(6) $y=C_1\ln|x|+C_2$;

(7) $C_1y^2-1=(C_1x+C_2)^2$;　(8) $y=\arcsin(C_2e^x)+C_1$.

2. (1) $y=\dfrac{1}{a^3}e^{ax}-\dfrac{e^a}{2a}x^2+\dfrac{e^a}{a^2}(a-1)x+\dfrac{e^a}{2a^3}(2a-a^2-2)$;

(2) $y=-\dfrac{1}{a}\ln(ax+1)$;

(3) $y=\arcsin x$;　(4) $y=\left(\dfrac{1}{2}x+1\right)^4$.

3. $y=\dfrac{x^3}{6}+\dfrac{x}{2}+1$.

习题 6-6

1. (1) $y=C_1e^x+C_2e^{-2x}$;　(2) $y=C_1+C_2e^{4x}$;

(3) $y=C_1\cos x+C_2\sin x$;　(4) $y=e^{-3x}(C_1\cos 2x+C_2\sin 2x)$;

(5) $y = (C_1 + C_2 t)e^{\frac{5}{2}t}$; (6) $y = e^{2x}(C_1\cos x + C_2\sin x)$.

2. (1) $y = 4e^x + 2e^{3x}$; (2) $y = (2 + x)e^{-\frac{x}{2}}$;

(3) $y = e^{-x} - e^{4x}$; (4) $y = 3e^{-2x}\sin 5x$;

(5) $y = 2\cos 5x + \sin 5x$; (6) $y = e^{2x}\sin 3x$.

习题 6-7

1. (1) $y = C_1 e^{\frac{x}{2}} + C_2 e^{-x} + e^x$; (2) $y = C_1\cos ax + C_2\sin ax + \dfrac{1}{1+a^2}e^x$;

(3) $y = C_1 + C_2 e^{-\frac{5}{2}x} + \dfrac{1}{3}x^3 - \dfrac{3}{5}x^2 + \dfrac{7}{25}x$;

(4) $y = C_1 e^{-x} + C_2 e^{-2x} + \left(\dfrac{3}{2}x^2 - 3x\right)e^{-x}$;

(5) $y = C_1 e^{-x} + C_2 e^{-4x} - \dfrac{x}{2} + \dfrac{11}{8}$;

(6) $y = (C_1 + C_2 x)e^{3x} + x^2\left(\dfrac{1}{6}x + \dfrac{1}{2}\right)e^{3x}$;

(7) $y = C_1 e^{-x} + C_2 e^{-2x} + \dfrac{1}{2}(\sin x - \cos x)e^{-x}$;

(8) $y = C_1\cos 2x + C_2\sin 2x + \dfrac{1}{3}x\cos x + \dfrac{2}{9}\sin x$.

2. (1) $y = \dfrac{11}{16} + \dfrac{5}{16}e^{4x} - \dfrac{5}{4}x$; (2) $y = -5e^x + \dfrac{7}{2}e^{2x} + \dfrac{5}{2}$;

(3) $y = \dfrac{1}{2}(e^{9x} + e^x) - \dfrac{1}{7}e^{2x}$; (4) $y = e^x - e^{-x} + e^x(x^2 - x)$;

(5) $y = -\cos x - \dfrac{1}{3}\sin x + \dfrac{1}{3}\sin 2x$.

习题 6-8

1. $Q = 1\,200 \times 3^{-P}$.

2. $y(t) = \dfrac{1\,000 \times 3^{\frac{t}{3}}}{9 + 3^{\frac{t}{3}}}$, $y(6) = 500$.

3. $L = \dfrac{k+1}{a} - x + \left(L_0 - \dfrac{k+1}{a}\right)e^{-ax}$.

第 7 章

习题 7-1

1. 点 A, B, C, D 分别在第四、五、八、三卦限.

2. 点 A, B 分别在 xOy, yOz 平面上；点 C, D 分别在 x, y 轴上.

3. $M(x, y, z)$ 关于 x 轴的对称点为 $M_1(x, -y, -z)$, 关于 xOy 平面的对称点为 $M_2(x, y, -z)$, 关于原点的对称点为 $M_3(-x, -y, -z)$.

5. $(x+1)^2 + (y+3)^2 + (z-2)^2 = 9$.

6. $(0, 0, 3)$, 4.

7. (1) 母线平行于 z 轴的椭圆柱面，

(2) 以 z 轴为旋转轴的旋转抛物面，

各题图形如下：

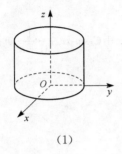

(1)

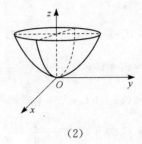

(2)

习题 7-2

1. $t^2 f(x, y)$.

2. (1) $\{(x, y) \mid y^2 > 2x - 1\}$;　(2) $\{(x, y) \mid |x| \leqslant 1, |y| \geqslant 1\}$;

(3) $\{(x, y) \mid x + y \leqslant 1, y - x \leqslant 1\}$;　(4) $\left\{(x, y) \left| \dfrac{x^2}{a^2} + \dfrac{y^2}{b^2} \leqslant 1 \right.\right\}$.

3. (1) 1;　(2) 3;　(3) $\ln 2$;　(4) e^2, 提示 $(1+xy)^{\frac{1}{x}} = [(1+xy)^{\frac{1}{xy}}]^y$;　(5) 0;　(6) 0.

4. 略.

习题 7-3

1. $\left.\dfrac{\partial z}{\partial x}\right|_{(1, 2)} = (2x - 2y)\Big|_{(1, 2)} = 2 - 4 = -2$; $\left.\dfrac{\partial z}{\partial y}\right|_{(1, 2)} = (-2x + 9y^2)\Big|_{(1, 2)} = -2 + 36$

$= 34$.

2. (1) $\dfrac{\partial z}{\partial x} = 3x^2 y^2 - 3y^3 - y$, $\dfrac{\partial z}{\partial y} = 2x^3 y - 9xy^2 - x$;

(2) $\dfrac{\partial z}{\partial x} = y + \dfrac{1}{y}$, $\dfrac{\partial z}{\partial y} = x - \dfrac{x}{y^2}$;

(3) $\dfrac{\partial z}{\partial x} = y[\cos(xy) - \sin(2xy)]$, $\dfrac{\partial z}{\partial y} = x[\cos(xy) - \sin(2xy)]$;

(4) $\dfrac{\partial z}{\partial x} = \dfrac{2}{y}\csc\dfrac{2x}{y}$, $\dfrac{\partial z}{\partial y} = -\dfrac{2x}{y^2}\csc\dfrac{2x}{y}$;

(5) $\dfrac{\partial s}{\partial u} = \dfrac{1}{v} - \dfrac{v}{u^2}$, $\dfrac{\partial s}{\partial v} = \dfrac{1}{u} - \dfrac{u}{v^2}$, 提示：$s = \dfrac{u}{v} + \dfrac{v}{u}$;

(6) $\dfrac{\partial z}{\partial x} = \dfrac{(x^2 + e^y)[2y + y\cos(xy)] - 2x[2xy + \sin(xy)]}{(x^2 + e^y)^2}$;

$$\frac{\partial z}{\partial y} = \frac{(x^2 + e^y)[2x + x\cos(xy)] - e^y[2xy + \sin(xy)]}{(x^2 + e^y)^2};$$

(7) $\dfrac{\partial z}{\partial x} = y^2(1 + xy)^{y-1}$, $\dfrac{\partial z}{\partial y} = (1 + xy)^y\left[\ln(1 + xy) + \dfrac{xy}{1 + xy}\right]$;

(8) $\dfrac{\partial u}{\partial x} = y^2 + 2xz$, $\dfrac{\partial u}{\partial y} = 2xy + z^2$, $\dfrac{\partial u}{\partial z} = 2yz + x^2$.

3. (1) $\dfrac{\partial^2 z}{\partial x^2} = 6x + 6y$, $\dfrac{\partial^2 z}{\partial y^2} = 12y^2$, $\dfrac{\partial^2 z}{\partial x \partial y} = 6x$;

(2) $\dfrac{\partial^2 z}{\partial x^2} = \dfrac{2xy}{(x^2 + y^2)^2}$, $\dfrac{\partial^2 z}{\partial y^2} = -\dfrac{2xy}{(x^2 + y^2)^2}$, $\dfrac{\partial^2 z}{\partial x \partial y} = \dfrac{y^2 - x^2}{(x^2 + y^2)^2}$;

(3) $\dfrac{\partial^2 z}{\partial x^2} = y^x \cdot \ln^2 y$, $\dfrac{\partial^2 z}{\partial y^2} = x(x-1)y^{x-2}$, $\dfrac{\partial^2 z}{\partial x \partial y} = y^{x-1}(1 + x\ln y)$;

(4) $\dfrac{\partial^2 z}{\partial x^2} = \dfrac{1}{x}$, $\dfrac{\partial^2 z}{\partial y^2} = -\dfrac{x}{y^2}$, $\dfrac{\partial^2 z}{\partial x \partial y} = \dfrac{1}{y}$.

4. $f_{xx}\left(\dfrac{\pi}{2}, 0\right) = -1$, $f_{xy}\left(\dfrac{\pi}{2}, 0\right) = 0$. 5. 略. 6. 略.

习题 7-4

1. (1) $\mathrm{d}z = 2xy\mathrm{d}x + (x^2 + 2y)\mathrm{d}y$;

(2) $\mathrm{d}z = -\dfrac{x}{(x^2 + y^2)^{\frac{3}{2}}}(y\mathrm{d}x - x\mathrm{d}y)$;

(3) $\mathrm{d}z = -\dfrac{1}{x}e^{\frac{x}{x}}\left(\dfrac{y}{x}\mathrm{d}x - \mathrm{d}y\right)$;

(4) $\mathrm{d}z = e^{xy}[y\cos(x + y) - \sin(x + y)]\mathrm{d}x + e^{xy}[x\cos(x + y) - \sin(x + y)]\mathrm{d}x$;

(5) $\mathrm{d}z = \left[\ln(3x - y^2) + \dfrac{3x}{3x - y^2}\right]\mathrm{d}x - \dfrac{2xy}{3x - y^2}\mathrm{d}x$;

(6) $\mathrm{d}z = yz\mathrm{d}x + xz\mathrm{d}y + xy\mathrm{d}z$.

2. $\mathrm{d}z = \dfrac{1}{3}\mathrm{d}x + \dfrac{2}{3}\mathrm{d}y$.

3. $\Delta z = -0.119$, $\mathrm{d}z = -0.125$.

4. 2.039.

5. 减少 5 cm.

习题 7-5

1. $\dfrac{\partial z}{\partial x} = 3x^2\sin y\cos y(\cos y - \sin y)$,

$\dfrac{\partial z}{\partial y} = -2x^3\sin y\cos y(\sin y + \cos y) + x^3(\sin^3 y + \cos^3 y)$.

2. $\dfrac{\partial z}{\partial x} = (1+x^2+y^2)^{xy}\left[y\ln(1+x^2+y^2) + \dfrac{2x^2y}{1+x^2+y^2}\right],$

$\dfrac{\partial z}{\partial y} = (1+x^2+y^2)^{xy}\left[x\ln(1+x^2+y^2) + \dfrac{2xy^2}{1+x^2+y^2}\right].$

3. $\dfrac{\mathrm{d}y}{\mathrm{d}x} = -\sin^3 x\,(\cos x)^{-\cos^2 x} + \sin 2x \cdot (\cos x)^{\sin^2 x} \cdot \ln\cos x.$

4. $\dfrac{\mathrm{d}z}{\mathrm{d}t} = \dfrac{3(1-4t^2)}{\sqrt{1-(3t-4t^3)^2}}.$

5. $\dfrac{\mathrm{d}z}{\mathrm{d}x} = \dfrac{\mathrm{e}^x(1+x)}{1+x^2\mathrm{e}^{2x}}.$

6. (1) $\dfrac{\partial z}{\partial x} = 2xyf_1' + f_2',\ \dfrac{\partial z}{\partial y} = x^2 f_1' + \sin y f_2';$

(2) $\dfrac{\partial z}{\partial x} = f_1' - \dfrac{y}{x^2}f_2',\ \dfrac{\partial z}{\partial y} = \dfrac{1}{x}f_2';$

(3) $\dfrac{\partial z}{\partial x} = y\mathrm{e}^{xy} + 2xf'(u),\ \dfrac{\partial z}{\partial y} = x\mathrm{e}^{xy} - \dfrac{1}{y}f'(u),$ 其中 $u = x^2 - \ln y;$

(4) $\dfrac{\partial u}{\partial x} = yf_1' + 2xf_2' + yzf_3',\ \dfrac{\partial u}{\partial y} = xf_1' + 2yf_2' + xzf_3',\quad \dfrac{\partial u}{\partial z} = xyf_3'.$

7. $\dfrac{\partial^2 z}{\partial x^2} = f_{11}'' + \dfrac{2}{y}f_{12}'' + \dfrac{1}{y^2}f_{22}'',$

$\dfrac{\partial^2 z}{\partial x\partial y} = -\dfrac{1}{y^2}f_2' - \dfrac{x}{y^2}f_{12}'' - \dfrac{x}{y^3}f_{22}'',$

$\dfrac{\partial^2 z}{\partial y^2} = \dfrac{2x}{y^3}f_2' + \dfrac{x^2}{y^4}f_{22}''.$

8. 提示：$\dfrac{\partial z}{\partial x} = 2x\varphi'(u),\ \dfrac{\partial z}{\partial y} = 2y\varphi'(u),$ 其中 $u = x^2 + y^2.$ 验证过程略.

9. 提示：$\dfrac{\partial z}{\partial x} = -\dfrac{y^2}{3x^2} + y\varphi'(u),\ \dfrac{\partial z}{\partial y} = \dfrac{2y}{3x} + x\varphi'(u),$ 其中 $u = xy.$ 验证过程略.

习题 7-6

1. (1) $\dfrac{\mathrm{d}y}{\mathrm{d}x} = \dfrac{y^2 - \mathrm{e}^x}{\cos y - 2xy};$　(2) $\dfrac{\mathrm{d}y}{\mathrm{d}x} = \dfrac{y^2}{1 - xy};$　(3) $\dfrac{\mathrm{d}y}{\mathrm{d}x} = \dfrac{x+y}{x-y};$

(4) $\dfrac{\mathrm{d}x}{\mathrm{d}z} = \dfrac{y-z}{x-y},\ \dfrac{\mathrm{d}y}{\mathrm{d}z} = \dfrac{z-x}{x-y}.$

2. (1) $\dfrac{\partial z}{\partial x} = \dfrac{2xz^2}{2y - 3x^2z},\ \dfrac{\partial z}{\partial y} = \dfrac{z}{3x^2z - 2y};$　(2) $\dfrac{\partial z}{\partial x} = \dfrac{1}{\mathrm{e}^z + 1},\ \dfrac{\partial z}{\partial y} = \dfrac{2y}{\mathrm{e}^z + 1};$

(3) $\dfrac{\partial z}{\partial x} = \dfrac{z}{x+z},\ \dfrac{\partial z}{\partial y} = \dfrac{z^2}{y(x+z)};$　(4) $\dfrac{\partial u}{\partial x} = -\dfrac{xu + yv}{x^2 + y^2},\ \dfrac{\partial v}{\partial x} = \dfrac{yu - xv}{x^2 + y^2}.$

3. 略.

4. $\dfrac{\partial^2 z}{\partial x^2} = \dfrac{(2-z)^2 + x^2}{(2-z)^3}$.

5. 略.

习题 7-7

1. 极大值：$f\left(\dfrac{2}{3}, \dfrac{2}{3}\right) = \dfrac{8}{27}$.

2. 极小值：$f\left(\dfrac{1}{2}, -1\right) = -\dfrac{e}{2}$.

3. 极大值：$f(0, 0) = 0$；极小值：$f(2, 2) = -8$.

4. 极大值：$z\left(\dfrac{1}{2}, \dfrac{1}{2}\right) = \dfrac{1}{4}$.

5. 所求点为 $P\left(\dfrac{1}{3}, \dfrac{1}{3}\right)$；最小值为 $\dfrac{4}{3}$.

6. 当长、宽、高均为 $\dfrac{2a}{\sqrt{3}}$ 时，可得最大的体积.

7. $\dfrac{7\sqrt{2}}{8}$.

8. (1) $P_1 = 10$(万元 /t)，$P_2 = 7$(万元 /t)，$D_1 = 4$(t)，$D_2 = 5$(t)，最大利润 $L = 52$ (万元)；

   (2) $P_1 = P_2 = 8$(万元 /t)，$D_1 = 5$(t)，$D_2 = 4$(t)，最大利润 $L = 49$(万元).

   比较(1)，(2)两个结果可知，企业实行差别定价所得总利润要大于统一定价的总利润.

习题 7-8

1. (1) $\iint\limits_{D}(x^2+y^2)\mathrm{d}\sigma$；   (2) $\iint\limits_{D}\mu(x, y)\mathrm{d}\sigma$；   (3) πR^2；   (4) $\dfrac{128}{3}\pi$；   (5) $\leqslant$.

2. (1) $2 \leqslant I \leqslant 10$；   (2) $\dfrac{100}{51} \leqslant I \leqslant 2$；

   (3) $36\pi \leqslant I \leqslant 100\pi$；   (4) $8\pi(5-\sqrt{2}) \leqslant I \leqslant 8\pi(5+\sqrt{2})$.

3. (1) $\displaystyle\int_0^1 \mathrm{d}x \int_{x^2}^{x} f(x, y)\mathrm{d}y = \int_0^1 \mathrm{d}y \int_{y}^{\sqrt{y}} f(x, y)\mathrm{d}x$；

   (2) $\displaystyle\int_{-1}^1 \mathrm{d}x \int_0^{\sqrt{1-x^2}} f(x, y)\mathrm{d}y = \int_0^1 \mathrm{d}y \int_{-\sqrt{1-y^2}}^{\sqrt{1-y^2}} f(x, y)\mathrm{d}x$；

   (3) $\displaystyle\int_0^1 \mathrm{d}y \int_{y}^{2-y} f(x, y)\mathrm{d}x = \int_0^1 \mathrm{d}x \int_0^{x} f(x, y)\mathrm{d}y + \int_1^2 \mathrm{d}x \int_0^{2-x} f(x, y)\mathrm{d}y$.

4. (1) $\displaystyle\int_0^1 \mathrm{d}x \int_{x}^1 f(x, y)\mathrm{d}y = \int_0^1 \mathrm{d}y \int_0^{y} f(x, y)\mathrm{d}x$；

   (2) $\displaystyle\int_0^1 \mathrm{d}x \int_0^{x^2} f(x, y)\mathrm{d}y + \int_1^2 \mathrm{d}x \int_0^{\sqrt{1-(x-1)^2}} f(x, y)\mathrm{d}y = \int_0^1 \mathrm{d}y \int_{\sqrt{y}}^{1+\sqrt{1-y^2}} f(x, y)\mathrm{d}x$；

(3) $\int_0^1 \mathrm{d}y \int_y^{1+\sqrt{1-y^2}} f(x, y)\mathrm{d}x = \int_0^1 \mathrm{d}x \int_0^x f(x, y)\mathrm{d}y + \int_1^2 \mathrm{d}x \int_0^{\sqrt{2x-x^2}} f(x, y)\mathrm{d}y.$

5. (1) $\dfrac{684}{3}$； (2) $\dfrac{9}{8}$； (3) $\dfrac{1}{8}$； (4) π； (5) $\dfrac{1}{6} - \dfrac{1}{3\mathrm{e}}$； (6) $\dfrac{11}{15}$.

6. (1) a^2； (2) -4； (3) $\dfrac{1}{3}$.

7. (1) $I = \int_0^R \mathrm{d}y \int_y^{\sqrt{R^2-y^2}} \dfrac{y^2}{x^2}\mathrm{d}x$； (2) $\dfrac{R^2}{2}\left(1 - \dfrac{\pi}{4}\right)$.

8. 略.

9. 18. 10. $\dfrac{16}{3}a^3\left(\dfrac{\pi}{2} - \dfrac{2}{3}\right)$. 11. $\dfrac{17}{6}$.

第 8 章

习题 8-1

1. (1) 是； (2) 非； (3) 非； (4) 是； (5) 是； (6) 非.

2. (1) 收敛，$\dfrac{1}{2}$； (2) 发散； (3) 收敛，$\dfrac{3}{2}$； (4) 发散； (5) 发散；

(6) 收敛，$1-\sqrt{2}$.

习题 8-2

1. (1) 是； (2) 非； (3) 非； (4) 是； (5) 非； (6) 非； (7) 是.

2. (1) 发散； (2) 收敛； (3) 收敛； (4) $a > 1$ 时收敛，$a \leqslant 1$ 时发散.

3. (1) 发散； (2) 收敛； (3) $a < \mathrm{e}$ 时收敛，$a \geqslant \mathrm{e}$ 时发散； (4) 收敛.

4. (1) 收敛； (2) 收敛； (3) 收敛；(4) $a > b$ 时收敛，$a < b$ 时发散，$a = b$ 无法判断.

5. (1) 条件收敛； (2) 条件收敛； (3) 发散； (4) 条件收敛.

习题 8-3

1. (1) 1，$[-1, 1)$； (2) $(-\sqrt{2}, \sqrt{2})$； (3) $(-2, 0]$； (4) $[0, 2]$.

2. (1) $R = 1$，$(-1, 1)$； (2) $R = 3$，$[-3, 3)$； (3) $R = 1$，$(-1, 1]$； (4) $R = 1$，$[4, 6)$.

3. (1) $S(x) = \dfrac{1}{4}\ln\dfrac{1+x}{1-x} + \dfrac{1}{2}\arctan x - x$，$x \in (-1, 1)$；

(2) $S(x) = \dfrac{x}{(1-x)^2}$，$x \in (-1, 1)$； (3) $S(x) = \dfrac{1+x}{(1-x)^3}$，$x \in (-1, 1)$，$s = \dfrac{1}{27}$.

习题 8-4

1. (1) $\mathrm{e}^x = 1 + x + \dfrac{x^2}{2!} + \cdots + \dfrac{x^n}{n!} + \cdots$，$x \in (-\infty, +\infty)$；

(2) $\dfrac{1}{1+x} = 1 - x + x^2 - x^3 + \cdots + (-1)^n x^n + \cdots, \ x \in (-1, 1);$

(3) $\ln(1+x) = x - \dfrac{x^2}{2} + \dfrac{x^3}{3} - \dfrac{x^4}{4} + \cdots + (-1)^n \dfrac{x^{n+1}}{n+1} + \cdots, \ x \in (-1, 1);$

(4) $\sin x = \displaystyle\sum_{k=0}^{\infty} \dfrac{(-1)^k}{(2k+1)!} x^{2k+1}, \ x \in (-\infty, +\infty);$

(5) $(1+x)^a = 1 + ax + \dfrac{a(a-1)}{2!} x^2 + \cdots + \dfrac{a(a-1)(a-2)\cdots(a-n+1)}{n!} x^n + \cdots,$
   $x \in (-1, 1).$

2. (1) $\ln(a+x) = \ln a + \displaystyle\sum_{n=1}^{\infty} (-1)^{n-1} \dfrac{1}{n} \left(\dfrac{x}{a}\right)^n, \ x \in (-a, a];$

(2) $a^x = \displaystyle\sum_{n=0}^{\infty} \dfrac{(x \ln a)^n}{n!}, \ x \in (-\infty, +\infty);$

(3) $\dfrac{x}{\sqrt{1-x^2}} = x + \displaystyle\sum_{n=1}^{\infty} (-1)^n \dfrac{2(2n)!}{(n!)^2} \left(\dfrac{x}{2}\right)^{2n+1}, \ x \in (-1, 1];$

(4) $\dfrac{x}{1+x-2x^2} = \displaystyle\sum_{n=0}^{\infty} (-1)^n (2x)^n + \displaystyle\sum_{n=0}^{\infty} (x)^n, \ x \in \left(-\dfrac{1}{2}, \dfrac{1}{2}\right).$

3. $\dfrac{1}{x} = \dfrac{1}{3} \displaystyle\sum_{n=0}^{\infty} (-1)^n \dfrac{(x-3)^n}{3}, \ x \in (0, 6).$

4. $\dfrac{x}{x^2-5x+6} = \displaystyle\sum_{n=0}^{\infty} (-1)^n \left(\dfrac{3}{2} \dfrac{1}{2^n} - \dfrac{2}{3} \dfrac{1}{3^n}\right)(x-5)^n, \ x \in (3, 7).$

5. $\dfrac{1}{x^2} = \displaystyle\sum_{n=1}^{\infty} (-1)^{n-1} n (x-1)^{n-1}, \ x \in (0, 2).$

习题 8-5

1. $1.098\,6.$ **2.** $0.494\,0.$ **3.** $\displaystyle\sum_{n=0}^{\infty} 2^{\frac{n}{2}} \cos \dfrac{n\pi}{4} \cdot \dfrac{x^n}{n!}.$